R과 더불어 배우는 통계학

R과 더불어 배우는
통계학

초판발행 2022년 01월 01일

지은이 최경미
펴낸곳 지오북스
등 록 2016년 03월 07일 제395-2016-000014호
전 화 02)381-0706 | 팩스 02)371-0706
이 메 일 emotion-books@naver.com
홈페이지 www.geobooks.co.kr

ISBN 979-11-91346-18-3
값 25,000원

이 도서의 국립중앙도서관 출판예정도서목록(CIP)은 서지정보유통지원시스템 홈페이지(http://seoji.nl.go.kr)와 국가자료공동목록시스템 (http://www.nl.go.kr/kolisnet)에서 이용하실 수 있습니다. (CIP제어번호 : CIP2018007236)

이 책은 저작권법으로 보호받는 저작물입니다.
이 책의 내용을 전부 또는 일부를 무단으로 전재하거나 복제할 수 없습니다.
파본이나 잘못된 책은 바꿔드립니다.

머리말

긴 망설임을 뒤로 하고, 10년 동안 다듬어온 강의노트를 책으로 출판하려 한다.

4차 산업혁명의 한 가운데를 지나며, 머신러닝, AI, 데이터 싸이언스, 빅데이타 등이 유망해지면서, 다양한 분야의 사람들이 통계학을 배우고 싶어한다. 저자의 수업에는 대부분 공학이나 경영학 등을 전공하는 학생들이 통계학을 선택 과목으로 한 학기만 수강한다. 한 과목만으로, 학생들이 확률 및 통계이론도 배우고, R도 배우려면, 정말 바쁘다. 오랫동안 이 책 저 책으로 가르치면서, 한 학기 분량의 비전공자들을 위한 통계책의 필요성을 절감했다. 학생들의 피드백을 받아가며, 학생들이 "쉽다"고 말할 때까지 책의 내용을 "자세히" 서술하였다.

이 책은 크게 세 부분으로 구성되어 있다. 첫 세 장은 R 을 이용하여, 표를 만들고, 그래프를 그리는 등 가장 흔히 만나는 기술통계를 다룬다. 독자들이 R 을 이용한 자료분석에 익숙해지도록, 코드에 대한 코멘트를 상세히 달았다. 두번째 세 장은 가장 기본적긴 확률과 분포이론, 추정과 검정에 대한 기본 개념을 다룬다. 마지막 다섯 장은 확률이론을 근거로 엄밀하게 설계된 통계방법들의 이론과 R 을 이용한 자료분석 및 해석을 다룬다. 특히, 첫 세 장의 기술통계를 마지막 다섯 장의 통계이론에서 다시 복습할 수 있도록 구성하였다. 초중고 12 년 동안 객관식 문항에 익숙해진 학생들을 위해서 객관식 및 단답식 연습문제를 많이 포함시켰다. 활용이 적은 내용을 버리는 대신, 각 장의 마지막에 논문이나 보고서 작성에서 필요한 실질적인 자료분석과 관련된 심화 내용들을 R 실습과 함께 수록하고, ★로 표시하였다. 매 장의 앞뒤에 저자가 흥미롭게 읽었던 책에서 구한 글귀들을 실어서, 잠시 쉬어 가도록 꾸몄다.

마지막으로 이 책이 나올 때까지 저자에게 격려와 도움을 아끼지 않은 많은 분들께 감사드린다. 서울성모병원 임상약리과에서 연구년을 보내는 동안, 통계학 교재를 쓰도록 물심양면으로 격려해주시고, 이후 원고를 읽고 수정해주신 임동석 교수님, 한승훈 교수님께 감사드린다. 늘 많은 질문을 던져준 의국 선생님들께도 감사드린다. 통계 이외의 분야에서 통계를 어떻게 배우고 사용하는지를 구체적으로 본 경험이 책을 서술할 때 도움이 되었다. 이 강의노트를 수업에 사용해주시고, 읽어 주신 김도영 교수님, 백진원 교수님께 감사드린다. 강의노트를 읽고 지속적으로 코멘트를 준 이해인에게 감사드린다. 가장 초기의 강의노트를 읽고, 읽기 쉬운 글을 요청한 김성진에게도 감사드린다. 시도때도 없는 저자의 수많은 질문에 늘 최선의 답을 준, 퉁친회 김남현, 김재희, 이윤동, 최영수 교수님, 그리고 권선희 박사님께도 감사드린다. 편집에 참여해준 박종한에게도 감사드린다. 무엇보다 저자의 강의에 참여하여, 수많은 영감을 준 학생들에게 깊이 감사드린다.

ebook 을 위해서, 책의 크기를 태블릿의 크기에 맞추었다. 내용이 주인공이 되고, 저자가 지속적으로 내용을 업데이트할 수 있도록, 불필요한 포맷을 간소화시켰다. 내용이 한 눈에

구조적으로 들어오도록 폰트를 다소 작게 잡는 대신, 정의, 정리, 예제 사이에 줄을 띄워서, 박스의 효과를 줬다. 폰트가 작게 느껴질 경우, 창을 키우거나 또는 태블렛을 가로로 돌려서 읽어도 좋다.

독자들의 전공이 하드웨어라면, 통계학은 그 위에 올려진 소프트웨어이다. 이 책이 통계라는 눈으로 바라보는 새로운 세상으로 독자들을 안내하는 길잡이가 되길 바란다.

2021 년 6 월 15 일

최경미

저자소개

저자 최경미는 서울대 계산통계학과에서 학사(1983-1987)를 받았고, KAIST 산업공학과의 품질관리 연구실에서 석사(1987-1989)를 받았다. 한국통신공사(현KT) 연구소의 통신망연구국 트래픽실에서 전임연구원(1989-1991)으로 짧게 근무하였다. 미국 일리노이대학 (UIUC)에서 비모수 다변량통계에 대한 연구로 통계학 박사(1990-1995)를 받았다. 이후 홍익대학교 세종캠퍼스 과학기술대학에 부임(1995-)하여, 지금까지 공학전공 학생들을 대상으로 수학과 통계학을 가르치고 있다. 카네기-멜론 대학 통계학과에서 첫 번째 연구년(2003-2004)을 보내면서, fMRI를 연구하였다. 두 번째 연구년(2011-2012)을 서울성모병원 임상약리과(가톨릭의대 약리학교실)에서 보내면서, 의학 통계에 대해 공부하고 연구했다. 이외에도 인문학, 사회학, 공학 등 다양한 분야의 전문가들과 교류하며, 공부하고 연구하였다. 세 번째 연구년(2019-2020) 동안, 이 책의 집필을 마무리하였다.

목차

1. 서론 1
   1.1 대수의 법칙 (Law of Large Numbers) 1
   1.2 모집단과 표본 3
   1.3 소프트웨어 R 8
   1.4 부록 10
2. 일변량 기술통계 13
   2.1 자료의 척도 (Measurement scales) 14
   2.2 분포 16
      2.2.1 척도에 따른 분포 16
      2.2.2 분포의 중심 (Central tendency) 21
      2.2.3 분포의 흩어짐 22
   2.3 이상치 24
   2.4 데이터 탐색을 위한 상자도표 26
   2.5 변동계수★ 29
3. 이변량 기술통계 35
   3.1 표본상관계수 및 최적 직선식 추정 36
   3.2 최적 직선식의 추정 43
   3.3 집단에 대한 기술통계 작성 및 상자도표 그리기 47
   3.4 교차표 (Two-way table) 51
4. 확률과 확률변수 63
   4.1 확률(Probability) 63
   4.2 조건부 확률과 독립사건 67
   4.3 베이즈 공식 71
   4.4 확률변수와 확률함수 73
   4.5 평균과 분산 77
   4.6 이변수에 대한 결합확률함수 80
   4.7 상관계수 83
5. 분포이론 91
   5.1 초기하분포★ 92
   5.2 베르누이 분포 93
   5.3 이항분포 94
   5.4 다항분포★ 99
   5.5 정규분포 100
   5.6 카이제곱 분포 106
   5.7 t 분포와 F 분포 107
   5.8 표본평균의 분포 110

- 5.9 중심극한정리 ... 111
- 5.10 표본분포★ ... 114
- 5.11 포아송 분포★★★ ... 115
- 5.12 지수분포, 감마분포, 베타분포★★★ ... 120
- 5.13 기타 분포들 ... 126

6. 추정과 검정 ... 135
- 6.1 점추정★ ... 136
- 6.2 구간추정과 신뢰구간 ... 137
- 6.3 가설과 검정 ... 139
- 6.4 유의확률 p – 값 ... 142
- 6.5 신뢰구간의 의미 ... 144
- 6.6 검정력과 표본크기★ ... 147

7. 일표본 T-검정 ... 157
- 7.1 표본분포 복습★ ... 157
- 7.2 모분산을 모를 때, 모평균 μ에 대한 추론 ... 158
- 7.3 정규성검정 ... 161
- 7.4 일표본 윌콕슨 비모수검정 (Wilcoxon nonparametric test) ★ ... 163
- 7.5 일표본 분산의 신뢰구간과 가설검정★ ... 165

8. 이표본 T –검정 ... 175
- 8.1 이표본의 표본분포★ ... 176
- 8.2 이분산 T -검정 ... 178
- 8.3 등분산 T –검정 ... 181
- 8.4 등분산성 검정을 위한 F –통계량 ... 183
- 8.5 비모수 이표본 평균검정★ ... 185
- 8.6 쌍체 비교법★ ... 187

9. 회귀분석 ... 197
- 9.1 단순회귀모형 ... 198
- 9.2 최소제곱법을 이용한 최적 직선식 추정 ... 200
- 9.3 분산분석을 이용한 회귀모형의 적합도 검정 ... 202
- 9.4 추정된 계수의 유의성 검정 ... 206
- 9.5 잔차도를 이용한 모형 진단 ... 210
- 9.6 기타 방법을 이용한 회귀모형 진단★ ... 212
- 9.7 신뢰구간과 예측구간★ ... 216
- 9.8 더미변수를 사용한 다중회귀모형★★★ ... 218
- 9.9 모형의 선택★★★ ... 221

10. 분산분석법 ... 239
- 10.1 일원배치 분산분석법 ... 239
- 10.2 다중비교법 (Multiple comparison) ... 248
- 10.3 대비의 검정★ ... 251

- 10.4 이원배치법 (Two-way factorial design)★ ... 253
- 10.5 난괴법 (Complete Randomized Block Design; CRBD)★★ ... 258
- 10.6 공분산분석 ★★★ ... 262
- 11. 범주형 자료분석 ... 275
  - 11.1 일표본 모비율의 추정과 검정★ ... 276
  - 11.2 이표본 모비율의 동일성 검정★ ... 278
  - 11.3 적합도 검정 ... 280
  - 11.4 독립성 검정 ... 283
  - 11.5 위험도 ★★ ... 293
- 부록 A. R 시작하기 ... 303
  - 1. 배경 ... 303
  - 2. R의 설치 (Install R) ... 303
  - 3. Start R ... 303
    - 3.1 폴더 관리 ... 304
    - 3.2 스크립트(script) 저장하기 ... 305
  - 4. 연산, 벡터, 행렬 ... 306
    - 4.1 간단한 연산 ... 306
    - 4.2 새 변수 만들기 ... 307
    - 4.3 벡터 ... 308
    - 4.4 행렬 ... 309
    - 4.5 행렬식과 역행렬 ... 311
    - 4.6 연립방정식 ... 311
    - 4.7 고유값과 고유벡터 ... 312
    - 4.9 통계량 ... 313
  - 5. 데이터 ... 314
    - 5.1 데이터 프레임(Data frame) ... 314
    - 5.2 내장 자료(built-in data) ... 316
    - 5.3 데이터 쪼개기와 합치기(Subset or merge objects) ... 316
    - 5.4 데이터 읽어들이기와 결과 내보내기(Import/Export data) ... 317
  - 6. 제어문(Control structures) ... 319
    - 6.1 if-else ... 319
    - 6.2 apply와 aggregate ... 320
  - 7. 함수 ... 322
  - 8. 수치 계산 ... 323
  - 9. 빅데이터 처리를 위한 함수 ... 324
    - 9.1 tibble ... 324
    - 9.2 dplyr ... 325
- 부록 B. 표 ... 330
  - 표 1. 누적이항분포표 ... 330

표 2. 표준정규분포표 336
표 3. 카이제곱 분포표 337
표 4. T 분포표 338
표 5. F 분포표 339
참고문헌 342
찾아보기 345

1. 서론

> 만일 누군가가 절대 불변의 행성에 살고 있다면, 그가 할 일은 정말 아무것도 없을 것이다. 아예 생각할 필요가 없기 때문이다. 그런 세계에서는 과학 하려는 마음이 일지 않을 것이다. 반대로 또 하나의 극단인 아무것도 예측할 수 없는 세상을 상상할 수 있다. 변화가 지극히 무작위적이거나 지나치게 복잡해서 생각해봤자 별 수 없는 처지라면, 그런 세상 역시 과학이 존재하지 않을 것이다. 그러나 우리가 사는 세상은 이 두 극단의 중간 어디쯤엔가 있다. 사물의 변화가 있되, 그 변화는 어떤 패턴과 규칙을 따른다. 흔히들 만물의 변화는 자연의 법칙을 따른다고 한다. 허공에 집어 던진 막대기는 반드시 땅으로 다시 떨어지고, 서쪽 지평선 아래로 진 해는 반드시 이튿날 아침 동쪽 하늘에 다시 떠오른다. 세상에는 우리가 생각해보면 알아낼 수 있는 일들이 많이 있다. 그렇기 때문에 과학이 가능하고, 과학이 밝혀낸 지식을 이용하여 우리는 우리 삶을 발전시킬 수 있는 것이다.
>
> 칼 세이건[1]

어떤 특성이 똑같은 값만 갖거나 완전히 무작위라면, 우리는 그에 대해서 아무 것도 생각할 필요가 없다. 다행히 우리가 사는 세상의 일들은 대부분 적당히 이 둘의 중간이므로, 확률과 통계를 이용하여 생각해보면 알아낼 수 있는 사실들이 무수히 많다.

1.1 대수의 법칙 (Law of Large Numbers)

어떤 미디어 업체가 인터넷 사이트에 암소 한 마리의 사진을 올리고, 소의 무게가 얼마나 되는지 짐작해보라는 실험을 실시하였다. 총 17,205명의 대중이 참여하였는데, 어떤 사람은 200Kg도 안된다고 추정하였고, 또 어떤 사람은 1,500Kg가 넘는다고 추정하며, 제각기 다른 추정치를 내놨다. 그림 1.1은 실제 자료를 내려 받아서, 지나치게 큰 추정치를 제거한 후 얻은 소의 무게에 대한 분포 그래프이다. 넓은 범위에 걸친 값들을 모두 더하여 나눈 후 얻은 평균값은 분포 그래프의 거의 가운데에 해당하는 583 Kg이었다. 놀랍게도 이 추정된 평균과 실제 소의 무게인 614 Kg의 차이는 5%에 불과했다.[2] 각 개인이 추정한 소의 무게는 실제 소 무게보다 크거나

---

[1] 칼 세이건 (Carl Sagan, 1934-1996) 미국의 천문학자이며, 코스모스의 저자이다.

[2] National Public Radio's Lanet Money segment (2015)
https://www.npr.org/sections/money/2015/08/07/429720443/17-205-people-guessed-the-weight-of-a-cow-heres-how-they-did. Accessed on Dec 20, 2018.

작으며 꽤 다르지만, 이들의 평균은 참값에 근접해 있음을 알 수 있다.

이제 이 자료를 조금 다른 시각으로 바라보자. 주어진 자료의 평균을 한꺼번에 구하는 대신, 한번에 한 사람씩 추가로 더해가면서 평균을 구한 후, 그림 1.2의 그래프로 나타내 보자. 참여자 수가 적을 때는 평균이 참값과 한참 멀리 떨어져서 오르락 내리락 움직이지만, 참여자 수가 많아질수록 평균이 점점 안정되면서 한 값에 수렴해감을 볼 수 있다. 아마도 이 값이 소의 실제 무게일 것이다. 이처럼 자료의 크기가 커질수록 평균이 참값에 가까워지는 현상을 대수의 법칙(Law of large numbers)이라고 부른다. 이는 통계적 추정과 검정의 기초이론이고, 근래에 자주 거론되는 빅데이터 분석의 기초이론이기도 하다.

그렇다면 현실에서 항상 전체집단의 참값을 알 수 있을까? 위 예제에서는 소가 한 마리만 주어졌기 때문에, 이 소의 실제 무게를 달아보고, 참값을 알 수 있었다. 하지만, 현실에서는 보통 소 한 마리의 무게를 알고 싶어하기 보다는 "한우 암소의 평균 무게" 등과 같이 특정 집단의 평균을 알고 싶어하는 경우가 더 흔하다. 이 경우, 참값을 알아내려면, 전국에 있는 한우 암소를 모두 찾아서 무게를 달아보아야 한다. 하지만, 전국 모든 농장에서 한우 암소를 찾아서 전수조사하려면 돈과 시간이 엄청나게 필요하므로, 참값은 존재하지만 실제로는 그 값을 알기 어렵다. 현실적으로 생각하면, 정확한 참값을 구하는 대신, 적당한 수의 한우 암소를 무작위로 뽑아서 무게를 측정하여 구한 평균으로 참값을 추정하는 편이 더 합리적인 해법이다. 이를 가능하게 만드는 현실적이고 수학적인 접근법이 확률과 통계이다.

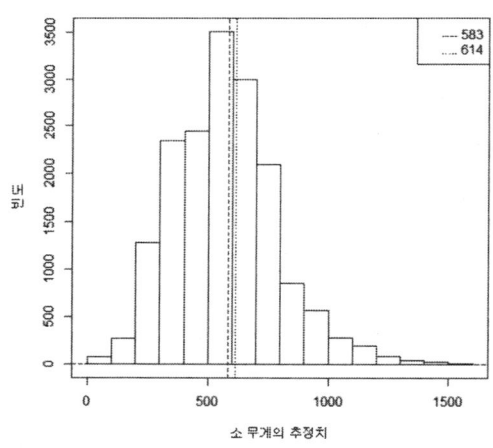

그림 1.1 소 무게의 추정치 히스토그램

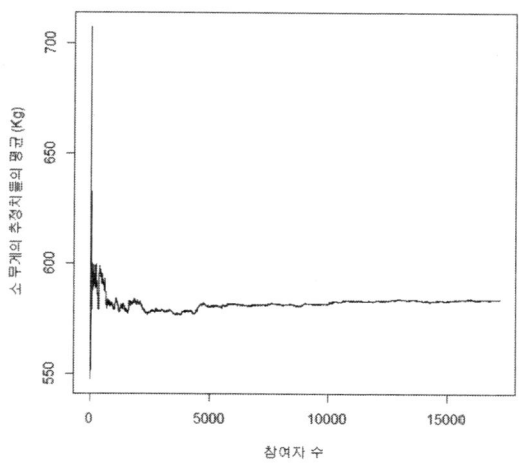

그림 1.2 소 무게 누적 평균 그래프

1.2 모집단과 표본

아마도 국가 차원에서 최초로 통계가 사용된 것은 징병과 조세를 위한 인구조사가 아닐까 싶다.[3] 이와 같은 자료수집과 통계분석을 위하여 사용되는 실험단위(experimental unit), 모집단(population), 표본(sample), 변수(variable)를 정의해보자.

정의 1.1 실험단위, 모집단, 표본, 변수

실험단위는 사람이나 사물, 처리, 사건 등과 같이 자료를 수집하는 실험 대상인 객체이다. 모집단은 연구대상이 되는 실험단위들의 전체 집합이다. 변수는 모집단의 개별 특성 또는 성질이다. 표본은 모집단의 부분집합으로 정의된다. 모집단의 크기를 N, 표본의 크기를 n이라고 두자. □

예를 들어, 이번에는 대한민국 20대 남성의 평균 키를 어떻게 추정할 수 있는지에 대해서 이야기해보자. 이론적으로 가장 정확한 방법은 전체 인구 중 20대 남성의 키를 모두 측정해서, 그 수로 나누는 것이다. 앞서 이미 언급한 바와 같이, 대한민국 국적의 20대 남성을 모두 찾아서, 그들의 키를 일일이 측정하는 일은 시간이나 비용 측면에서 비현실적이므로, 대한민국 20대

---

[3] 이탈리어 statistica(나라, 정치가)가 통계학(statistics)의 유력한 어원 중 하나이다.

남성의 평균 키의 참값은 존재하지만 알기 어렵다. 대신, 대수의 법칙에 근거하여, 이들 중 무작위로 2천명을 뽑아서 키를 측정하고, 2천명의 평균으로 전체 대한민국 20대 남성의 평균 키를 추정하는 방법을 생각해보자. 이때, 변수는 키이고, 실험단위는 키 측정 대상인 대한민국 20대 남성 개인이다. 모집단은 대한민국 20대 남성 전체 집합이며, 표본은 뽑힌 2천명이다. 모집단의 크기 N은 대한민국 20대 남성의 인구수이며, 표본의 크기 n은 2000이다.

모집단을 대표하는 모수

만약 모집단이 크고 모든 값이 $x_1, x_2, \cdots, x_{N-1}, x_N$과 같이 알려져 있다면, 모집단은 그림 1.3의 왼쪽 그래프와 같이 부드러운 곡선으로 흩어져 퍼져 있을 것이며, 이를 분포(distribution)라고 부른다. 이 모집단 분포를 대표하는 모수 (parameter)는 모평균 (population mean), 모분산 (population variance), 모표준편차 (population standard deviation)이며, 이들의 정의는 다음과 같다.

정의 1.2 모평균, 모분산, 모표준편차

$$\text{모평균} \quad \mu = \frac{1}{N} \sum_{i=1}^{N} x_i$$

$$\text{모분산} \quad \sigma^2 = \frac{1}{N} \sum_{i=1}^{N} (x_i - \mu)^2$$

$$\text{모표준편차} \quad \sigma = \sqrt{\sigma^2}$$

□

평균 μ는 분포의 중심 (또는 무게중심)을 표현하며, 모집단에 속하는 모든 값의 합을 모집단 크기 N으로 나눈 값으로 정의된다. 관측값과 평균의 차이를 편차 (deviation) $(x_i - \mu)$라고 정의하자. 편차는 양과 음의 값을 모두 가질 수 있고, 편차의 합은 0이다 (연습문제). 편차의 절대값이 클수록 자료가 평균으로부터 멀리 떨어져 있으며, 편차의 절대값이 작을수록 자료가 평균 주변 가까이 놓여있다.

분산 σ^2은 편차의 제곱합(sum of squares)을 모집단 크기 N으로 나눈 값으로 정의되며, 분산에 제곱근을 씌워서 표준편차 σ를 정의한다. 분산과 표준편차는 자료가 평균으로부터 흩어진 정도 또는 변동성(variability)을 나타낸다. 분산과 표준편차가 작으면 자료가 평균 주변에 몰려 있고, 이 값들이 크면 자료가 평균을 중심으로 넓게 퍼져 있음을 의미한다. 달리 표현하면, 분산과 표준편차가 작으면 자료의 변동성이 작고, 분산과 표준편차가 크면 자료의 변동성이 크다. 앞의 예에서 설명한 바와 같이, 모집단의 모수 μ, σ^2, σ의 참값이 존재하지만, 대부분 그 참값을 알기 어렵다.

1. 서론

표본통계량을 이용한 모수의 추정

전체 모집단이 너무 크면 비용이나 시간적 제약으로 인하여 모집단 전체를 측정하는 것이 불가능하기 때문에, 대신 적절한 크기의 표본을 추출하여 모집단을 추측한다. 이때, 앞의 대한민국 20대 남성의 평균 키를 추정하는 예제에서 표본으로 뽑힌 2천명으로 그림 1.3의 오른쪽 분포 그래프를 그려보자. 우선, 전체 범위를 여러 구간으로 나눈 후, 각 구간에 속하는 사람들의 빈도(frequency) 또는 비율(relative frequency %)로 막대의 면적을 나타내자. 그러면 표본의 분포그래프는 울퉁불퉁하지만, 부드러운 모집단의 분포 그래프와 닮아 있을 것이다.

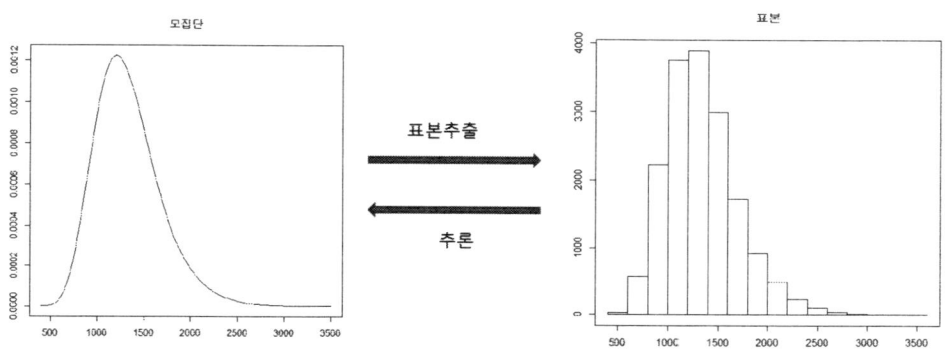

그림 1.3. 모집단과 표본, 표본추출과 추론의 과정

모평균, 모분산, 모표준편차와 같은 모집단의 대표값[4]인 모수는 존재하며, 모르는 상수이다. 반면, 표본은 추출될 때마다 달라진다. 예를 들어, 20대 남성 2천명을 한번 뽑으면, 그들의 키를 측정하여 평균을 구할 수 있다. 하지만, 또다시 2천명을 뽑으면, 처음 뽑힌 2천명과 두 번째 뽑힌 2천명이 다른 사람들일 것이다. 따라서 두 표본으로부터 구한 두 평균도 다를 것이다. 이와 같이 표본이 추출될 때마다 표본이 바뀌고, 그 표본으로부터 얻어지는 평균도 바뀐다. 이론적으로 동일한 크기의 표본을 여러 번 뽑을 수 있지만, 현실적으로 보면 돈도 시간도 부족하므로 표본을 반복해서 뽑지 않고, 일반적으로 한 세트의 표본만 뽑는다.

이를 수학적으로 표현해보자. 크기 n인 표본 $X_1, X_2, \cdots, X_{n-1}, X_n$은 새로 추출(sampling)될 때마다 그 값이 달라지므로, 표본은 변수이다. 뿐만 아니라, 이 변수들은 그림1.3과 같이 분포를 형성하므로, 이들을 확률변수라고 부른다 (3장). 일반적으로 표본의 크기는 모집단의 크기보다 훨씬 작다($n \ll N$). 여기서, 모집단의 값은 모르지만 정해져 있으므로 소문자 $x_1, x_2, \cdots, x_{n-1}, x_N$로 표현하고, 표본을 표현하는 확률변수는 달라질 수 있으므로 대문자 $X_1, X_2, \cdots, X_{n-1}, X_n$로 표현한다.

모집단에서와 마찬가지로 표본에서도 표본평균(sample mean), 표본분산(sample variance), 표본표준편차(sample standard deviation)를 정의하며, 이를 표본통계량(sample statistics)이라고

---

[4] 대푯값이 병용되어 표기된다. 이후 이 책에서는 대표값을 사용한다.

부른다. 표본평균 $\bar{X}$ 는 모평균 μ 의 추정값이고, 표본분산 S^2 은 모분산 σ^2 의 추정값이며, 표본표준편차 S은 모표준편차 σ의 추정값이다. 모수와 추정값의 관계를 표현하는 "뮤 햇(mu hat)", "시그마(sigma) 제곱 햇", "시그마 햇" 기호를 사용하여, 표본 분포를 대표하는 표본통계량을 정의해보자.

정의 1.3 표본평균, 표본분산, 표본표준편차

표본 평균은 표본 값을 모두 더하여, 표본 크기로 나눈 값으로 정의된다. 표준분산은 자료에서 평균을 빼서 구간 편차의 제곱값으로 정의된다. 표준편차는 분산에 제곱근을 씌워서 정의한다.

$$\text{표본평균} \quad \hat{\mu} = \bar{X} = \frac{1}{n}\sum_{i=1}^{n} X_i$$

$$\text{표본분산} \quad \hat{\sigma}^2 = S^2 = \frac{1}{n-1}\sum_{i=1}^{n}(X_i - \bar{X})^2$$

$$\text{표본표준편차} \quad \hat{\sigma} = S = \sqrt{S^2}$$

□

표본분산을 정의할 때, 모분산에서 사용한 편차 $(x_i - \mu)$ 대신 추정된 편차 $(X_i - \bar{X})$를 사용한다. 대수의 법칙에 따르면, 표본의 크기 n이 커져서 모집단에 가까워질수록 $\bar{X}$와 μ, S^2과 σ^2, S와 σ가 근사적으로 같아진다. 즉, $n \to \infty$이면,

$$\bar{X} \to \mu, \quad S^2 \to \sigma^2, \quad S \to \sigma$$

이다. 실험에서 관찰 또는 측정을 통하여 표본이 얻어지고, 표본에 따라 결정되는 $\bar{X}$와 S^2의 값을 $\bar{x}$와 s^2 등의 소문자로 표현한다. 이 식들에 대해서는 다음 장에서 좀더 자세히 다루자.

이 즈음에서 몇몇 독자들은 모집단을 표현하는 $x_1, x_2, \cdots, x_{N-1}, x_N$ 과 표본을 표현하는 $X_1, X_2, \cdots, X_{n-1}, X_n$의 대소문자가 혼란스럽다고 생각할 수 있다. 모집단처럼 값이 정해져 있을 때는 소문자를 사용하고, 표본처럼 추출할 때마다 값이 달라질 수 있을 때는 대문자를 사용한다.

표본추출의 어려움

표본이 모집단을 제대로 추정하려면, 표본이 모집단을 대표할 수 있도록 추출되어야 하지만, 이는 통계학이 당면한 현실적 어려움 중 하나이다. 2016년 미국 45대 대선 전 거의 대부분의 여론조사에서, 클린턴 후보가 트럼프 후보에 비하여 압도적으로 우세하였지만, 트럼프가 당선되고 클린턴은 낙선하였다. 이 결과를 두고, 많은 전문가들은 앵그리 화이트 남성(angry white men) 계층이 여론조사에서 소외되었다고 분석하였다. 같은 해 영국이 유럽연합(EU)에 잔류할지 탈퇴할지를 놓고 실시된 브렉시트(Brexit) 투표에서도 비슷한 현상이 나타났다. 브렉시트 투표 전의 대부분 여론조사에서 잔류의견이 탈퇴의견을 넘어섰지만, 투표결과는 반대로 나왔다. 이후 전문가들은 미국 대선과 마찬가지로 영국에서도 특정 계층의 의견이 여론조사뿐 아니라 정책

결정 등에서 소외되었다고 분석했다. 최근의 이 두 사례만 보더라도, 모집단을 추정하기 위한 표본추출이 얼마나 힘든 문제인지 짐작할 수 있다.

이론적으로 가장 단순한 표본추출방법은 단순랜덤추출법 (simple random sampling)이다. 이 방법은 주머니에 전체 모집단에 해당하는 모든 공(실험단위)를 넣고, 잘 흔들어서 무작위로 뽑으면, 각 공은 뽑힐 가능성이 동일하다는 이치를 이용한다. 이외에도 실험단위에 번호를 부여하고 나열한 후 일정한 간격으로 추출하는 계통추출법 (systematic sampling), 모집단을 이루는 군집들 (cluster) 중 몇 개를 단순랜덤추출하여 뽑힌 군집들을 전수조사하는 군집추출법 (cluster sampling), 모집단을 이루는 각 계층 (strata)에서 일정한 비율로 표본을 단순랜덤추출하는 층화추출법 (stratified sampling) 등의 표본추출방법이 알려져 있다. 실제 선거 등의 여론조사에서는 이들을 조합하여 사용한다. 더 자세한 설명은 이 책의 범위를 벗어나므로 생략하자.

분산의 필요성

여기서 잠시, 분산의 필요성에 대해서 생각해보자. 대부분의 경우, 우리는 한우 암소의 평균 무게나 20대 남성의 평균 키와 같이 모집단의 평균에 관심이 있는데, 왜 굳이 분산을 알아야 할까? 예를 들어, 음료수를 생산하는 회사가 지름이 3cm인 음료수 병의 뚜껑을 별도로 구매한다고 가정하자. 이 음료수 회사의 직원은 두 납품회사 A와 B 중 어느 회사를 선택할까? 두 회사에서 생산된 병뚜껑 중 임의로 1만 개를 뽑아서, 그 지름을 측정한 후, 그림 1.4와 같은 분포를 얻었다고 가정하자. 두 분포의 중심이 평균 3cm로 동일하다면, 구매자는 어느 회사의 제품을 사는 것이 좋을까? 그 이유는 뭘까? 두 분포의 평균은 동일하지만 B 회사 제품이 평균 3cm에 더 몰려 있으므로, B 회사의 분산이 A 회사의 분산보다 작다. 즉 B 회사의 병뚜껑이 더 일정하게 생산되고 있음을 알 수 있으므로, B 회사가 병뚜껑의 품질을 더 잘 관리한다고 볼 수 있다. 따라서 B 회사의 제품을 구매하는 것이 합리적인 선택이다.

분산이 작으면 자료의 변동성이 작고 자료들이 평균 주변에 몰려 있으므로, 정확도가 높고 품질이 좋다. 반면, 분산이 너무 작아서 0에 가깝다면, 변수의 값들이 거의 똑같기 때문에, 확률 및 통계가 필요하지 않을 것이다.

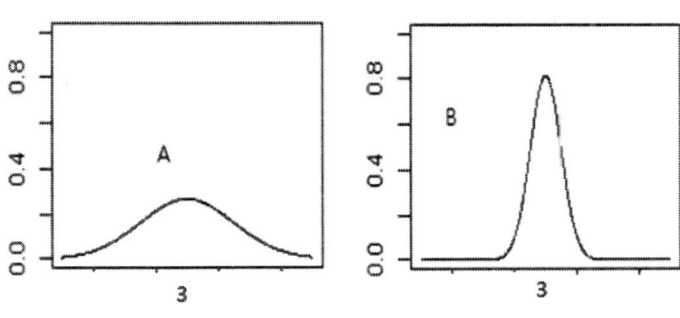

그림 1.4 평균이 3이고, 분산이 다른 두 분포

통계분석의 현실성

대한민국 20대 남성의 평균 키를 알아내기 위해서, 해당하는 모든 사람의 키를 측정하는 것은 현실적으로 불가능하다. 대신, 모집단의 크기보다 훨씬 작은 크기의 소표본(small sample)을 추출하여 실험단위 별로 자료를 측정하여 모으고, 표본평균으로 모평균을 추정하는 것이 현실적이고 경제적인 선택이다. 통계학은 이와 같은 추론이 매우 수학적이며, 현실적인 선택임을 증명한다.

정의 1.4 통계적 추론 (Statistical Inference)

표본으로부터 얻어진 정보를 이용하여, 모집단에 대한 특성을 추정하거나, 예측하거나, 일반화하는 과정을 통계적 추론이라고 정의한다. □

일반적으로, 전체 모집단이 너무 커서, 비용이나 시간적 제약 때문에 전체 모두를 측정하는 것이 불가능하다. 하지만 다행히도 모집단과 표본은 서로 쌍둥이처럼 존재하므로, 모집단을 직접 들여다보는 대신, 표본을 통하여 모집단을 들여다볼 수 있다. 적절한 크기의 표본을 추출(sampling)한 후, 표본에 대한 분석을 실시하고, 표본을 분석한 결과로 모집단의 특성을 추론(inference)한다. 이와 같이 자료를 모으고, 분석하는 전 과정이 통계학의 기본 틀이다.

남녀노소 한 손에 스마트폰을 들고 생활하는 시대에 접어들면서, 개인은 복잡한 통신 네트워크를 통하여 연결되고, 개인의 정보는 각종 플랫폼을 통하여 수집되면서, 여기저기서 빅데이터 (big data)가 축적되고 있다. 사람과 사람, 사람과 사물, 사물과 사물이 네트워크로 연결되고, 그 사이에 자료가 오고 간다. 어느 분야에서나 빅데이터가 존재하므로, 굳이 통계를 전공하지 않더라도, 누구든 각자의 분야에서 자료를 통계적으로 분석하고 필요한 정보를 발굴해낼 줄 안다면, 새로운 4차 산업혁명시대를 적절히 대비할 수 있을 것이다.

1.3 소프트웨어 R

이 책에서는 R을 이용하여 자료를 분석한다. R의 역사는 1976년, Bell lab의 Chambers, Becker, Wilks가 개발한 S로 거슬러 올라간다. 이후, 뉴질랜드 오클랜드 대학의 이하카(Ihaka)와 젠틀맨(Gentleman)이 S와 Scheme 두 언어를 합하여, 통계분석과 그래픽을 위한 공짜 프로그래밍 언어 R을 개발하였다. 1995년에 최초 버전이 나왔고, 2000년에 들어서면서 안정된 베타 버전이 나왔다. R은 마치 공학 계산기처럼 컴파일 과정 없이 한 줄씩 처리되는 인터프리트 언어 (interpreted language)이며, 객체지향 언어 (object-oriented language)이다.

R과 기존 통계패키지인 SPSS나 SAS의 차이를 살펴보자. 우선, SPSS는 원래 패키지를 부르는 명령어를 나열하여 프로그램을 작성하는 언어로 개발되었지만, 나중에 명령어 없이 메뉴를 클릭하여 패키지를 실행할 수 있도록 바뀌었다. 프로그래밍에 대한 부담이 줄어들면서, SPSS는

1. 서론

통계 사용자의 범위를 수학적 기반이 적은 학문 분야로 확장시키는 데 크게 공헌했다. 반면, 많은 SPSS 사용자들은 분석과정에서 코드를 저장하지 않기 때문에, 반복적인 분석 및 수정과정 중에 스스로 오류를 찾아내기 어렵다.

SAS는 SPSS와 같은 패키지이지만, 대용량 자료를 다루기에 편리하도록 개발되었고, 명령어가 간결하여 주로 코드를 많이 사용한다. SAS의 범위는 통계 이외에도, OR, 경제학, 경영학, 품질관리, 데이터 마이닝, 임상약리학 등, 통계와 관련된 타 학문의 계량(metrics)을 포함한다. 또한 SAS는 일반적인 Fortran이나 C처럼 프로그래밍이 가능하도록 개발되었다. FDA 등 많은 공공기관들이 공식적인 통계분석 소프트웨어로 SAS를 사용하며, SAS의 품질에 대한 신뢰도가 매우 높다. 반면, SAS는 짧은 명령어로도 많은 결과를 돌려주기 때문에, 통계지식이 부족한 사용자는 결과를 오남용할 수 있다.

R에는 누구나 패키지를 만들어서 공유할 수 있기 때문에, SAS나 SPSS처럼 품질보증이 되어있지 않지만, R만의 큰 경쟁력이 있다. 우선, R은 SAS나 SPSS에 비해서, 프로그래밍 언어에 더 가까우며, **훨씬** 적은 메모리를 필요로 한다. 둘째, R은 객체지향언어이어서 객체마다 클래스를 정의하므로, 통계의 오남용 기회가 적다. R은 인터프리트 언어이므로, 매트랩이나 파이썬처럼 한 줄씩 실행이 가능하다. 넷째, R의 문법은 C 언어와 유사하며, R의 명령어들은 유닉스(unix) 명령어와 유사하다. 다섯째, R은 벡터와 행렬을 다루기 편하도록 개발되었기 때문에, 반복 루프(loop)를 최소로 사용하는 매우 간결한 프로그래밍이 가능하다. 여섯째, R은 전 세계 다양한 분야의 전문가가 작성하여 공유하는 엄청난 규모의 패키지들을 보유하고 있다. 각 분야의 최전선에 있는 연구자들이 R을 통하여, 자신의 최신 연구를 공유함으로써 서로 소통한다. 따라서 그 어떤 상업용 통계 소프트웨어들보다 빨리 새로운 이슈들이 R에서 소개되므로, R은 기본적인 자료분석뿐 아니라, 복잡하고 정교한 연구 및 개발에 매우 적합한 언어이다. R의 코어팀에 참여했던 S 개발자인 Chambers는 R에 대해서 "R은 통계의 소통 방식에 혁명적인 영향을 미쳤다[5]"고 회고하였다[6].

이렇게 경쟁력이 있는 R이 공짜다.

R 의 설치 (Install R)

CRAN(Comprehensive R Archive Network)에 접속하여 R을 설치하는 방법은 (1)-(5)로 매우 간결하다. 좀더 상세한 R 문법을 위해서, 부록을 참조하기 바란다. R은 자주 업데이트 된다. 버전에 따라서 사용할 수 있는 패키지가 달라질 수 있으므로, 원하는 패키지가 포함된 버전을 설치하여 사용하고, 자주 업데이트하면 좋다.

  (1) https://www.r-project.org/에 접속

---

[5] "R has had a revolutionary effect on the way statistics are communicated."

[6] Revolutions (January 27, 2014) https://blog.revolutionanalytics.com/2014/01/john-chambers-recounts-the-history-of-s-and-r.html

(2) download R 클릭

(3) mirror site 선택 (한국이나 가까운 나라 선택)

(4) Download R for Windows or R for Mac 클릭

(5) R 설치

(6) Rstudio 를 설치하고, Rmarkdown 을 사용하자.

바탕화면에서 R 를 클릭한 후, Console 창에 부록의 코드를 입력해보자. 이전에 프로그래밍을 배운 적이 없는 사용자들은 공학계산기를 사용한다고 생각하고, 사칙연산에 해당하는 R 코드부터 차례로 하나씩 입력하면서, 결과를 확인해보자. 대부분의 R 실행 결과는 수학적으로 명확하거나 해당 예제에 정리되어 있으므로 따로 인쇄하지 않았다.

R 통합개발환경(Integrated Development Environment, IDE) http://www.rstudio.com 에서 Rstudio 를 다운받아서 설치 후 사용해도 좋다. 시작부터 클래스(class) 등을 생각하는 것이 부담된다면, R 이 웬만큼 익숙해진 뒤에 Rstudio 를 설치하고, 사용해도 늦지 않다. 우선, 반드시 편집창을 열어서 코드를 작성하고, 본인의 코드를 파일로 저장하는 습관을 들이자. 그래야 쉬엄쉬엄 코드를 작성할 수 있고, 언제든 본인의 코드를 다시 실행시켜서 결과를 재생시킬 수 있으며, 미처 발견하지 못했던 오류를 수정할 수 있다. R 을 시작하기 전, R 은 대소문자를 구분하며, 모든 변수는 직접 지우기 전까지 마지막 값을 저장하는 글로벌 변수임에 주의하자.

1.4 부록

n이 자연수일 때, 수의 집합 $\{x_1, x_2, \ldots, x_n\}$의 합을 합의 기호 Σ를 정의해보자.

$$\sum_{i=1}^{n} x_i = x_1 + x_2 + \cdots + x_n$$

특별히, $x_i = i$이면,

$$\sum_{i=1}^{n} x_i = \sum_{i=1}^{n} i = 1 + 2 + 3 + \cdots + n$$

이므로, 1부터 n까지 자연수의 합이다. 두 집합 $\{x_1, x_2, \ldots, x_n\}$와 $\{y_1, y_2, \ldots, y_n\}$에 대하여,

$$\sum_{i=1}^{n} (ax_i + by_i) = a \sum_{i=1}^{n} x_i + b \sum_{i=1}^{n} y_i$$

가 성립한다. 여기서, a, b는 상수이다.

연습문제

1. 다음 ( )에 알맞은 단어를 적어 넣어라.

① ( )는 사람이나 사물, 처리, 사건 등과 같이 자료를 수집하는 실험 대상인 객체이다.

② ( )은 연구대상이 되는 실험단위들의 전체 집합이다.

③ ( )는 모집단의 개별 특성 또는 성질이다.

④ ( )은 모집단의 부분집합으로 정의된다.

(풀이) ①실험단위 ②모집단 ③변수 ④표본

2. 대학 A에서 신입생들의 고등학교 3학년 2학기 국어 평점의 평균과 표준편차를 조사하기 위하여, 신입생 100명을 무작위로 추출한 후, 이들의 고등학교 3학년 2학기 국어 평점의 평균과 표준편차를 구하였다. 다음 중 옳은 설명을 모두 고르라.

a. 실험단위는 대학 A의 특정 학과이다.

b. 모집단은 대학 A의 신입생 전체이다.

c. 표본은 무직위로 추출된 100명의 신입생이다.

d. 변수는 고등학교 국어 평점이다.

① a c ② a d ③ b c ④ b c d

(정답) ③

3. 다음 중 모집단의 모수가 아닌 것을 고르시오.

① 표본평균 ② 모평균 ③ 모분산 ④ 모표준편차

(정답) ①

(풀이) 모평균, 모분산, 모표준편차와 같은 모집단의 모수이고, 표본평균, 표본분산, 표본표준편차와 표본통계량은 표본으로부터 얻어지는 통계량이다.

4. 다음 중 모수와 표본통계량에 대한 틀린 설명을 고르시오.

① 표본평균은 모평균의 추정치이다.

② 표본이 달라지면, 표본평균이 달라진다.

③ 모평균은 상수이다.

④ 표본표준편차는 상수이다.

(정답) ④

(풀이) 모평균, 모분산, 모표준편차와 같은 모수는 상수이고, 표본평균, 표본분산, 표본표준편차와 표본통계량은 표본이 달라질 때마다 바뀌는 변수이다. 표본통계량은 모수의 추정치이다.

5. 편차의 합이 0임을 보이라.

(풀이)

$$\sum_{i=1}^{N}(x_i - \mu) = \sum_{i=1}^{N} x_i - \sum_{i=1}^{N} \mu = N\mu - N\mu = 0$$

책을 펴고 읽지 않으면, 수천 년 동안 빼곡히 쌓인 지혜가 그 모습을 드러내지 않는다.

에머슨

2. 일변량 기술통계

케플러[7]는 당대 최고의 천체 관측자였던 브라헤[8]의 조수로 일하는 동안, 브라헤가 평생토록 성실하게 관측한 태양계 행성에 대한 자료를 손에 넣으려 애썼지만, 브라헤는 죽음의 문턱에 이르러서야 자료를 케플러에게 남겼다. 천신만고 끝에 얻은 귀중한 브라헤의 자료를 토대로, 케플러는 화성이 태양을 중심으로 원의 궤도를 따라서 돈다는 자신의 이론적 모형과 브라헤의 측정값 사이에서 큰 오차를 발견하였다. 케플러는 용감하게 자신의 이론을 버리고 브라헤의 경험적 측정값을 받아들이면서, 화성의 공전궤도가 타원이며, 태양은 타원의 두 초점 중 하나임을 밝힐 수 있었다. 이에 대해서 칼 세이건은 그의 저서 코스모스에서 "어디나 조화로운 비율이 장식처럼 박혀 빛나는 이 우주이지만, 그러한 조화의 비율도 경험적 사실에 반드시 부합해야 한다"고 적었다.

통계자료분석에서 제일 중요한 보물은 바로 정확한 자료(Data)이다. 정확한 자료가 없다면, 아무리 수학적으로 뛰어난 분석방법도 무용지물이다.

어떤 자료에 대해서든, 모든 자료분석 중 으뜸은 누구나 쉽게 이해할 수 있는 기술통계 (descriptive statistics, summary statistics)이다. 기술통계는 특별한 수학 모형을 가정하지 않은 상태에서 표본의 특성을 대표하는 평균, 분산, 표준편차 등의 통계량을 포함한 표와 분포를 눈으로 확인할 수 있도록 그린 그래프 등을 통칭한다. 아무리 복잡한 확률 및 통계의 이론적 모형도, 경험적 자료에 근거한 기술통계와 반드시 부합해야만 의미가 있다는 데에, 바로 기술통계의 중요성이 있다. 기술통계는 고급 수학 지식 없이도 누구나 쉽게 이해할 수 있기 때문에, 미디어를 포함한 생활과 밀접한 영역에서 가장 널리 사용되는 통계량이다. 이 장에서는 변수가 한 개 있을 때 사용할 수 있는 기술통계에 대하여 알아보자. 실제 보고서나 논문에서 제일 먼저 일변량 기술통계를 표와 그래프로 보여준다.

통계 방법이 다양하다 보니, 막상 자료를 마주했을 때, 어떤 분석을 실시할지 막막할 때가 많다. 이때, 가장 먼저 고려해야할 내용이 바로 자료의 척도이다. 자료가 연속형인지 이산형인지, 자료가 집단을 표현하는지 아닌지, 자료가 계획적으로 수집되었는지, 아니면 관찰된 자료인지 등이 자료분석의 방법을 크게 구분한다.

---

[7] 케플러(Johannes Kepler, 1571-1630)는 독일의 천문학자이다.

[8] 브라헤(Tycho Brahe, 1546-1601)는 덴마크의 천문학자이다.

2.1 자료의 척도 (Measurement scales)

표본의 다른 이름은 자료 또는 데이터(data)이다. 자료분석의 목적과 더불어, 자료의 척도에 따라서 통계분석방법이 달라진다. 통계에서 사용하는 자료(data, observations)는 명목척도(nominal scale), 순서척도(ordinal scale), 비척도(ratio scale)의 세 가지 척도로 측정 또는 관찰된다. 이들은 다시 집단(group)을 표현하는 범주형 자료(categorical data)와 연속형 자료 (continuous data)로 구분된다. 적절한 자료분석방법을 선택하기 위해서, 우선 자료의 척도가 무엇인지 정확히 구분할 줄 알아야 한다.

정의 2.1 명목척도

명목척도(nominal scale)는 순서가 없는 자료의 척도이며, 집단(group, category)을 표현한다. □

예를 들어, 성별, 질병유무, 흡연/비흡연, 음주여부, 부작용유무, 불량여부, 브랜드, 직업, 처리종류 등이 명목척도에 해당한다. 좀더 구체적으로는 남자 집단과 여자집단, 당뇨 집단과 비당뇨 집단, 흡연자 집단과 비흡연자 집단 등으로 해석될 수 있다.

정의 2.2 순서척도

순서척도(ordinal scale)는 순서는 있지만 값들의 차이를 측정할 수 없는 자료의 척도이다. □

선호도를 표현하는 5점 또는 7점 척도의 리커트(Likert scale) 또는 SD 척도(semantic differential scale)가 순서척도에 해당한다. 예를 들어, 어떤 제품이나 내용에 대한 주관적인 선호도 사이에 다음과 같은 부등호가 성립한다.

$$\text{매우 싫음} < \text{싫음} < \text{보통 (싫지도 않고 좋지도 않음)} < \text{좋음} < \text{매우 좋음}$$

하지만, 동일한 사람뿐만 아니라, 다른 사람들 사이에서도 주관적인 선호도에 대한 두 값의 차이를 측정할 수 없기 때문에, 다음과 같은 등호는 성립하지 않는다.

$$(\text{싫음} - \text{매우 싫음}) \neq (\text{매우 좋음} - \text{좋음})$$

정의 2.3 비척도

비척도(ratio scale)는 0이 물리적인 0을 의미하며, 차이와 비를 측정할 수 있고, 차이와 비가 물리적인 의미를 갖는 자료의 척도이다. □

예를 들어, 보통 길이, 무게, 면적, 체적, 점수, 밀도, 혈압, 혈당 등과 같은 연속값들이 여기에 속한다. 예를 들어, (187-177) cm = (193-183) cm에서 양변의 10cm 차이는 동일하며, 100cm는 10cm의 10배라는 비율이 물리적 의미를 가진다. 온도와 같이 0이 절대적인 값 0이 아닌 경우를 따로 구간척도(interval scale)로 분류되지만, 여기서는 생략하자.

위 세가지 척도로 측정된 자료는 크게 집단을 나타내는 **범주형 자료**(categorical data)와 나머지 **연속형 자료**(continuous data), 둘로 구분된다.[9] 명목척도로 측정된 자료는 범주형 자료이다. 순서척도로 측정된 자료는 경우에 따라서 범주형 자료로 처리되기도 하고, 연속형 자료로 처리되기도 한다. 순서척도 자료가 연속형 자료로 처리되면, 그 결과가 정확하지 않고 추이나 경향(tendency)만 보여주므로, 해석에 각별한 주의가 필요하다. 비척도 자료는 일반적으로 연속형 자료에 해당한다. 하지만 비척도 자료도 소수의 값만 가지거나 소수의 구간으로 구분되어 처리될 경우, 범주형 자료로 처리될 수 있다.

예제 2.1 R mtcars[10] 자료는 32개의 자동차 (행)에 대하여, 11개의 변수(열) 값을 가지고 있다 (표2.1, 표2.2). 관측치의 이름(identity)인 Names를 제외하고, 이 변수들의 척도를 분류해보면 다음과 같다.

명목척도: vs, am

순서척도: cyl, gear, carb

비척도: mpg, cyl, disp, hp, drat, wt, qsec, gear, carb

엔진타입 vs는 v 타입 엔진(v=0)을 가진 자동차 집단과 s 타입 엔진(v=1)을 가진 자동차 집단을 표현한다. 트랜스미션 am은 자동(a; auto, am=0) 또는 수동(m; manual, am=1) 두 집단을 표현한다. 기통수(cyl)는 연속형이지만, 4, 6, 8 기통의 세 가지 타입이 가장 흔하므로, 소형차, 중형차, 대형차 집단을 표현하는 범주형 자료로 취급될 수 있다. gear와 carb 또한 cyl처럼 연속형이지만, 범주형으로 처리될 수 있다.

몇몇 특정 값만 가지는 연속형 변수는 분석의 목적에 따라서, 범주형 또는 연속형으로 처리될 수 있다. 예를 들어, 기통수(cyl)와 마력(hp)의 관계를 분석할 때, 기통수를 범주형으로 처리하면, 소형자, 중형자, 대형차 집단 사이의 평균 마력을 비교할 수 있다. 기통수를 연속형으로 처리하면, 기통수의 증가에 따른 마력의 증가비율을 직선의 기울기로 추정할 수 있다.

나머지 mpg, disp, hp, drat, wt, qsec는 연속형 변수들이다.

한 가지 변수가 분석목적이나 해석에 따라서, 연속형으로도 취급될 수 있고, 범주형으로도 취급될 수 있다는 점에서 통계가 수학과 다르게 구분되기도 한다. □

---

[9] 질적 자료(qualitative data), 양적 자료(quantitative data)라고도 불린다.

[10] Henderson and Velleman (1981), Building multiple regression models interactively. *Biometrics*, **37**, 391–411.

표 2.1 mtcars 의 32 개 관측값과 11 개 변수

열번호	변수명	변수값의 의미
[, 1]	mpg (연비)	Miles/(US) gallon
[, 2]	cyl (기통수)	Number of cylinders
[, 3]	disp (거리)	Displacement (cu.in.)
[, 4]	hp (마력)	Gross horsepower
[, 5]	drat (드랫)	Rear axle ratio
[, 6]	wt (무게)	Weight (lb/1000)
[, 7]	qsec (동일 거리 가기 위한 시간)	1/4 mile time
[, 8]	vs (엔진 타입)	V/S (0=v 타입, 1=s 타입)
[, 9]	am (트랜스미션 타입)	Transmission (0 = automatic, 1 = manual)
[,10]	gear (기어수)	Number of forward gears
[,11]	carb (캐브레이터수)	Number of carburetors

표 2.2 mtcars 자료

Names	mpg	cyl	disp	hp	drat	wt	qsec	vs	am	gear	carb
Mazda RX4	21	6	160	110	3.9	2.62	16.46	0	1	4	4
Mazda RX4 Wag	21	6	160	110	3.9	2.875	17.02	0	1	4	4
Datsun 710	22.8	4	108	93	3.85	2.32	18.61	1	1	4	1
Hornet 4 Drive	21.4	6	258	110	3.08	3.215	19.44	1	0	3	1
...											

2.2 분포

모집단의 값들이 일정한 범위에서 흩어져 퍼져있는 것을 분포(distribution)라고 부른다. 자료의 분포(distribution)를 표현하는 방법으로 표와 그래프가 있으며, 이들의 종류는 자료의 척도에 따라서 다르다. 범주형일 때는 빈도표(frequency table), 상대빈도표(relative frequency table), 막대그래프(bar graph), 원그래프(pie chart)를 사용한다. 연속형일 때는 구간에 대한 빈도표와 상대빈도표, 히스토그램 (histogram)을 사용하고, 탐색적 분석을 위해서 상자도표 (boxplot)를 사용한다.

2.2.1 척도에 따른 분포

범주형 자료의 분포

범주형 자료의 분포를 구하기 위하여, 우선 각 값에 대한 빈도와 상대빈도를 표로 정리한

빈도표와 상대빈도표를 만든다. 막대의 높이가 빈도 또는 상대빈도가 되도록 막대그래프를 그린다. 이때 막대의 높이를 모두 합하면, 100%이다. 막대그래프의 x축에 놓인 범주들 사이에 순서가 없어서 막대들의 순서를 이리저리 바꿀 수 있기 때문에, 막대그래프의 표현은 유일하지 않다. 빈도는 표본 크기에 따라서 커지기 때문에, 빈도와 함께 상대빈도를 퍼센트로 표현하여 같이 보여준다. 원그래프(pie chart)는 360 × 상대빈도로 부채꼴의 각을 표현한다.

예제 2.2 어떤 통계학 강의에서 학생들이 가지고 있는 휴대전화 브랜드를 조사해보자 휴대전화 브랜드는 A 사, B 사, C 사와 같이 집단을 표현하는 범주형자료이므로, 빈도표(표 2.3)과 막대그래프(그림 2.1), 원그래프(그림 2.2)로 나타낼 수 있다. 빈도표의 셀 빈도를 이용하여 브랜드의 시장점유율을 추정하면, A 사는 36.2%, B 사는 48.9%, C 사는 14.9%임을 알 수 있다. □

표 2.3 빈도표 n(%)

A	B	C	총합
34 (36.2%)	46 (48.9%)	14 (14.9%)	94 (100%)

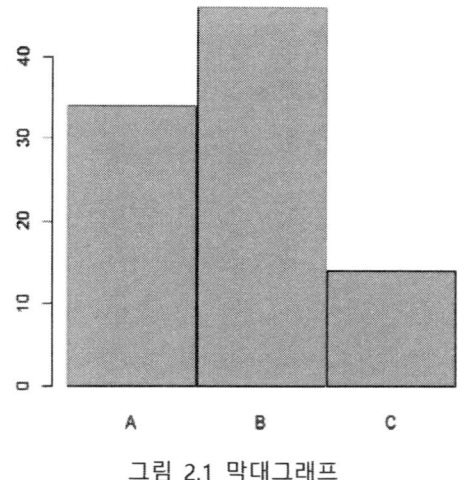

그림 2.1 막대그래프

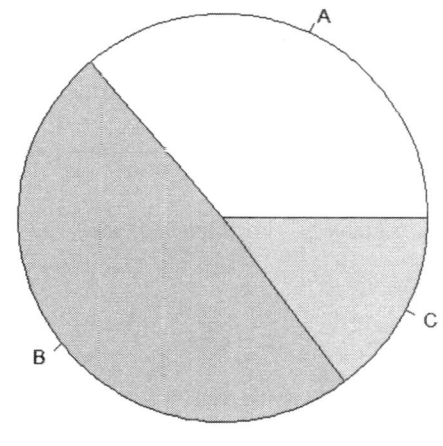

그림 2.2 원그래프

R 실습

R 을 이용하여 다시 계산해보자. 수학적 정의가 명확하거나, 이미 상세히 설명되었기 때문에, 출력을 생략하자.

```
# 표 2.3 자료
rep("A",34)                    # A 34 개 만들기
rep("B",46)                    # B 46 개 만들기
```

```
rep("C",14)                                    # C 14 개 만들기
x <- c(rep("A",34), rep("B",46), rep("C",14))  # 위 셋을 하나로 묶어서, x 에 저장하기
x                                              # x 값 확인하기
```

```
# 표 2.3 빈도표
my.table <- table(x)
my.table
# 그림 2.1 막대그래프
barplot(my.table, space=0.1)        # 빈도가 막대의 높이임
# 그림 2.2 원그래프 그리기
lb <-c("A", "B", "C")               # 이름(label) 붙이기
pie(my.table, lb)
```

```
# 표 2.3 상대빈도표★
my.ptable <- prop.table(my.table)   # 상대빈도표 만들기
my.ptable
# 그림 2.1 막대그래프
barplot(my.ptable, space=0.1)       # 상대빈도가 막대의 높이임
```

연속형 자료의 분포

연속형 자료의 분포를 나타내기 위하여, **히스토그램**(histogram)을 사용한다. 우선 자료의 전체 범위(range)를 일정 수의 계급구간(interval)으로 나눈 후, 각 계급구간에 속하는 자료의 빈도와 상대빈도를 표로 정리한 상대빈도표를 구한다. 모든 자료가 경계에 놓이지 않고 한 구간에만 속하도록 만들기 위하여, 계급구간의 경계를 자료의 측정 단위보다 한 단위 낮게 잡는다. 각 계급구간에서 막대의 면적이 상대빈도가 되도록 히스토그램을 그린다. 히스토그램의 면적은 1 (100%)이다. 범주형 자료의 분포를 표현하는 막대그래프와 달리, 히스토그램의 x축의 계급구간 사이에 순서가 있으므로, 막대들의 순서를 바꿀 수 없다. 대신 계급구간의 크기를 조절할 수 있다.

2. 일변량 기술통계

예제 2.3 R mtcars 의 hp(마력) (표 2.4)를 이용하여 얻은 32 대 자동차의 마력의 분포를 알아보자. 마력은 연속형 자료이므로 상대빈도표(표 1.4)와 히스토그램(그림 2.3)을 구하자. 마력의 단위가 1 이므로, 표 2.5 처럼 계급의 경계를 0.5 로 잡아보자. 자동차의 마력은 28%가 (51.5,99.5]에 속하고, 68.8%가 (99.5,288.5]에 속하며, 3.1%가 288 이상임을 알 수 있다. R 에서 계급수와 계급구간을 자동으로 생성하고 사용하지만, 사용자가 계급구간을 구체적으로 지정할 수도 있다. □

표 2.4 mtcars 마력

52	62	65	66	66	91	93	95	97	105	109	110	110	110	113	123
123	150	150	175	175	175	180	180	180	205	215	230	245	245	264	335

표 2.5 mtcars 마력의 상대빈도표

계급구간	(51.5,99.5]	(99.5,145.5]	(145.5,194.5]	(194.5,241.5]	(241.5,288.5]	(288.5,335.5]
상대빈도	0.28125	0.25000	0.25000	0.09375	0.09375	0.03125

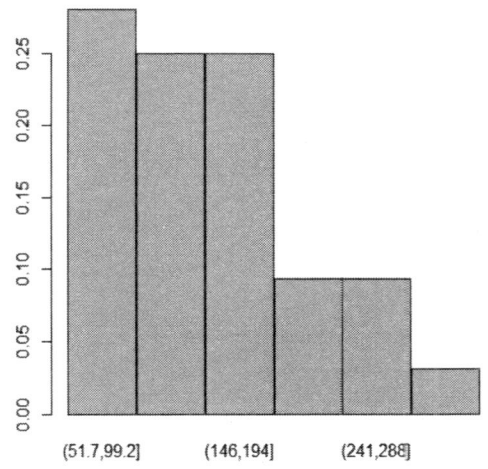

그림 2.3 mtcars 마력의 히스토그램

R 실습

```
# 표 2.4 자료
# 방법 1. 자료의 값들을 c( )로 묶어 자료로 만들고, x 에 저장하기
```

```
x<-c(52, 62, 65, 66, 66, 91, 93, 95, 97, 105, 109, 110, 110, 110, 113, 123,123, 150, 150,
    175, 175, 175, 180, 180, 180, 205, 215, 230, 245, 245, 264, 335)
# 방법 2.
x<-mtcars$hp
```

```
# 그림 2.3 히스토그램 (histogram)
# 방법 1 자동 그리기
hist(x)
# 방법 2 구간 정하기
hist(x, breaks=c(50,100,150,200,250,300,350))
# 방법 3★ 상대빈도표 이용
x.freq <- cut(x, breaks=6)         # 분석자가 6개의 계급구간을 정함.
x.table <- table(x.freq)           # 빈도표 (frequency table)
x.table                            # 빈도표 보기
x.p.table <- prop.table(x.table)   # 상대빈도표 (relative frequency table)
barplot(x.p.table, space=0.01)     # 분석자가 정한 6개 계급구간을 갖는 히스토그램 그리기
# 방법 4★ gglpot2 사용하기
Library(ggplot2)
ggplot(mtcars, aes(x=hp)) + geom_histogram()
```

```
# 기술통계량
mean(x)        # x̄ 평균
median(x)      # m 중앙값
var(x)         # s² 분산
sd(x)          # s 표준편차
quantile(x)    # Q1, Q2, Q3
IQR(x)         # IQR = Q3 - Q1
```

```
range(x)                    # 범위= (min, max) 또는 범위= max − min
```

예제 2.4 R Cars93 에서 마력(Horsepower)의 분포를 알아보자. ggplot2 의 ggplot geom_histogram 을 사용하자. 각 구간에서 전체 막대기는 그 구간에 해당하는 마력의 비율이다. 여기에 6 가지 유형, Compact, Large, Midsize, Small, Sporty, Van 에 따라서 색을 입히면, 차량 종류에 따른 구간 별 마력의 비율을 그래프로 나타낼 수 있다. 이 경우, 마력과 종류, 두 개의 변수가 있으므로, 이변량 문제가 되므로, 다음 3 장으로 미루어 두자. □

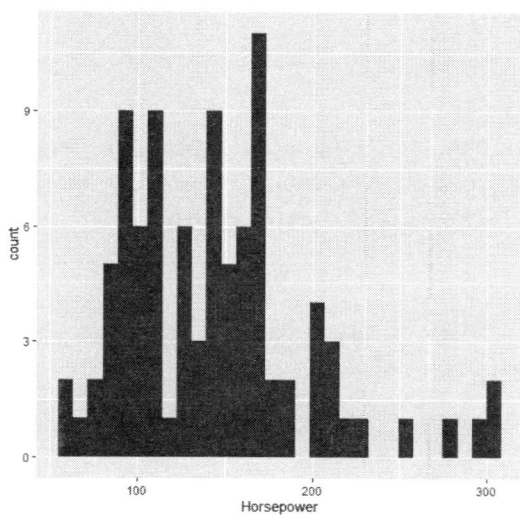

그림 2.4 Cars93의 종류별 마력의 히스토그램

R 실습

```
# 그림 2.4
library(ggplot2)
library(MASS)
data(Cars93)
ggplot(Cars93, aes(x=Horsepower)) +  geom_histogram()
```

2.2.2 분포의 중심 (Central tendency)

크기가 n인 연속형 자료의 표본의 값이 $x_1, x_2, ..., x_n$으로 얻어질 때, 표본분포의 중심을 표현하는 통계량으로 표본평균(sample mean), 중앙값(median), 백분위수(percentile), 사분위수(quartiles) 등이 있다.

정의 2.4 표본의 모든 값을 더한 후, 표본 크기로 나눈 값을 **표본평균** $\bar{x}$라고 정의한다.

$$\bar{x} = \frac{1}{n}\sum_{i=1}^{n} x_i$$

□

표본의 값을 무게로 생각할 때, 표본평균은 히스토그램의 무게중심에 해당한다. 표본평균을 중심으로 히스토그램의 왼쪽과 오른쪽의 무게가 동일하다.

정의 2.5 표본을 크기 순으로 나열한 후, 가운데 값을 **중앙값** (median)이라고 정의한다. □

표본의 크기가 홀수이면, 순서상으로 제일 가운데 값이 중앙값이고, 표본의 크기가 짝수이면, 가운데 두 값의 평균이 중앙값이다. 중앙값은 표본분포의 면적을 반으로 나누며, 히스토그램에서 중앙값을 중심으로 왼쪽과 오른쪽의 면적이 동일하다.

정의 2.6 표본을 크기 순으로 나열한 후, 작은 것부터 $p*100\%$에 해당하는 값을 p **백분위수** (percentile)라고 정의한다. □

자주 사용되는 백분위수 중 25 백분위수, 50 백분위수, 75 백분위수를 차례로 제 1, 제 2, 제 3 사분위수라고 부르고, $Q1, Q2, Q3$으로 나타낸다.

$Q1$ = 25 백분위수 또는 제 1 사분위수 (the 1st quartile[11])

$Q2$ = 50 백분위수 또는 제 2 사분위수 (the 2nd quartile)

$Q3$ = 75 백분위수 또는 제 3 사분위수 (the 3rd quartile)

이들 중, 제 2 사분위수 Q2는 중앙값(median)이다. 이외에도 표본을 크기 순으로 나열한 후, 큰 것부터 $p*100\%$에 해당하는 값을 p 분위수 (quantile)라고 정의하여 사용한다. 백분위수와 분위수는 서로 순서가 뒤집혀서 정의되었다고 생각하면 쉽게 이해될 수 있다. 사분위수만 따로 계산하려면, R에서 quantile( )을 사용하면 된다.

2.2.3 분포의 흩어짐

연속형 자료에 대하여 분포의 중심으로부터 자료의 흩어짐(dispersion) 또는 변동(variation)을

---

[11] A quarter가 1/4를 의미하며, 미국 $1의 1/4인 25센트를 의미하기도 한다.

다양하게 정의할 수 있다.

정의 2.7 편차(deviation)는 자료가 평균으로부터 떨어진 거리 $(x_i - \bar{x})$로 정의된다. □

편차의 절대값이 크면 자료가 평균으로부터 멀리 떨어져있고, 편차의 절대값이 작으면 자료가 평균 주변에 가까이 놓여있다. 편차의 합은 0이다.

$$\sum_{i=1}^{n}(x_i - \bar{x}) = \sum_{i=1}^{n} x_i - n\bar{x} = 0$$

정의 2.8 표본분산(Sample variance)은 편차 제곱합을 $(n-1)$로 나눈 값으로 정의된다.

$$s^2 = \frac{1}{n-1}\sum_{i=1}^{n}(x_i - \bar{x})^2 = \frac{1}{n-1}\left(\sum_{i=1}^{n} x_i^2 - n\bar{x}^2\right)$$

□

두 번째 등호가 성립하는 이유는 다음과 같다.

$$\sum_{i=1}^{n}(x_i - \bar{x})^2 = \sum_{i=1}^{n}(x_i^2 - 2x_i\bar{x} + \bar{x}^2) = \sum_{i=1}^{n} x_i^2 - 2\bar{x}\sum_{i=1}^{n} x_i + n\bar{x}^2 = \sum_{i=1}^{n} x_i^2 - n\bar{x}^2$$

이때, n 대신 $(n-1)$로 나누어야 s^2이 모분산 σ^2에 더 잘 근사한다고 알려져 있다. 표본분산이 크면 자료가 평균으로부터 멀리 흩어져있고, 표본분산이 작으면 자료가 평균 주변에 몰려있다.

정의 2.9 표본표준편차 (Sample standard deviation)는 표본분산의 제곱근으로 정의된다.

$$s = \sqrt{s^2}$$

□

분산과 마찬가지로, 표준편차가 크면 자료가 평균으로부터 멀리까지 흩어져있고, 표준편차가 작으면 자료가 평균 주변에 몰려있다. 실제로 자료의 변동을 살펴보기 위해서, 자료와 동일한 측정단위를 가지고 있는 표준편차를 자주 사용한다.

정의 2.10 범위(range)는 최대값과 최소값[12]의 차이로 정의된다.

$$\text{범위(range)} = \text{최대값} - \text{최소값} = max - min$$

□

범위가 넓으면 자료가 넓게 흩어져있다는 의미이고, 범위가 좁으면 자료가 좁게 몰려있다는

---

[12] 최댓값, 최솟값으로도 병용하여 표기된다. 이 책에서는 최대값, 최소값을 사용한다.

의미이다.

정의 2.11 사분위수범위 (Inter-quartile Range)는 제 3 사분위수와 제 1 사분위수의 차이로 정의된다.

$$IQR = Q3 - Q1$$

□

IQR은 아주 큰 값과 아주 작은 값들이 제거한 후 계산되기 때문에, 자료에 흔히 존재할 수 있는 이상하게 크거나 작은 값들의 영향을 덜 받는다.

2.3 이상치

연속형 자료에서 대다수 자료 무리와 동떨어지게 특별히 아주 큰 값이나 아주 작은 값을 이상치(outlier)라고 정의한다. 일반적으로 히스토그램 등의 분포 그래프에서 긴 꼬리나 두꺼운 꼬리가 이상치의 존재를 알려준다. 이상치를 찾는 방법은 다음과 같다.

$$Q3 + 1.5\, IQR \text{ 보다 큰 값}$$

$$Q1 - 1.5\, IQR \text{ 보다 작은 값}$$

자료가 제 3 사분위수보다 IQR의 1.5배를 초과하거나, 제 1 사분위수보다 IQR의 1.5배 미만이면, 이를 이상치로 판정한다. 좀더 엄격히 기준을 적용하여, 자료가 제 3 사분위수보다 IQR의 3배를 초과하거나, 제 1 사분위수보다 IQR의 3배 미만이면, 이를 이상치로 판정하기도 한다.

이상치가 자료에 미치는 영향을 파악하기 위하여, 예제 2.5와 예제 2.6에서 얻어지는 통계량을 비교해보자. 예제 2.5의 자료 중 5를 555로 잘못 입력하여 예제 2.6의 자료를 얻었다고 가정하자. 예제 2.5에서 평균이 3이었지만, 예제 2.6에서 평균이 64.111로 훨씬 크게 바뀌는 현상을 볼 수 있다. 평균, 분산, 표준편차, 범위는 자료 중 한 개의 이상치만 있어도 민감하게 바뀌는 반면, 중앙값, 사분위수, IQR 등은 상대적으로 이상치로부터 영향을 덜 받는다.

예제 2.5

자료 (data)   1, 2, 2, 3, 3, 3, 4, 4, 5

표본평균(Mean) $\bar{x} = (1 + 2 + 2 + 3 + 3 + 3 + 4 + 4 + 5)/9 = 3$

중앙값(Median) $m = 3$

표본분산(Variance) $s^2 = \frac{(1-3)^2 + 2(2-3)^2 + 3(3-3)^2 + 2(4-3)^2 + (5-3)^2}{9-1} = 1.5$

2. 일변량 기술통계

표본표준편차(SD) $s = \sqrt{1.5} = 1.2$

범위(Range)   (1,5) or 5-1=4

사분위수 $Q1 = 2, Q2 = 3, Q3 = 4$

사분위수범위 $IQR = Q3 - Q1 = 2$

이상치(Outlier)   없음

□

예제 2.6 예제 2.5의 자료에서 5를 555로 바꾸자.

자료 (data):   1, 2, 2, 3, 3, 3, 4, 4, 555 (오타에 의한 이상치 한 개 존재함)

표본평균(Mean) $\bar{x} = (1 + 2 + 2 + 3 + 3 + 3 + 4 + 4 + 555)/9 = 64.1$

중앙값(Median) $m = 3$

표본분산(Variance) $s^2 = \frac{(1-64.1)^2 + 2(2-64.1)^2 + 3(3-64.1)^2 + 2(4-64.1)^2 + (555-64.1)^2}{9-1} = 33887.6$

표본표준편차(SD) $s = 184.1$

범위(Range)   (1,555) or 555-1=554

사분위수 $Q1 = 2, Q2 = 3, Q3 = 4$

사분위수범위 $IQR = Q3 - Q1 = 2$

이상치(Outlier) $555 > Q3 + 1.5 * IQR = 4 + 1.5 * 2 = 7$

□

 이상치의 관점에서 보면, 중앙값, 사분위수, IQR을 주로 사용해야 할 것 같지만, 이론이 더 잘 발달된 평균, 분산, 표준편차, 범위가 더 널리 사용된다. 따라서, 자료분석 전에 반드시 이상치를 찾고, 이후 분석에 이를 포함시킬지 또는 제거할지를 결정한 후, 본격적인 자료분석을 실시해야 한다. 이상치를 탐색하지 않고 본격적으로 자료를 분석한다면, 분석의 마지막 단계에서 모형의 적합성이 떨어지므로, 분석을 처음부터 다시 실시해야 하는 경우가 흔히 발생한다.

 실제 보고서를 준비할 때, 범주형 자료에 대해서는 범주별 상대빈도(%)를 제공하고, 연속형 자료에 대해서는 중앙값과 범위 또는 평균과 표준편차, 범위를 표로 제공한다. 범위를 보면, 자료에 이상치가 존재하는지 여부를 판단할 수 있다. 자료분석의 시작부터 이상치를 고려하지 않으면, 낭패를 보기 쉽다. 오타나 오류에 의한 이상치가 발견되면, 수정하면 된다. 하지만, 그 이외의 이상치가 존재할 경우에는 이상치를 분석에 계속 포함시킬지, 제거할지 심각하게 논의해야한다. 많은 통계분석방법들이 평균을 사용하기 때문에, 한 개의 아주 크거나 작은 이상치도 통계적 추정값을 심각하게 오염시킬 수 있다. 따라서 많은 경우에 Data Cleaning에 해당하는 Data Prepocessing 단계를 두고, 자료 중 이상치를 제거한 후, 본격적인 분석을 실시한다.

2.4 데이터 탐색을 위한 상자도표

본격적인 분석에 앞서, 자료의 특성을 탐색하기 위해서, 그림 2.5의 **상자도표**(Box and whisker plot; Tukey, 1970)를 그린다. 상자도표[13]는 상자와 상자 양쪽 끝에 붙은 수염으로 표현된다. 상자를 반으로 나누어서, 상자의 아래쪽, 가운데, 위쪽에 차례로 사분위수 $Q1, Q2, Q3$ 을 배정하고, 왼쪽(아래쪽) 수염의 끝에 이상치를 제거한 최소값을 배정하고, 오른쪽(위쪽) 수염의 끝에 이상치를 제거한 최대값을 배정한다. 상자의 비대칭을 통하여 분포의 치우침(skewness)을 관찰할 수 있고, 수염의 길이를 통하여 분포의 꼬리 두께(kurtosis)를 관찰할 수 있다. 상자도표를 이용하여 자료의 분포를 훨씬 직관적으로 관찰할 수 있기 때문에 상자도표는 자료분석의 시작 단계에서 흔히 사용될 뿐만 아니라, 분석의 마지막 단계에서 최종 통계모형을 해석하기 위해서도 자주 사용된다. 이상치에 대한 그림은 다음 예제에서 살펴보자.

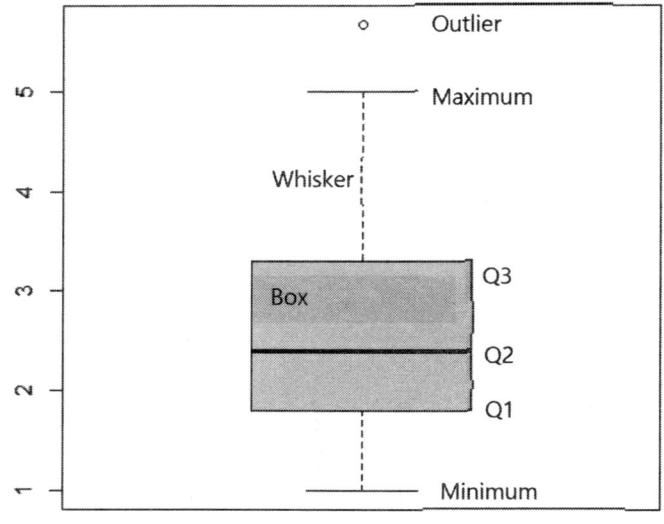

그림 2.5 상자도표의 정의

---

[13] 튜키(John Tukey, 1915-2000) 미국의 수학자이며, 상자도표와 Jacknife method을 개발하여, 탐색적 통계방법에 크게 공헌했다. 또한, Fast Fourier Transform algorithm를 개발하였다.

예제 2.7 R mtcars 에서 hp(표 2.6)의 기술통계량에 해당하는 평균, 분산, 표준편차, 범위, 사분위수, 사분위수범위를 계산해보자. 32 대 자동차들의 평균 마력은 146.7 이고, 표준편차는 약 69 이며, 범위는 (52,335)이다. 그림 2.5 상자도표에서 $Q1 = 96.5, Q2 = 123, Q3 = 180$ 이고, $IQR = 83.5$ 이다. 위쪽 수염 끝에 마력이 335 인 이상치가 동그라미로 표시되어 있다. 먼저 $Q3 + 1.5 * IQR = 305.25$를 계산하여, 자료 중에서 305.25 보다 큰 값을 찾자.

표 2.6 mtcars 마력

| 52 | 62 | 65 | 66 | 66 | 91 | 93 | 95 | 97 | 105 | 109 | 110 | 110 | 110 | 113 | 123 |
| 123 | 150 | 150 | 175 | 175 | 175 | 180 | 180 | 180 | 205 | 215 | 230 | 245 | 245 | 264 | 335 |

표본평균(Mean)	$\bar{x} = 146.7$
중앙값(Median)	$m = 123$
표본분산(Variance)	$s^2 = ((52 - 146.7)^2 + (62 - 146.7)^2 + \cdots + (335 - 146.7)^2)/(32 - 1) = 4700.9$
표본표준편차(SD)	$s = \sqrt{4700.9} = 68.6$
범위(Range)	$(52, 335)$ or $335 - 52 = 283$
사분위수	$Q1 = 96.5, Q2 = 123, Q3 = 180$
사분위수범위	$IQR = 180 - 96.5 = 83.5$
이상치(Outlier)	$335 > Q3 + 1.5 * IQR = 180 + 1.5 * 83.5 = 305.25$

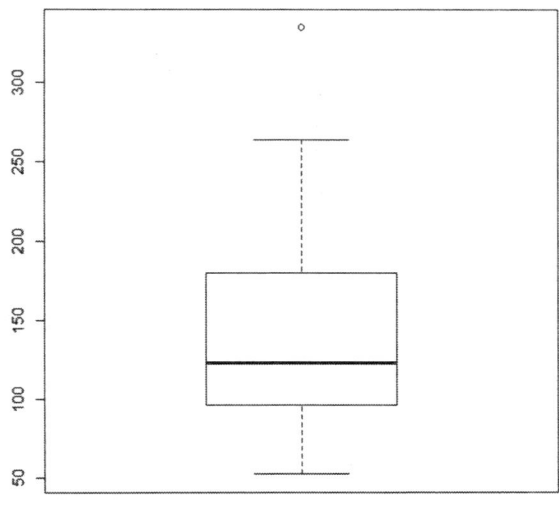

그림 2.6 mtcars 마력의 상자도표

R 실습

```
# mtcars 전체 보기
  class(mtcars)              # 데이터의 클래스 data.frame 확인하기.
  help(mtcars)               # 데이터 설명 보기. 변수의 정의 보기
  mtcars                     # 데이터 전체 보기
  head(mtcars)               # 데이터 일부 보기
  names(mtcars)              # 변수 이름만 보기
  summary(mtcars)            # 기술통계
  mtcars[1,]                 # 1행 보기
  mtcars[,2]                 # 2열 보기
  mtcars[2:5, ]              # 2,3,4,5 행 보기

# 표 2.6
  hp <- mtcars$hp
```

```
# 그림 2.6
  boxplot(hp, main="horse power")
# ggplot2 사용하기
  library(ggplot2)
  ggplot(mtcars, aes(x=hp)) + geom_boxplot()
```

```
# 그림 2.6 이상치
  max(hp)                           # hp의 최대값 335
  quantile(hp)                      # Q1, Q2, Q3
  IQR(hp)                           # IQR = Q3 - Q1
  which(hp>180+ 1.5*83.5)           # 31 번째 자료
# R 함수 사용하기
  boxplot.stats(mtcars$hp)$out      # 335
```

```
which(mtcars$hp==boxplot.stats(mtcars$hp)$out)    # 31 번째 자료
```

2.5 변동계수★

평균과 표준편차를 응용하여 정의하는 변동계수(coefficient of variation)를 살펴보자. 자료의 변동성을 측정하기 위해서 표준편차를 그대로 사용할 수 있지만, 종종 평균에 비해서 표준편차의 크기가 얼마나 되는지 알 필요가 있다. 이 경우, 표준편차를 평균으로 나누어서 변동계수를 정의하여 사용한다.

정의 2.12 변동계수 CV 또는 COV[14] (coefficient of variation)

$$CV = \frac{\sigma}{\mu}$$

□

평균과 표준편차의 단위가 자료의 측정단위와 동일하고, 둘이 분모와 분자로 나뉘므로 측정단위가 상쇄되기 때문에, 변동계수에는 단위가 없다. 따라서, 측정 단위가 다른 둘 이상 자료의 변동성을 비교하거나, 또는 동일한 단위를 사용하지만 평균이 많이 다른 둘 이상 자료들의 변동성을 비교할 때, 변동계수를 사용할 수 있다. 예를 들어, 혈압의 측정단위는 mmHg 이고, 콜레스테롤의 측정 단위는 mg/dL 일 때, 특정 집단에 속한 사람들의 혈압과 콜레스테롤의 변동성을 비교하려면, 자료의 단위를 그대로 가지는 표준편차보다는 단위가 없는 변동계수를 사용하는 편이 더 합리적이다. 반면, 평균이 0에 가까우면, 변동계수가 아주 커지므로 주의해야 한다.

비슷하게, 디지털 통신에서 신호 잡음 비(Signal-to-Noise Ratio)를 다음과 같이 정의한다.

$$SNR^{15,\ 16} = \frac{\mu}{\sigma} = \frac{\text{신호의 평균}}{\text{잡음의 표준편차}}$$

SNR은 백그라운드 잡음에 비해 시그널의 세기가 얼마나 큰지를 측정한다. 이를 통해서, 얼마나 많은 신호에서 잡음으로 인한 오류가 발생하는지 알 수 있다.

---

[14] B. Everitt (1998). *The Cambridge Dictionary of Statistics*. Cambridge, UK New York: Cambridge University Press.

[15] D. J. Schroeder (1999). *Astronomical optics* (2nd ed.). Academic Press. p. 433.

[16] J.T. Bushberg et al. (2006) *The Essential Physics of Medical Imaging*. (2nd ed.). Philadelphia: Lippincott Williams & Wilkins. p. 280.

주식시장에서 시장의 변동성 (volatility)를 표현할 때, 변동계수의 역수인 샤프지수[17](Sharpe Ratio)를 사용한다. μ_a가 평균자산수익률이고, μ_b가 코스피 지수와 같은 무위험 기준지표의 평균자산 수익률이며, σ_a가 자산수익률의 표준편차일 때, 샤프지수 S_a는 다음과 같이 정의된다.

$$S_a = \frac{\mu_a - \mu_b}{\sigma_a}$$

샤프지수 S_a는 자산이 위험한 정도를 표현하는 표준편차 σ_a를 이용하여 보정한 자산 수익률이다. CV, SNR, S_a를 추정하기 위해서, 표본평균과 표본표준편차를 μ와 σ 대신 사용한다.

연습문제

1. 다음 중 상자도표를 그리고, 중앙값과 IQR을 이용한 분석이 필요한 경우는 어느 것인가?

a. 특정 병원에 내원하는 고혈압 환자의 혈장 중 콜레스테롤 농도를 조사한다.

b. 어떤 정책에 대한 대한민국 국민들의 지지도 (찬성, 반대)를 알아보고 싶다.

c. 대한민국 30대 여성의 혈당의 분포를 추정하고 싶다.

d. 어느 대학 신입생들의 거주지 현황을 파악하고 싶다.

① a c   ② a d   ③ b d   ④ a c d   ⑤ b c d

(풀이) 연속형 변수에 대해서, 상자도표를 그리고 중앙값과 IQR를 계산할 수 있으므로, 정답은 ①이다. a. 콜레스테롤 농도는 연속형 변수이다. b. 정책에 대한 지지도는 찬성과 반대 두 값만 가지므로 범주형 변수이다. c. 혈당은 연속형 변수이다. d. 거주지는 자택, 하숙, 자취 등의 종류, 집단으로 표현되므로 범주형변수이다.

2. R mtcars 기통수 (cyl)에 대하여 다음 물음에 답하라.

```
6 6 4 6 8 6 8 4 4 6 6 8 8 8 8 8 4 4 4 4 8 8 8 8 4 4 4 8
6 8 4
```

```
# 자료 가져오기
 x<- mtcars$cyl      # 자료 가져오기
 x                   # 자료 확인하기
```

---

[17] W.F. Sharpe (1994). "The Sharpe Ratio". *The Journal of Portfolio Management.* 21,1, pp 49-58.

2. 일변량 기술통계

(1) 빈도표와 상대빈도표를 작성하라.

(2) 막대그래프를 그려라.

(3) 원그래프를 그려라.

(4) 소형차(4기통), 중형차(6기통), 대형차(8기통)의 비율(%)은 얼마인가?

3. 붓꽃의 한 종류에 대하여 꽃받침 길이를 측정한 후, 다음과 같은 자료 x를 얻었다 (Fisher의 iris 데이터 중 setosa 일부).

```
5.1  4.9  4.7  4.6  5.0  5.4  4.6  5.0  4.4  4.9  5.4  4.8  4.8  4.3  5.8  5.7  5.4  5.1  5.7
5.1  5.4  5.1  4.6  5.1  4.8  5.0  5.0  5.2  5.2  4.7  4.8  5.4  5.2  5.5  4.9  5.0  5.5  4.9
4.4  5.1  5.0  4.5  4.4  5.0  5.1  4.8  5.1  4.6  5.3  5.0
```

```
# 자료 가져오기.
iris                 # 행렬(matrix)로 저장된 자료 보기
x<- iris[1:50, 1]    # 1행부터 50행까지 선택, 1열 선택
```

(1) 평균, 분산, 표준편차를 구하라.

(2) 중앙값, 최대값, 최소값, 범위, $Q1, Q2, Q3, IQR$을 구하라.

(3) 상자도표와 히스토그램을 그려라.

(4) $Q3 + 1.5 * IQR$을 벗어나는 이상치가 있는가? $Q1 - 1.5 * IQR$을 벗어나는 이상치가 있는가?

4. 다음 커피 5개 제품에 대한 광고료 지출과 판매액에 조사하였다. 광고액의 평균과 표준편차를 바르게 짝지은 것은 무엇인가? (단위는 천만원이다.)

| 광고료 x (천만원) | 4 | 4 | 5 | 6 | 7 |

① $\bar{x}$ = 4.6, s = 1.3   ② $\bar{x}$ = 4.6, s = 1.69   ③ $\bar{x}$ = 5.2, s = 1.3   ④ $\bar{x}$ = 5.2, s = 1.69

(정답) ③

(풀이) 표본평균(Mean) $\bar{x}=(4+4+5+6+7)/5=5.2\times 10^7$원

표본분산(Variance) $s^2 = \frac{(4-5.2)^2+(4-5.2)^2+(5-5.2)^2+(6-5.2)^2+(7-5.2)^2}{5-1} = 1.69 \times 10^{14}$원

표본표준편차(SD) $s=\sqrt{1.69} = 1.3 \times 10^7$원

5. 다음 이상치(outlier)에 대한 설명 중 맞는 것은 어느 것인가?

① 아주 큰 이상치가 한 개 있으면 중앙값은 바뀐다.

② 아주 큰 이상치가 한 개 있으면 평균은 바뀌지 않는다.

③ 아주 큰 이상치가 한 개 있으면 표준편차는 바뀐다.

④ 아주 큰 이상치가 한 개 있으면 IQR은 바뀐다.

⑤ 위 보기 중 답 없음

(정답) ③

6. 다음 중 크기가 30인 표본에서 아주 큰 값을 가지는 이상치(outlier)를 한 개 제거해도 달라지지 않는 값은 무엇인가?

① 평균　　② 범위　　③ 표준편차　　④ 중앙값　　⑤ 위 보기 중 답 없음

(정답) ④

7. 히스토그램에 대한 설명 중 틀린 것은 무엇인가?

① 자료의 척도가 연속형일 때 사용한다.

② 자료의 분포를 나타낸다.

③ 히스토그램의 전체 면적은 1이다.

④ 막대의 높이가 해당 구간의 상대빈도이다.

⑤ 위 보기 중 답 없음

(정답) ④

(풀이) 막대의 면적이 해당 구간의 상대빈도이다.

8. 편차의 합이 0임을 보이라.

(풀이)

$$\sum_{i=1}^{N}(x_i - \mu) = \sum_{i=1}^{N} x_i - \sum_{i=1}^{N} \mu = N\mu - N\mu = 0$$

9. R의 mtcars에서 소형차 (cyl=4)이고, 트랜스미션이 수동 (am=1)인 자동차의 엔진무게(wt)에 대

하여 옳은 것은 어느 것인가? R 코드를 실행하여 답을 찾자.

a. n=8　　　b. $\bar{x}$ = 2.0423　　c. s_x=0.4093　　d. $median$ = 2.4502　　e. max =2.90

① a, b, c　　② a, c, e　　③ a, b, c, d　　④ a, c, d, e　　⑤ 위 보기 중 답 없음

지식은 양보다 질적 선택이 더 중요하다.

톨스토이

3. 이변량 기술통계

> *좀더 넓은 우주의 관점에서 보면 모든 현상들이 서로 연관되어 있겠지만, 그렇다고 그들이 다 원인과 결과로 맞물려 있지는 않다.*
>
> *칼 피어슨*[18]

실험 설계되지 않고 수집된 대용량 자료에서 몇몇 변수들은 서로 영향을 주고받는 요인(factor)과 반응(response) 관계에 놓여 있지만, 나머지 변수들 사이에는 특별한 관계가 없다. 자료분석의 시작 단계에서, 어떤 변수들 사이에 요인과 반응 관계가 있는지, 또는 아무 관계가 없는지 살펴보기 위하여, 이변량 기술통계를 사용한다. 서로 인과관계에 놓인 두 변수 X와 Y는 수학적 관점에서 보면, 우리가 이미 잘 알고 있는 함수

$$Y = f(X)$$

로 표현될 수 있다. X는 요인, Y는 반응을 표현된다. 통계에서는 요인 이외에도 독립변수 또는 설명변수라는 정의를 사용하며, 결과 대신 종속변수 또는 반응변수라는 정의를 사용한다. 어느 변수가 요인이 되고, 어느 변수가 반응이 될지에 대한 결정은 전문지식이나 사회적으로 통용되는 일반적인 개념에 따르지만, 분석의 목적에 따라서 결정되기도 한다. 예를 들어, 아버지의 키와 아들의 키 사이의 연관성을 생각해보자. 아버지의 키가 먼저 발생하므로 요인이고, 아들의 키가 나중에 발생하므로 반응이라고 볼 수 있다. 드물지만 셜록 홈즈와 같은 사립탐정이라면, 아들의 키를 이용하여 아버지의 키를 추정하려고, 아들의 키를 요인, 아버지의 키를 반응으로 볼 수도 있다.

두 변수 사이의 관계를 나타내는 통계방법은 다양하며, 두 변수의 척도와 분석목적에 따라서 그 방법이 결정된다. 3.1절과 3.2절에서, 두 변수 X와 Y가 모두 연속형일 때 xy 평면에 산점도를 그리고, 상관계수를 계산하며, 자료를 관통하는 직선의 식을 추정한다. 직선의 기울기를 이용하여, X가 증가할 때, Y가 얼마나 증가하는지 추정할 수 있다. 3.3절에서, X가 집단을 표현하는 범주형이고 Y가 연속형일 때, 집단에 따른 평균의 차이를 비교한다. 3.4절에서, 두 변수 X와 Y가 모두 범주형일 때, 집단 별 사건 발생의 비율을 비교한다. 현실적으로는 어떤 현상이 한 요인만의 영향을 받기보다는, 둘 이상의 요인들로부터 동시에 영향을 받으며, 그 요인들 사이에도 복잡한 상호작용이 있을 수 있다.

---

[18] Karl Pearson(1857-1936) 영국의 통계학자이고, 법학자, 우생학자이다. 그의 저서로 "The Grammar of Science(1892)가 있으며, 상관계수, 카이제곱 검정법 등을 개발하였다.

3.1 표본상관계수 및 최적 직선식 추정

표본상관계수(Sample correlation coefficient)

아버지의 키가 크면, 아들의 키도 클까? 유전학에 관심이 많았던 골턴[19]이 200여 가구로부터 아버지의 키와 성인 아들[20]의 키를 조사하여, 그림 3.1의 산점도를 얻었다. 이 산점도를 보면, 아버지의 키는 아들의 키에 어느 정도 영향을 미치는지 알 수 있을까? 골턴의 자료를 근거로, 피어슨은 아버지의 키와 아들의 키 사이에 어느 정도의 직선 관계가 있는지를 표현하는 상관계수(correlation coefficient)를 정의하였다.

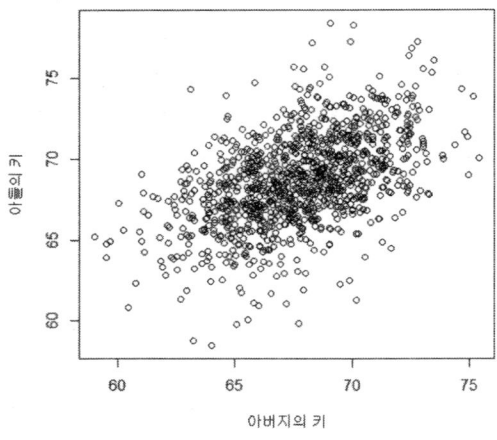

그림 3.1 아버지와 아들의 키에 대한 산점도

아버지의 키 X와 아들의 키 Y는 모두 연속형이며, (X, Y) 쌍으로 얻어진다. 이 둘이 어느 정도 직선관계에 놓여있는지 상관계수를 이용하여 나타내보자.

정의 3.1 피어슨의 상관계수

쌍으로 얻어진 자료 $(x_1, y_1), (x_2, y_2), (x_3, y_3), ..., (x_n, y_n)$에 대하여 상관계수 r은 다음과 같이 정의된다.

---

[19] Francis Galton(1822-1911) 영국의 인류학자이고, 찰스 다윈의 사촌 동생이며, 유전학에 관심이 많았다.

[20] 골턴은 딸의 키에 1.08을 곱하여, 아들의 키로 변환시켜서 자료를 만들었다. J.A.Hanley (2004) "Tansmuting" women into men: Galton's family data on human stature, American Statistical Association, 58,3, pp 237-343

$$r = \frac{\sum_{i=1}^{n}(x_i - \bar{x})(y_i - \bar{y})}{\sqrt{\sum_{i=1}^{n}(x_i - \bar{x})^2}\sqrt{\sum_{i=1}^{n}(y_i - \bar{y})^2}}$$

□

표본상관계수를 간략히 상관계수라고 부르며, 분모와 분자의 제곱합들을 S_{xx}, S_{yy}, S_{xy}라고 부르고, 다음과 같은 간략한 식으로 나타낼 수 있다.

$$S_{xx} = \sum_{i=1}^{n}(x_i - \bar{x})^2 = \sum_{i=1}^{n}x_i^2 - n\bar{x}^2$$

$$S_{yy} = \sum_{i=1}^{n}(y_i - \bar{y})^2 = \sum_{i=1}^{n}y_i^2 - n\bar{y}^2$$

$$S_{xy} = \sum_{i=1}^{n}(x_i - \bar{x})(y_i - \bar{y}) = \sum_{i=1}^{n}x_i y_i - n\bar{x}\bar{y}$$

각 제곱합에 사용되는 편차의 합은 모두 0이다.

$$\sum_{i=1}^{n}(x_i - \bar{x}) = 0, \quad \sum_{i=1}^{n}(y_i - \bar{y}) = 0$$

표본상관계수 r은 X와 Y의 측정단위와 무관하며, $-1 \leq r \leq 1$ 사이의 범위를 갖는다. 만약 $r = 1$이면, 모든 자료는 양의 기울기를 갖는 직선 위에 놓인다. $r = -1$이면, 모든 자료는 음의 기울기를 갖는 직선 위에 놓인다. 아래 그림 3.2에서와 같이 $r > 0$이면 X와 Y는 양의 상관관계를 갖고, $r < 0$이면 X와 Y는 음의 상관관계를 갖는다. $r = 0$이면, 두 변수 사이에 직선관계가 없음을 의미한다. 그림 3.2의 오른쪽 아래 산점도와 같이 두 변수 사이에 2차 함수 관계가 있을 때에도 r은 0에 가까운 값이 갖는다. 즉, 표본상관계수 r은 직선이 아닌 이차함수 등의 관계를 찾아내지 못한다.

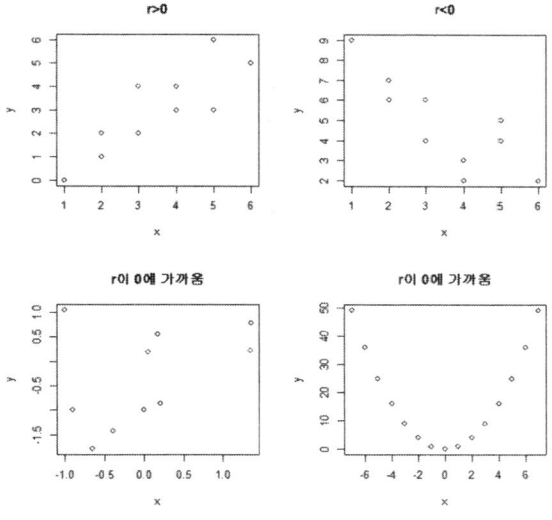

그림3.2 두 변수의 상관관계와 상관계수의 부호

평균, 분산, 표준편차, 범위는 이상치에 예민하게 반응하며, 정의에 평균이 포함된 표본상관계수도 이상치에 예민하게 반응한다. 자료 중 한 값만 아주 크거나 아주 작아도, 표본상관계수가 달라질 수 있다.

수학이 익숙한 독자라면, 두 벡터의 내적이 $\vec{x} \cdot \vec{y} = \|\vec{x}\| \|\vec{y}\| \cos\theta$ 으로 정의되므로, $\cos\theta = \frac{\vec{x} \cdot \vec{y}}{\|\vec{x}\| \|\vec{y}\|}$ 임을 기억해보자. 통계학에서 정의하는 상관계수는 두 벡터 $\vec{x}, \vec{y}$의 사잇각 θ에 대한 $\cos\theta$에 해당한다. 단, 상관계수에서는 $\vec{x}$와 $\vec{y}$ 대신 편차벡터를 사용한다. 따라서, 두 벡터의 사잇각 θ가 작을수록 두 변수 X와 Y의 상관계수가 크며, 두 벡터의 사잇각 θ가 클수록 두 변수 X와 Y의 상관계수가 작다. 특히, 두 벡터 $\vec{x}, \vec{y}$가 같은 방향으로 나란하면, 사잇각이 0이므로, 상관계수가 1이 된다. 이 개념은 벡터로 표현 가능한 자료들 중 서로 비슷한 것들을 분류할 때, 매우 유용하게 사용될 수 있다.

예제 3.1 다음 10개 자료에 대하여 표본상관계수를 구해보자.

(1,0), (2,1), (2,2), (3,2), (3,4), (4,3), (4,4), (5,3), (5,6), (6,5)

우선 그림 3.3의 산점도에서 두 변수 사이에 양의 상관관계가 있음을 짐작할 수 있다.

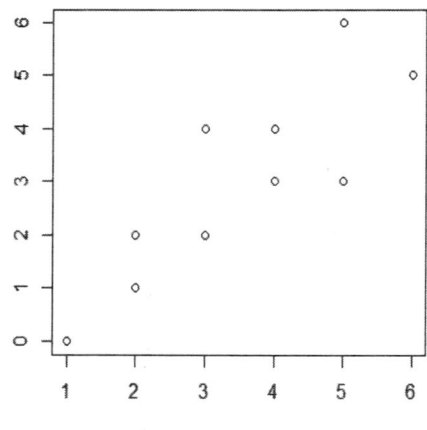

그림 3.3 X와 Y의 산점도

아래 표 3.1를 이용하여 x, y, x^2, y^2, xy의 합을 계산한 후, 평균, 분산, 상관계수를 계산하자. X와 Y의 평균은

$$\bar{x} = \frac{25}{10} = 3.5, \quad \bar{y} = \frac{30}{10} = 3$$

이다. x^2, y^2, xy의 합은

$$\sum_{i=1}^{10} x_i^2 = 145, \quad \sum_{i=1}^{10} y_i^2 = 120, \quad \sum_{i=1}^{10} x_i y_i = 127$$

이므로, 제곱합 S_{xx}, S_{yy}, S_{xy}은 다음과 같다.

3. 이변량 기술통계

$$S_{xx} = 145 - 10(3.5)^2 = 22.5$$
$$S_{yy} = 120 - 10(3^2) = 30$$
$$S_{xy} = 127 - 10*(3.5)(3) = 22$$

이들을 이용하여 X의 표본분산 s_x^2, Y의 표본분산 s_y^2, X와 Y의 상관계수 r을 계산해보자.

$$s_x^2 = \frac{S_{xx}}{10-1} = \frac{145-10(3.5)^2}{10-1} = 2.5$$
$$s_y^2 = \frac{S_{yy}}{10-1} = \frac{120-10(3^2)}{10-1} = 3.33$$
$$r = \frac{S_{xy}}{\sqrt{S_{xx}}\sqrt{S_{yy}}} = \frac{127-10*(3.5)(3)}{\sqrt{145-10(3.5)^2}\sqrt{120-10(3^2)}} = 0.85$$

□

표3.1 상관계수를 구하기 위한 합의 계산

id	x	x^2	y	y^2	xy
1	1	1	0	0	0
2	2	4	1	1	2
3	2	4	2	4	4
4	3	9	2	4	6
5	3	9	4	16	12
6	4	16	3	9	12
7	4	16	4	16	16
8	5	25	3	9	15
9	5	25	6	36	30
10	6	36	5	25	30
합	35	145	30	120	127

R 실습

```
x <- c(1,2,2,3,3,4,4,5,5,6)

y <- c(0,1,2,2,4,3,4,3,6,5)

mean(x)

mean(y)

var(x)

var(y)
```

```
sd(x)
sd(y)
cor(x,y)                  # r = 0.8467804
```

예제 3.2 피어슨이 사용한 자료를 이용하여, 아버지 키와 아들 키의 상관계수를 구해보자. library( )를 이용하여 UsingR 패키지를 설치한 후, data(father.son)를 사용하여 자료를 불러오자. father.son$fheight 와 father.son$sheight 를 써서 변수 값을 부를 수도 있지만, 편의 상 각각 새로운 변수 father 와 son 을 정의하자. 상관계수는 r = 0.50이다. □

R 실습

```
# 그림 3.1
> library(UsingR)
> data(father.son)
> names(father.son)
[1] "fheight" "sheight"
> attach(father.son)
> plot(fheight, sheight, xlab="아버지의 키", ylab="아들의 키", main=" ")
> cor(fheight, sheight)
[1] 0.5013383
> detach(father.son)
```

일반적으로 자료분석의 시작 단계에서 자료에 포함된 모든 연속형 변수들에 대하여 쌍별로 산점도를 그리고, 그들의 상관계수를 한꺼번에 계산하여, 변수들의 관계를 탐색적으로 파악한다.

3. 이변량 기술통계

예제 3.3★ R의 state.x77자료[21]는 미국 50개 주에 대한 인구수(Population), 1인당 소득(Income), 문맹률(Illiteracy), 기대수명(Life.Exp), 살인율(Murder), 고교졸업율(HS.Grad), 서리일수(Frost), 면적(Area)를 포함한다. R의 pairs(state.x77)를 이용하여 그림 3.4의 산점도를 그리고, 이들의 관계를 살펴보자. 기대수명와 나머지 변수들의 상관계수를 살펴보자. 문맹률, 살인율, 고교졸업율 등이 기대수명과 직선관계에 있음을 알 수 있다. Area와 관련된 산점도에서 알래스카 등의 한두 주를 제외한 나머지 관측치들이 한쪽으로 많이 쏠려 있어서, 이들 사이의 선형관계를 관찰하기 어렵다. 실제 분석이라면, 알래스카 등의 이상치를 제거한 후, 다시 산점도를 그리고 상관계수를 구하는 과정을 반복해야 한다.

R의 cor(state.x77)를 이용하여 state.x77의 모든 변수들 사이의 상관계수를 표3.2와 같이 구하고, 산점도에서 나타난 직선관계를 확인해보자. 기대수명을 기준으로 살펴보면, Life Exp 행을 따라서 왼쪽과 오른쪽으로 움직이면서 차례로, 기대수명과 나머지 변수 사이의 상관계수를 읽어보자. 기대수명과 문맹률 사이의 상관계수는 -0.59이며, 문맹률이 증가할수록 기대수명이 짧아짐을 의미한다. 기대수명과 살인율 사이의 상관계수는 -0.78이며, 살인율이 증가할수록 기대수명이 짧아짐을 의미한다. 기대수명과 고교졸업율 사이의 상관계수는 0.58이며, 고교졸업율이 증가할수록 기대수명이 길어짐을 의미한다. 이와 같이 모든 변수들 사이의 상관계수를 행렬로 나타낸 것을 상관계수행렬이라고 부른다. 표 3.2에서 볼 수 있듯이 상관계수행렬은 대칭이고, 대각선의 값은 1이다. 상관계수행렬을 그림으로 나타내는 R 코드를 따로 붙이지만, 출력 그래프를 생략한다.

상관계수 행렬은 대칭이며, 모든 값이 -1과 1 사이임을 기억하자. □

표 3.2 state.x77의 상관계수행렬

	Population	Income	Illiteracy	Life Exp	Murder	HS Grad	Frost	Area
Population	1	0.21	0.11	**-0.07**	0.34	-0.1	-0.33	0.02
Income	0.21	1	-0.44	**0.34**	-0.23	0.62	0.23	0.36
Illiteracy	0.11	-0.44	1	**-0.59**	0.7	-0.66	-0.67	0.08
Life Exp	**-0.07**	**0.34**	**-0.59**	1	**-0.78**	**0.58**	**0.26**	**-0.11**
Murder	0.34	-0.23	0.7	**-0.78**	1	-0.49	-0.54	0.23
HS Grad	-0.1	0.62	-0.66	**0.58**	-0.49	1	0.37	0.33
Frost	-0.33	0.23	-0.67	**0.26**	-0.54	0.37	1	0.06
Area	0.02	0.36	0.08	**-0.11**	0.23	0.33	0.06	1

---

[21] U.S. Department of Commerce, Bureau of the Census (1977) *Statistical Abstract of the United States*. U.S. Department of Commerce, Bureau of the Census (1977) *County and City Data Book*.

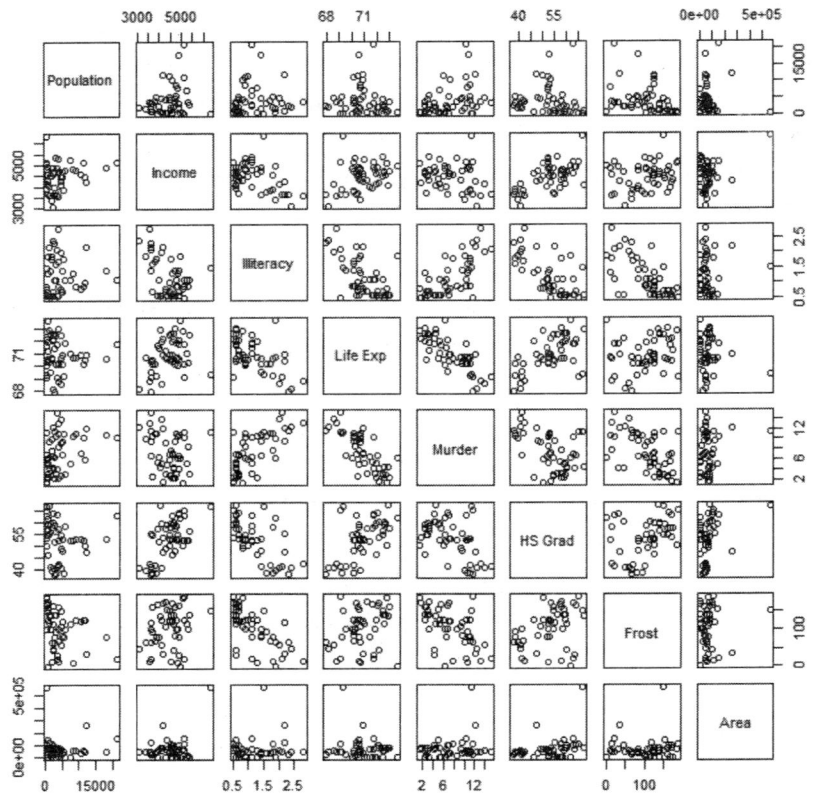

그림 3.4 state.x77의 모든 변수들 사이의 산점도

R 실습

```
# 그림 3.4
pairs(state.x77)
# 표 3.2
cor(state.x77)
```

```
# 상관계수 행렬을 그래프로 표현. 출력 생략.
library(corrplot)
```

```
cormat <- cor(state.x77)
corrplot(cormat, method="circle")
corrplot.mixed(cormat, lower="number", upper="ellipse")
```

3.2 최적 직선식의 추정

두 연속형 변수 사이에 직선관계가 있는지 살펴보기 위하여, 산점도를 그리고 상관계수를 계산한다. 제품 설계자의 입장에서 현실적으로 가장 궁금한 내용은 드 변수 사이의 직선식이다. 예를 들어, 자동차가 크면, 차의 힘 (마력)이 따라서 커지리라 짐작할 수 있다. 이 절에서는 32대 차량에 대한 자료 mtcars를 이용하여 무게(wt)와 마력(hp)의 관계를 설명하는 최적 직선식을 추정해보자. 자동차마다 (무게, 마력)을 쌍으로 측정한 후, 설명변수인 무게를 x축에 두고, 반응변수인 마력을 y축에 둔 후, 산점도의 중앙을 관통하는 다음과 같은 직선식을 추정하자.

$$y_i = a + bx_i, \quad i = 1, 2, \ldots, n$$

기울기 b 가 양수이면 X가 증가할 때 Y가 증가하고, b 가 음수이면 X가 증가할 때 Y가 감소한다. 이때 기울기 b는 X가 1 증가할 때, Y가 b 만큼 증가 또는 감소함을 나타낸다. 기울기 b의 부호와 상관계수 r의 부호가 일치하며, 두 값도 밀접하게 연관되어 있다. R의 lm(y~x)를 이용하여, a와 b를 추정할 수 있다. 이 최적 직선은 평균점 $(\bar{X}, \bar{Y})$를 통과하는 것으로 알려져 있다. 즉,

$$\bar{Y} = a + b\bar{X}$$

가 성립한다. 기울기 b와 상관계수는 매우 밀접하게 연관되어 있으며, 둘이 동일한 부호를 갖는다. 최적 직선식과 관련된 수학적 이론은 뒤의 회귀분석에서 더 자세히 다루도록 하자

예제 3.4 R 의 mtcars 에서 Y=hp (마력), X=wt (무게)이라고 두자 (표 3.3).

표 3.3 mtcars의 마력과 무게

hp	110	110	93	110	175	105	245	62	95	123	123
wt	2.62	2.875	2.32	3.215	3.44	3.46	3.57	3.19	3.15	3.44	3.44
hp	180	180	180	205	215	230	66	52	65	97	150
wt	4.07	3.73	3.78	5.25	5.424	5.345	2.2	1.615	1.835	2.465	3.52
hp	150	245	175	66	91	113	264	175	335	109	
wt	3.435	3.84	3.845	1.935	2.14	1.513	3.17	2.77	3.57	2.78	

그림 3.5의 산점도에 그려진 세 직선 중에서 어느 직선이 제일 좋으며, 이유는 뭘까? 특별히 수학을 알지 못해도, 가운데 직선이 자료의 중앙을 관통하므로, 가장 좋은 직선처럼 보인다. 나머지 두 직선은 자료의 중심으로부터 다소 떨어져 있으므로, 자료를 잘 표현한다고 보기 어렵다.

R의 lm을 실행하면, 출력의 Coefficient(계수)에서 Intercept (절편) 아래의 값은 y절편 a이며, wt 아래의 값은 b이므로, 최적 직선식은 다음과 같다.

$$마력 = -1.82 + 46.16 \times 무게$$

무게가 1 증가할 때 마력이 46.16 증가한다. 두 변수의 평균점 $(\bar{X}, \bar{Y}) = (3.22, 146.69)$을 직선식에 대입해보자.

$$146.69 = -1.82 + 46.16 \times 3.22$$

그러면, 이 최적 직선식이 두 변수의 평균점 $(\bar{X}, \bar{Y}) = (3.22, 146.69)$를 지남을 알 수 있다. 그림 3.5는 산점도 위에 방금 구한 최적 직선식을 그리고, 대충 짐작하는 두 직선 $y = -2 + 60x$와 $y = 0 + 20x$도 그려 넣어보자. □

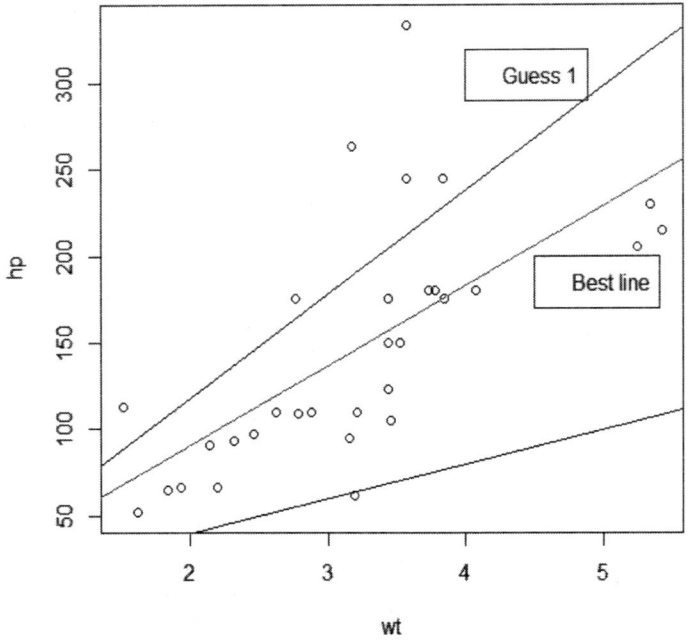

그림 3.5 무게와 마력의 최적 직선식

3. 이변량 기술통계

R 실습

```
# 표 3.3
 hp <- mtcars$hp
 wt <- mtcars$wt
# 그림 3.5 최적 직선식 추정
> fit <- lm(hp~wt)          # hp=a+b*wt 식에서 a와 b를 추정하자
> fit
Call:
lm(formula = hp ~ wt)
Coefficients:
(Intercept)         wt
     -1.821       46.160    # a=-1.821, b=46.160
```

```
# 그림 3.5 산점도와 최적 직선식
 plot(wt, hp)               # 산점도 (scatter plot) 그래픽 윈도으를 닫지 말아야 함.
 abline(fit, col="red")     # 최적 직선식을 겹쳐서 그리기
# 그림 3.5 나머지 두 직선식
 abline(-2, 60)             # 추정식 1 (Guess 1) intercept (y 절편) =-2, slope (기울기) =60
 abline(0, 20)              # 추정식 2 (Guess 2) intercept (y 절편) =0, slope (기울기)=20
# 그림 3.5 그림 설명
 legend(4, 320, "Guess 1")  # (4,320) 좌표에 "Guess 1"이라고 씀
 legend(4.5, 200, "Best line")  # (4.5, 200) 좌표에 "Best line"이라고 씀
 legend(4, 80, "Guess 2")   # (4,320) 좌표에 "Guess 2"라고 씀
```

예제 3.5 ★ R의 iris에서 Y=Petal.Width (꽃잎넓이), X=Petal.Length (꽃잎길이)이라고 두자. ggplot2를 사용하면, 아이리스 종류별로 최적직선식을 찾아서, 그래프를 그려준다. lm을 이용하여, 각 종류별로 최적직선식을 찾을 수 있고, ggiraphExtra의 ggPredict를 이용하여 그래프에 마우스를 올리면, 그래프 식을 확인할 수 있으며, 최적 직선식은 차례로 다음과 같다.

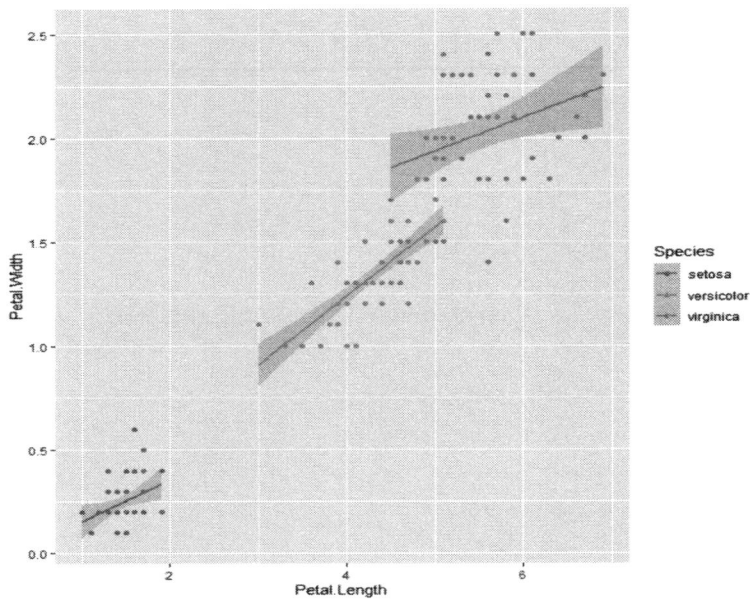

그림 3.6 아이리스 집단별 최적직선식

버지니카 $Petal.Width = 1.14 + 0.16 \times Petal.Length$

버시컬라 $Petal.Width = -0.08 + 0.33 \times Petal.Lengt$

세토사 $Petal.Width = -0.05 + 0.20 \times Petal.Length$

R 실습

```
# 그림 3.6
install.packages("ggplot2")
library(ggplot2)
ggplot(iris, aes(Petal.Length,Petal.Width,col=Species)) +
        geom_point() +
        stat_smooth(method="lm")
# 그림 3.6 의 수식찾기
fit<-lm(Petal.Width ~ Petal.Length*Species, data=iris)

install.packages("ggiraphExtra")
library(ggiraphExtra)
ggPredict(fit, interactive=T, se=T)
```

3.3 집단에 대한 기술통계 작성 및 상자도표 그리기

설명변수 X가 범주형이고, 반응변수 Y가 연속형인 경우, 두 변수의 관계를 생각해보자. 범주로 표현되는 집단의 분포와 평균을 비교할 때, 집단 별 평균과 표준편차를 포함한 표와 상자도표를 함께 제시한다. x 축 변수는 집단을 표현하므로 순서가 바뀌어도 괜찮다.

예제 3.6 mtcars 중에서 Y=hp, X=cyl 또는 X=am 라고 두면, 표 3.4 의 자료를 얻을 수 있다. mtcars 자료 중 범주형인 기통수와 연속형인 마력의 관계를 살펴보자. 차량은 기통수에 따라서 소형차, 중형차, 대형차가 정해진다. 일반적으로 차량의 기통수가 많아지면 차의 마력이 커진다고 알려져 있다. 이를 확인하기 위해서, 기통수 별로 차의 마력 (hp)에 대한 평균, 표준편차, 중앙값, 최소값, 최대값을 표로 정리하고, 상자도표를 그린 뒤, 기통수에 따른 마력의 차이를 비교하자. 이때 x 축이 실린더 수를 표현하고, y 축이 마력을 표현한다.

표 3.5 는 기통수 별로 차의 마력에 대한 평균과 표준편차를 보여준다. 4 기통 차의 평균 마력은 82.6 이고 표준편차는 20.9 이다. 6 기통 차의 평균 마력은 122.3 이고, 표준편차는 24.3 이다. 6 기통차의 평균 마력은 209.2 이고, 표준편차는 51.0 이다.

그림 3.6 상자도표에서 세 집단의 마력을 비교할 수 있다. 마력의 중앙값은 소형차, 중형차, 대형차 순으로 커진다. 소형차와 중형차의 마력 범위는 비교적 좁은 반면, 대형차의 마력 범위는 넓다. 소형차의 마력 범위와 대형차의 마력 범위가 겹치지 않으므로, 소형차의 마력은 대형차의 마력보다 작다고 결론지을 수 있다. 중형차의 상자도표 중 이상치가 보이므로, 중형차 중 어떤 차의 마력은 대형차만큼 클 수 있다. 이상치를 제외하면, 대부분 중형차들의 마력은 비슷하다. 중형차 개발자 라면, 다른 중형차들과 비슷한 평균 마력이 나오도록 새 차를 설계해도 무난하지만, 마력을 조금만 향상시켜도 경쟁력 있는 중형차를 개발할 수 있다. □

표 3.4 mtcars의 기통수와 마력

cyl	6	6	4	6	8	6	8	4	4	6	6	8	8	8	8	8
hp	110	110	93	110	175	105	245	62	95	123	123	180	180	180	205	215
cyl	8	4	4	4	4	8	8	8	8	4	4	4	8	6	8	4
hp	230	66	52	65	97	150	150	245	175	66	91	113	264	175	335	109

표 3.5 기통수 별 마력의 평균 (표준편차)

기통수	마력 평균 (표준편차)	표본크기(n)
4	82.6 (20.9)	11
6	122.3 (24.3)	7
8	209.2 (51.0)	14

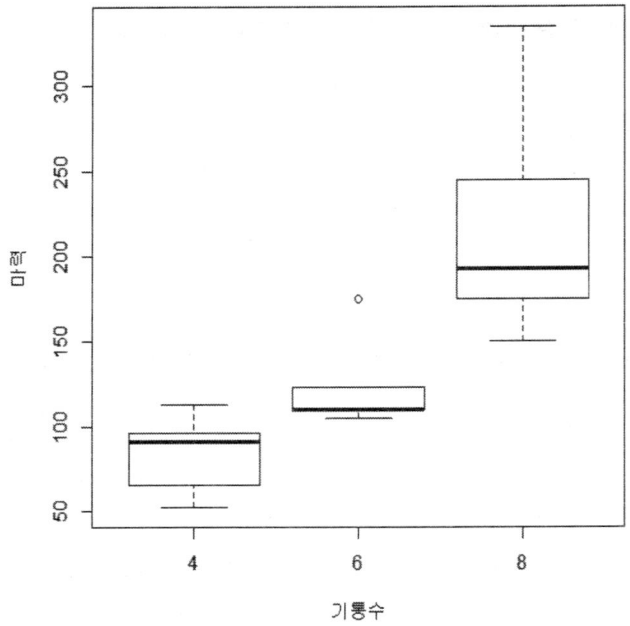

그림 3.7 기통수 별 마력의 상자도표

R 실습

```
# 표 3.4
 hp <- mtcars$hp ; cyl <- mtcars$cyl
# 표 3.5
 aggregate(hp~cyl, data=mtcars, FUN=mean)
 aggregate(hp~cyl, data=mtcars, FUN=sd)
# 그림 3.7 상자도표
 boxplot(hp~cyl, xlab="cylinder", ylab="horse power")
```

현실적으로는 어떤 현상의 원인을 찾기 위해서, 두 가지 이상의 요인을 고려한다.

예제 3.7★ mtcars 트랜스미션의 자동/수동에 따른 마력의 차이를 알아보기 위하여, Y=hp, X=am 라고 두자 (표 3.6). 표 3.7 은 트랜스미션의 종류에 따른 마력 (hp)의 중앙값과 범위를 보여준다. 트랜스미션이 자동(am=0)일 때, 마력의 중앙값은 175 이고, 범위는 (62,245)이다. 트랜스미션이

3. 이변량 기술통계

수동(am=1)일 때, 중앙값은 109 이고, 범위는 (52,335)이다. 그림 3.7 상자도표를 보면, 자동인 차의 마력이 수동인 차의 마력보다 커 보인다. 그 이유는 소형차에 수동 트랜스미션이 많고, 대형차에 자동 트랜스미션이 많기 때문이다. 구체적으로 보면, 자동:수동의 비율이 소형차에서는 3:8 이고, 중형차에서는 4:3 이고, 대형차에서는 12:2 이다.

표 3.6 mtcars의 am, cyl, hp

am	1	1	1	0	0	0	0	0	0	0	0	0	0	0	0	0
cyl	6	6	4	6	8	6	8	4	4	6	6	8	8	8	8	8
hp	110	110	93	110	175	105	245	62	95	123	123	180	180	180	205	215
am	0	1	1	1	0	0	0	0	1	1	1	1	1	1	1	1
cyl	8	4	4	4	4	8	8	8	4	4	4	8	6	8	8	4
hp	230	66	52	65	97	150	150	245	175	66	91	113	264	175	335	109

표 3.7 트랜스미션 종류(am) 별 마력(hp)의 중앙값 (최소값, 최대값)

트랜스미션	마력의 중앙값 (최소값, 최대값)	표본크기(n)
자동 (am=0)	175 (62, 245)	19
수동 (am=1)	109 (52, 335)	13

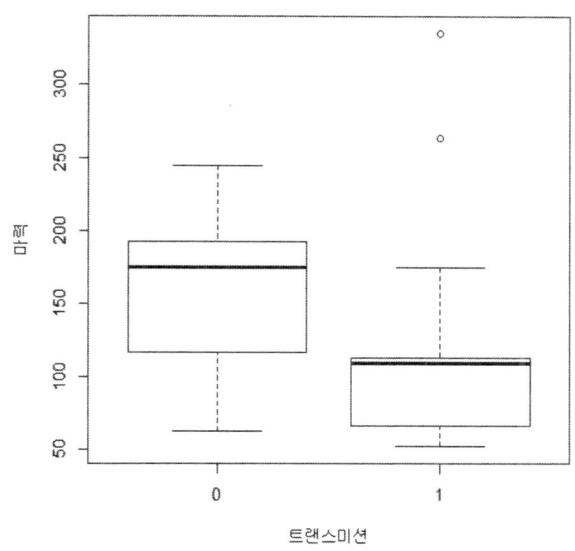

그림 3.8 자동 또는 수동 트랜스미션 별 마력의 상자도표.

R 실습

```
# 표 3.6
 hp <- mtcars$hp                                    # Y=hp
 am <- mtcars$am                                    # X=am
# 표 3.7
 aggregate(hp~am, data=mtcars, FUN=median)          # 집단별 중앙값 계산
 aggregate(hp~am, data=mtcars, FUN=min)             # 집단별 최소값 계산
 aggregate(hp~am, data=mtcars, FUN=max)             # 집단별 최대값 계산
# 그림 3.8
 boxplot(hp~am, data=mtcars, xlab="트랜스미션", ylab="마력")
```

무게가 마력을 결정하는 중요한 요인이었음을 기억한다면 트랜스미션이 자동인 차의 마력이 수동인 차의 마력보다 커보이는 결과에 의문을 품을 수 있다. 이번에는 기통수와 트랜스미션, 두 요인을 동시에 고려해보자.

표 3.8 은 자동과 수동 내에서 소형차, 중형차, 대형차 별로 중앙값과 범위를 보여준다. 그림 3.8 의 왼쪽 3 개의 상자도표는 자동인 경우에 해당하고, 오른쪽 3 개의 상자도표는 수동인 경우에 해당한다. 중앙값을 기준으로 마력을 비교해보자. 소형차에서는 자동의 마력이 수동의 마력보다 크다. 중형차에서는 자동과 수동의 마력이 비슷하다. 대형차에서는 자동의 마력이 수동의 마력보다 작다. 특히, 8 기통 대형차에서는 트랜스미션이 자동과 수동의 범위가 전혀 겹치지 않으므로, 수동인 차의 마력이 자동인 차의 마력보다 크다고 결론지을 수 있다. 이와 같이 한 요인에 따라서 마력이 결정되기 보다는, 기통수와 트랜스미션이 동시에 마력에 영향을 미친다. □

표 3.8 기통수와 트랜스미션의 종류에 따른 마력의 중앙값과 범위

트랜스미션	기통수	중앙값	표본크기 (n)
자동(0)	4	95.0 (62, 97)	3
	6	116.5 (105,123)	4
	8	180.0 (150,245)	12
수동(1)	4	78.5 (52,113)	8
	6	110.0 (110,175)	3
	8	299.5 (264, 335)	2

3. 이변량 기술통계

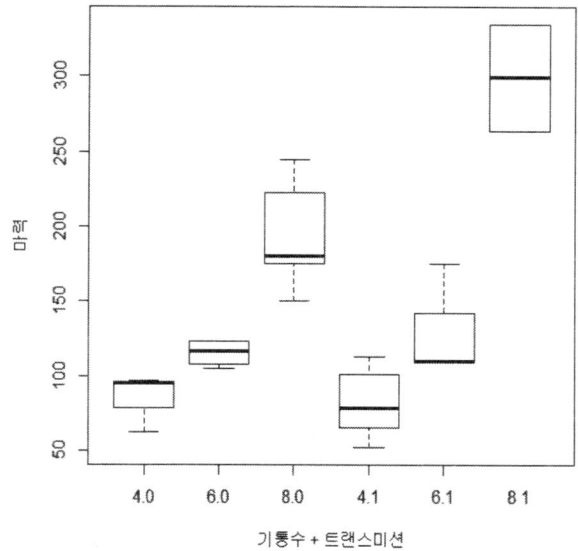

그림 3.9 기통수와 트랜스미션의 종류에 따른 마력으 상자도표

자동: 4.0,6.0,8.0, 수동:4.1,6.1,8.1

R 실습

```
# 그림 3.9
 boxplot(hp~cyl+am, data=mtcars, xlab="기통수 + 트랜스미션", ylab="마력")
# 표 3.8
 aggregate(hp~cyl+am, data=mtcars, FUN=median)
 aggregate(hp~cyl+am, data=mtcars, FUN=min)
 aggregate(hp~cyl+am, data=mtcars, FUN=max)
```

3.4 교차표 (Two-way table)

(X,Y) 자료에서 X 와 Y 가 모두 범주형 자료이면, 원인 또는 조건(X)이 행이 되고, 결과(Y)가 열이 되는 교차표(Cross Table)를 만들고, 각 셀마다 빈도와 상대빈도(%)를 계산한다. 일반적인 상대빈도표는 전체 비율, 행 비율, 열 비율을 차례로 제시한다. 이때, 각 관측치는 한 셀에만 속하며, 여러 셀에 동시에 속하지 않는다.

예제 3.8 R Titanic(타이타닉호) 자료 중, 성인 여성의 1, 2, 3 등실 생존여부를 그림 3.7 의 모자이크 그래프와 막대그래프로 나타내자. 또한 이를 3x2 교차표(표 3.9)로 나타내보자. 셀마다 전체에서의 비율, 행에서의 비율, 열에서의 비율(%)을 차례로 표현한다. 또한 각 행의 합과 열의 합에 대한 비율(%)을 따로 나타내자. 예를 들어, 성인여성의 1 등실 생존율을 97.222%, 2 등실 생존율은 86.022%, 3 등실 생존율은 46.061%이다. 연습문제에서 성인남성에 대한 교차표를 살펴보자. 이 문제에서는 두 개의 변수 모두 범주형이며, 두 변수의 교차표가 빈도로 주어짐에 주의하자. □

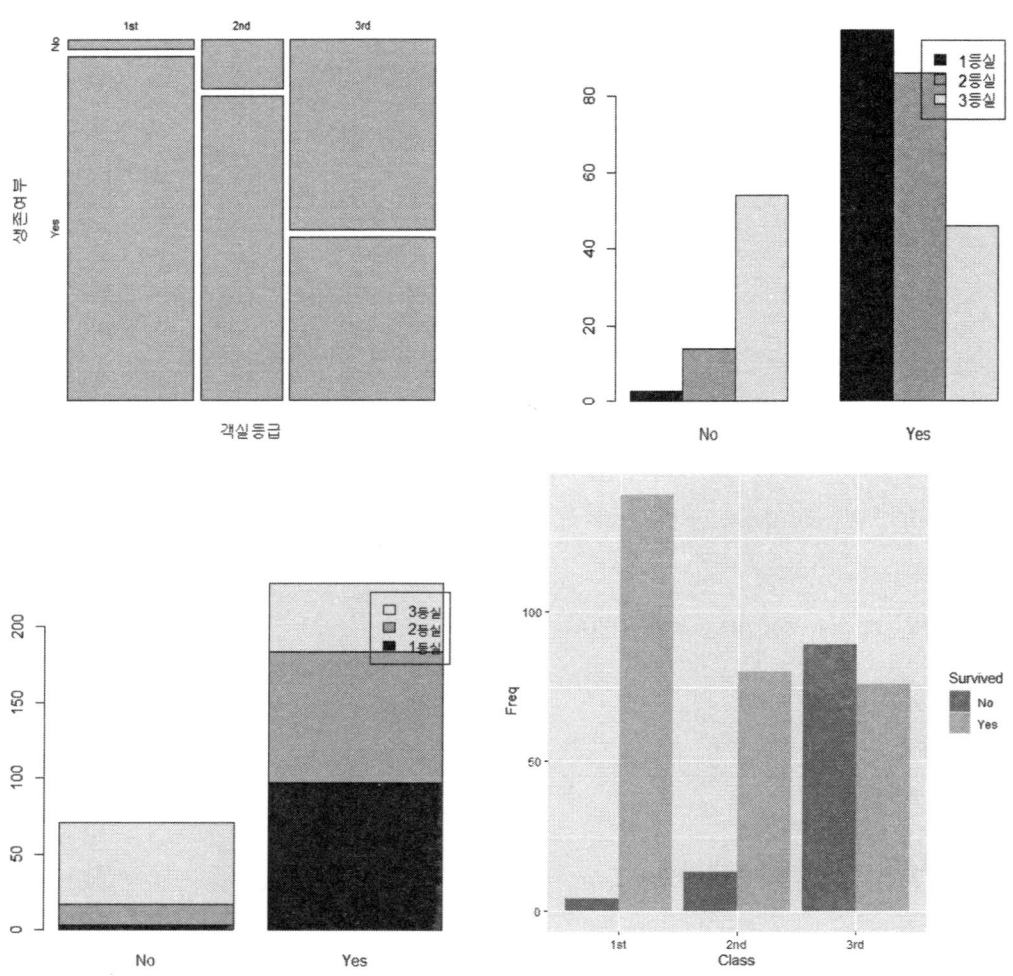

그림 3.10 타이타닉 자료 사용. (왼쪽 위) 성인 여성 승객의 사망/생존에 대한 모자이크 그래프 (나머지) 막대그래프 Yes=생존, No=사망

3. 이변량 기술통계

표 3.9 타이타닉 자료 중, 성인 여성 승객의 사망/생존율에 대한 교차표

N (셀 빈도) 전체 비율 (%) 행 비율 (%) 열 비율 (%)	사망	생존	합
1 등실	4 0.995% 2.778% 3.774%	140 34.825% 97.222% 47.297%	144 35.368%
2 등실	13 3.234% 13.978% 12.264%	80 19.900% 86.022% 27.027%	93 23.134%
3 등실	89 22.139% 53.939% 83.962%	76 18.905% 46.061% 25.676%	165 41.045%
합	106 26.368%	296 73.632%	402 100%

R 실습

```
# 표3.10 타이타닉22
    Titanic                                   # 전제 자료 보기
    mytable <- Titanic[1:3, "Female", "Adult", ]   # 성인 여성의 1,2,3 등급 객실 자료 가져오기
    mytable                                   # 확인하기
# 표3.9 그림 3.10 패키지 gmodels 이용
    library(gmodels)                          # 패키지 로딩하기
    CrossTable(mytable)                       # 교차표 만들기
    plot(mytable)                             # 모자이크 그래프
```

---

[22] 타이타닉(titanic)는 1912년 북극해에서 침몰하였고, 2,224명의 승객 중에서 1,500 이상의 사망자가 발생하였다.

```
# 표3.9 패키지 gmodels 이용하지 않음
  n<-sum(mytable)                    # 표본크기


  margin.table(mytable, 1)           # 행 합
  margin.table(mytable, 2)           # 열 합


  prop.table(mytable)                # 셀 비율
  prop.table(mytable, 1)             # 행에서 셀 비율
  prop.table(mytable, 2)             # 열에서 셀 비율
```

만약 아래 R 코드가 실행되지 않으면, 패키지 vcd 를 깔고 plot 대신, mosaic 를 사용하자.

```
# 그림 3.10 모자이크 그래프
  plot(mytable, xlab="객실등급", ylab="생존여부")
# 그림 3.10 막대 그래프
  pt <- prop.table(mytable, 1)*100        # 100 을 곱하여 %로 바꾸기
  barplot(pt, beside=T, legend=c("1등실", "2등실", "3등실"))
  barplot(pt, legend=c("1등실", "2등실", "3등실"))
# 그림 3.10 막대 그래프
# ggplot 이용하기
  mytable <- Titanic[1:3, "Female", "Adult", ]
  df <- as.data.frame(mytable)
  ggplot(df, aes(x = Class, y = Freq, fill = Survived)) +
         geom_col(position = "dodge")
```

예제 3.9 ★R Cars93 에서 자동차의 종류별로 마력(Horsepower)의 분포를 알아보자. 6 가지 유형은 Compact, Large, Midsize, Small, Sporty, Van 이다. ggplot2 의 ggplot geom_histogram 을 사용해보자. 각 구간에서 전체 막대기는 그 구간에 해당하는 마력의 비율이며, 다른 색은 해당하는 종류(Type) 의 차량이 그 구간에 속하는 비율을 나타낸다. 이 문제에는 범주형과 연속형이 섞여 있다. 특히, x 축에 연속형 변수를 배치하여 분석하는 방법이다.   □

3. 이변량 기술통계

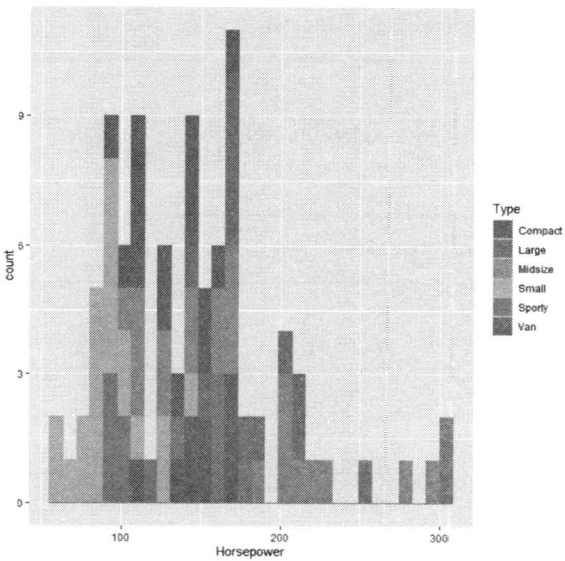

그림 2.4 Cars93의 종류별 마력의 히스토그램

R 실습

```
# 그림 2.4
library(ggplot2)
library(MASS)
data(Cars93)
ggplot(Cars93, aes(x=Horsepower,fill=Type,color=Type)) +
        geom_histogram(position = "stack")
```

예제 3.10★ 원자료가 주어진 R mtcars (표 3.6)을 이용하여, 트랜스미션(am)과 기통수(cyl)의 교차표를 만들어보자. 출력을 생략한다. attach(mtacars)와 detach(mtcars)를 사용하면, am, cyl, hp를 $ 없이 사용할 수 있다. □

R 실습

```
# (1) table(x,y) 이용
   table(mtcars$am, mtcars$cyl)
# (2) 패키지 MASS의 xtabs(~x+y) 이용
   library(MASS)
```

```
    mytable <- xtabs(~am+cyl, data=mtcars)
    plot(mytable)
# (3) 패키지 gmodels의 CrossTable(x,y) 이용
    library(gmodels)
    CrossTable(mtcars$am, mtcars$cyl)
```

연습문제

1. 다음 중 상자도표를 그리고, 중앙값과 IQR을 이용한 분석이 필요한 경우는 어느 것인가?

a. 고혈압 환자의 혈장 중 콜레스테롤 농도를 조사한다.

b. 어떤 정책에 대한 두 정당의 지지도 (찬성, 반대)에서 차이가 있는지 알아보고 싶다.

c. 체중과 키의 관계를 살펴보고 싶다.

d. 비료를 사용한 경우와 퇴비를 사용한 경우, 농작물 수확량의 차이가 있는지 알아보고 싶다.

① a d   ② b c   ③ c d   ④ d   ⑤ 위 보기 중 답 없음

(정답) ①

(풀이) 연속형 변수 농도에 대하여 중앙값과 IQR를 계산할 수 있다. b는 교차표분석, c는 산점도와 상관계수, 최적 직선식, d는 집단별 평균을 비교하고, 상자도표를 그릴 수 있다.

2. 다음과 같은 자료에 대하여 옳은 것은 무엇인가?

X	5, 3, 4, 1, 3, 2, 2, 3, 4, 4
Y	4, 3, 5, 1, 2, 3, 4, 4, 6, 4

a. $\bar{x}$ = 3.1   b. $\bar{y}$ = 3.8   c. s_x^2 =1.29   d. s_y^2 =2.04   e. r = 0.68

① a, b   ② b,c   ③ a,d   ④ a,d,e   ⑤ 위 보기 중 답 없음

(정답) ④

(풀이) $\bar{x}$ = 3.1, $\bar{y}$ = 3.6, s_x^2 =1.43, s_y^2 =2.04, r = 0.68

```
x<-c(5, 3, 4, 1, 3, 2, 2, 3, 4, 4)
y<-c(4, 3, 5, 1, 2, 3, 4, 4, 6, 4)
mean(x)
```

3. 이변량 기술통계

```
mean(y)
var(x)
var(y)
cor(x,y)
```

3. 다음 중 산점도를 그리고, 최적 직선식을 찾을 수 있는 경우는 어느 것인가?

a. 어느 대학에서 남학생과 여학생의 하루 수면 시간(분)을 비교한다.

b. 당뇨환자 100명을 대상으로 공복 시 혈중 혈당농도와 혈압의 관계를 조사한다

c. 자동차의 마력과 출발속도의 관계를 조사한다.

d. 특정한 시간에 특정 도시의 특정 지점에서 미세먼지 양을 30번 반복 측정하여, 평균을 조사한다.

① a, b   ② a, c   ③ b, c   ④ b, d   ⑤ 위 보기 중 답 없음

(정답) ③

4. 전국 성인 남녀 1000명을 무작위로 추출하여 휴대전화에 대한 설문조사를 실시하였다. 틀린 분석은 무엇인가?

> 본 설문은 휴대전화의 품질에 대한 소비자 만족도를 조사하는 것으로써, 이외의 다른 어떤 목적으로도 사용되지 않으며, 개별 응답은 공개되지 않습니다.
>
> (문항 1) 귀하의 성별은 무엇입니까?
>
> ① 남자 ② 여자
>
> (문항 2) 귀하의 연령대는 어떻게 되십니까?
>
> ① 10대 이하 ② 20대 ③ 30대 ④ 40대 ⑤ 50대 ⑥ 60대 이상
>
> (문항 3) 귀하의 한 달 데이터 사용량은 얼마입니까? (   ) 단위
>
> (문항 4) 귀하의 한 달 음성통화 사용량은 얼마입니까? (   ) 단위
>
> 설문에 참여해주셔서 감사합니다.   XXXX년 X월 X일 홍길동

① 성별(문항1)에 따라 데이터 사용량(문항3)을 산점도로 그린다.

② 연령대(문항2) 별, 데이터 사용량 (문항4)을 상자도표로 그린다.

③ 성별(문항1)에 따라 음성통화 사용량(문항3)의 평균을 계산한다.

④ 연령대(문항2) 별, 음성통화 사용량 (문항4)을 분산을 계산한다.

⑤ 위 보기 중 답 없음

(정답) ①

(풀이) (성별, 데이터 사용량)에서 성별이 연속값이 아니므로 산점도를 그릴 수 없다.

5. 다음 중 자료에 따른 적절한 분석을 모두 찾은 것은 무엇인가?

a. 2016년 대한민국 성인 1000명을 대상으로, 담배 값 인상에 대한 찬반 의견을 조사 후, 성별로 막대 그래프를 그린다.

b. 홍익대학교 세종캠퍼스 여학생 30명을 무작위로 뽑아서, 몸무게와 혈압의 관계를 상자도표로 나타낸다.

c. 2016년 대한민국 성인남녀 2000명을 대상으로, 직업과 연봉의 상관계수를 계산한다.

d. 홍익대학교 세종 캠퍼스 학생들 100명을 무작위로 뽑아서, 하루 수면 시간(분 minutes)을 상자도표로 나타낸다.

① a, b ② b, c ③ a, d ④ b, c, d ⑤ 위 보기 중 답 없음

(정답) ③

(풀이) a. 예를 들어, 남자는 73.2% 찬성, 12.8% 반대, 14% 모르겠다. 여자는 89.7% 찬성, 4.6% 반대, 5.7% 모르겠다. b. 몸무게와 혈압은 모두 연속변수이므로 상자도표를 사용할 수 없다. 대신, 상관계수, 산점도, 직선식 등을 찾을 수 있다. c. 직업은 집단을 표현하는 범주형 자료이므로, 상관계수를 계산할 수 없다. d. 수면 시간은 연속값이므로, 상자도표로 그릴 수 있다.

6. R의 OrchardSprays 자료는 꿀벌을 쫓는 석회황(lime sulphur)의 효과에 대한 실험 결과를 나타낸다. 사탕수수 액에 석회황을 8가지 농도(A~H)로 섞어서, 한 벌통(comb)의 여러 벌방(various cells)에 나누어 발랐다. 두 시간 동안 이 실험 상자 속으로 100마리 꿀벌을 넣어준 후, 각 벌 방에서 사탕수수가 얼마나 줄었는지 측정하였다. 사탕수수 액 속의 석회황 농도는 A가 가장 높고, 점점 낮아져서, H가 가장 낮다. 다음 설명 중 틀린 것은 어느 것인가?

① 석회황 농도 A와 B에서 줄어든 사탕수수 액은 농도가 D,E,F,G,H에서 줄어든 사탕수수 액보다 작다.

② 석회황 농도 F에서 줄어든 사탕수수 액은 석회황 농도가 G,H일 때보다 작다.

③ 전반적으로 볼 때, 석회황 농도가 높아질수록 꿀벌을 잘 쫓는다.

④ 석회황 농도 C에서 줄어든 사탕수수 액이 F,G,H의 중앙값보다 더 클 수도 있다.

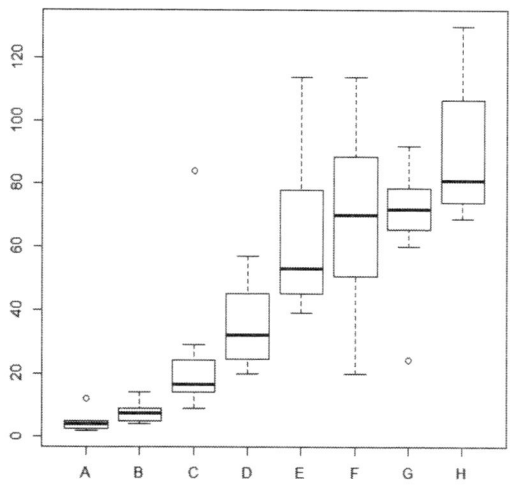

(정답) ②

(풀이)

```
boxplot(decrease~treatment, data=OrchardSprays)
```

7. mtcars에서 x를 wt, y를 mpg로 두고, R을 이용하여, (1)-(4)의 질문에 답하라. 이때, 두 함수 plot(x,y)와 lm(y~x)에서 변수의 순서가 바뀌어있음에 주의하자. 또한 plot(x,y)로 만들어지는 산점도가 열려있는 상태에서 abline을 사용해야 산점도와 직선이 겹쳐서 그려짐을 기억하자.

(1) wt와 mpg의 산점도를 그려라.

(2) mpg=a+b*wt를 만족하는 최적 직선식에서 a와 b를 구하라.

(3) 산점도와 최적직선식을 한 그래프에 그려라.

(4) wt와 mpg의 상관계수 r을 계산하라.

```
# 자료 가져오기
  head(mtcars); names(mtcars)
  mpg < -mtcars$mpg
  wt <- mtcars$wt
```

8. R 패키지 Titanic 자료 중 1, 2, 3 등실에 승선한 성인 남성의 사망/생존에 대한 각 셀 빈도, 행

비율, 열 비율, 전체 비율을 차례로 아래 표와 같이 정리하였다. 빈칸 a, b, c, d의 값을 바르게 나타낸 것은 무엇인가?

① a=0.674   ② b=0.481   ③ c=0.574   ④ d=0.096   ⑤ 위 보기 중 답 없음

N (빈도) 행 비율 열 비율 전체 비율	사망	생존	합
1 등실	118 a 0.179 0.147	57 0.326 0.390 0.071	175 0.217
2 등실	154 0.917 0.234 0.191	14 0.083 b 0.017	168 0.209
3 등실	387 0.838 0.587 c	75 0.162 0.514 0.093	462 d
합	659 0.819	146 0.181	805 1.00

(정답) ①

(풀이) a. 118/175=0.6742857

　　　b. 14/146= 0.09589041

　　　c. 387/805=0.4807453

　　　d. 462/805=0.573913

아래의 R코드를 실행하여, 결과를 확인하자.

```
Titanic                                    # 자료 보기
mytable <- Titanic[1:3, "Male", "Adult", ]  # 성인 남성의 1,2,3 등급 객실 자료를 3x2 교차표로 가져오기
                                           # 자료가 (x,y)로 주어진 경우, mytable <- table(x,y)를 사용한다.
mytable
# 셀 별 전체 %, 행 %, 열 % 구하기
# 방법 1
```

```
library(gmodels)              # 패키지 로딩하기
CrossTable(mytable)           # 교차표 만들기
```

9. iris에서 x를 Species, y를 Sepal.Length로 두고, 다음 물음에 답하라.

(1) Species 집단 별로 Sepal.Length의 평균과 표준편차를 계산하여, 표로 만들어라.

(2) Species 집단 별로 Sepal.Length의 상자도표를 그려라.

```
#자료 가져오기
  head (iris); names(iris)
  Sepal.Length <- iris$Sepal.Length
  Species <- iris$Species
```

10. Titanic에서 객실 1,2,3등급 별, 남자(Male) 어린이(Child) 자료를 이용하자. X를 객실등급, y를 생존/사망으로 두고 다음 질문에 답하라.

(1) 객실과 생존여부에 대한 교차표를 구하라. (전체%, 행%,열%)

(2) 모자이크 도표를 그려라.

```
# 자료 가져오기
  mytable <- Titanic[1:3, "Male", "Child", ]
```

11. 피어슨의 father.son을 이용하여, 아버지 키와 아들 키 사이에 존재하는 최적 직선식을 찾아보라.

(1) fheight와 sheight의 산점도를 그려라.

(2) sheight=a+b*fheight를 만족하는 최적 직선식에서 a와 b를 구하라.

(3) 산점도와 최적직선식을 한 그래프에 그려라.

```
# 자료 가져오기
> library(UsingR)
```

```
> data(father.son)
> names(father.son)
[1] "fheight" "sheight"
```

12. R의 Cars93에서 Compact, Large, Midsize, Small, Sporty, Van 타입(Type)에 대한 차의 가격(Price; 단위$1,000)를 살펴보자. R코드를 실행한 후 얻은 기술통계에 대한 틀린 설명은 무엇인가?

```
Boxplot(Price~Type,data=Cars93)
aggregate(Price~Type,data=Cars93,mean)
aggregate(Price~Type,data=Cars93, sd)
aggregate(Price~Type,data=Cars93, quantile)
```

① 가장 싼 차의 유형은 Small이다.
② 가장 비싼 차의 유형은 Midsize이다.
③ Van의 가격 변동이 가장 크다.
④ Sporty 차 중에서 Q3+1.5*IQR보다 큰 이상치가 한 개 존재한다.
⑤ 위 보기 중 답 없음

(정답) ③

(풀이)

```
boxplot(Price~Type,data=Cars93)
aggregate(Price~Type,data=Cars93,mean)
aggregate(Price~Type,data=Cars93, sd)
aggregate(Price~Type,data=Cars93, IQR)
aggregate(Price~Type,data=Cars93, quantile)
which(Cars93[Cars93$Type=="Sporty",]$Price
      > 22.425+1.5*8.25)
```

맡은 일에 최선을 다하는 것은 우리들 인생에서 피할 수 없는 조건이다.

톨스토이

4. 확률과 확률변수

확률이 통계의 이론적 근거를 제공하니까, 확률의 역사가 통계의 역사보다 길어야 할 것 같지만, 그 반대이다. 인구통계 센서스의 기원이 고대 로마까지 거슬러 올라가는 데 비해서, 확률이론에 대한 최초 연구는 1654년에 프랑스의 수학자 파스칼(1623-1662)과 페르마(1607-1665)가 편지를 주고받으며 토론한 도박에 관한 확률문제에서 시작되었다고 알려져 있다. 수학사의 관점에서 보면, 확률이론은 뉴턴(1642-1727)과 라이프니츠(1646-1716)의 미적분과 비슷한 시기에 탄생했다고 볼 수 있다. 이후 확률과 통계가 밀접하게 연관되어 발전하면서, 우리가 많이 사용하는 현대적인 통계학은 19세기에 이르러서 비로소 그 면모를 드러낸다.

앞 장에서, 너무 커서 전체를 알기 어려운 모집단을 추론하기 위하여, 표본을 추출하여 표를 만들고, 그래프를 그리는 등의 기술통계로 자료를 요약한 후, 모집단을 추론하였다. 이제 거꾸로 모집단을 안다고 가정하고, 추출된 표본이 모집단에서 나타날 가능성에 대하여 이야기해보자. 수학에서 이 가능성을 확률이라고 부른다. 확률과 통계도 모집단과 표본처럼 붙어 다닌다. 모집단에서 표본의 발생 가능성을 추론할 때 확률을 사용하고, 표본으로 모집단을 추정할 때 통계를 사용한다.

자료분석 과정 중에는 확률이론이 겉으로 잘 드러나지 않고, 표본과 통계량만 보이기 때문에, 통계 사용자들은 확률이론을 뛰어넘고, 자료를 입력하면 결과가 출력되는 통계방법만 따로 배우고 싶어한다. 하지만 확률 지식이 없으면, 아무리 좋은 통계방법과 훌륭한 소프트웨어가 있어도, 누구든 통계의 오남용으로부터 자유롭기 어렵다. 확률을 배우면서 더디게 가는 방법이 통계를 배우는 가장 빠르고 정확한 지름길이다.

이 장에서는 최소한의 수학을 사용하여, 꼭 필요한 확률이론을 이야기하려고 한다. 이미 고등학교 수학과정을 마친 독자라면, 굳이 확률이론을 피할 이유가 없다. 아주 조금 등장하는 미적분 부분을 생략하고 읽어도 전체 줄거리에 지장이 없다. 그리고, 확률이론을 이용하여, 모집단의 평균, 분산, 표준편차, 상관계수를 정의하자. 이들은 2,3 장에서 공부했던 표본의 평균, 분산, 표준편차, 상관계수와 대응되는 개념이다.

4.1 확률(Probability)

확률을 설명할 때 흔히 등장하는 동전 던지기, 주사위 던지기, 주머니 속의 공 뽑기 등을 실험(experiment)이라고 부른다. 실험에 사용되는 동전은 공정하여 앞면과 뒷면이 나올 가능성이 동일하다고 가정하자. 마찬가지로, 실험에 사용되는 정육면체 주사위는 공정하여, 각 눈이 나타날 가능성이 동일하고, 주머니 속의 공들이 뽑힐 가능성은 모두 동일하다고 가정하자. 확률을 정의하기에 앞서, 실험과 관련된 용어를 먼저 정의하자.

정의 4.1 실험과 관련된 확률 용어

① **실험단위**(Experimental unit)는 사람, 물건, 현상과 같이 우리가 자료(data)를 모으는 대상이다.

② **시행**(Trial)은 실험 한 번 실시를 일컫는다.

③ **결과**(Outcome)는 시행의 측정값이다.

④ **표본공간**(Sample space) S는 모든 가능한 시행결과의 집합이다.

⑤ **사건**(Event) A는 표본공간 S의 부분집합이며, $A \subseteq S$로 나타낸다.

□

두 사건 A, B의 여집합, 교집합, 합집합으로 다음의 네 가지 사건을 정의해보자.

정의 4.2

① A^c는 A가 발생하지 않는 사건이다.

② $A \cap B$는 두 사건 A와 B가 동시에 발생하는 사건이다.

③ $A \cap B = \emptyset$이 성립하면, A와 B는 **배반**(exclusive)사건이다.

④ $A \cup B$는 A 또는 B가 발생하는 사건이다.

□

예제 4.1 동전 한 개를 던져서 나타나는 면을 관찰하자. 동전 한 개 던지기는 시행이고, 나타나는 동전의 앞면 또는 뒷면은 시행의 결과이다. 표본공간은 $S = \{H, T\}$이며, 여기서 H는 앞면(Head), T는 뒷면(Tail)을 나타낸다. 앞면이 나올 사건을 A, 뒷면이 나올 사건을 B라고 두면, $A = \{H\}$, $B = \{T\}$이다. 앞면이 나오지 않는 사건은 $A^c = B$이고, 뒷면이 나오니 않는 사건은 $B^c = A$이다. 동전을 한 번 던져서 앞면과 뒷면이 동시에 나올 수 없기 때문에 $A \cap B = \emptyset$ 이므로, A 와 B 는 배반사건이다. 앞면 또는 뒷면이 나올 사건은 $A \cup B = S$이므로 전체 표본공간이다. □

예제 4.2 공정한 주사위 한 개를 던져서 나오는 눈을 읽자. 주사위 한 개 던지기는 시행이고, 주사위 눈의 수는 시행의 결과이며, 표본공간은 $S = \{1,2,3,4,5,6\}$ 이다. 3 의 배수인 사건을 A, 최소값이 나타나는 사건을 B라고 두면, $A = \{3,6\}$, $B = \{1\}$이다. A가 일어나지 않는 사건은 $A^c = \{1,2,4,5\}$이며, B가 일어나지 않는 사건은 $B^c = \{2,3,4,5,6\}$이다. $A \cap B = \emptyset$이므로 A와 B는 동시에 발생할 수 없는 배반사건이다. 또한 $A \cup B = \{1,3,6\}$이다. □

셀 수 있는 유한 표본공간 S에서 사건 A가 발생하는 확률의 경험적, 고전적 정의는

$$P(A) = \frac{A의\ 원소의\ 수}{S의\ 원소의\ 수}$$

이다. 집합과 공리를 이용한 확률의 정의는 다음과 같다.

정의 4.3 표본공간 S와 사건 A에 대하여, 다음의 세 가지 공리를 만족하는 P를 **확률**이라고 정의한다.

공리 1. $0 \leq P(A) \leq 1$

공리 2. $P(S) = 1$

공리 3. 사건 $A_1, A_2, A_3 \ldots$에 대하여 $A_i \cap A_j = \emptyset\ (i \neq j)$이면, 다음 식이 성립한다.
$$P(A_1 \cup A_2 \cup A_3 \cup \ldots) = P(A_1) + P(A_2) + P(A_3) + \cdots$$

□

공리 3 으로부터 A_1와 A_2가 배반사건이면, $A_1 \cap A_2 = \emptyset$이므로, $P(A_1 \cup A_2) = P(A_1) + P(A_2)$가 성립함을 알 수 있다.

집합의 성질로부터 따라오는 확률의 성질은 다음과 같으며, 증명을 생략하자.

정리 4.1 확률의 성질 표본공간 S와 사건 A, B에 대하여 다음이 성립한다.

① 사건 A가 발생하지 않는 **여사건** A^c에 대한 확률은 다음과 같다.
$$P(A^c) = 1 - P(A)$$

② $P(\emptyset) = 0$

③ 사건 A 또는 사건 B가 발생하는 확률은 다음과 같으며, 이를 **합의 법칙**이라고 부른다.
$$P(A \cup B) = P(A) + P(B) - P(A \cap B)$$

□

예제 4.3 동전 두 개를 던질 때, 앞면이 나오지 않는 사건을 A, 앞면이 한번만 나오는 사건을 B, 앞면이 적어도 한번 나오는 사건을 C라고 두고, 세 사건의 확률을 구해보자. 우선, 표본공간은
$$S = \{HH, HT, TH, TT\}$$
이고, 네 사건이 발생할 확률은 동일하므로,
$$P(\{HH\}) = P(\{HT\}) = P(\{TH\}) = P(\{TT\}) = \frac{1}{4}$$

이다. 따라서,

$$P(A) = P(\{TT\}) = \frac{1}{4}$$

$$P(B) = P(\{HT, TH\}) = \frac{1}{2}$$

$$P(C) = P(\{HH, HT, TH\}) = \frac{3}{4}$$

여집합의 확률을 이용하여 사건 C의 확률을 다시 구해보자.

$$P\left(\text{앞면이 적어도 한번 나타남}\right) = 1 - P\left(\text{앞면이 나오지 않음}\right) = 1 - P(\{TT\})$$

이므로,

$$P(C) = 1 - P(C^c) = 1 - \frac{1}{4} = \frac{3}{4}$$

를 얻을 수 있다. □

예제 4.4 주사위 한 개를 던질 때, 홀수가 나올 사건을 A, 짝수가 나올 사건을 B, 3의 배수가 나올 사건을 C라고 두고, 각각의 확률과 $B \cap C$와 $B \cup C$의 확률을 계산해보자. 우선,

$$A = \{1,3,5\}, \quad B = \{2,4,6\}, \quad C = \{3,6\}$$

이다. 따라서,

$$P(A) = \frac{1}{2}, \; P(B) = \frac{1}{2}, \; P(C) = \frac{1}{3}$$

이다. $B \cap C = \{6\}$이므로,

$$P(B \cap C) = \frac{1}{6}$$

이다. $B \cup C = \{2,3,4,6\}$이므로,

$$P(B \cup C) = \frac{2}{3}$$

이다. 이를 합의 법칙을 사용하여 다시 계산해보자.

$$P(B \cup C) = P(B) + P(C) - P(B \cap C) = \frac{1}{2} + \frac{1}{3} - \frac{1}{6} = \frac{2}{3}$$

□

예제 4.5 두 개의 주사위를 동시에 던져서, 두 눈의 합이 10 이상인 사건 A의 확률을 계산해보자. 표본공간 S와 사건 A가 다음과 같다.

$$S = \{(x,y); x,y = 1,2,3,4,5,6\}, \quad A = \{(4,6),(5,5),(5,6),(6,4),(6,5),(6,6)\}$$

S의 각 원소의 확률은 $\frac{1}{36}$이므로, $P(A) = \frac{6}{36} = \frac{1}{6}$이다. □

확률 계산에서 경우의 수를 따지는 세 가지 법칙을 간략히 짚고 넘어가자.

정리 4.2 ① **곱의 법칙**. 사건 A가 발생할 경우의 수가 a이고 사건 B가 발생할 경우의 수가 b이면, 발생 가능한 모든 경우의 수는 $a \times b$이다.

② **순열의 법칙**. 서로 다른 n개에서 r개를 뽑아서 순서 있게 배열하는 방법의 수는 다음과 같다.

$$nPr = \frac{n!}{(n-r)!}$$

③ **조합의 법칙**. 서로 다른 n개에서 순서 없이 r개를 뽑는 방법의 수는 다음과 같다.

$$nCr = \binom{n}{r} = \frac{n!}{r!(n-r)!}$$

□

예제 4.6 주머니 안에 빨간 공 5개와 파란 공 6개, 노란 공 7가 들어있다고 가정하자. 주머니에서 3개의 공을 뽑을 때, 파란 공이 없을 확률을 구해보자. 단, 모든 공이 뽑힐 가능성은 동일하다고 가정하자. 주머니 안에 있는 18개의 공 중에서 3개를 뽑는 경우의 수는 조합의 법칙에 따라서 $\binom{18}{3}$이다. 뽑힌 공 중에 파란 공이 없어야 하므로, 빨간 공과 노란 공 중에서 3개를 뽑고, 파란 공 중에서 0개를 뽑아야 한다. 이 경우의 수는 조합의 법칙과 곱의 법칙에 따라서 $\binom{12}{3}\binom{6}{0}$이다. 그러므로, 구하는 확률은

$$P\left(\text{뽑힌 세 공 중에 파란 공이 없음}\right) = \frac{\binom{12}{3}\binom{6}{0}}{\binom{18}{3}} = \frac{\frac{12!}{3!\,9!}\frac{6!}{0!\,6!}}{\frac{18!}{3!\,15!}} = 0.2696078$$

이다.

□

4.2 조건부 확률과 독립사건

사건 B가 발생한 사실을 알 때와 모를 때, 사건 A의 발생 확률이 달라질까? 예를 들어, 눈을 가리고 주사위 한 개를 던지고, 주사위 눈을 맞춰보자. 아무 정보도 없는 상태에서 주사위 눈이 {1}일 확률은 1/6이다. 그런데, 옆에서 누군가 주사위 눈이 홀수임을 알려준다면, 주사위 눈이 {1}일 확률은 어떻게 달라질까? 주사위 눈이 3의 배수임을 알려준다면, 주사위 눈이 {1}일 확률은 어떻게 달라질까?

예제 4.7 주사위 한 개를 던지는 실험에서 표본공간은 $S = \{1,2,3,4,5,6\}$ 이다. 사건 $A = \{1\}$ 와 사건 $B = \{1,3,5\}$에 대하여, B를 알 때 A의 조건부 확률을 계산해보면,

$$P(A) = \frac{1}{6}, \ P(B) = \frac{1}{2}$$

이다. 주사위의 눈이 홀수 B 중 하나라는 사실을 알면, 주사위의 눈이 1일 확률은 셋 중 하나이므로 1/3이다. 즉,

$$P(A|B) = \frac{n(A \cap B)}{n(B)} = \frac{n(\{1\})}{n(\{1,3,5\})} = \frac{1}{3}$$

이다. 여기서 $n(A \cap B)$을 $n(B)$로 나누는 이유는 주사위의 눈이 홀수라는 정보가 주어졌으므로, 표본공간이 $S = \{1,2,3,4,5,6\}$에서 $B = \{1,3,5\}$로 바뀌기 때문이다. 여기서 분모와 분자를 $n(S)$로 나누어, 조건부 확률

$$P(A|B) = \frac{n(A \cap B)}{n(B)} = \frac{n(A \cap B)/n(S)}{n(B)/n(S)} = \frac{P(A \cap B)}{P(B)}$$

를 구할 수 있다. □

정의 4.4 두 사건 $A, B \subseteq S$에 대하여, 사건 B가 발생했다는 가정 하에 사건 A가 발생하는 확률로 정의되는 **조건부확률** $P(A|B)$ 는 두 사건 A, B가 동시에 발생하는 확률을 사건 B의 확률로 나누어서 얻을 수 있다. 즉,

$$P(B) > 0 \text{일 때}, \ P(A|B) = \frac{P(A \cap B)}{P(B)}$$

이다. □

정리 4.3 곱의 규칙. $P(A), P(B) > 0$일 때,

$$P(A \cap B) = P(A) P(B|A) = P(B) P(A|B)$$

가 성립한다. □

예제 4.8 오차행렬 또는 **혼동행렬**(Confusion matrix), **민감도**(sensitivity)와 **특이도**(specificity)

조건부확률은 특정 질병에 대한 새로운 검사법을 개발할 때, 사전검정(screening test)에서 매우 유용하게 사용될 수 있다. 표 4.1은 200명에 대한 새로운 검사법의 결과를 나타낸다고 가정하자. (질병∩양성)은 질병이 있고, 검사결과 양성인 경우를 나타내며, 9명이 있다. (질병∩음성)은 질병이 있고, 검사결과 음성인 경우를 나타내며, 1명이 있다. (정상∩양성)은 질병이 없고, 검사결과 양성인 경우를 나타내며, 2명이 있다. (정상∩음성)은 질병이 없고, 검사결과 음성인 경우를 나타내며, 188명이 있다. 각 행을 더하면, 질병에 걸린 사람은 10명이고, 정상인 사람이

190명이다. 각 열을 더하면, 검사결과가 양성인사람이 11명이고, 음성된 사람이 189명이다. 이를 표로 나타낸 것을 **오차행렬** 또는 **혼동행렬**(Confusion matrix)이라고 부른다.

  검사법의 정확도를 측정하기 위해서, 민감도(sensitivity)와 특이도(specificity)[23]를 사용한다. 민감도(sensitivity)는 진양성률(TP; True Positive rate)이며, 질병에 걸린 사람이 양성반응을 나타내는 비율이다. 특이도(specificity)는 진음성률(TN; True Negative rate)이며, 정상인 사람이 음성반응을 나타내는 비율이다.

표 4.1 특정 질병에 대한 새로운 검사법의 적용 결과

	양성(+)	음성(−)	합
질병	9 (TP)	1 (FN)	10
정상	2 (FP)	188 (TN)	190
합	11 (P)	189 (N)	200

$$민감도(\text{Sensitivity}) = P\left(양성\middle|질병\right) = \frac{TP}{TP+FN} = \frac{P(질병 \cap 양성)}{P(질병)} = \frac{9}{10} = 0.900$$

$$특이도(\text{Specificity}) = P\left(음성\middle|정상\right) = \frac{TN}{TN+FP} = \frac{P(정상 \cap 음성)}{P(정상)} = \frac{188}{190} = 0.989$$

검사가 음성이지만 실제로는 질병에 걸린 경우가 위험할 수 있으며, 이 확률은

$$P\left(질병\middle|음성\right) = \frac{P(질병 \cap 음성)}{P(음성)} = \frac{1}{189} = 0.005$$

이다. 반대로 검사가 양성지만 실제로 질병에 걸리지 않은 경우의 확률은

$$P\left(정상\middle|양성\right) = \frac{P(정상 \cap 양성)}{P(양성)} = \frac{2}{11} = 0.182$$

이다.

  진양성률(TP)와 위양성률(FP; False Positive Rate)를 이용하여, 유의수준의 대안으로 많이 사용되는 FDR(False Discovery Rate; Benjamini and Hochberg, 1995)을 다음과 같이 정의하자.

---

[23] The sensitivity of a symptom is the probability that the symptom is present given that the person has a disease. The specificity of a symptom is the probability that the symptom is not present given that the person does not have a disease. B. Rosner (2010) Fundamentals of Biostatistics. pp.51-52

$$FDR = P\left(\text{위양성}|\text{양성}\right) = \frac{FP}{FP+TP}$$

여기서, (FP, TP)의 그래프를 **ROC Curve**(Receiver operating characteristic curve)라고 부른다. ROC curve 의 면적이 클수록 좋은 모형이다. 즉, 그래프가 위로 볼록하면 좋은 검사법이고, 아래로 볼록하면 나쁜 검사법이다. □

두 사건 A와 B가 독립이면, 사건 A의 발생이 사건 B의 발생에 영향을 미치지 않으며, 마찬가지로 사건 B의 발생이 사건 A의 발생에 영향을 미치지 않는다.

정의 4.5 $P(A), P(B) > 0$일 때,

$$P(A|B) = P(A) \text{ 또는 } P(B|A) = P(B)$$

이면, 두 사건 A와 B는 **독립**이라고 정의된다. □

정리 4.4 두 사건 A와 B는 **독립사건**(independent events)일 필요충분 조건은

$$P(A \cap B) = P(A)P(B)$$

이다. 독립이 아닌 두 사건은 **종속사건**(dependent events)이다.

(증명) 정의 4.4 와 4.5 로부터 다음의 결과를 얻을 수 있다.

$$P(A \cap B) = P(A|B)P(B) = P(A)P(B)$$

□

예제 4.9 어떤 통신시스템에 3 개의 부품이 아래 그림 4.1 과 같이 연결되어 있다. 각 부품의 고장을 R_i 라고 두고, 각 부품의 고장확률은 $P(R_1) = 0.002, P(R_2) = P(R_3) = 0.001$ 이라고 가정하자. a 에서 b 로 신호를 보낼 때, 신호가 전달되지 않을 확률은 얼마인가? 부품의 고장은 독립이라고 가정하자.

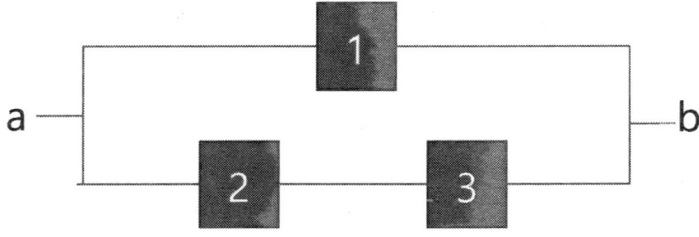

그림 4.1 a 에서 b 사이의 부품들

$$P\left(\text{신호전달 안됨}\right)$$
$$= P\left(\text{위로 전달안됨} \cap \text{아래로 전달안됨}\right)$$

$$= P\left(\text{위로 전달안됨}\right) P\left(\text{아래로 전달안됨}\right) \quad \text{(독립)}$$

$$= P(R_1)P(R_2 \cup R_3)$$

$$= P(R_1)(P(R_2) + P(R_3) - P(R_2 \cap R_3)) \quad \text{(합의 법칙)}$$

$$= P(R_1)(P(R_2) + P(R_3) - P(R_2)P(R_3)) \quad \text{(독립)}$$

$$= (0.002)(0.001 + 0.001 - (0.001)^2)$$

$$= 0.000003998$$

□

4.3 베이즈 공식

이미 알려진 확률 $P(A)$와 $P(B)$, 조건부 확률 $P(A|B)$를 이용하여, 확률 $P(B|A)$를 추론하는 방법으로 베이즈[24] 공식이 있다. 여기서, 이미 알려진 사건의 확률 $P(A)$ 또는 $P(B)$를 **사전확률**(prior probability), $P(A|B)$ 또는 $P(B|A)$을 **사후확률**(posterior probability)이라고 부른다.

예제 4.10 어떤 채널을 통해서 이진신호를 전달할 때 다음의 4가지 사건이 발생할 수 있다: (1) 0 보내고 0 받기 (2) 0 보내고 1 받기 (3) 1 보내고 0 받기 (4) 1 보내고 1 받기. 기호로 S0은 0 보내기, S1은 1 보내기, R0은 0 받기, R1은 1 받기라고 두자. 보낸 신호의 약 30%가 0이고, 약 70%가 1이라고 가정하자. 또한 0을 보낼 때 0을 받을 확률과 1을 보낼 때 1을 받을 확률이 99%라고 두면, 0을 보낼 때 1로 잘못 받을 확률과 1을 보낼 때 0으로 잘못 받을 확률이 1%이다. 그러면, 받은 신호가 0일 때, 이 신호가 원래 0이었을 확률은 얼마일까?

이 질문에 답하기 위해서, 기존 자료로부터 얻을 수 있는 정보를 살펴보자. 알려진 사전 확률은

$$P(S0) = 0.3, \quad P(S1) = 0.7$$

이다. 마찬가지로 기존 자료로부터 얻은 조건부 확률은

$$P(R0|S0) = P(R1|S1) = 0.99, \; P(R1|S0) = P(R0|S1) = 0.01$$

이다. 신호 0을 수신했을 때, 이 신호가 원래 0이었을 사후확률은, 정의 4.4 조건부 확률의 정의에 따라서

$$P(S0|R0) = \frac{P(S0 \cap R0)}{P(R0)}$$

---

[24] Thomas Bayes(1701-1761) 영국의 장로교 목사, 통계학자, 철학자이다.

이다. 분모의 확률 $P(R0)$을 생각해보자. 그림 4.2 에서 보면 0을 받는 경우는 0을 보내고 0을 받거나, 1을 보내고 0을 받는 두 가지 경우 밖에 없다. 이 두 사건은 배반사건이므로, 확률의 정의 4.3 의 공리 3 에 따라서

$$P(R0) = P(S0 \cap R0) + P(S1 \cap R0)$$

이다. 정리 4.3 곱의 규칙에 따라서,

$$P(S0 \cap R0) = P(S0)P(R0|S0)$$
$$P(S1 \cap R0) = P(S1)P(R0|S1)$$

가 성립한다. 정리 4.3 곱의 규칙을 쓰면

$$P(R0) = P(S0)P(R0|S0) + P(S1)P(R0|S1)$$

을 얻을 수 있다.

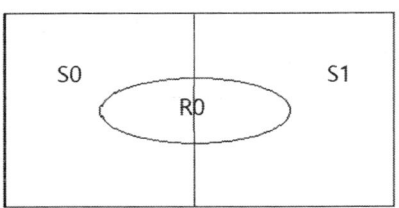

그림 4.2 0 수신의 두 경우

따라서, 신호 0을 수신했을 때, 이 신호가 원래 0이었을 확률은 다음과 같이 얻어진다.

$$P(S0|R0) = \frac{P(S0 \cap R0)}{P(R0)}$$
$$= \frac{P(S0)P(R0|S0)}{P(S0)P(R0|S0) + P(S1)P(R0|S1)}$$
$$= \frac{(0.3)(0.99)}{(0.3)(0.99) + (0.7)(0.01)}$$
$$= 0.9769737$$

□

사건 B 는 전사건, 사건 A 는 후사건을 나타내도록 하자. 표본공간 S 가 배반사건인 $B_1, B_2, \ldots B_k$ 들의 합집합이고, 이들에 대한 사전확률이 알려져 있을 때, 사건 A 가 발생했다고 가정하자. 즉,

$$P(B_1) + P(B_2) + \cdots + P(B_k) = 1$$

이다. 사건 A가 발생할 확률을 구해보자. 거꾸로 사건 A가 발생했을 때, 사건 B_i의 확률을 구하는 베이즈 공식을 유도해보자.

4. 확률과 확률변수

정리 4.5 전확률 공식★

$$P(A) = P(A \cap B_1) + P(A \cap B_2) + \cdots + P(A \cap B_k)$$
$$= P(B_1)P(A|B_1) + P(B_2)P(A|B_2) + \cdots + P(B_k)P(A|B_k) \qquad \square$$

정리 4.6 베이즈 정리★

$$P(B_i|A) = \frac{P(B_i \cap A)}{P(A)}$$
$$= \frac{P(B_i)\ P(A|B_i)}{P(B_1)P(A|B_1) + P(B_2)P(A|B_2) + \cdots + P(B_k)P(A|B_k)} \qquad \square$$

빅데이터 덕분에 사전 정보가 풍부해지고, 컴퓨터 계산 속도도 빨라지면서, 베이즈 정리가 의사결정론뿐 아니라 인공지능 등에도 활발하게 활용되고 있다.

4.4 확률변수와 확률함수

동전 던지기 실험에서 결과가 앞면 또는 뒷면처럼 정성적으로 나타나는 경우, 편리를 위하여 결과에 숫자를 대응시켜서 사용한다. 실험의 결과는 상수가 아니고 매 시행마다 바뀔 수 있으므로, 변수 X를 사용하자. 앞면에 1을 대응시키고 뒷면에 0을 대응시키면,

$$X(앞면) = 1, \qquad X(뒷면) = 0$$

이므로, 변수 X는 표본공간에서 정의되는 실수함수이다. 이때, 동전 던지기의 매 시행에서 앞면이 나오는 확률이 1/2, 뒷면이 나오는 확률이 1/2 이므로,

$$P(X=1) = \frac{1}{2}, \qquad P(X=0) = \frac{1}{2}$$

이다. 이와 같이 확률분포가 정의되는 변수 X를 확률변수(random variable)라고 부른다. 이와 같은 X의 분포를 표현하기 위해서, 확률함수(probability density function) $f(x)$를 정의하자.

$$f(1) = P(X=1) = 1/2$$
$$f(0) = P(X=0) = 1/2$$

그러면, $f(x)$는 확률이므로 음수일 수 없고, x의 모든 값에 대한 확률을 더하면 1 이어야 한다.

정의 4.6 확률변수 X는 표본공간 S에서 정의된 실수 함수이다. X의 분포를 나타내는 확률함수 $f(x)$의 모든 값을 합하면 1 이다. $\qquad \square$

확률변수가 가지는 값이 셀 수 있는 경우이면 이산확률변수라고 부르고, 셀 수 없는 경우이면 연속확률변수라고 부른다. 이산확률변수는 실험의 결과가 정성적인 경우, 즉 범주형 자료를 표현한다. 모든 확률변수는 고유의 확률함수를 가지므로, 확률함수는 확률변수를 유일하게 결정한다. 확률변수와 일반 수학 함수의 변수를 구분해보자. 예를 들어 단순 직선식 $y = a + bx$에서 x와 y는 둘 다 변수이지만, 각 값에 해당하는 확률이 정의되지 않으므로 확률변수가 아니다.

정의 4.7 이산확률변수 X의 확률함수

$$f(x) = P(X = x)$$

는 다음의 두 가지 성질을 만족해야 한다.

$$f(x) \geq 0, \quad \sum_x f(x) = 1$$

사건 A의 확률은 A의 모든 원소에 해당하는 확률을 더하여 계산할 수 있다.

$$P(X \in A) = \sum_{x \in A} f(x)$$

□

예제 4.11 동전 두 개를 던져서 나오는 앞면의 수를 X라고 두자. 표본공간은

$$S = \{HH, HT, TH, TT\}$$

이다. 모든 가능한 사건에 대하여 앞면의 수 X를 계산해보자.

$$X(HH) = 2, \ X(HT) = X(TH) = 1, X(TT) = 0$$

X는 0,1,2 의 값을 가질 수 있으며, 각 값에 대한 확률은 다음과 같이 구해진다.

$$P(X = 0) = P(TT) = \frac{1}{4}$$

$$P(X = 1) = P(\{TH, HT\}) = \frac{1}{2}$$

$$P(X = 2) = P(HH) = \frac{1}{4}$$

X의 분포를 표 4.2 로 정리하자.

표 4.2 X의 확률함수

x	0	1	2	총합
$P(X = x)$	1/4	1/2	1/4	1

여기서, 대문자 X 는 확률변수를 나타내고, 소문자 x 는 X 가 가지는 값을 표현한다. 이를 정리하여 확률함수 $f(x) = P(X = x)$를 다음과 같이 얻을 수 있다.

$$f_X(0) = \frac{1}{4}, \quad f_X(1) = \frac{1}{2}, \quad f_X(2) = \frac{1}{4}$$

그림 4.3은 확률함수 $f(x)$를 나타낸다.

예제 4.12 이산확률변수 X에 대하여 확률함수가 $f(x) = \frac{x}{6}$, for $x = 1,2,3$ 이고, 나머지 경우에는 0으로 주어질 때, $X = 3$일 확률과 $\frac{2}{3} < X < \frac{9}{4}$일 확률을 계산하보자.

$$P(X = 3) = \frac{1}{2}$$

$$P\left(\frac{2}{3} < X < \frac{9}{4}\right) = f(1) + f(2) = \frac{1}{6} + \frac{2}{6} = \frac{1}{2}.$$

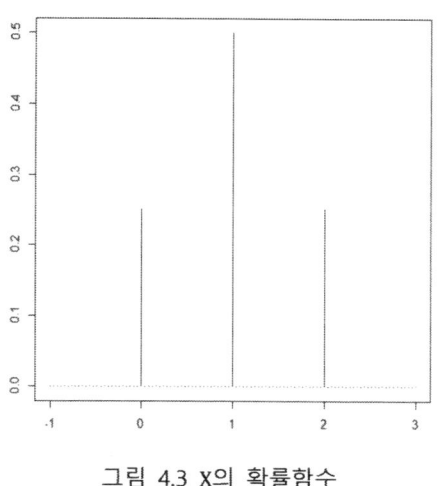

그림 4.3 X의 확률함수

길이, 무게, 밀도, 혈압, 혈당 등과 같은 연속형 자료를 표현하는 확률변수와 확률함수를 생각해보자.

정의 4.8 연속확률변수 X의 확률함수 $f(x)$는 다음의 두 가지 조건을 만족해야 한다.

$$f(x) \geq 0, \quad \int_{-\infty}^{\infty} f(x)\,dx = 1$$

사건 A에 대한 확률은 A에서 확률함수 $f(x)$를 적분하여 계산할 수 있다.

$$P(X \in A) = \int_A f(x)\,dx$$

적분은 $f(x) \geq 0$ 일때 그래프 아래의 면적을 의미한다. 연속형 확률함수 $f(x)$ 아래의 전체 면적은 1이 된다. 또한, 한 점에서의 면적이 0이므로 한 점에서의 확률은 $P(X = x) = 0$이다. 즉, $P(X \leq x) = P(X < x)$이다.

정의 4.9 분포함수 (cumulative distribution function)는 다음과 같이 정의된다.

$$F(x) = P(X \leq x) = \int_{-\infty}^{x} f(v)\, dv$$

□

미분과 적분의 관계에 따라서, 확률함수 $f(x) = \frac{d}{dx} F(x)$로 구해진다.

예제 4.13 X의 확률함수가 $f(x) = cx,\ 0 < x < 1, c > 0$이라고 두자. c를 구하고, X가 $\left[\frac{1}{3}, \frac{1}{2}\right]$에 속하는 확률을 계산해보자. 그림 4.5 삼각형의 면적은 1이어야한다. 따라서,

$$\frac{1}{2} \times 1 \times c = \frac{c}{2} = 1$$

을 풀면 $c = 2$이다. 또는 적분을 이용하여 삼각형의 면적을 구하면,

$$\int_0^1 cx\, dx = \left[\frac{c}{2} x^2\right]_0^1 = \frac{c}{2} = 1$$

이므로 $c = 2$이다.

그림 4.5는 $f(x)$를 나타낸다. X가 $\left[\frac{1}{3}, \frac{1}{2}\right]$에 속하는 확률은 이 구간에서 $f(x)$ 아래의 사다리꼴 면적으로 구할 수 있다. 그림 4.6에서 두 개의 삼각형의 면적의 차이를 이용하여, 동일한 확률을 계산할 수 있다.

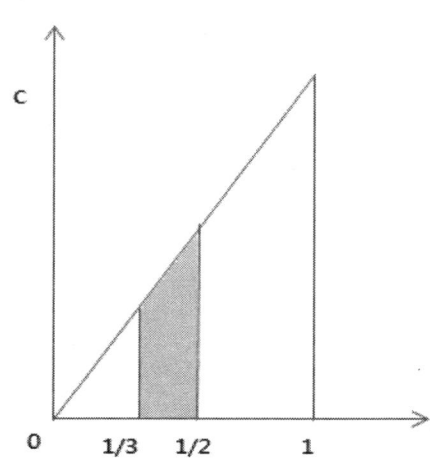

그림 4.5 X의 확률함수

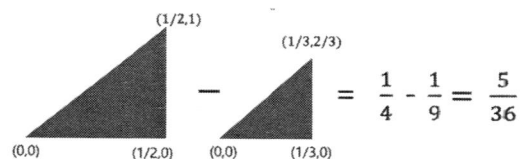

그림 4.6 삼각형의 면적의 차이를 이용한 확률계산

적분을 이용하여 이를 다시 구해보자.

$$P\left(\frac{1}{3} \leq X < \frac{1}{2}\right) = \int_{1/3}^{1/2} 2x\,dx = [x^2]_{1/3}^{1/2} = \frac{1}{4} - \frac{1}{9} = \frac{5}{36}$$ □

4.5 평균과 분산

동전 던지기에서 앞면과 뒷면이 나올 확률이 동일하므로, 동전을 100 번 던지면, 앞면이 50 번 정도 나오리라 기대할 수 있다. 이를 기대값[25](expected value) 또는 평균이라고 부른다. 그렇다면 동전을 1 번 던질 때, 앞면이 몇 번 나오리라 기대하는가? 동전을 한 번 던질 때 평균적으로 앞면이 0.5 번 나오리라 말할 수 있지만, 0.5 번은 현실적으로 존재하는 횟수가 아니다. 이와 같이 기대값과 평균은 이론적인 값이다. 확률함수를 이용하여, 모집단분포의 중심인 모평균 μ 와 평균으로부터 자료의 흩어진 정도를 표현하는 모분산 σ^2 을 정의해보자. 용어에서 '모(population)'을 생략하고 사용하자.

정의 4.10 확률변수 X의 **평균** 또는 **기대값**은

$$\mu = E[X] = \begin{cases} \sum_{x} xf(x) & \text{(이산인 경우)} \\ \int_{-\infty}^{\infty} xf(x)\,dx & \text{(연속인 경우)} \end{cases}$$

으로 정의된다. □

확률변수 X의 함수 $g(X)$도 확률변수이며, 이것의 기대값도 계산될 수 있다.

---

[25] 기댓값으로 병용하여 표기된다. 여기서는 기대값을 사용한다.

정리 4.7 확률변수 X의 확률함수가 $f(x)$일 때, $g(X)$의 **기대값**은 다음과 같다.

$$E[g(X)] = \begin{cases} \sum_{x} g(x)f(x) & \text{(이산인 경우)} \\ \int_{-\infty}^{\infty} g(x)f(x)\,dx & \text{(연속인 경우)} \end{cases}$$

□

예제 4.14 확률변수 X의 확률함수가 표 4.3과 같이 주어졌다.

$$P(X=-1) = 0.1, \qquad P(X=0) = 0.5, \qquad P(X=2) = 0.4$$

표 4.3 X의 확률함수

$X = x$	-1	0	2
$p(x)$	0.1	0.5	0.4

$$\mu = E[X] = (-1)(0.1) + (0)(0.5) + (2)(0.4) = 0.7$$

새로운 확률변수 $Y = X^2$에 대한 기대값은

$$E[Y] = E[X^2] = \sum_{x} x^2 f(x) = (-1)^2(0.1) + 0^2(0.5) + 2^2(0.4) = 1.7$$

이 된다.

□

다음 정리는 기대값의 선형성을 나타내는 중요한 성질이다.

정리 4.8 확률변수 X와 상수 a에 대하여 다음이 성립한다.

① $E[a] = a$ (상수의 기대값은 상수이다.)

② $E[a + bX] = a + bE[X]$ (기대값의 선형성이 성립한다.)

(증명) ① $E[a] = \sum_{x} af(x) = a$

② $E[a + bX] = \sum_{x}(a+bx)f(x) = a\sum_{x} f(x) + b\sum_{x} xf(x) = a + bE[X]$

□

모집단의 분포에서 중심 μ로부터 자료가 흩어진 정도를 표현하는 분산 σ^2은 다음과 같이 정의된다.

정의 4.11 확률변수 X와 확률함수 $f(x,y)$에 대하여 **분산**(variance)은

$$\sigma^2 = Var(X) = E[(X-\mu)^2] = \begin{cases} \sum_x (x-\mu)^2 f(x) & \text{(이산인 경우)} \\ \int_{-\infty}^{\infty} (x-\mu)^2 f(x)\, dx & \text{(연속인 경우)} \end{cases}$$

으로 정의된다. □

분산을 쉽게 계산하는 방법은 다음과 같다.

$$\sigma^2 = E[(X-\mu)^2] = E[X^2 - 2\mu X + \mu^2] = E[X^2] - 2\mu E[X] + E[\mu^2] = E[X^2] - \mu^2$$

표준편차(standard deviation) σ 는 $\sqrt{\sigma^2}$으로 정의된다.

정리 4.9 확률변수 X와 상수 a에 대하여 다음이 성립한다.

① $Var(a) = 0$

② $Var(aX + b) = a^2 Var(X)$

③ 표준화 변수 $Z = \frac{X-\mu}{\sigma}$ 에 대하여, $E[Z] = 0$, $Var(Z) = 1$ 이다. 여기서, $\mu = E[X]$, $\sigma^2 = Var(X)$이다.

(증명)

① $X = a$이면, $E[X] = a$이고, $E[X^2] = a^2$이므로 $Var(a) = 0$이다.

② $Var(aX+b) = E[((aX+b) - (a\mu+b))^2] = E[a^2(X-\mu)^2] = a^2 Var(X)$

③ $E\left[\frac{X-\mu}{\sigma}\right] = \frac{E[X]-\mu}{\sigma} = 0$, $Var\left(\frac{X-\mu}{\sigma}\right) = Var\left(\frac{1}{\sigma}X + \left(-\frac{\mu}{\sigma}\right)\right) = \left(\frac{1}{\sigma}\right)^2 Var(X) = \left(\frac{1}{\sigma}\right)^2 \sigma^2 = 1$

□

예제 4.15 확률변수 X의 값에 대한 확률함수가 표 4.3 과 같이 주어지면, 평균과 분산을 다음과 같이 구할 수 있다.

$$\mu = E[X] = 0.7,\ E[X^2] = 1.7,\ \sigma^2 = E[X^2] - \mu^2 = 1.7 - (0.7)^2 = 1.21$$

□

예제 4.16 $E[X] = \mu$, $Var(X) = \sigma^2$, $Z = \frac{X-\mu}{\sigma}$, $T = 5Z + 1$일 때,

$$E[Z] = 0, Var(Z) = 1$$

이므로

R과 더불어 배우는 통계학

$$E[T] = 5E[Z] + 1 = 1$$
$$Var(T) = 5^2 Var(Z) = 25$$

이다. □

4.6 이변수에 대한 결합확률함수

이변수 기술통계처럼, 두 확률변수의 상관관계를 알아보자. 적분이 익숙하지 않으면, 연속형 확률변수에 대한 정의, 정리, 예제를 건너뛰고 읽기 바란다.

정의 4.12 함수 $f(x,y)$가 두 이산확률변수 X와 Y의 **결합확률함수**(Joint Probability)가 되려면 다음의 두 가지를 만족해야 한다.

$$f(x,y) = P(X=x, Y=y) \geq 0$$
$$\sum_x \sum_y f(x,y) = 1$$

이때, 사건 A의 확률 $P(A)$는 다음과 같이 얻어진다.

$$P((X,Y) \in A) = \sum_{(x,y) \in A} \sum f(x,y)$$

두 이산확률변수 X와 Y의 **주변확률함수**(marginal pdf)인 $f_X(x)$과 $f_Y(y)$는

$$f_X(x) = \sum_y f(x,y), \quad f_Y(y) = \sum_x f(x,y)$$

으로 정의된다. □

두 연속확률변수 X와 Y에 대해서는 합 대신 적분을 사용하여 동일한 개념을 정의할 수 있다.

정의 4.13 함수 $f(x,y)$가 두 연속확률변수 X와 Y의 결합확률함수가 되려면 다음의 두 가지를 만족해야 한다.

$$f(x,y) \geq 0$$
$$\int_{-\infty}^{\infty} \int_{-\infty}^{\infty} f(x,y) dx dy = 1$$

이때, 사건 A의 확률 $P(A)$는 다음과 같이 얻어진다.

$$P((X,Y) \in A) = \iint_A f(x,y) dx dy$$

두 이산확률변수 X와 Y의 주변확률함수(marginal pdf)인 $f_X(x)$과 $f_Y(y)$는 다음과 같이 정의된다.

$$f_X(x) = \int_{-\infty}^{\infty} f(x,y)dy, \quad f_Y(y) = \int_{-\infty}^{\infty} f(x,y)dx$$

정리 4.10 두 확률변수 X와 Y가 **독립**이기 위한 필요충분 조건은 다음과 같다.

$$f(x,y) = f_X(x)\, f_Y(y)$$

(증명) 이산확률변수에 대하여 살펴보자.

$$f(x,y) = P(X=x, Y=y) = P(X=x)P(Y=y) = f_X(x)f_Y(y).$$

예제 4.17 동전 한 개를 두 번 던지는 실험에서 확률변수 X와 Y를 다음과 같이 정의하자.

$$X = \text{첫 번째 던졌을 나오는 앞면의 수}$$
$$Y = \text{두 번 던져서 나오는 총 앞면의 수}$$

그러면, 표본공간과 확률변수는 다음과 같다.

$$S = \{HH, HT, TH, TT\}$$
$$X(TT) = X(TH) = 0, \quad X(HT) = X(HH) = 1$$
$$Y(TT) = 0, \; Y(HT) = Y(TH) = 1, \; Y(HH) = 2$$

X와 Y의 결합확률은 다음 표 4.4와 같이 얻어진다.

$$P(X=0, Y=0) = P(TT) = 1/4$$
$$P(X=0, Y=1) = P(TH) = 1/4$$
$$P(X=1, Y=1) = P(HT) = 1/4$$
$$P(X=1, Y=2) = P(HH) = 1/4$$

그러나, $X=0, Y=2$인 경우와 $X=1, Y=0$인 경우는 발생할 수 없으므로 확률이 0 이므로,

$$P(X=0, Y=2) = P(X=1, Y=0) = 0$$

이다.

표 4.4 X와 Y의 결합확률

X / Y	0	1	2	$f_X(x)$
0	TT (1/4)	TH (1/4)	0	1/2
1	0	HT (1/4)	HH (1/4)	1/2
$f_Y(y)$	1/4	1/2	1/4	1

다음 확률을 계산해보자.

$$P(X \geq 1, Y \geq 1) = f(1,1) + f(1,2) = \frac{1}{4} + \frac{1}{4} = \frac{1}{2}$$

$$P(X < Y) = f(0,1) + f(0,2) + f(1,2) = \frac{1}{2}$$

두 확률변수 X와 Y가 독립이기 위해서는, 모든 x, y에 대하여, $P(X = x, Y = y) = P(X = x)P(Y = y)$가 성립해야 한다. 우선 $P(X = 0, Y = 0)$와 $P(X = 0)P(Y = 0)$가 성립하는지 알아보자.

$$P(X = 0, Y = 0) = \frac{1}{4} \neq P(X = 0)P(Y = 0) = \frac{1}{2} \cdot \frac{1}{4} = \frac{1}{8}$$

따라서 두 확률변수는 독립이 아니다. □

예제 4.18★ 두 연속확률변수 X와 Y의 결합확률함수 $f(x, y)$가 다음과 같이 주어질 때, 이들이 독립인지 알아보자.

$$f(x, y) = \frac{1}{2} e^{-x - \frac{y}{2}}, \quad x > 0, y > 0$$

주변확률함수는 다음과 같다.

$$f_X(x) = \frac{1}{2}\int_0^\infty e^{-x-\frac{y}{2}}dy = \frac{1}{2}e^{-x}\int_0^\infty e^{-\frac{y}{2}}dy = \frac{1}{2}e^{-x}\left[-2e^{-\frac{y}{2}}\right]_0^\infty = e^{-x}, \quad x > 0$$

$$f_Y(y) = \frac{1}{2}\int_0^\infty e^{-x-\frac{y}{2}}dx = \frac{1}{2}e^{-\frac{y}{2}}\int_0^\infty e^{-x}dx = \frac{1}{2}e^{-\frac{y}{2}}[-e^{-x}]_0^\infty = \frac{1}{2}e^{-\frac{y}{2}}, \quad y > 0$$

$f(x, y) = f_X(x) f_Y(y)$이므로 X와 Y는 독립이다. □

두 확률변수 X와 Y에 대한 기댓값을 정의해보자.

정의 4.14 두 확률변수 X와 Y와 이들의 결합확률함수 $f(x, y)$에 대하여 $r(X, Y)$의 **기댓값**은 다음과 같이 정의된다.

$$E[r(X, Y)] = \begin{cases} \sum_x \sum_y r(x, y) f(x, y) & \text{(이산형)} \\ \iint r(x, y) f(x, y) dxdy & \text{(연속형)} \end{cases}$$

□

정리 4.11 결합확률함수 $f(x, y)$를 갖는 두 확률변수 X와 Y에 대하여 다음 성질이 성립한다.

① $g(X)$와 $h(Y)$의 선형결합의 기댓값은 각각 기댓값의 선형결합이다.

$$E[ag(X, Y) + bh(X, Y)] = aE[g(X, Y)] + bE[h(X, Y)]$$

② 두 확률변수 X와 Y가 독립이면 $g(X)$와 $h(Y)$의 곱의 기댓값은 각각 기댓값의 곱이다.

$$E[g(X)h(Y)] = E[g(X)]E[h(Y)]$$

(증명) ① $E[ag(X,Y) + bh(X,Y)]$

$$= \sum_x \sum_y \big(ag(x,y) + bh(x,y)\big)f(x,y)$$
$$= a\sum_x g(x,y)f(x,y) + b\sum_y h(x,y)f(x,y)$$
$$= aE[g(X,Y)] + bE[h(X,Y)]$$

② $E[g(X)h(Y)]$

$$= \sum_x \sum_y \big(g(x)h(y)\big)f(x,y)$$
$$= \sum_x \sum_y \big(g(x)h(y)\big)f_X(x)\,f_Y(y)$$
$$= \sum_x g(x)f_X(x) \sum_y h(y)f_Y(y)$$
$$= E[g(X)]E[h(Y)] \qquad \square$$

4.7 상관계수

확률변수 X가 증가할 때 확률변수 Y가 증가하거나 반대로 감소하는 등, 두 확률변수 X와 Y가 서로 연관되어 있을 수 있다. 이와 같은 연관성을 측정하기 위해서 공분산(covariance)과 상관계수(correlation coefficient)를 사용할 수 있다.

정의 4.15 확률변수 X와 Y의 **공분산**(covariance)은 다음과 같이 정의된다.
$$Cov(X,Y) = E[(X - E[X])(Y - E[Y])] = E[XY] - E[X]E[Y] \qquad \square$$

정리 4.12 확률변수 X와 Y의 합의 분산은 $Var(X+Y) = Var(X) + Var(Y) + 2Cov(X,Y)$이다. 만약 X가 증가할 때 Y도 증가하면, 둘은 양의 공분산을 가지며, 반대의 경우 음의 공분산을 가진다. 만약 확률변수 X와 Y가 독립이면 $E[XY] = E[X]E[Y]$ 이므로, $Cov(X,Y) = 0$이 된다. 역은 성립하지 않아서, $Cov(X,Y) = 0$이더라도, X와 Y가 독립이 아닐 수 있다.
$$Var(X+Y) = Var(X) + Var(Y)$$
이며, 두 확률변수가 독립이면 합의 분산은 분산의 합이 된다. $\qquad \square$

이때, 두 확률변수의 공분산은 각 확률변수의 측정단위에 따라서 달라질 수 있으므로, 두 확률변수의 단위와 무관한 통계량이 필요하다.

정의 4.16 확률변수 X와 Y의 **상관계수**(correlation coefficient)는 다음과 같이 정의된다.

$$\rho(X,Y) = \frac{Cov(X,Y)}{\sigma_X \sigma_Y}, \quad -1 < \rho < 1$$

여기서 ρ는 변수의 단위에 의존하지 않으며, 두 확률변수가 독립이면 $\rho = 0$이다.

예제 4.19 동전 한 개를 두 번 던지는 실험에서 확률변수 X와 Y를 다음과 같이 정의하자.

$$X = \text{첫 번째 던졌을 나오는 앞면의 수}$$
$$Y = \text{두 번 던져서 나오는 총 앞면의 수}$$

표 4.4 X와 Y의 결합확률

X / Y	0	1	2	$f_X(x)$
0	TT (1/4)	TH (1/4)	0	1/2
1	0	HT (1/4)	HH (1/4)	1/2
$f_Y(y)$	1/4	1/2	1/4	1

이때, 두 확률변수의 상관계수를 구해보자. 그러면,

$$E[X] = (0)\left(\frac{1}{2}\right) + (1)\left(\frac{1}{2}\right) = \frac{1}{2}, \quad E[X^2] = \frac{1}{2}, \quad Var(X) = \frac{1}{4}$$

$$E[Y] = (0)\left(\frac{1}{4}\right) + (1)\left(\frac{1}{2}\right) + (2)\left(\frac{1}{4}\right) = 1, \quad E[Y^2] = \frac{3}{2}, \quad Var(Y) = \frac{1}{2}$$

$$E[XY] = (1)(1)\left(\frac{1}{4}\right) + (1)(2)\left(\frac{1}{4}\right) = \frac{3}{4}$$

$$Cov(X,Y) = E[XY] - E[X]E[Y] = \frac{3}{4} - \frac{1}{2} = \frac{1}{4}$$

이므로 상관계수 ρ는 다음과 같이 얻어진다.

$$\rho(X,Y) = \frac{Cov(X,Y)}{\sigma_X \sigma_Y} = \frac{1/4}{\sqrt{1/4}\sqrt{1/2}} = \frac{\sqrt{2}}{2} = 0.707$$

연습문제

1. 잔치집에서 음식을 나누어 먹은 뒤 집단 식중독이 발생하여, 식중독의 원인이 특정 음식 때문인가를 알아보기 위해서 조사한 결과 다음 표를 얻었다. 식중독에 걸렸을 때, 생선회를 먹었을 확률은 얼마인가?

4. 확률과 확률변수

① 80/115 ② 75/100 ③ 75/80 ④ 75/115 ⑤ 위 보기 중 답 없음

	식중독 걸림	아무 이상 없음
생선회 먹었음	75	25
생선회 먹지 않았음	5	10

(정답) ③

(풀이)

$$P(\text{생선회 먹었음} | \text{식중독 걸림}) = \frac{P(\text{생선회 먹음} \cap \text{식중독 걸림})}{P(\text{식중독 걸림})} = \frac{75/115}{80/115} = \frac{75}{80}$$

2. 전국적으로 발생한 식중독의 원인이 특정 지역에서 생산된 야채 A인지 알아보기 위하여, 300명을 대상으로 문진한 후 다음과 같은 표를 얻었다. A 먹었을 때 식중독에 걸릴 확률은 A를 먹지 않았을 때 식중독에 걸릴 확률의 몇 배인가?

	식중독에 걸림	식중독에 안 걸림
A 먹음	45	55
A 먹지 않음	6	194

① 3/45 ② 45/100 ③ 45/48 ④ 45/3 ⑤ 위 보기 중 답 없음

(정답) ④

(풀이) A 먹었을 때 식중독에 걸릴 확률은 45/100이고, 확률은 A를 먹지 않았을 때 식중독에 걸릴 확률은 6/200이므로, 이 비율은 45/3=15배이다.

3. 어떤 질병의 새로운 검사법에 대한 검사결과이다. 다음 확률을 계산하라.

	검사 -	검사 +
정상	84	2
질병	3	11

(1) 음성반응을 보이는 확률은 무엇인가?

(2) 음성반응을 보인 사람이 질병을 가지고 있을 확률은 무엇인가?

(3) 질병이 있는 사람이 음성으로 나타날 확률은 무엇인가?

(4) 질병이 없는 사람이 양성으로 나타날 확률은 무엇인가?

(풀이) (1) $P(-) = \frac{87}{100} = 0.87$

(2) $P\left(질병 \middle| -\right) = \frac{P(질병 \cap -)}{P(-)} = \frac{3/100}{87/100} = \frac{3}{87} = 0.03$

(3) $P\left(- \middle| 질병\right) = \frac{P(질병 \cap -)}{P(질병)} = \frac{3/100}{14/100} = \frac{3}{14} = 0.21$

(4) $P\left(+ \middle| 정상\right) = \frac{P(정상 \cap +)}{P(정상)} = \frac{2/100}{86/100} = \frac{2}{86} = 0.02$

4. 어떤 제품은 4개의 부품이 병렬로 연결되어 있어서, 4개의 부품이 모두 고장일 경우에만 이 제품이 작동하지 않는다고 한다. 각 부품이 고장날 확률은 각각 0.01, 0.02, 0.03, 0.04이며, 고장날 사건은 서로 독립이라고 하자. 이 제품이 작동할 확률은 얼마인가?

(풀이) $P(제품\ 작동) = 1 - P(부품\ 1\ 고장 \cap 부품\ 2\ 고장 \cap 부품\ 3\ 고장 \cap 부품\ 4\ 고장)$

$= P(부품\ 1\ 고장)P(부품\ 2\ 고장)P(부품\ 3\ 고장)P(부품\ 4\ 고장)$

$= 1 - (0.01)(0.02)(0.03)(0.04) = 0.9999998$

5. 세 개의 중계기 1,2,3의 고장을 $R1, R2, R3$ 라 두면, 각 중계기의 고장률이 $P(R1) = P(R2) = P(R3) = 0.01$ 이고, 각 중계기의 고장은 독립이다. A에서 B로 신호가 전달되지 않을 확률은 얼마인가?

① 0.011028 ② 0.020091 ③ 0.029701 ④ 0.034110 ⑤ 위 보기 중 답 없음

(정답) ②

(풀이) $P(R1 \cup R2 \cup R3)$

$= P(R1) + P(R2) + P(R3) - P(R1 \cap R2) - P(R1 \cap R3) - P(R2 \cap R3) + P(R1 \cap R2 \cap R3)$

$= P(R1) + P(R2) + P(R3) - P(R1)P(R2) - P(R1)P(R3) - P(R2)P(R3) + P(R1)P(R2)P(R3) = 0.029701$

6. 세 개의 중계기 1,2,3의 고장을 $R1, R2, R3$ 라 두면, 각 중계기의 고장률이 $P(R1) = P(R2) = P(R3) = 0.01$ 이고, 각 중계기의 고장은 독립이다. A 에서 B 로 신호가 전달되지 않을 확률은 얼마인가?

① 0.001028   ② 0.009801   ③ 0.010099   ④ 0.034110   ⑤ 위 보기 중 답 없음

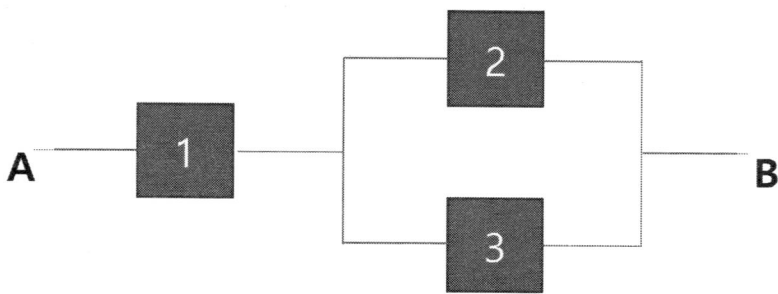

(정답) ③

(풀이) $P(R1 \cup (R2 \cap R3)) = P(R1) + P(R2 \cap R3) - P(R1 \cap R2 \cap R3)$

$\qquad = P(R1) + P(R2)P(R3) - P(R1)P(R2)P(R3) = 0.010099$

7. 어느 제조사에서 세 대의 기계 1, 2, 3를 이용하여 제품의 20%, 20%, 60%를 생산하며, 제품의 불량률은 각각 1%, 1%, 0.5%라고 가정하자. 이 제조사 제품들 중에서 무작위로 뽑은 제품 한 개를 불량품일 때, 이것이 기계 3에서 생산되었을 확률을 구해보자.

(풀이) M_i = 기계 i의 생산률

$\qquad P(M_1) = 0.2, P(M_2) = 0.2, \; P(M_3) = 0.6$

D = 무작위로 뽑은 제품이 불량품인 사건

$\qquad P(D|M_1) = 0.01, \; P(D|M_2) = 0.01, \; P(D|M_3) = 0.005$

$$P(M_2|D) = \frac{P(M_2)P(D|M_2)}{\sum_{k=1}^{3} P(M_k)P(D|M_k)} = \frac{(0.6)(0.005)}{(0.2)(0.01) + (0.2)(0.01) + (0.6)(0.005)} = 0.4285714$$

8. $P(X = -2) = 0.1, P(X = -1) = 0.2, P(X = 0) = 0.4, P(X = 1) = 0.3$일 때 X의 평균 μ와 분산 σ^2은 무엇인가?

① $\mu = -0.1, \sigma^2 = 0.89$ ② $\mu = -0.1, \sigma^2 = 0.90$ ③ $\mu = 0.3, \sigma^2 = 0.89$ ④ $\mu = 0.3, \sigma^2 = 0.95$ ⑤ 위 보기 중 답 없음

(정답) ①

(풀이) $E[X] = (-2)(0.1) + (-1)(0.2) + (0)(0.4) + (1)(0.3) = -0.1$

$\qquad E[X^2] = (-2)^2(0.1) + (-1)^2(0.2) + (0)^2(0.4) + (1)^2(0.3) = 0.4 + 0.2 + 0.3 = 0.9$

$\qquad \text{Var}(X) = E[X^2] - (E[X])^2 = 0.9 - (-0.1)^2 = 0.89$

9. $P(X = i) = 1/10$, $i = 1,2,3,...,10$일 때, X의 평균 μ와 분산 σ^2은 무엇인가?

(풀이) $E[X] = (1)\left(\frac{1}{10}\right) + (2)\left(\frac{1}{10}\right) + \cdots + (10)\left(\frac{1}{10}\right) = 5.5$

$E[X^2] = (1^2)\left(\frac{1}{10}\right) + (2^2)\left(\frac{1}{10}\right) + \cdots + (10^2)\left(\frac{1}{10}\right) = 38.5$

$Var(X) = E[X^2] - (E[X])^2 = 38.5 - (5.5)^2 = 8.25$

10. $p(x) = c\left(\frac{2}{3}\right)^x$, $x = 1,2,3,...$ 이라 두자.

(1) $p(x)$가 확률질량함수가 되기 위한 c를 구하라.

(2) (2) $P\left(\frac{1}{2} \leq X < \frac{7}{3}\right)$를 계산하라.

(풀이) (1) $\sum_{x=1}^{\infty} p(x) = \sum_{x=1}^{\infty} c\left(\frac{2}{3}\right)^x = c\frac{\frac{2}{3}}{1-\frac{2}{3}} = 1$. $c = 1/2$

(2) $P\left(\frac{1}{2} \leq X < \frac{7}{3}\right) = P(X = 1) + P(X = 2) = \frac{1}{2}\left(\frac{2}{3} + \left(\frac{2}{3}\right)^2\right) = \frac{1}{3} + \frac{2}{9} = 0.556$

11. $f(x) = cx^2$, $0 < x < 1$ 이라 두자.

(1) $f(x)$가 확률밀도함수가 되기 위한 c를 구하라.

(2) (2) $P\left(\frac{1}{3} \leq X < \frac{1}{2}\right)$을 계산하라.

(풀이) (1) $\int_0^1 cx^2 \, dx = \frac{c}{3}[x^3]_0^1 = \frac{c}{3} = 1$, c=3

(2) $P\left(\frac{1}{3} \leq X < \frac{1}{2}\right) = \int_{\frac{1}{3}}^{\frac{1}{2}} 3x^2 \, dx = [x^3]_{\frac{1}{3}}^{\frac{1}{2}} = \frac{1}{8} - \frac{1}{27} = \frac{19}{216}$

12. $f(x) = \frac{1}{3}$, $-1 < x < 2$의 평균 μ와 분산 σ^2은 무엇인가?

① $\mu = 0, \sigma^2 = 0.75$ ② $\mu = 0.5, \sigma^2 = 0.75$ ③ $\mu = 0, \sigma^2 = 1$ ④ $\mu = 0.5, \sigma^2 = 1$ ⑤ 위 보기 중 답 없음

(정답) ①

(풀이) $E[X] = \int_{-1}^{2} \frac{x}{3} dx = \frac{1}{2}$, $E[X^2] = \int_{-1}^{2} \frac{x^2}{3} dx = 1$, $Var(X) = E[X^2] - (E[X])^2 = 1 - \frac{1}{4} = \frac{3}{4}$

13. $f(x) = x/2$, $0 < x < 2$의 평균 μ와 분산 σ^2은 무엇인가?

① $\mu = \frac{2}{3}, \sigma^2 = \frac{1}{18}$ ② $\mu = \frac{4}{3}, \sigma^2 = \frac{2}{9}$ ③ $\mu = \frac{3}{4}, \sigma^2 = \frac{31}{18}$ ④ $\mu = \frac{4}{3}, \sigma^2 = \frac{20}{9}$

(정답) ②

4. 확률과 확률변수

(풀이) $\mu = \int_0^2 x^2/2 dx = \frac{1}{6}[x^3]_0^2 = \frac{4}{3}$ $E[X^2] = \int_0^2 x^3/2 dx = \frac{1}{8}[x^4]_0^2 = 2$ $\sigma^2 = 2 - \frac{16}{9} = \frac{2}{9}$

14. $E[X] = 3, Var(X) = 4$일 때, $Y = \frac{3X-1}{2}$의 평균과 분산은 무엇인가?

① 4, 9   ② 9/2, 37/4   ③ 4, 37/4   ④ 9/2, 9

(정답) ①

(풀이) $E[Y] = E\left[\frac{3X-1}{2}\right] = \frac{3}{2}E[X] - \frac{1}{2} = 4$, $Var(Y) = Var\left(\frac{3X-1}{2}\right) = \left(\frac{3}{2}\right)^2 Var(X) = \left(\frac{9}{4}\right)(4) = 9$

15. $E[X] = 3, E[X^2] = 2, E[Y] = -2, E[Y^2] = 1$이고, X와 Y는 독립이라고 두자. $E[(X-Y)(X+2Y)]$의 값은 무엇인가?

① -6   ② -5   ③ 5   ④ 6

(정답) ①

(풀이) $E[X-Y)(X+2Y)] = E[X^2 + XY - 2Y^2] = E[X^2] + E[XY] - E[2Y^2] = E[X^2] + E[X]E[Y] - E[2Y^2] = -6$

16. $E[X] = 10, Var(X) = 2, E[Y] = -5, E[Y^2] = 2$이고, X와 Y는 독립이라고 두자. $E[(X+Y)(2X-Y)]$의 값은 무엇인가?

(풀이) $E[(X+Y)(2X-Y)] = 2E[X^2] - E[Y^2] + E[XY] = 2(Var(X) + (E[X])^2) - E[Y^2] + E[X]E[Y] = 2(2+100) - 2 - 50 = 152$

17. $P(X=1, Y=1) = 1/3, P(X=1, Y=2) = 1/3, P(X=2, Y=1) = 1/3$일 때, 상관계수 ρ를 구하자.

a. X의 평균과 분산   b. Y의 평균과 분산   c. $Cov(X,Y)$ d. ρ

(풀이) $E[X] = \frac{2+2}{3} = \frac{4}{3}$ $E[X^2] = \frac{2+4}{3} = \frac{6}{3} = 2$ $Var(X) = 2 - \left(\frac{4}{3}\right)^2 = \frac{2}{9}$

$E[Y] = \frac{2+2}{3} = \frac{4}{3}$ $E[Y^2] = \frac{2+4}{3} = \frac{6}{3} = 2$ $Var(Y) = 2 - \left(\frac{4}{3}\right)^2 = \frac{2}{9}$

$E[XY] = \frac{(1)(1)+(1)(2)+(2)(1)}{3} = 5/3$ $Cov(X,Y) = \frac{5}{3} - \frac{16}{9} = -1/9$ $\rho = \frac{-\frac{1}{9}}{\sqrt{\left(\frac{2}{9}\right)\left(\frac{2}{9}\right)}} = -1/2$

18. $P(X=1, Y=0) = \frac{1}{6}$, $P(X=1, Y=1) = \frac{1}{3}$, $P(X=0, Y=1) = \frac{1}{2}$일 때, 상관계수 ρ를 구하자.

a. X의 평균과 분산   b. Y의 평균과 분산   c. $Cov(X,Y)$ d. ρ

(풀이)

	$Y=0$	$Y=1$	X의 분포
$X=0$	0	$\frac{1}{2}$	$\frac{1}{2}$
$X=1$	$\frac{1}{6}$	$\frac{1}{3}$	$\frac{1}{2}$

| Y의 분포 | $\frac{1}{6}$ | $\frac{5}{6}$ | 1 |

(A) $E[X] = \frac{1}{2}$ $E[X^2] = \frac{1}{2}$ $Var(X) = \frac{1}{2} - \left(\frac{1}{2}\right)^2 = \frac{1}{4}$

(B) $E[Y] = \frac{5}{6}$ $E[Y^2] = \frac{5}{6}$ $Var(Y) = \frac{5}{6} - \left(\frac{5}{6}\right)^2 = \frac{5}{36}$

(C) $E[XY] = \frac{1}{3}$ $Cov(X,Y) = E[XY] - E[X]E[Y] = \frac{1}{3} - \left(\frac{1}{2}\right)\left(\frac{5}{6}\right) = \frac{1}{3} - \frac{5}{12} = -\frac{1}{12}$

(D) $\rho = \dfrac{-1/12}{\sqrt{\frac{1}{4}}\sqrt{\frac{5}{36}}} = -\dfrac{1}{\sqrt{5}}$

지식을 구할 때, 아무리 엄격한 기준도 지나치지 않다.

5. 분포이론

톨스토이

> 칼 세이건의 제안에 따라서, 1990년 2월 14일, 보이저1호는 지구에서 61억 km 떨어진 지점에서 카메라를 지구 쪽으로 돌려서 지구를 찍었다. 이때 함께 찍힌 금성, 지구, 목성, 토성, 천왕성, 해왕성의 사진은 태양계 행성들의 가족 단체 사진(Solar system family portrait)이라고 불린다. 수성은 밝은 햇빛에 묻혔고, 화성은 렌즈 빛에 묻혔다.[26,27,28]

모집단의 분포를 포괄적으로 표현하는 확률분포는 추출된 표본이 실제로 나타날 가능성이 어느 정도 되는지 확률로 추론하기 위해 사용된다. 통계 자료분석에 널리 사용되는 초기하 분포, 베르누이[29] 분포, 이항분포, 다항분포와 정규분포, 카이제곱, t, F 분포에 더하여, 포아송[30] 분포, 감마분포, 베타분포의 정의, 평균, 분산 등의 통계적 특성을 알아보고, 가족 같은 서로의 관계에 대해서도 알아보자.

베르누이분포는 가장 단순한 두 가지 경우를 표현하며, 베르누이분포를 더하면 이항분포가 된다. 초기하분포의 극한이 이항분포이고, 이항분포의 극한이 포아송분포가 된다. 주어진 구간에서 발생하는 사건의 수가 포아송분포를 따르며, 사건 사이의 대기시간이 지수분포를 따른다. 지수분포를 더하면 감마분포가 되고, 감마의 비율이 베타분포가 된다. 가장 간단한 형태의 베타분포가 균등분포이다.

표본이 커질 때, 베르누이분포의 합인 이항분포가 정규분포에 근사한다. 정규분포들을 제곱하거나, 제곱해서 더하면 카이제곱분포가 되고, 정규분포를 카이제곱분포의 제곱근으로 나누면 $t -$

---

[26] 칼 세이건(1934-1996) 미국의 천문학자이며, 코스모스와 창백한 푸른 점(The Pale Blue Dot)의 저자.

[27] 위키피디아 https://ko.wikipedia.org/wiki/창백한_푸른_점

[28] 위키피디아 https://en.wikipedia.org/wiki/Family_Portrait_(MESSENGER)

[29] 야코프 베르누이 (Jacob Bernoulli, 1654-1705) 스위스 베르누이 집안은 무려 100년에 걸쳐서 수학, 물리 및 다양한 분야에서 걸출한 학자와 전문가들을 배출하였다. 야코프 이후, 밖으로 드러난 수학자들만 꼽아도, 요한, 니콜라우스, 다니엘, 요한 2세, 요한 3세, 야코프 2세 등이 있다. 이중, 요한은 천재 오일러의 어릴 적 스승이기도 했다.

[30] 드니 포아송 (Denis Poisson, 1781-1840) 프랑스 수학자, 공학자, 물리학자.

분포가 된다. 두 카이제곱분포의 비율로 F-분포를 정의할 수 있다.

이처럼 수많은 확률 분포들이 가족처럼 서로 연결되어 있다.

5.1 초기하분포★

주머니에 m개의 흰 공과 N − m개의 까만 공이 들어있다고 가정하자. 이 공들을 잘 섞어서 무작위로 (랜덤하게) n개의 공을 (반복없이) 비복원 추출하자. 영어로는 "random selection without replacement"라고 표현한다(그림 5.1). 이때 X가 뽑힌 n개의 공 중에서 나타난 흰 공의 개수라고 두자. 그러면, X의 확률함수는 다음과 같다.

정의 5.1 초기하분포 (Hypergeometric distribution)를 따르는 확률변수 X의 확률함수는 다음과 같다.

$$P(X=x) = \frac{\binom{m}{x}\binom{N-m}{n-x}}{\binom{N}{n}}, x = 0,1,2,\dots,n$$

$$n-(N-m) \leq x \leq \min(m,n)$$

□

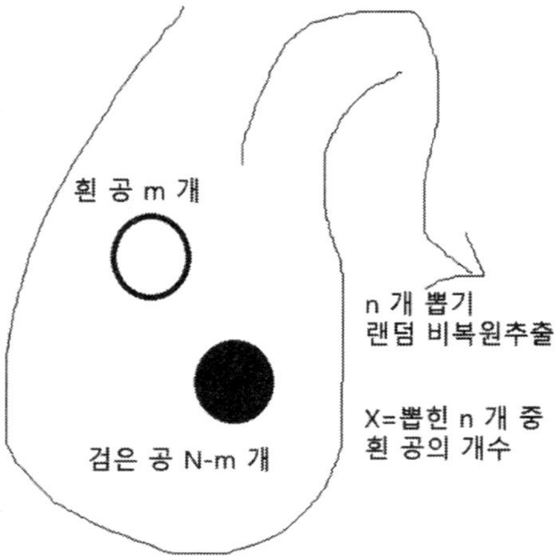

그림 5.1 비복원추출

$k < 0$ 또는 $r < k$일 때, $\binom{r}{k} = 0$이고, $N, m \gg n$이면, 다음과 같은 근사식이 성립한다.

$$P(X=x) = \frac{\binom{m}{x}\binom{N-m}{n-x}}{\binom{N}{n}} \xrightarrow{N \to \infty} \binom{n}{x}\left(\frac{m}{N}\right)^x \left(1 - \frac{m}{N}\right)^{n-x}$$

이 근사식이 다음 절에서 살펴볼 이항분포의 확률함수이다. $N \gg n$일 때, $\frac{n-1}{N-1} \to 0$이며, $\frac{m}{N} \to p$, $\frac{n}{N} \to q$라고 두면, 다항분포를 따르는 확률변수 X의 평균과 분산은 다음과 같이 주어진다.

$$E[X] = \frac{nm}{N} \approx np$$

$$E[X^2] = \frac{mn}{N}\left(\frac{(n-1)(m-1)}{N-1} + 1\right)$$

$$Var(X) = np(1-p)\left(1 - \frac{n-1}{N-1}\right) \approx npq$$

초기하 분포는 산업현장에서 공산품 중 불량품의 확률을 계산할 때 많이 사용된다. 또한 다음에 이야기할 베르누이 분포나 이항분포와 밀접한 관련이 있다.

5.2 베르누이 분포

동전 던지기 시행처럼 결과가 앞면 또는 뒷면, 둘만 존재할 때, 베르누이분포(Bernoulli distribution)를 사용한다. 시행의 두 가지 결과를 각각 성공(success), 실패(failure)라고 부른다. 가장 단순한 베르누이 분포에서 출발하여, 분포이론의 근간을 이루는 이항분포와 정규분포, 카이제곱분포, t분포, F 분포 등 자료분석에서 널리 사용되는 분포들을 정의해보자.

정의 5.2 베르누이 분포를 따르는 확률변수 X는 성공 또는 실패 두 경우를 표현한다.

$$X(성공) = 1, \quad X(실패) = 0.$$

각각의 확률이

$$P(X = 1) = p, \quad P(X = 0) = 1 - p = q.$$

일 때, 베르누이 확률함수는

$$f(x) = p^x(1-p)^{1-x}, x = 0, 1$$

이다. 이를 기호로 다음과 같이 나타낸다.

$$X \sim Bernoulli(p)$$

□

예제 5.1 베르누이 시행의 대표적인 예를 들어보자.

(1) 동전 던지기의 앞면 (H) 또는 뒷면 (T).

(2) 게임의 승리 또는 패배

(3) 질병의 유무

(4) 제품품질의 불량 여부

정리 5.1 베르누이 확률변수의 평균 μ와 분산 σ^2은 다음과 같다.

$$\mu = E[X] = p, \quad \sigma^2 = Var(X) = pq$$

(증명)

$$\mu = E[X] = (1)(p) + (0)(1-p) = p$$
$$E[X^2] = (1)(p) + 0(1-p)^2 = p$$
$$\sigma^2 = Var(X) = E[X^2] - (E[X])^2 = p(1-p) = pq$$

예제 5.2 어떤 유명 농구선수의 3점 슛 성공률이 44%로 알려져 있다. 이 선수가 3점 슛을 한 번 던질 때, 슛의 성공 또는 실패를 확률변수 X로 나타내고 확률분포, 평균과 분산을 구해보자.

$$X(성공) = 1, \quad X(실패) = 0.$$
$$P(X = 1) = 0.44, \quad P(X = 0) = 0.56.$$
$$f(x) = (0.44)^x (0.56)^{1-x}, x = 0, 1$$

이를 간단히

$$X \sim Bernoulli(0.44)$$

라고 표현한다. 평균과 분산을 구해보자.

$$\mu = E[X] = p = 0.44$$
$$\sigma^2 = Var(X) = pq = (0.44)(0.56) = 0.2464$$

이때 평균을 '3점 슛을 한번 던지면, 평균 0.44번 성공한다'고 해석하면, 현실과 매우 동떨어지게 들릴 수 있다. 대신, '3점 슛을 100번 던지면 평균 44번 성공한다'고 해석하면, 훨씬 이해가 쉽다. 이와 같이 평균은 실존 값이기 보다는, 이론적인 값이다.

5.3 이항분포

성공확률이 p 이고 서로 독립인 n 번의 베르누이 시행에서, 성공횟수를 나타내기 위하여 이항분포(Binomial distribution)를 정의하자. 예를 들어, 3점 슛 성공률이 0.44인 농구선수가 3점 슛을 10번 던질 때, 총 성공 횟수를 확률변수 X로 표현해보자. 각각의 슛은 독립이라고 가정할 수 있고, 슛의 결과는 성공 또는 실패에 해당하므로 $Bernoulli(0.44)$를 따른다. 이를 일반화시켜보자.

각 슛은 성공확률 p이고 서로 독립인 베르누이 확률변수 $X_1, X_2, \ldots, X_n$이므로,

$$X_1, X_2, \ldots, X_n \text{ iid} \sim Bernoulli(p)$$

이다.[31] 성공확률이 p이고 서로 독립인 n번의 베르누이 시행에서 총 성공횟수 X는 이들의 합으로 표현된다.

$$X = X_1 + X_2 + \cdots + X_n$$

$$= \text{성공확률이 } p \text{이고 서로 독립인 } n \text{개의 베르누이 확률변수의 합}$$

$$= \text{성공확률이 } p \text{이고 서로 독립인 } n \text{번의 베르누이 시행에서 성공횟수}$$

만약, 10번의 3점 슛 중에서 2, 4, 5, 7에서 성공하고, 나머지에서 실패했다면,

$$X_1 = X_3 = X_6 = X_8 = X_9 = X_{10} = 0, \quad X_2 = X_4 = X_5 = X_7 = 1$$

이므로, 성공횟수 X는 이들의 합

$$X = 0 + 1 + 0 + 1 + 1 + 0 + 1 + 0 + 0 + 0 = 4$$

이다. 성공횟수 X는 $0, 1, 2, \ldots, n$의 값을 가질 수 있다.

정의 5.3 확률변수 X가 성공확률이 p이고 서로 독립인 n번의 베르누이 시행에서 성공횟수일 때, X는 이항분포를 따르고,

$$X \sim B(n, p)$$

라고 나타내며, X의 확률함수는 다음과 같다.

$$f(x) = \binom{n}{x} p^x q^{n-x}, x = 0, 1, \cdots, n$$

□

여기서 $\binom{n}{x} = \frac{n!}{x!(n-x)!}$는 n번의 시행 중, x번의 성공이 나타나는 경우의 수이다. 예를 들어서, 10번의 3점 슛 중에서 4번 성공할 경우의 수는 $\binom{10}{4} = \frac{10!}{4!(10-4)!} = 210$이다. R에서는 choose(10,4)로 계산할 수 있다. 또한 $n = 1$일때, $B(1, p) = Bernoulli(p)$ 이다. 다음 예제를 통하여 이항분포의 확률함수가 어떻게 얻어지는지 살펴보자.

예제 5.3 주사위 한 개를 3번 던질 때, 1이 나타나는 횟수를 X라고 두자. 각각의 주사위 던지기는 성공확률이 동일하고, 서로 독립인 베르누이 시행이다. 각 시행에서 1이 나오면 성공(S)이라

---

[31] 여기서 iid는 독립(independent)이고, 서로 동일한 분포를 따른다 (identically distributed)를 표현한다.

부르고, 1이 아니면 실패(F)라고 부르면,

$$S = \{1\}$$
$$F = \{2,3,4,5,6\}$$

이다. 성공확률은

$$P(S) = p = \frac{1}{6}$$

이고, 실패확률은

$$P(F) = q = \frac{5}{6}$$

이다. 표본공간은

$$S = \{FFF,\quad SFF,\quad FSF,\quad FFS,\quad SSF,\quad SFS,\quad FSS,\quad SSS\}$$

이다. 주어진 표본공간에서 확률변수 X를 정의하고, 이것의 확률함수를 구하면 표5.1과 같다. 이때 확률을 계산하기 위하여, 독립 가정을 사용한다. 예를 들어,

$$P(SFF) = P(\text{시행1에서 1 나타남} \cap \text{시행2에서 1 안나타남} \cap \text{시행3에서 1 안나타남})$$
$$= P(S \cap F \cap F) = P(S)P(F)P(F) = \left(\frac{1}{6}\right)\left(\frac{5}{6}\right)^2$$

으로 계산된다. 표 5.1은 S의 모든 경우에 대하여 확률을 계산하여 보여준다. 따라서, X의 확률함수를 다음과 같이 구할 수 있다.

$$f(x) = \binom{3}{x}\left(\frac{1}{6}\right)^x \left(\frac{5}{6}\right)^{3-x}, x = 0,1,2,3$$

여기서,

$$\binom{3}{x} = \frac{3!}{x!(3-x)!}$$

이다. $n = 3, p = \frac{1}{6}$을 일반화시켜서, 이항분포의 확률함수를 구할 수 있다. 그림 5.2는 $B(3,1.6)$의 확률함수를 그래프로 표현하고 있다. □

이항분포를 따르는 확률변수 X의 평균과 분산은 다음과 같다.

정리 5.2 $X \sim B(n,p)$일 때, 평균 μ와 분산 σ^2은 다음과 같다.

$$\mu = E[X] = np, \qquad \sigma^2 = Var(X) = npq$$

(증명)

$$\mu = E[X]$$
$$= E[X_1 + X_2 + \cdots + X_n] \quad \text{(이항분포의 정의)}$$

$$= E[X_1] + E[X_2] + \cdots + E[X_n] \quad \text{(기댓값의 선형성)}$$

$$= np \quad \text{(동일분포의 가정)}$$

$$\sigma^2 = Var(X)$$

$$= Var(X_1 + X_2 + \cdots + X_n) \quad \text{(이항분포의 정의)}$$

$$= Var(X_1) + Var(X_2) + \cdots + Var(X_n) \quad \text{(독립성)}$$

$$= pq + pq + \cdots + pq \quad \text{(동일 분포)}$$

$$= npq \quad \text{(동일분포 가정)}$$

□

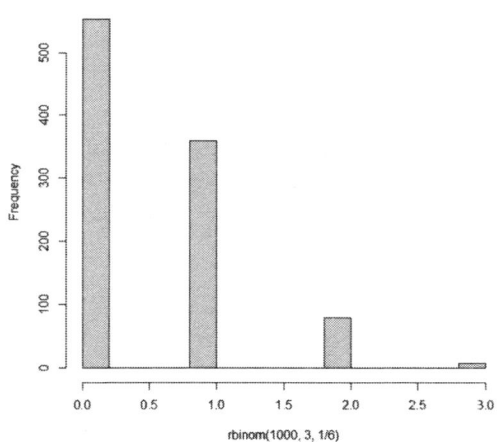

그림 5.2 이항분포 B(3,1/6)의 1000개 표본 히스토그램

표5.1 이항분포 $B\left(3, \frac{1}{6}\right)$의 확률함수

$X = x$	경우	확률	경우의 수	$P(X = x)$
0	FFF	$\left(\frac{5}{6}\right)^3$	$\binom{3}{0} = 1$	$\binom{3}{0}\left(\frac{5}{6}\right)^3$
1	SFF	$\left(\frac{1}{6}\right)\left(\frac{5}{6}\right)^2$	$\binom{3}{1} = 3$	$\binom{3}{1}\left(\frac{1}{6}\right)\left(\frac{5}{6}\right)^2$
	FSF	$\left(\frac{1}{6}\right)\left(\frac{5}{6}\right)^2$		
	FFS	$\left(\frac{1}{6}\right)\left(\frac{5}{6}\right)^2$		
2	SSF	$\left(\frac{1}{6}\right)^2\left(\frac{5}{6}\right)$	$\binom{3}{2} = 3$	$\binom{3}{2}\left(\frac{1}{6}\right)^2\left(\frac{5}{6}\right)$

	SFS	$\left(\frac{1}{6}\right)^2\left(\frac{5}{6}\right)$		
	FSS	$\left(\frac{1}{6}\right)^2\left(\frac{5}{6}\right)$		
3	SSS	$\left(\frac{1}{6}\right)^3$	$\binom{3}{3}=1$	$\binom{3}{3}\left(\frac{1}{6}\right)^3$

예제 5.4 $X \sim B(3, 1/6)$일 때, X의 평균과 분산을 구해보자.

$$\mu = (3)\left(\frac{1}{6}\right) = \frac{1}{2},\ \sigma^2 = (3)\left(\frac{1}{6}\right)\left(\frac{5}{6}\right) = \frac{5}{18}$$

X가 2보다 작을 확률을 구해보자.

$$P(X < 2) = P(X \leq 1) = P(X=0) + P(X=1) = \binom{3}{0}\left(\frac{5}{6}\right)^3 + \binom{3}{1}\left(\frac{1}{6}\right)\left(\frac{5}{6}\right)^2 = 0.9259$$

X가 이산형 확률변수이므로, $P(X < 2) = P(X \leq 1)$임에 주의하자. □

R 실습

R은 이항분포를 따르는 확률변수에 대하여, 확률(밀도)함수(density function), 분포함수(distribution function), 분위수(quantile), 난수생성(random number generator)을 위한 네 가지 함수를 제공한다. 이들에 대해서 더 자세히 알아보려면, help(dbinom)을 사용하자.

확률함수 $dbinom(x, n, p) = f(x) = \binom{n}{x}p^x q^{n-x},\ x = 0, 1, \cdots, n$

분포함수 $pbinom(x, n, p) = F(x) = P(X \leq x)$

분위수 $qbinom(1-q, n, p) = x_q, P(X > x_q) = q$

난수생성 $rbinom(x, n, p)$, $B(n, p)$를 따르는 확률변수의 값을 x개 생성함.

예제 5.5 R을 이용하여, 주사위를 3번 던질 때 1이 나오는 횟수 X를 생각해보자. 확률변수 X의 분포는 $X \sim B\left(3, \frac{1}{6}\right)$이다. 세 번 중 한번만 1이 나올 확률을 구해보자.

$$P(X=1) = \binom{3}{1}\left(\frac{1}{6}\right)^1\left(\frac{5}{6}\right)^{3-1} = \text{dbinom}\left(1, 3, \frac{1}{6}\right) = 0.3472$$

세 번 중 두 번 이상 1이 나올 확률을 두 가지 방법으로 구해보자.

$$P(X \geq 2) = P(X=2) + P(X=3) = \text{dbinom}\left(2, 3, \frac{1}{6}\right) + \text{dbinom}\left(3, 3, \frac{1}{6}\right) = 0.0741$$

$$P(X \geq 2) = 1 - P(X \leq 1) = 1 - \text{pbinom}\left(1, 3, \frac{1}{6}\right) = 0.0741 \quad □$$

예제 5.6 주사위를 던져서 3의 배수가 나오는지 살피는 모의실험을 10번 실시해보자. $P(3의 배수) = P(\{3,6\}) = \frac{1}{3}$이므로, 각각의 주사위 던지기의 분포는 $Bernoulli\left(\frac{1}{3}\right)$이다. 이를 위해서, R의 rbinom을 이용하여, $B\left(3, \frac{1}{3}\right)$을 따르는 난수(random number)를 10개 생성해보자.

```
> rbinom(10,3,1/3)
 [1] 2 2 3 0 3 0 0 1 2 1
```

출력 중 처음 나타난 2는 주사위 던지기 3번 시행 중 3의 배수가 두 번 나왔다는 의미이다. 마찬가지로, 네 번째 0은 주사위 던지기 3번 시행 중 3의 배수가 한번도 나타나지 않았다는 의미이다. 각 난수가 주사위를 세 번 던져서 나온 결과이므로, 10개의 난수를 생성하기 위해서 주사위를 던진 총 횟수는 $10 \times 3 = 30$이다. 이와 같이 소프트웨어를 이용하여 난수를 생성하는 과정을 모의실험 또는 시뮬레이션(simulation)이라고 부른다. □

5.4 다항분포★

베르누이분포와 이항분포는 두 사건의 발생여부를 표현한다. 이를 확장하여 셋 이상의 사건이 발생할 경우를 표현해보자. K 개의 사건 $A_1, A_2, \ldots, A_K$ 은 서로 배반사건이며, 이들의 합집합은 전체 표본공간이라고 가정하자.

사건	A_1	A_2	A_3	……	A_K

독립인 n번의 시행에서, 각 사건의 발생 확률은 다음과 같다.

$$P(A_i) = p_i, i = 1, 2, \ldots, K$$

이때, $\sum_{i=1}^{K} p_i = 1$이다. 독립인 n번의 시행에서, X_i가 사건 A_i의 발생 수라고 두자 $(i = 1, 2, \ldots, K)$. 독립인 n번의 시행에서 A_1이 x_1번, A_2가 x_2번,…, A_K가 x_K번 발생할 경우의 수는

$$\binom{n}{x_1, x_2, \ldots x_K} = \frac{n!}{x_1! x_2! \ldots x_K!}$$

이고, 각 시행의 확률은

$$p_1^{x_1} p_2^{x_2} \ldots p_K^{x_K}$$

이므로, 이 확률함수를 다음과 같이 정의할 수 있다.

정의 5.4 $(X_1, X_2, \ldots, X_K)$가 **다항분포**(multinomial distribution)를 따르면,

$$(X_1, X_2, \ldots, X_K) \sim multinomial(n, p_1, p_2, \ldots, p_K)$$

으로 나타내고, 확률함수는 다음과 같다.

$$P(X_1 = x_1, X_2 = x_2, \ldots, X_K = x_K) = \frac{n!}{x_1! x_2! \ldots x_K!} p_1^{x_1} p_2^{x_2} \cdots p_K^{x_K}$$

여기서,

$$X_1 + X_2 + \cdots X_K = n, \qquad p_1 + p_2 + \cdots + p_K = 1$$

이다. □

정리 5.3 $(X_1, X_2, \ldots, X_K)$가 다항분포를 따르면, $K = 2$인 다항분포를 따르며, 이를 삼항분포(trinomial distribution)라고 부른다. 즉,

$$(X_i, X_j) \sim trinomial(n, p_i, p_j), i \neq j$$

이다. X_j 이외의 나머지 변수들이 주어질 때의 조건부 확률은 다시 다음과 같은 다항분포를 따른다.

$$X_j | \text{나머지 변수들} \sim multinomial\left(n - X_j, \frac{p_1}{1-p_j}, \ldots, \frac{p_i}{1-p_j}, \ldots, \frac{p_K}{1-p_j}\right)$$

가 성립한다. □

예제 5.7 X 와 Y 가 $trinomial(n, p_1, p_2)$ 이면, 확률함수는 다음과 같다. 즉, 세 가지 가능성 A_1, A_2, A_3이 있고, A_1, A_2가 결정되면, A_3가 따라서 결정된다.

$$P(X = x, Y = y) = \frac{n!}{x! y! (n-x-y)!} p_1^x p_2^y (1 - p_1 - p_2)^{n-x-y}, \qquad x + y \leq n$$

□

5.5 정규분포

정규분포의 역사는 1733년으로 거슬러 올라간다[1,2,3,4]. 프랑스 수학자 드무아브르[32]가 표본크기 n이 커질 때, 이항분포가 정규분포(normal distribution)에 수렴함을 최초로 발견하였다. 1801년에, 가우스[33]가 태양계 최초로 발견된 왜소행성 세레스(Ceres)의 궤도를 예측하기 위하여, 행성궤도의 관측 오차를 연구하였다. 가우스는 오차의 확률함수가 대칭이고, 오차가 0일 때 확률함수 값이 최대이고, 오차가 커질수록 확률함수 값이 작아지는 정규분포를 유도해냈다. 그 결과 세레스는 정확하게 가우스가 예측한 위치에서 관측되었다. 이후, 퀘틀렛[34] 과 골턴[35] 이 키, 가슴둘레, 시험점수, 곡물의 무게 등에서도 정규분포가 나타남을 밝히면서, 정규분포의 역할이 오차의 분포를 벗어나 다양한 사회현상으로 확장되었다. 드무아브르가 처음 발견한 이 곡선을, 골턴은 가우스 곡선이라고 불렀고, 피어슨[36] 은 정규분포라고 불렀다. 오늘 날 수학자와 과학자들이 정규분포를 '자연 그 자체의 곡선(curve of nature itself)'이라고 부를 만큼, 정규분포는 수학과 과학, 공학뿐 아니라 인문 사회학의 많은 현상들에서 발견되고 있다.

정의 5.5 정규분포를 따르는 확률변수 X의 확률함수는

$$f(x) = \frac{1}{\sqrt{2\pi}\sigma} e^{-\frac{(x-\mu)^2}{2\sigma^2}}, -\infty < x < \infty, \ -\infty < \mu < \infty, \ \sigma > 0$$

이며, 기호로

$$X \sim N(\mu, \sigma^2)$$

로 표현한다. 이때 평균은 $-\infty < \mu < \infty$ 이며, 분산은 σ^2이고, σ은 표준편차이다. □

정규분포의 확률함수는 평균을 중심으로 대칭이며, 종모양이다. 그림 5.2는 $N(0,1)$, $N(0,2^2)$, $N(3,1)$, $N(-2,4^2)$ 을 보여준다. x 축은 확률변수 X 의 값이고, y 축은 확률함수 $f(x)$ 의 값이다. 평균은 곡선의 중심위치를 나타내고, 표준편차는 곡선이 평균으로부터 흩어진 정도를 나타낸다. 표준편차가 클수록 곡선이 넓게 퍼져 있고, 표준편차가 작을수록 곡선이 좁게 몰려 있다.

평균이 $\mu = 0$ 이고, 표준편차가 $\sigma = 1$ 이면, **표준정규분포** (standard normal distribution)

---

[32] 드무아브르 (De Moivre, 1667-1754) 프랑스 수학자이다.

[33] 요한 카를 프리드리히 가우스 (Johann Carl Friedrich Gauss, 1777-1855) 독일의 수학자, 물리학자. 수학의 왕자라는 별명이 있을 만큼, 수학과 통계학, 물리와 천문학, 전자전기학 등에서 분야를 가리지 않고, 획기적인 업적을 남겼다. 특히, 통계 자료분석의 초석이 되는 최소제곱법을 아마도 처음 사용하고 발전시켰다고 알려져 있다.

[34] 아돌프 퀘틀렛 (Adolphe Quetelet, 1796-1874) 벨기에 천문학자, 수학자, 통계학자이다.

[35] Francis Galton(1822-1911) 영국의 인류학자이고, 찰스 다윈의 사촌 동생이며, 유전학에 관심이 많았다.

[36] Karl Pearson(1857-1936) 영국의 통계학자이고, 법학자, 우생학자이다. 그의 저서로 "The Grammar of Science(1892)가 있으며, 상관계수, 카이제곱 검정법 등을 개발하였다.

$N(0,1)$라고 부른다. 표준정규분포를 따르는 확률변수 Z의 확률함수는 다음과 같다.

$$f(z) = \frac{1}{\sqrt{2\pi}} e^{-\frac{z^2}{2}} \quad -\infty < z < \infty$$

정규분포는 연속형 확률분포이므로, 한 점에서의 확률은 0이며, 확률변수가 어떤 구간에 속할 확률은 확률함수 아래의 면적이다. 그래프들은 모두 확률함수이므로, 아래의 전체 면적은 동일하게 1이다. 그래프가 뾰족하면 자료가 평균 주변에 몰려있다는 의미이고, 그래프가 넓게 퍼져있으면 자료가 평균으로부터 멀리 떨어져서 흩어져있다는 의미이다.

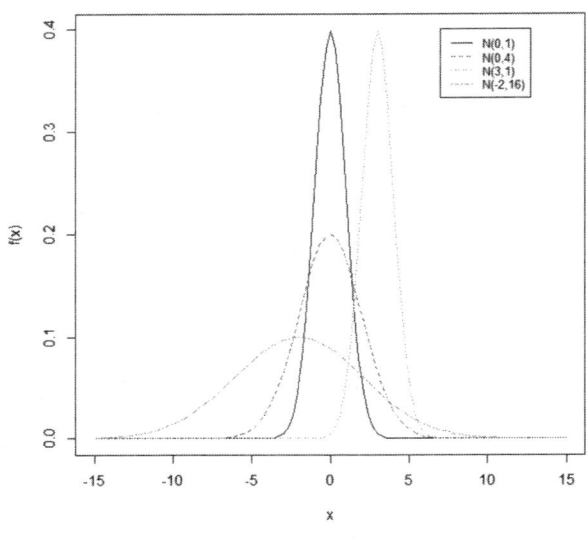

그림 5.3 정규분포 곡선

예제 5.8 확률변수 Z가 표준정규분포 $N(0,1)$를 따를 때 다음 확률을 계산하라.

$P(-1.5 \leq Z \leq 2.0)$

$= P(Z \leq 2.0) - P(Z \leq -1.5)$ (그림5.4)

$= P(Z \leq 2.0) - P(Z \geq 1.5)$ (그림5.4)

$= P(Z \leq 2.0) - (1 - P(Z \leq 1.5))$ (대칭성)

$= 0.9772 - 0.0668 = 0.9104.$ (표찾기)

R을 이용해보자. $P(-1.5 \leq Z \leq 2.0) = pnorm(2,0,1) - pnorm(-1.5,0,1) = 0.9104427.$ □

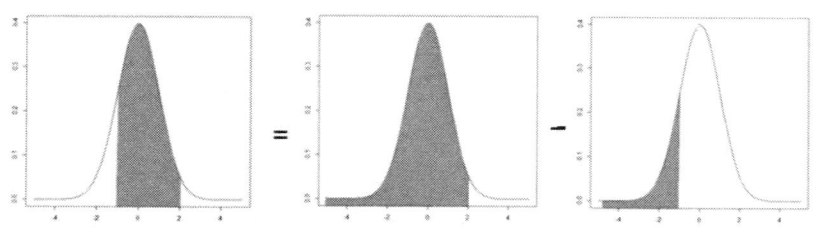

그림 5.4 정규분포에서 확률 계산하기

정규분포를 선형변환 시켜도 정규분포이다. 수많은 확률분포 중에서 이와 같은 선형성이 성립하는 분포를 찾기 어렵다.

정리 5.4 정규분포의 성질

① **선형성**. X가 정규분포 $N(\mu, \sigma^2)$를 따르면, $aX + b$는 정규분포 $N(a\mu + b, a^2\sigma^2)$을 따른다.

② **표준화**. X가 정규분포 $N(\mu, \sigma^2)$를 따르면, $Z = \frac{X-\mu}{\sigma}$는 표준정규분포 $N(0,1)$을 따른다.

(증명) ① $E[aX + b] = aE[X] + b = a\mu + b$ 이고 $Var(aX + b) = a^2 Var(X) = a^2 \sigma^2$ 이다. 정규분포를 선형변환 시켜도 정규분포임을 보이는 증명을 생략하자.

② $E[Z] = E\left[\frac{X-\mu}{\sigma}\right] = 0, Var(Z) = Var\left(\frac{X-\mu}{\sigma}\right) = 1$이다. 성질 ①에 따라서 $Z \sim N(0,1)$가 된다. □

예제 5.9 확률변수 X가 정규분포 $N(3, 2^2)$를 따를 때 다음 확률을 계산해보자. 한 점에서의 확률이 0이므로, 등호여부와 상관없이 확률은 동일하다.

$$P(1 < X \leq 5)$$
$$= P\left(\frac{1-3}{2} < \frac{X-3}{2} \leq \frac{5-3}{2}\right) \quad \text{(표준화)}$$
$$= P(-1 < Z \leq 1)$$
$$= P(Z \leq 1) - P(Z \leq -1)$$
$$= P(Z \leq 1) - P(Z \geq 1) \quad \text{(대칭성)}$$
$$= P(Z \leq 1) - (1 - P(Z \leq 1))$$
$$= 2P(Z \leq 1) - 1 \quad \text{(표 찾기)}$$
$$= 0.6826$$

R을 이용해보자.
$$P(1 < X \leq 5) = pnorm(5,3,2) - pnorm(1,3,2) = 0.6826895.$$

□

정의 5.6 $Z \sim N(0,1)$ 일 때, $P(Z > z_\alpha) = \alpha$를 만족하는 z_α를 $100(1-\alpha)$ **백분위수** 또는 α **분위수**

(quantile)라고 정의한다.

확률 α는 그림 5.5에서 확률함수 그래프 아래의 꼬리 면적을 나타낸다. 이는 통계에서 가장 중요한 역할을 하는 **유의수준, 유의확률**과 매우 밀접하게 연관되어 있다. 이에 대한 정의와 자세한 설명을 잠시 뒤로 미루어 두자.

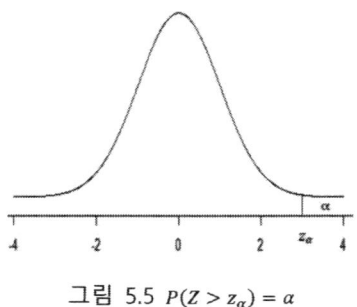

그림 5.5 $P(Z > z_\alpha) = \alpha$

특히 자주 사용되는 분위수는 $\alpha = 0.005, 0.025, 0.05$ 일 때, $z_{0.05}, z_{0.025}, z_{0.005}$ 이며, 다음과 같이 얻어진다.

$$P(Z > z_{0.05}) = 0.05,\ z_{0.05} = 1.645$$
$$P(Z > z_{0.025}) = 0.025,\ z_{0.025} = 1.96$$
$$P(Z > z_{0.005}) = 0.005,\ z_{0.001} = 2.575$$

$X \sim N(\mu, \sigma^2)$이고, $Z \sim N(0,1)$일 때, $\alpha = 0.05$에 대하여 다음과 같은 식이 성립한다.

$$P(-z_{0.025} < Z < z_{0.025}) = 0.95$$

이는 표준정규분포 $N(0,1)$에서는 구간 $(-1.96, 1.96)$ 사이의 면적이 0.95 또는 95%임을 의미한다. 표준화를 이용하여, 이를 X에 대해서 풀어보자.

$$P\left(-1.96 < \frac{X-\mu}{\sigma} < 1.96\right) = 0.95$$
$$P(\mu - 1.96\sigma < X < \mu + 1.96\sigma) = 0.95$$

정규분포 $N(\mu, \sigma^2)$에서는 평균 μ를 중심으로 $\pm 1.96\sigma$ 구간 사이의 면적이 0.95 또는 95%이다. 이는 자주 사용되는 95% 신뢰구간의 기본 이론이 된다.

R 실습

R은 정규분포를 따르는 확률변수에 대하여, 확률(밀도)함수, 분포함수, 분위수, 난수생성을 위한 네 가지 함수를 제공한다. 이들에 대해서 더 자세히 알아보려면, help(dnorm)을 사용하자.

확률함수	$dnorm(x, mu, sigma) = f(x) = \frac{1}{\sqrt{2\pi}\sigma} e^{-\frac{(x-\mu)^2}{2\sigma^2}}, -\infty < x < \infty, -\infty < \mu < \infty, \sigma > 0$
분포함수	$pnorm(x, mu, sigma) = F(x) = P(X \leq x)$
분위수	$qnorm(1-q, mu, sigma) = x_q, P(X > x_q) = q$
난수생성	$rnorm(n, mu, signma)$. $N(\mu, \sigma)$를 따르는 확률변수의 값을 n개 생성함.

예제 5.10 R을 이용하여, 그림 5.2를 그려보자. 이때, 그래프를 겹쳐서 그리기 위해서, add=T를 사용하고, 설명을 붙이기 위해서, legend를 사용하자. lty를 사용하여, 곡선의 종류를 표현하자.

```
# 그림 5.3
curve(dnorm(x,0,1), from=-15, to=15, lty=1, ylab="f(x)")
curve(dnorm(x,0,2), from=-15, to=15, add=T, lty=2)
curve(dnorm(x,3,1), from=-15, to=15, add=T, lty=3)
curve(dnorm(x,-2,4), from=-15, to=15, add=T, lty=4)
legend(-15,0.3 , legend=c("N(0,1)", "N(0,4)", "N(3,1)", "N(-2,16)"), lty=1:4, cex=0.8)
```

예제 5.11 ① qnorm을 이용하여, 두 가지 방법으로 $z_{0.05}, z_{0.025}, z_{0.005}$ 을 구해보고, ② pnorm을 이용하여, $X \sim N(3, 2^2)$일 때, $P(1 < X \leq 5)$를 계산해보자.

```
# ①
qnorm(0.995)                    # 2.58로 사용함
qnorm(0.975)                    # 1.96으로 사용함
qnorm(0.950)                    # 1.645로 사용함


qnorm(0.005, lower.tail=F)      # 2.58로 사용함
qnorm(0.025, lower.tail=F)      # 1.96으로 사용함
qnorm(0.050, lower.tail=F)      # 1.645로 사용함
# ②
```

```
pnorm(5,3,2)-pnorm(1,3,2)
```

예제 5.12 rnorm을 이용하여 N(0,1)을 따르는 난수를 1000개 생성하고, hist와 boxplot을 이용하여 이들의 분포를 살펴보자. □

```
# 모의 실험
x <- rnorm(1000, 0, 1)     # N(0,1)에서 난수 1000개를 발생시킴
hist(x)
boxplot(x)
```

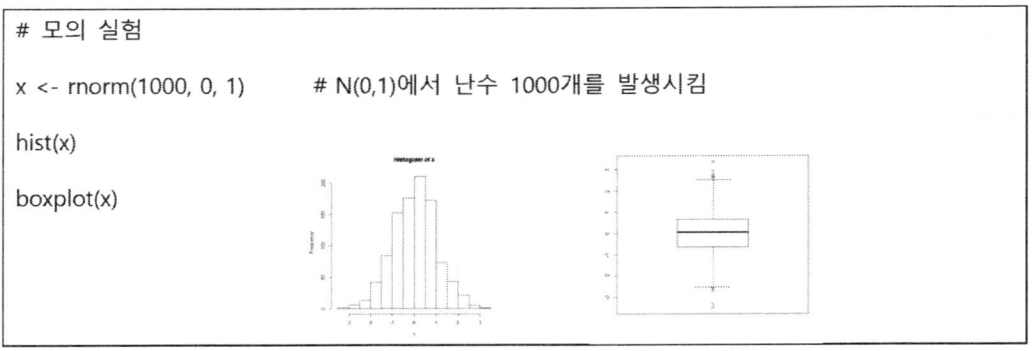

5.6 카이제곱 분포

정규분포를 제곱하여 **카이제곱 분포**(chi-square distribution)를 정의하고, 카이제곱 분포의 성질을 알아보자.

정의 5.7 $Z \sim N(0,1)$이면 $Z^2 \sim \chi^2(1)$이다. 이때 1은 **자유도**(degrees of freedom)로 정의되며, 한 개의 표준정규분포를 사용했다는 의미이다. □

정리 5.5 카이제곱의 가법성

① 표준정규분포 $N(0,1)$을 따르는 독립인 확률변수 $Z_1, Z_2, \cdots, Z_r$를 제곱하여 더한 확률변수 V는 카이제곱분포 $\chi^2(r)$을 따른다. 즉,
$$V = Z_1^2 + Z_2^2 + \cdots + Z_r^2 \sim \chi^2(r)$$
여기서 자유도 r은 독립인 표준정규분포 확률변수 r개를 제곱해서 더했다는 의미이다.

② 동일한 정규분포 $N(\mu, \sigma^2)$를 따르는 독립인 확률변수 $X_1, X_2, \cdots, X_n$를 표준화한 후 제곱하여 더하면 $\chi^2(n)$을 따른다. 즉,
$$\sum_{i=1}^{n} \left(\frac{X_i - \mu}{\sigma}\right)^2 \sim \chi^2(n)$$

③ $V_1 \sim \chi^2(r_1)$, $V_2 \sim \chi^2(r_2)$이고, V_1과 V_2가 독립이면, $V_1 + V_2 \sim \chi^2(r_1 + r_2)$이다. □

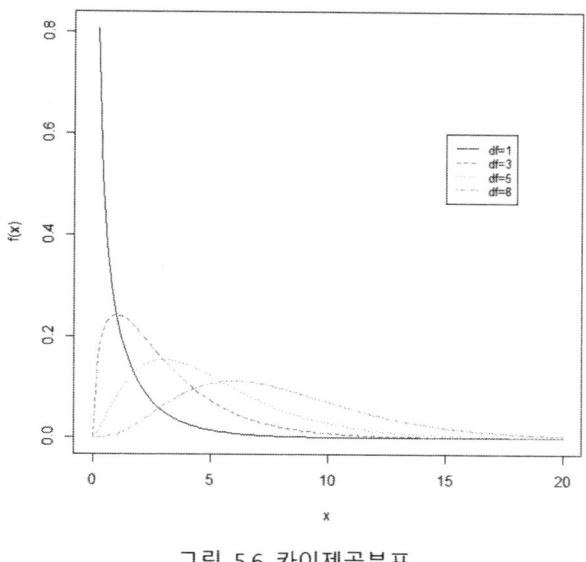

그림 5.6 카이제곱분포

R에서 *dchisq, pchisq, qchisq, rchisq* 함수를 사용할 수 있다. 그림5.5에서 보면, 자유도가 커질수록, 카이제곱 확률함수의 봉우리가 오른쪽으로 옮겨감을 알 수 있다. 카이제곱 분포는 오른쪽으로 긴 꼬리를 가진다.

5.7 t 분포와 F 분포

정규분포와 카이제곱 분포를 이용하여, t 분포와 F 분포를 정의하고, 이들의 성질을 알아보자.

정의 5.8 $Z \sim N(0,1)$, $V \sim \chi^2(r)$ 이고 Z와 V가 독립일 때, **스튜던트**(Student) t**분포**가 다음과 같이 정의된다.

$$t = \frac{Z}{\sqrt{V/r}} \sim t(r)$$

□

그림 5.7에서 자유도가 커질 때 t 분포가 표준정규분포 $N(0,1)$에 가까워짐을 알 수 있다. 즉, $\lim_{r \to \infty} t(r) = N(0,1)$이 성립한다. t 분포는 표준정규분포보다 꼬리가 두껍다.

t 분포의 다른 이름은 스튜던트(Student; 학생) t 분포이다. 언뜻 들으면, 스튜던트라는 성을 가진 학자가 만든 분포인가 싶고, 학생(스튜던트)이라는 성도 있구나 싶어 신기할 수 있다. 또는

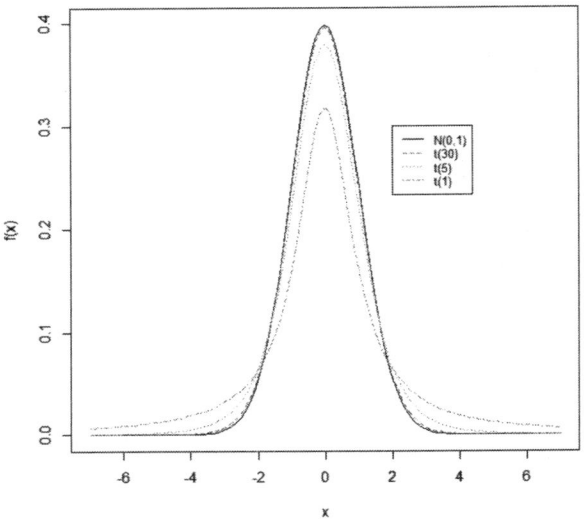

그림 5.7 표준정규분포 $N(0,1)$과 t 분포

영화 굿윌헌팅(Good Will Hunting)처럼, 어느 이름 모를 학생이 칠판에 적어 둬서 세상에 알려진 분포일까 하는 상상도 하게 된다. 실제로는 1875년 헬메르트(Helmert)가 처음 발표했지만, 아마도 이 사실을 몰랐던 고셋(Gosset)이 1908년 스튜던트(Student)라는 가명으로 발표하면서, t 분포가 세상에 그 이름을 다시 알리게 되었다고 한다.[37]

정의 5.9 $V_1 \sim \chi^2(r_1)$, $V_2 \sim \chi^2(r_2)$이고, V_1와 V_2가 독립일 때, **F 분포**가 다음과 같이 정의된다.

$$F = \frac{V_1/r_1}{V_2/r_2} \sim F(r_1, r_2)$$

□

정리 5.6 ① $F \sim F(r_1, r_2)$이면, $\frac{1}{F} \sim F(r_2, r_1)$이다.

② $t \sim t(r)$이면, $t^2 = F(1, r)$이다.

R 에서 *dt, pt, qt, rt* 함수와 *df, pf, qf, rf* 함수를 사용할 수 있다. F 분포의 그래프는 그림 5.8 과 같다.

□

---

[37] Wikipedia ko.wikipedia.org/wiki/스튜던트_t_분포 [Online] (last visited on Mar 05, 2021)

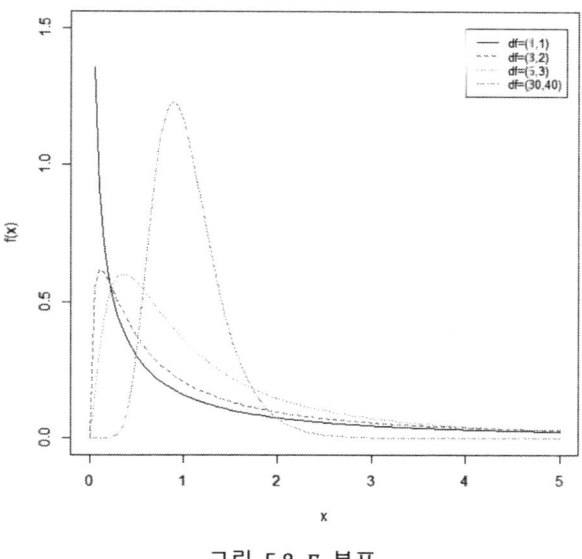

그림 5.8 F 분포

예제 5.14 $Z_1, Z_2, \ldots, Z_{10} \sim iid\ N(0,1)$ 이고, $X_1, X_2, \ldots, X_{10} \sim iid\ N(-3, 2^2)$이면, 다음과 같은 분포를 정의할 수 있다.

$$Z_1^2 \sim \chi^2(1)$$

$$Z_1^2 + Z_2^2 + Z_5^2 \sim \chi^2(3)$$

$$\frac{Z_1}{\sqrt{(Z_2^2 + Z_3^2)/2}} \sim t(2)$$

$$\frac{(Z_1^2 + Z_2^2)/2}{(Z_3^2 + Z_4^2 + \cdots + Z_{10}^2)/8} \sim F(2,8)$$

$$\frac{X_1+3}{2}, \frac{X_2+3}{2}, \ldots, \frac{X_{10}+3}{2} \sim iid\ N(0,1)$$

$$\left(\frac{X_1+3}{2}\right)^2 \sim \chi^2(1)$$

$$\left(\frac{X_1+3}{2}\right)^2 + \left(\frac{X_2+3}{2}\right)^2 + \left(\frac{X_5+3}{2}\right)^2 \sim \chi^2(3)$$

$$\frac{\frac{X_1+3}{2}}{\sqrt{\left(\left(\frac{X_5+3}{2}\right)^2 + \left(\frac{X_{10}+3}{2}\right)^2\right)/2}} \sim t(2)$$

$$\frac{\left(\left(\frac{X_5+3}{2}\right)^2 + \left(\frac{X_{10}+3}{2}\right)^2\right)/2}{\left(\left(\frac{X_1+3}{2}\right)^2 + \left(\frac{X_4+3}{2}\right)^2 + \left(\frac{X_7+3}{2}\right)^2\right)/3} \sim F(2,3)$$

5.8 표본평균의 분포

지금까지의 분포이론이 표본에는 어떻게 적용되는지 알아보자. 표본 $X_1, X_2, \cdots, X_n$ 이 독립이고, 동일분포를 따르므로, 둘 이상의 확률변수에 대한 이론이 필요하다.

정리 5.7 정규분포를 따르는 두 확률변수의 선형결합은 정규분포를 따른다. $X \sim N(\mu_X, \sigma_X^2)$ 이고, $Y \sim N(\mu_Y, \sigma_Y^2)$이며, X와 Y가 독립이라고 가정하자. 그러면,

$$aX + bY \sim N(a\mu_X + b\mu_Y, a^2\sigma_X^2 + b^2\sigma_Y^2)$$

가 성립한다.

(증명) $aX + bY$가 정규분포임을 보이는 증명을 생략하고, 이들의 평균과 분산을 구해보자.

$$E[aX + bY] = aE[X] + bE[Y] = a\mu_X + b\mu_Y$$

X와 Y가 독립이면, $Cov(aX, bY) = 0$이므로, 분산을 다음과 같이 얻을 수 있다.

$$Var(aX + bY) = a^2 Var(X) + b^2 Var(X) + 2Cov(aX, bY) = a^2\sigma_X^2 + b^2\sigma_Y^2$$

□

예제 5.14 $X \sim N(-2,1)$ 이고, $Y \sim N(0,4)$ 이며, X와 Y가 독립이라고 가정하자. $2X - 3Y$는 어떤 분포를 따르는가?

(풀이)
$$E[2X - 3Y] = 2(-2) - 3(0) = -4.$$
$$Var(2X - 3Y) = 4(1) + 9(4) = 40$$

따라서 $2X - 3Y \sim N(-4, 40)$이다. □

정리 5.8 표본 $X_1, X_2, \cdots, X_n$ 이 독립이고, 동일분포 (iid) $N(\mu, \sigma^2)$를 따른다고 가정하자.

① 표본평균 $\bar{X}$는 $N\left(\mu, \frac{\sigma^2}{n}\right)$를 따른다.

② 이를 표준화하여 표준정규분포를 따르는 확률변수 Z를 정의할 수 있다.

$$Z = \frac{\bar{X} - \mu}{\sigma/\sqrt{n}} \sim N(0,1)$$

(증명) 정리 5.6에 따라서, 표본평균 $\bar{X}$는 정규분포를 따른다. 이때, 평균과 분산을 다음과 같이 구할 수 있다.

$$E[\bar{X}] = E\left[\frac{1}{n}(X_1 + X_2 + \cdots + X_n)\right] = (E[X_1] + E[X_2] + \cdots + E[X_n])/n = \mu$$

$$Var(\bar{X}) = Var\left(\frac{1}{n}(X_1 + X_2 + \cdots + X_n)\right) = \frac{1}{n^2}Var(X_1) + \frac{1}{n^2}Var(X_2) + \cdots + \frac{1}{n^2}Var(X_n) = \frac{\sigma^2}{n}$$ □

예제 5.15 표본 $X_1, X_2, \cdots, X_{25}$ 가 독립이고 동일한 정규분포 $N(60, 36)$ 를 따르고, $P(\bar{X} > c) = 0.05$이면, c는 얼마인가?

(풀이) 표본평균은 $\bar{X} \sim N(60, \frac{36}{25})$ 을 따르므로 $P\left(\frac{\bar{X}-60}{\frac{6}{5}} > \frac{c-60}{\frac{6}{5}}\right) = 0.05$ 또는 $P\left(Z > \frac{c-60}{\frac{6}{5}}\right) = 0.05$가 성립한다. 따라서 $\frac{c-60}{1.2} = 1.645$이다. 또는 $c = 60 + (1.2)(1.645) = 61.974$이다. □

5.9 중심극한정리

많은 자연현상들이 정규분포를 따르는 사실로부터 정규분포의 중요성을 알 수 있었다. 한 걸음 더 나아가서, 모집단의 분포와 상관없이, 표본의 크기가 충분히 크면, 표본평균의 분포는 정규분포를 따른다는 사실은 정규분포가 얼마나 중요한지 다시 한번 깨닫게 한다.

정리 5.9 중심극한정리(Central Limit Theorem) 표본 $X_1, X_2, \cdots, X_n$ 이 독립이고, 평균이 μ 이고, 분산이 σ^2인 임의의 분포를 동일하게 따른다고 가정하자 (iid any distribution). 만약 표본의 크기 n 이 충분히 크면 ($n \gg 30$), 표본평균 $\bar{X}$는 근사적으로 $N\left(\mu, \frac{\sigma^2}{n}\right)$를 따른다.

$$n \to \infty \text{일 때, } \frac{\bar{X}-\mu}{\sigma/\sqrt{n}} \to N(0,1)$$

□

중심극한정리를 합으로 표현해보자. $X_1, X_2, \cdots, X_n$의 합 S_n을 아래와 같이 정의하자.

$$S_n = X_1 + X_2 + \cdots + X_n = n\bar{X}$$

그러면, $E[S_n] = n\mu$이고, $Var(S_n) = n\sigma^2$이며, $n \to \infty$ 일 때,

$$\frac{\bar{X}-\mu}{\frac{\sigma}{\sqrt{n}}} = \frac{\bar{X}-E[\bar{X}]}{\sqrt{Var(\bar{X})}} \to N(0,1)$$

$$\frac{n(\bar{X}-\mu)}{n\sigma/\sqrt{n}} = \frac{S_n - n\mu}{\sqrt{n\sigma^2}} = \frac{S_n - E[S_n]}{\sqrt{Var(S_n)}} \to N(0,1)$$

가 된다.

예제 5.16 표본 $X_1, X_2, \cdots, X_{49}$ 가 독립이고 동일분포 $Bernoulli(0.4)$를 따른다고 가정하자. 그러면, $\mu = p = 0.4$ 이고, $\sigma^2 = pq = (0.4)(0.6)$ 이므로, 중심극한정리에 따라서 표본평균 $\bar{X}$ 는 근사적으로 $N\left(0.4, \frac{(0.4)(0.6)}{49}\right)$를 따른다. 즉, $n = 49$가 충분히 크다고 보면,

$$\frac{\bar{X}-p}{\sqrt{pq}/\sqrt{n}} = \frac{\bar{X}-0.4}{\sqrt{(0.4)(0.6)}/\sqrt{49}} \to N(0,1)$$

가 성립한다. 여기서 베르누이 확률변수의 합으로 정의되는 확률변수 $X = S_{49} = X_1 + X_2 + \cdots + X_{49}$는 이항분포 $B(49, 0.4)$를 따르며, $X = n\bar{X}$이다. X의 기대값과 분산은 다음과 같다.

$$E[X] = np = (49)(0.4) = 19.6$$
$$Var[X] = npq = (49)(0.4)(0.6) = 11.76$$

중심극한정리에 따라서 이항분포를 정규분포에 근사시키면,

$$\frac{X - np}{\sqrt{npq}} = \frac{X - 19.6}{\sqrt{11.76}} \to N(0,1)$$

가 성립한다. 이때 이산형을 연속형으로 근사시키기 위하여, 주어진 구간이 포함되도록, 구간의 양끝점을 ± 0.5 만큼 수정하여 사용한다. 예를 들어, $X \sim B(49, 0.4)$이면, $P(9 \leq X \leq 25)$은 근사적으로 다음과 같이 계산된다.

$$P(9 \leq X \leq 25) \cong P(8.5 \leq X \leq 25.5)$$
$$= P\left(\frac{8.5 - 19.6}{\sqrt{11.76}} \leq \frac{X - 19.6}{\sqrt{11.76}} \leq \frac{25.5 - 19.6}{\sqrt{11.76}}\right)$$
$$= P\left(\frac{8.5 - 19.6}{\sqrt{11.76}} \leq Z \leq \frac{25.5 - 19.6}{\sqrt{11.76}}\right)$$
$$= P(-3.24 \leq Z \leq 1.72)$$
$$= pnorm(1.72) - pnorm(-3.24) = 0.9567$$

이항분포를 그대로 사용하여 정확히 계산한 확률은

$$P(9 \leq X \leq 25) = pbinom(25, 49, 0.4) - pbinom(8, 49, 0.4) = 0.9558$$

이다. 둘 사이에 오차가 0.0009만큼 발생한다. □

예제 5.17 베르누이 분포의 합이 이항분포임을 기억하고, 이항분포에서 중심극한정리가 어떻게 성립하는지 시뮬레이션 해보자.

① $B\left(3, \frac{1}{6}\right)$에서 발생시킨 난수 n =3개의 평균을 계산하자. 이를 1000번 반복하여, 1000개 평균의 히스토그램을 그려보자.

② $B\left(3, \frac{1}{6}\right)$에서 발생시킨 난수 n =10개의 평균을 계산하자. 이를 1000번 반복하여, 1000개 평균의 히스토그램을 그려보자.

③ $B\left(3, \frac{1}{6}\right)$에서 발생시킨 난수 n =30개의 평균을 계산하자. 이를 1000번 반복하여, 1000개 평균의 히스토그램을 그려보자.

평균이 0.5이므로 세 그래프 모두 중심이 0.5이다. 그림 5.8에서, n이 커질수록, 그래프의 오른쪽 꼬리가 점점 없어지고, 종모양의 정규분포에 가까워짐을 볼 수 있다.

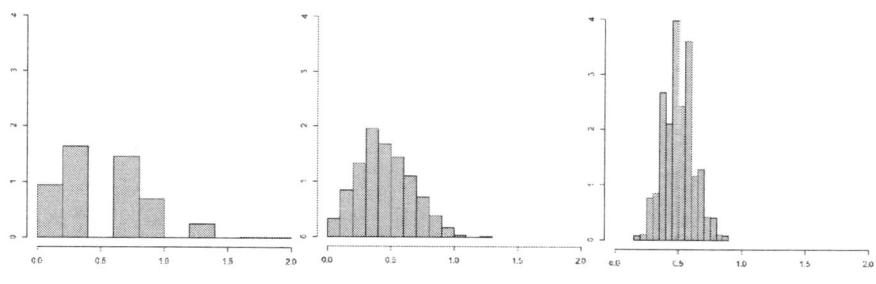

그림 5.9 중심극한정리. $B\left(3,\frac{1}{6}\right)$의 표본평균의 분포 ① $n=3$ ② $n=10$ ③ $n=30$

R 실습

```
# 그림 5.9
 Set.seed(59)
# ①
 x<-rbinom(3000, 3, 1/6)                                  # B(3,1/6)에서 난수를 3000 개 생성함
 x <- matrix(x, 1000, 3)                                  # 1000x3 행렬로 변환
 x.mean <- apply(x,1,mean)                                # 각 행에서 3개 난수의 평균 계산
 hist(x.mean, main=" ", freq=F,xlab=" ", xlim=c(0,2.0), ylim=c(0,4.0)) # 1000개 표본평균의 히스토그램


# ②
 x<-rbinom(10000, 3, 1/6)                                 # B(3,1/6)에서 난수를 10000 개 생성함
 x <- matrix(x, 1000, 10)                                 # 1000x10 행렬로 변환
 x.mean <- apply(x,1,mean)                                # 각 행에서 10개 난수의 평균 계산
 hist(x.mean, main=" ", freq=F,xlab=" ", xlim=c(0,2.0), ylim=c(0,4.0)) # 1000개 표본평균의 히스토그램


# ③
 x<-rbinom(50000, 3, 1/6)                                 # B(3,1/6)에서 난수를 50000 개 생성함
 x <- matrix(x, 1000, 50)                                 # 1000x50 행렬로 변환
 x.mean <- apply(x,1,mean)                                # 각 행에서 50개 난수의 평균 계산
 hist(x.mean, main=" ", freq=F,xlab=" ", xlim=c(0,2.0), ylim=c(0,4.0)) # 1000거 표본평균의 히스토그램
```

5.10 표본분포★

표본분포는 분포이론에서 추정과 검정으로 넘어가는 경계에 해당하므로, 독립된 장으로 취급될 수 있다. 7장 일표본 t-검정을 시작하기 전에 5.8 일표본의 표본분포를 다루면 좋고, 8장 독립표본 t-검정을 시작하기 전에 이표본의 표본분포 이론을 다루면 좋다. 이 절을 아예 생략하고, 이 내용을 앞으로 나올 각 장에서 따로 다루어도 좋다.

표본 $X_1, X_2, \cdots, X_n$에 대하여 표본평균과 표본분산을

$$\bar{X} = \frac{1}{n}\sum_{i=1}^{n} X_i, \quad S^2 = \frac{1}{n-1}\sum_{i=1}^{n}(X_i - \bar{X})^2$$

와 같이 정의될 때, 이들의 분포를 살펴보자.

정리 5.10 표본 $X_1, X_2, \cdots, X_n$가 독립이고 동일한 분포 $N(\mu, \sigma^2)$를 따른다고 가정하자. 그러면 다음이 성립한다.

① $\frac{\bar{X}-\mu}{\sigma/\sqrt{n}} \to N(0,1)$ (정리 5.7)

② $\bar{X}$와 S^2는 독립이다.

③ $\frac{(n-1)S^2}{\sigma^2} \sim \chi^2(n-1)$이다.

(증명) 표본 $X_1, X_2, \cdots, X_n$가 독립이고 동일분포 $N(\mu, \sigma^2)$를 따른다고 가정하면, 위의 표본분포의 정리에 따라서

$$Z = \frac{\bar{X}-\mu}{\sigma/\sqrt{n}} \sim N(0,1)$$

$$V = \frac{(n-1)S^2}{\sigma^2} \sim \chi^2(n-1)$$

이므로, 다음의 일표본 t-통계량이 얻어진다.

$$t = \frac{Z}{\sqrt{V/r}} = \frac{\frac{\bar{X}-\mu}{\sigma/\sqrt{n}}}{\sqrt{\frac{(n-1)S^2}{\sigma^2}/(n-1)}} = \frac{\bar{X}-\mu}{S/\sqrt{n}} \sim t(n-1)$$

Z와 t를 비교하면, Z의 분모에 있는 σ 대신 S를 사용하여, t가 정의됨을 알 수 있다. 여기서 $r = n-1$이며, n이 아주 크면, S는 근사적으로 σ에 수렴하므로, $t(n-1)$은 근사적으로 정규분포 $N(0,1)$와 같아진다. ②③에 대한 증명은 부록을 참조하기 바란다. □

정규분포를 따르는 독립인 두 표본의 평균 차이와 분산의 비에 대한 분포를 생각해보자.

정리 5.11 $X_1, X_2, \cdots, X_{n_1}$는 독립이고 동일한 정규분포 $N(\mu_1, \sigma_1^2)$를 따르고, $Y_1, Y_2, \cdots, Y_{n_2}$는 독립이고 동일한 정규분포 $N(\mu_2, \sigma_2^2)$를 따르며, 두 표본은 독립이라고 가정하자. 그러면,

$$Z = \frac{(\bar{X} - \bar{Y}) - (\mu_1 - \mu_2)}{\sqrt{\sigma_1^2/n_1 + \sigma_2^2/n_2}} \sim N(0,1)$$

가 성립한다.

(증명) 검정통계량을 구하기 위해서, $\bar{X} - \bar{Y}$의 기대값과 분산을 구하면, 우선 기대값은

$$E[\bar{X} - \bar{Y}] = \mu_1 - \mu_2$$

이다. 두 표본이 독립이므로, 표본평균 차이의 분산은 각각 표본평균의 분산의 합이 되어, 분산은

$$Var(\bar{X} - \bar{Y}) = \sigma_1^2/n_1 + \sigma_2^2/n_2, \ se(\bar{X} - \bar{Y}) = \sqrt{\sigma_1^2/n_1 + \sigma_2^2/n_2}$$

이다. 따라서 표준화된 통계량 Z는 표준정규분포를 따른다.

$$Z = \frac{(\bar{X} - \bar{Y}) - (\mu_1 - \mu_2)}{\sqrt{\sigma_1^2/n_1 + \sigma_2^2/n_2}} \sim N(0,1)$$

□

정리 5.12 $X_1, X_2, \cdots, X_{n_1}$는 독립이고 동일한 정규분포 $N(\mu_1, \sigma_1^2)$를 따르고, $Y_1, Y_2, \cdots, Y_{n_2}$는 독립이고 동일한 정규분포 $N(\mu_2, \sigma_2^2)$를 따르며, 두 표본은 독립이라고 가정하자. 그러면, 다음이 성립한다.

$$V_1 = \frac{(n_1 - 1)S_1^2}{\sigma_1^2} \sim \chi^2(n_1 - 1)$$

$$V_2 = \frac{(n_2 - 1)S_2^2}{\sigma_2^2} \sim \chi^2(n_2 - 1)$$

이고, V_1과 V_2는 독립이다. 자유도 $r_1 = n_1 - 1$과 $r_2 = n_2 - 1$이라 두면,

$$F = \frac{V_1/r_1}{V_2/r_2} = \frac{\frac{(n_1-1)S_1^2}{\sigma_1^2}/(n_1-1)}{\frac{(n_2-1)S_2^2}{\sigma_2^2}/(n_2-1)} = \frac{S_1^2/\sigma_1^2}{S_2^2/\sigma_2^2} \sim F(n_1 - 1, n_2 - 1)$$

□

5.11 포아송 분포★★★

주어진 구간 또는 영역에서 사건발생률의 평균이 λ 이라고 가정하면, 이항분포의 극한함수 $\lim_{n \to \infty} B\left(n, \frac{\lambda}{n}\right)$는 포아송(Poisson) 분포를 따른다. X가 주어진 구간 $[0, t]$에서 발생하는 사건 수라고 정의하자. 그러면, 기호로

$$X \sim Poisson(\lambda), \ \lambda > 0$$

이라고 표현하며, 여기서 λ는 $[0, t]$에서 발생하는 평균 사건의 수이다. 포아송 분포의 성질을 알아보자. 구간 $[0, t]$를 n개의 소구간으로 나누고, 각 소구간의 길이를 $h > 0$이라고 두면, $h = t/n$이다.

각 소구간은 아주 작아서, 한 소구간에서는 한 개의 사건만 발생할 수 있으면, 두 개 이상의 사건이 발생할 확률은 0이라고 가정하자. 이와 같은 포아송 확률과정(Poisson process)을 그림5.10으로 나타내면 다음과 같다.

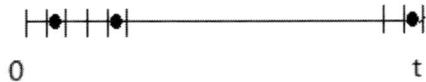

그림 5.10 [0, t]에서 포아송 확률과정

따라서, 다음 세 가지 가정이 성립한다.

(1) 소구간의 길이는 아주 짧아서 두 개 이상의 사건이 발생할 확률은 0이다.

$$P(\text{소구간에서 두 개 이상의 사건 발생}) = 0$$

(2) 독립증가 가정 (Independent increment assumption)

교집합이 없는 소구간들에서 발생하는 사건들은 독립이다.

(3) 정상증가 가정 (stationary increment assumption): 길이가 h인 소구간에서 한 개의 사건이 발생하는 확률은 구간의 길이에 비례한다.

$$P(\text{길이가 } h \text{인 소구간에서 한 개의 사건이 발생}) = \lambda h$$

X가 주어진 구간 [0, t]에서 발생하는 사건 수이면, X는 **포아송분포**를 따른다.

$$X \sim \text{Poisson}(\lambda), \ \lambda > 0$$

정의 5.10 X가 평균이 $\lambda > 0$인 **포아송분포**를 따르면, 확률함수는 다음과 같다(그림 5.11).

$$f(x) = P(X = x) = \frac{\lambda^x}{x!} e^{-\lambda}, x = 0, 1, 2, \ldots$$

□

e^λ의 테일러급수가 $e^\lambda = \sum_{x=0}^{\infty} \frac{\lambda^x}{x!}$ 이므로,

$$\sum_{x=0}^{\infty} \frac{\lambda^x}{x!} e^{-\lambda} = 1$$

이 항상 성립한다.

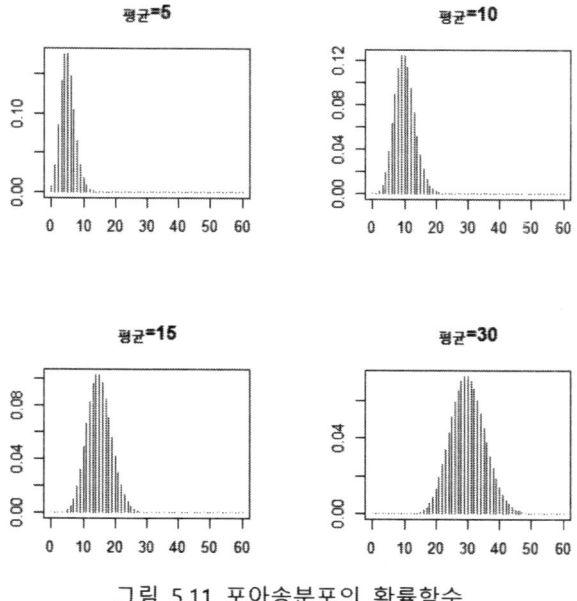

그림 5.11 포아송분포의 확률함수

이항분포의 극한분포

구간 [0,1]에서 평균 사건발생률이 $\lambda > 0$인 포아송 확률과정이 있다고 가정하면, 아래의 그림 5.12와 같다.

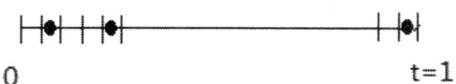

그림 5.12 [0,1]에서 포아송 확률과정

그러면, 정상증가가정에 따라서, 소구간 $\left[0, \frac{1}{n}\right]$에서 한 개의 사건이 발생할 확률은 0이다.

$$P\left(\left[0, \frac{1}{n}\right]\text{에서 한 개의 사건이 발생}\right) \approx \frac{\lambda}{n}$$

따라서, $n \to \infty$일 때, 각 소구간에서 한 개 사건의 발생은 독립이고 동일한 베르누이 분포를 따른다.

$$\text{각 소구간에서 한 개 사건의 발생} \sim iid\ Bernoulli\left(\frac{\lambda}{n}\right)$$

X가 [0,1]에서 발생하는 사건의 수이면, X의 분포는 근사적으로 이항분포를 따른다. 즉,

$$X \sim B\left(n, \frac{\lambda}{n}\right)$$

여기서 좀 어려운 수학 함수 $o(h)$를 정의하고 사용해보자. $\lim_{h \to 0} \frac{f(h)}{h} = 0$이면 $f(h) = o(h)$이다. 예를

들어, $f(h) = h^2 = o(h)$이다. 그러면,

$$P\left(\left[0, \frac{1}{n}\right]\text{에서 한 개의 사건이 발생}\right) = \frac{\lambda}{n} + o\left(\frac{1}{n}\right).$$

이며, 이항분포의 확률함수는 포아송분포의 확률함수로 근사한다.

$$P(X = x)$$
$$= \lim_{n\to\infty} \binom{n}{x}\left(\frac{\lambda}{n}\right)^x \left(1-\frac{\lambda}{n}\right)^{n-x}$$
$$= \lim_{n\to\infty} \frac{n!}{x!(n-x)!}\frac{\lambda^x}{n^x}\left(1-\frac{\lambda}{n}\right)^n\left(1-\frac{\lambda}{n}\right)^{-x}$$
$$= \frac{\lambda^x}{x!}\lim_{n\to\infty}\frac{n(n-1)\ldots(n-x+1)}{n^x}\frac{(n-x)!}{(n-x)!}\lim_{n\to\infty}\left(1-\frac{\lambda}{n}\right)^n\lim_{n\to\infty}\left(1-\frac{\lambda}{n}\right)^{-x}$$
$$= \frac{\lambda^x}{x!}e^{-\lambda},\ x = 0,1,2,\ldots$$

수학의 로피탈의 정리에 따라서,

$$\lim_{n\to\infty}\left(1-\frac{\lambda}{n}\right)^n = \lim_{n\to\infty}e^{n\ln\left(1-\frac{\lambda}{n}\right)} = \lim_{n\to\infty}e^{\frac{\ln\left(1-\frac{\lambda}{n}\right)}{1/n}} = \lim_{\varepsilon\to 0}e^{\frac{\ln(1-\lambda\varepsilon)}{\varepsilon}} = e^{\lim_{\varepsilon\to 0}\frac{-\lambda}{1-\varepsilon}} = e^{-\lambda}$$

이다. $\lim_{n\to\infty}\left(1-\frac{\lambda}{n}\right)^{-x} = 1$ 이므로,

$$\lim_{n\to\infty} B\left(n, \frac{\lambda}{n}\right) = \text{Poisson}(\lambda)$$

가 성립한다. $X \sim B\left(n, \frac{\lambda}{n}\right)$일 때,

$$E[X] = (n)\left(\frac{\lambda}{n}\right) = \lambda,\ Var(X) = (n)\left(\frac{\lambda}{n}\right)\left(1-\frac{\lambda}{n}\right) \to \lambda$$

임을 알 수 있다. 따라서, $X \sim \text{Poisson}(\lambda)$의 기대값과 분산은

$$E[X] = \lambda$$
$$Var(X) = \lambda$$

임을 알 수 있다.

포아송 확률과정 (Poisson process) $\{N(t)\}$

만약 구간 $[0, t]$에서 어떤 확률과정(stochastic process) $\{N(t)\}$가 평균사건 발생률이 $\lambda > 0$인 사건의 발생을 표현한다고 가정하자. 그러면, 포아송분포의 세 가지 가정에 따라서, 다음이 성립한다.

1. $P(\text{one events on }[0, \frac{t}{n}]) \approx \frac{\lambda t}{n}$
2. 각 소구간에서 한 사건의 발생은 근사적으로 독립이고 동일한 $Bernoulli\left(\frac{\lambda t}{n}\right)$를 따른다.
3. $N(t) \approx B(n, \lambda t/n)$

따라서, $n \to \infty$일 때, $N(t)$는 다음과 같은 포아송분포를 따른다.

$$N(t) \sim Poisson(\lambda t)$$

$$P(N(t) = k) = \frac{(\lambda t)^k}{k!} e^{-\lambda t}, k = 0,1,2,\ldots$$

예제 5.18 4분당 평균 10번의 통화가 이루어지는 교환기를 가정해보자. 2분 동안 2번 이상의 통화가 이루어질 확률은 얼마인가? 단위 시간이 4분에서 2분으로 바뀌므로, 정상증가 가정에 따라서, 평균이 10에서 5로 바뀐다. X는 2분 당 평균 5번의 사건이 발생하는 포아송분포를 따른다. 따라서, 구하는 확률 P(X ≥ 2)는 다음과 같이 얻어진다.

X~Poisson(5)

P(X ≥ 2)

$= 1 - P(X = 0) - P(X = 1)$

$= 1 - \frac{5^0}{0!} e^{-5} - \frac{5^1}{1!} e^{-5}$

$= 1 - 6e^{-5}$

□

예제 5.19 한 쪽에 평균 1000자의 글자가 있고, 그 중에서 약 0.1%가 오타라고 가정하자. 그러면, 어떤 쪽에서 2개 이상의 오타가 발견될 확률은 얼마인가? X가 쪽 당 발견되는 오타의 수이면, 이항분포와 포아송분포를 사용할 수 있다. 먼저 이항분포를 사용하자.

X~B(1000,0.1%)

P(X > 2)

$= 1 - P(X = 0) - P(X = 1) - P(X = 2)$

$= 1 - \binom{1000}{0}(0.001)^0(0.999)^{1000-0} - \binom{1000}{1}(0.001)^1(0.999)^{1000-1}$

$\quad - \binom{1000}{2}(0.001)^2(0.999)^{1000-2}$

$= 0.08020934$

이번에는 포아송분포로 풀어보자. 그러면, 대략 쪽 당 평균 1개의 오타가 발생한다. 따라서,

X~Poisson(1)

P(X > 2)

$= 1 - P(X = 0) - P(X = 1) - P(X = 2)$

$= 1 - \frac{1^0}{0!} e^{-1} - \frac{1^1}{1!} e^{-1} - \frac{1^2}{2!} e^{-1}$

$= 0.0803014$

두 확률이 매우 비슷함을 알 수 있다. 중심극한 정리를 사용하면, 정규분포를 이용하여, 또 다른 근사값을 구할 수 있다.

□

R 실습

```
#그림 5.11
x <- 0:60
par(mfrow=c(2,2))
plot(x, dpois(x, lambda=5), type='h', col="blue", xlab="", ylab="",main="평균=5")
plot(x, dpois(x, lambda=10), type='h', col="blue", xlab="", ylab="",main="평균=10")
plot(x, dpois(x, lambda=15), type='h', col="blue", xlab="", ylab="",main="평균=15")
plot(x, dpois(x, lambda=30), type='h', col="blue", xlab="", ylab="",main="평균=30")
```

5.12 지수분포, 감마분포, 베타분포★★★

평균 사건발생률이 $\lambda > 0$인 포아송 확률과정 $\{N(t)\}$에서 두 사건 사이의 대기시간 T는 지수분포 (Exponential distribution)를 따른다(그림5.13). 그러면, $[0, t]$에서 사건이 발생하지 않을 확률은 다음과 같이 구해진다.

$$P(T > t) = P([0, t]에서 사건이 발생하지 않음)$$
$$= P(N(t) = 0)$$
$$= e^{-\lambda t}$$

그러면,

$$F_T(t) = 1 - P(T \leq t) = 1 - e^{-\lambda t}, \ t > 0$$

이므로, $F_T(t)$를 미분해서 확률함수 $f_T(t)$를 구할 수 있다. 이때 주의할 점은 $[0,1]$에서 평균 사건발생률이 λ이면, 두 사건 사이의 평균 대기시간은 $\frac{1}{\lambda}$이다.

$$T \sim Exp\left(\frac{1}{\lambda}\right)$$

그림 5.13 지수분포, 두 사건 사이의 대기시간

정의 5.11 지수분포 (Exponential distribution) 확률변수 T가 평균이 $\theta = 1/\lambda$인 지수분포를 따르면, 다음과 같은 확률 함수를 가진다 (그림 5.14).

$$T \sim Exp(\theta) = Exp(1/\lambda)$$
$$f_T(t) = \frac{1}{\theta}e^{-t/\theta} = \lambda e^{-\lambda t}, \ t > 0 \qquad \square$$

5. 분포이론

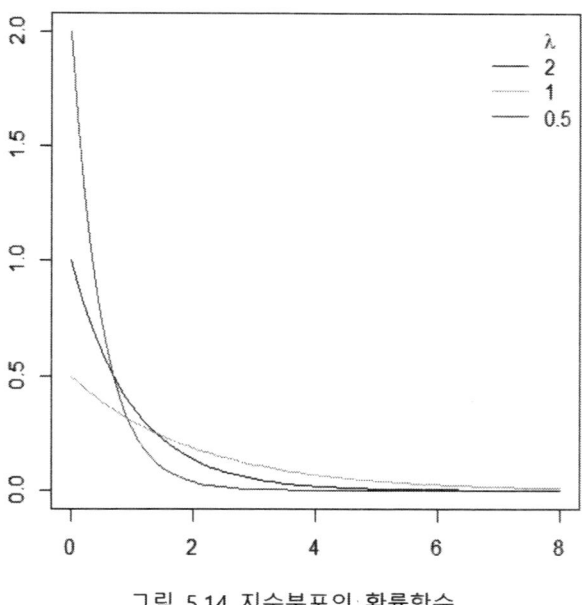

그림 5.14 지수분포의 확률함수

계산과정을 생략하고, 지수분포의 평균과 분산을 살펴보자.

$$\mu = E[X] = \theta = 1/\lambda$$
$$\sigma^2 = Var(X) = \theta^2 = 1/\lambda^2$$

지수분포의 가장 큰 특징은 무기억성 (Memoryless property)이다.

정리 5.13 무기억성

$X \sim Exp(\theta)$이면, $X > x_0$일 때, $X > x_0 + x_1$일 조건부 확률은 $X > x_1$인 확률과 동일하다. 즉, x_0 이전을 기억하지 않는다 (그림 5.15).

(증명) $P(X > x_0) = e^{-x_0/\theta}$임을 기억하자. 그러면 조건부 확률 정의에 따라서 다음이 성립한다.

$$P(X > x_0 + x_1 \mid X > x_0) = \frac{P(X>x_0+x_1,\ X>x_0)}{P(X>x_0)} = \frac{P(X>x_0+x_1)}{P(X>x_0)}$$
$$= \frac{e^{-(x_0+x_1)/\theta}}{e^{-x_0/\theta}} = e^{-x_1/\theta} = P(X > x_1)$$

□

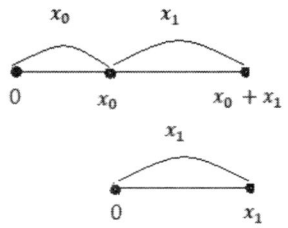

그림 5.15 무기억성

예제 5.20 평균 수명이 1000시간인 전자부품이 있다고 가정하자. 이 부품이 1500시간 이미 사용되었다면, 추가로 500시간을 더 사용할 수 있을 확률은 얼마인가? 지수분포의 무기억성을 이용하자. 이 전자부품의 수명을 X라고 두면,

$$P(X > 1500 | X > 500) = P(X > 1000) = e^{-1000/1000} = e^{-1} = 0.3678794$$

으로 확률을 계산할 수 있다. □

평균 사건발생률이 $\lambda > 0$인 포아송 확률과정 $\{N(t)\}$에서 독립인 대기시간들을 더해서 감마분포를 정의할 수 있다 (그림 5.16).

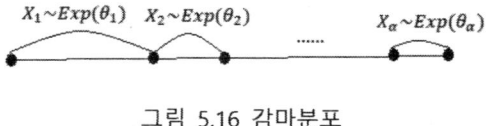

그림 5.16 감마분포

정의 5.13 감마분포 (Gamma distribution)

$$X_i \sim Exp(\theta_i), (i = 1, \cdots, \alpha)$$

이면,

$$X = X_1 + X_2 + \cdots + X_\alpha$$

는

$$X \sim Gamma(\alpha, \theta)$$

이며, 확률함수는 다음과 같다.

$$f(x) = \frac{1}{\Gamma(\alpha) \theta^\alpha} x^{\alpha-1} e^{-x/\theta}, x > 0$$

여기서, 감마함수는

$$\Gamma(\alpha) = \int_0^\infty x^{\alpha-1}e^{-x}dx$$

으로 정의되며, $\Gamma(1) = \int_0^\infty e^{-x}dx = 1$이므로,

$$\Gamma(\alpha) = (\alpha-1)\Gamma(\alpha-1) = (\alpha-1)!\,\Gamma(1) = (\alpha-1)!$$

이다. □

감마분포 Gamma(α, θ)를 따르는 확률변수 X의 평균과 분산을 구해보자. 확률변수 $X_1, X_2, \cdots, X_\alpha$ 가 평균이 θ이고 독립인 지수분포를 따른다고 가정하면,

$$X = X_1 + X_2 + \cdots + X_\alpha$$

이다. 따라서,

$$\mu = E[X] = E[X_1 + X_2 + \cdots + X_\alpha] = E[X_1] + E[X_2] + \cdots + E[X_\alpha] = \alpha\theta$$
$$\sigma^2 = Var(X) = Var(X_1 + X_2 + \cdots + X_n) = Var(X_1) + Var(X_2) + \cdots + Var(X_n) = \alpha\theta^2$$

이다.

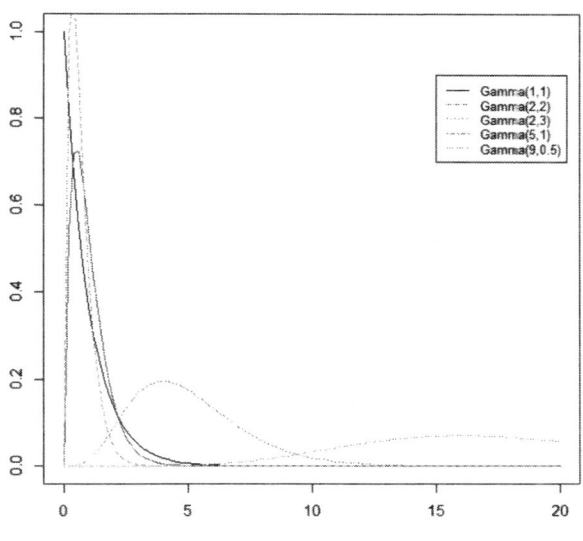

그림 5.17 감마분포의 확률함수

포아송 확률과정 $\{N(t)\}$에서 구간 $[0,t]$에서 α개 이상의 사건이 발생하는 사건은 α개 사건이 발생할 시간이 t보다 작거나 같은 사건과 동일하다. 즉, $N(t) \geq \alpha$와 $X_1 + X_2 + \cdots + X_\alpha \leq t$는 동일하다. 또한, X가 Gamma$(\alpha_1, \theta)$ 이고, Y가 Gamma(α_2, θ) 이고, X와 Y가 독립일 때, X+Y도 다시 Gamma$(\alpha_1 + \alpha_2, \theta)$를 따른다. 특수한 경우에. 카이제곱분포와 감마분포는 동일하다. 즉, $\chi^2(r) =$ Gamma$(r/2, 2)$ 이다. 따라서, 카이제곱의 가법성에 따라서, $V_1 \sim \chi^2(r_1)$, $V_2 \sim \chi^2(r_2)$, 이고, V_1와 V_2가 독립이면, 둘의 합은 다시 카이제곱분포를 따른다. 즉, $V_1 + V_2 \sim \chi^2(r_1 + r_2)$이다.

R의 dgamma, rgamma, pgamma, qgamma를 사용하여, 확률함수, 난수생성, 분포함수, 분위수 등을 계산할 수 있다.

R 실습

```
# 그림 5.14
x <- seq(0, 8, 0.1)
plot(x, dexp(x, 2), , col = "blue",type = "l", lwd = 1, xlab = "", ylab="")
lines(x, dexp(x, rate = 1), col = "black", lty = 1, lwd = 1)
lines(x, dexp(x, rate = 0.5), col = "green", lty = 1, lwd = 1)
legend("topright",
       c(expression(paste(, lambda)), "2", "1","0.5"),
       lty = c(0,1,1,1), col = c("blue", "black", "green"), box.lty = 0, lwd = 1)

# 그림 5.17
curve(dgamma(x,1,1), from=0, to=20,col=1)
curve(dgamma(x,2,2), from=0, to=20, add=T, lty=1, ylab ="f(x)",col=2)
curve(dgamma(x,2,3), from=0, to=20, add=T, lty=2,col=3)
curve(dgamma(x,5,1), from=0, to=20, add=T, lty=3,col=4)
curve(dgamma(x,9,0.5), from=0, to=20, add=T, lty=4,col=5)

legend(15,0.9 ,
       legend=c("Gamma(1,1)",
                "Gamma(2,2)",
                "Gamma(2,3)",
                "Gamma(5,1)",
                "Gamma(9,0.5)"),
       lty=1:5, col=1:5, cex=0.8)
```

마지막으로, 감마분포들의 비율이 어떤 분포를 따르는지 살펴보자 (그림 5.18).

정의 5.14 베타분포(Beta distribution)

독립인 두 감마분포를 다음과 같이 정의하자.

$$X_1 \sim \text{Gamma}(\alpha, \theta)$$
$$X_2 \sim \text{Gamma}(\beta, \theta)$$

그러면, $X = \frac{X_1}{X_1 + X_2}$는 베타분포를 따른다. 즉,

$$X = \frac{X_1}{X_1 + X_2} \sim \text{Beta}(\alpha, \beta)$$

이며, 확률함수는

$$f(x) = \frac{\Gamma(\alpha + \beta)}{\Gamma(\alpha)\Gamma(\beta)} x^{\alpha-1}(1-x)^{\beta-1}, 0 < x < 1$$

이다. □

베타분포의 평균과 분산을 계산없이 살펴보자.

$$E[X] = \frac{\alpha}{\alpha+\beta}, \ \text{Var}(X) = \frac{\alpha\beta}{(\alpha+\beta+1)(\alpha+\beta)^2}$$

베타분포 중에서 $\alpha = \beta = 1$인 경우를 균등분포라고 부른다.

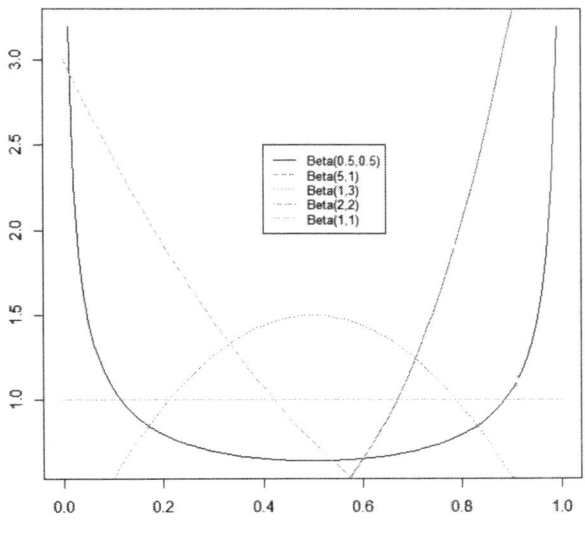

그림 5.18 베타분포의 확률함수

정의 5.14 균등분포(Uniform distribution)

$$f(x) = 1, \ 0 < x < 1$$

R의 dbeta, rbeta, pbeta, qbeta를 사용하여, 확률함수, 난수생성, 분포함수, 분위수 등을 계산할 수 있다.

R 실습

```
# 그림 5.18
curve(dbeta(x,0.5,0.5), from=0, to=1,col=1)
curve(dbeta(x,5,1), from=0, to=1, add=T, lty=1, ylab ="f(x)",col=2)
curve(dbeta(x,1,3), from=0, to=1, add=T, lty=2,col=3)
curve(dbeta(x,2,2), from=0, to=1, add=T, lty=3,col=4)
curve(dbeta(x,1,1), from=0, to=1, add=T, lty=4,col=5)

legend(0.4,2.5,
       legend=c("Beta(0.5,0.5)",
                "Beta(5,1)",
                "Beta(1,3)",
                "Beta(2,2)",
                "Beta(1,1)"),
       lty=1:5, col=1:5, cex=0.8)
```

5.13 기타 분포들

다항분포처럼 이항분포를 확장한 형태의 분포들 중 베르누이 시행에서 성공할 때까지의 시행횟수를 표현하는 Geometric 분포와 n번의 시행 중 r번의 성공까지의 시행횟수를 표현하는 Negative Binomial 분포등이 더 있다. Geometirc 분포를 더하면, Negative Binomial이 된다. 이 분포들은 베르누이분포(5.2절), 포아송분포(5.11절), 지수분포(5.11절) 등과 같이 확률과정에 자주 등장한다.

지수분포(5.12절)와 함께 수명을 표현하는 분포로 와이블(Weibull) 분포, Extreme value, Rayleigh 분포들이 있다. 이외에도 Pareto, Cauchy, Lognormal, Laplace, Logistic, Inverse Gaussian 분포들이 자주 사용된다.

더 이상의 설명은 이 책의 범위를 벗어나므로, 여기서는 생략하자.

연습문제

베르누이 분포와 이항분포

1. 자연 상태에서 신생아가 남자일 확률은 0.51이며, 여자일 확률은 0.49이고, 각 자녀의 성별은 독립이라고 가정하자. 어떤 부부가 3명의 자녀를 낳을 때 자녀 수에 대한 설명 중 옳은 것은 무엇인가?

a. 각 자녀가 아들인지 아닌지는 베르누이분포 Bernoulli(0.49)를 따른다.

b. 세 자녀 중 딸의 수는 이항분포 B(3,0.49)를 따른다.

c. 세 자녀 중 아들이 1명일 확률은 0.3673이다.

d. 세 자녀 중 딸이 없을 확률은 0.3823이다.

① a, b, d ② b, c ③ b, d ④ b, c, d ⑤ 위 보기 중 답 없음

(풀이) a. 각 자녀가 아들인지 아닌지는 베르누이분포 Bernoulli(0.51)를 따른다.

b. 세 자녀 중 딸의 수는 이항분포 B(3,0.49)를 따른다.

c. 세 자녀 중 아들의 수를 Y라고 두자. $P(Y=1) = \binom{3}{1}(0.51)^1(0.49)^2 = 0.3673$이다.

d. 세 자녀 중 딸의 수를 X라고 두자. $P(X=0) = \binom{3}{0}(0.49)^0(0.51)^3 = 0.1327$이다.

2. 어떤 기관의 영어시험문제 출제 시, 500 문항 당 1개 오답이 있다고 알려져 있다. 이 기관에서 출제하는 영어시험 1000 문항 중 오답 수가 2개 이하인 확률은 무엇인가?

① 0.1351 ② 0.2707 ③ 0.4057 ④ 0.6767 ⑤ 위 보기 중 답 없음

(정답) ④

(풀이) $P(X \leq 2) = P(X=0) + P(X=1) + P(X=2)$ = dbinom(0,1000,1/500) + dbinom(1,1000,1/500) + dbinom(2,1000,1/500) = dbiom(2,1000,1/500) = 0.6767

3. 2017년 1월 기준, 한국의 15세 이상 흡연율은 21.6%로 알려져 있다. 인구 유동이 가장 큰 명동 거리에서 임의로 5명의 성인을 상대로 흡연여부를 질문하였다. 다음 중 옳은 설명을 모두 고른 것은 어느 것인가?

a. 각 사람이 비흡연자일 사건은 베르누이분포 Bernoulli(0.216)을 따른다.

b. 다섯 중 흡연자 수는 B(5, 0.216)을 따른다.

c. 다섯 중 흡연자 1 명 이하일 확률은 0.4080 이다.

① a ② b ③ a c ④ b c ⑤ 위 보기 중 답 없음

(정답) ②

(풀이)

a. 각 사람이 비흡연자일 사건은 베르누이분포 Bernoulli(0.784)을 따른다.

b. 다섯 중 흡연자 수는 B(5, 0.216)을 따른다. c. X=다섯 중 흡연자 수 ~ B(5, 0.216).

$$P(X \leq 1) = P(X = 0) + P(X = 1)$$
$$= \binom{5}{0}(0.216)^0(0.784)^5 + \binom{5}{1}(0.216)^1(0.784)^4$$
$$= pbinom(1,5,0.216) = dbinom(0,5,0.216) + dbinom(1,5,0.216)$$
$$= 0.7042$$

정규분포

4. $X \sim N(3, 2^2)$일 때, $Y = \frac{3X-1}{2}$의 분포는 무엇인가?

① N(4, 9) ② N(9/2, 37/4) ③ N(4, 37/4) ④ N(9/2, 9) ⑤ 위 보기 중 답 없음

(정답) ①

(풀이) $Y = \frac{3X-1}{2} \sim N(4,9)$

5. 어떤 회사의 공산품의 배터리 용량(W)이 평균이 36개월이고 표준편차가 2개월인 정규분포를 따른다고 가정하자. 이 회사에서 생산된 배터리 한 개의 용량이 30개월 미만일 확률은 얼마인가?

① 0.0013 ② 0.0668 ③ 0.9332 ④ 0.9987 ⑤ 위 보기 중 답 없음

(정답) ①

(풀이) $W \sim N(36, 2^2), P(W < 30) = P\left(Z < \frac{30-36}{2}\right) = P(Z < -3) = pnorm(-3,0,1) = 0.0013$

6. $X \sim N(5, 2^2)$일 때, $Y = \frac{5X-1}{2}$의 분포에 대한 설명 중 맞는 것은 어느 것인가?

① Y는 t분포를 따른다.

② Y의 평균은 22/3이다.

③ Y의 표준편차는 4이다.

④ $\frac{Y-12}{5}$는 표준정규분포를 따른다.

⑤ 위 보기 중 답 없음

(정답) ④

(풀이) $Y = \frac{5X-1}{2} \sim N(12, 5^2)$, $\frac{Y-12}{5} \sim N(0,1)$

7. 회사 A가 생산하는 전구 수명이 평균이 24개월이고 분산이 2개월인 정규분포를 따른다고 가정하자. 이 회사에서 생산된 전구 한 개의 수명이 25개월 이상일 확률은 얼마인가?

① 0.1123 ② 0.2019 ③ 0.2389 ④ 0.4534 ⑤ 위 보기 중 답 없음

(정답) ③

(풀이) X=전구 수명 ~N(24,2) $P(X \geq 25) = P\left(\frac{X-24}{\sqrt{2}} \geq \frac{25-24}{\sqrt{2}}\right) = P(Z \geq 0.71) = 1 - pnorm(0.71, 0, 1) = 0.2389$

t-분포와 F-분포

8. $Z_1, Z_2, \ldots, Z_{25}$ iid~N(0,1) 이다. 다음 분포의 정의가 틀린 것은 어느 것인가?

① $Z_1^2 \sim \chi^2(1)$
② $Z_{11}^2 + Z_{12}^2 + \cdots + Z_{20}^2 \sim \chi^2(20)$
③ $\frac{(Z_1^2 + Z_2^2)/2}{(Z_{11}^2 + Z_{12}^2 + \cdots + Z_{25}^2)/15} \sim F(2, 15)$
④ $\frac{Z_1}{\sqrt{(Z_2^2 + Z_3^2 + \cdots + Z_{10}^2)/9}} \sim t(9)$
⑤ 위 보기 중 답 없음

9. $Z_1, Z_2, \ldots, Z_{30}$ iid~N(0,1) 이다. 다음 분포의 정의가 틀린 것은 어느 것인가?

① $Z_{20}^2 \sim \chi^2(1)$
② $Z_3^2 + Z_5^2 + Z_9^2 \sim \chi^2(3)$
③ $\frac{(Z_1^2 + Z_2^2 + Z_3^2)/3}{(Z_1^2 + Z_2^2 + \cdots + Z_{10}^2)/10} \sim F(3, 10)$
④ $\frac{Z_2}{\sqrt{(Z_3^2 + Z_4^2 + \cdots + Z_8^2)/6}} \sim t(6)$
⑤ 위 보기 중 답 없음

(정답) 8. ② 9. ③

10-13. X~$N(10, 3^2)$이고, $Y = 2X - 1$일 때, 다음 설명은 참 또는 거짓 중 무엇인가?

10. Y의 분포는 정규분포 $N(19, 6^2)$이다.

① 참 ② 거짓 ③ 위 보기 중 답 없음

11. $\frac{X-10}{3}$과 $\frac{Y-19}{6}$ 의 분포는 동일하다.

① 참 ② 거짓 ③ 위 보기 중 답 없음

12. $\left(\frac{Y-19}{3}\right)^2$은 $\chi^2(1)$을 따른다.

① 참   ② 거짓   ③ 위 보기 중 답 없음

13. X에 비해 Y는 평균 주변에 더 몰려서 분포되어 있다.

① 참   ② 거짓   ③ 위 보기 중 답 없음

(정답) 10. ①   11. ①   12. ②   13. ②

표본평균의 분포

14. 대학수학 수강생의 수학 능력을 알아보기 위해서 무작위로 16명을 뽑아 시험을 실시하였다. 학생들의 점수 $X_1, X_2, \ldots, X_{16}$ 는 정규분포 $N(70, 4^2)$을 따른다고 알려져 있다. $P(\bar{X} \leq c) = 0.975$ 를 만족하는 c는 무엇인가?

① 71.645   ② 71.96   ③ 77.84   ④ 78.02   ⑤ 위 보기 중 답 없음

(풀이) $P(\bar{X} \leq c) = 0.975$, $P\left(\frac{\bar{X}-70}{4/4} \leq \frac{c-70}{4/4}\right) = P(Z \leq c - 70) = 0.975$, $c - 70 = 1.96$, $c = 71.96$

15. 특정 생수의 용량이 200g으로 표시되어있다. 이 생수를 무작위로 25개 뽑아 무게를 측정할 때, 이 무게 $X_1, X_2, \ldots, X_{25}$는 정규분포 $N(200, 2^2)$을 따른다고 가정하자. $P(\bar{X} \geq c) = 0.95$를 만족하는 c는 무엇인가?

① 196.177   ② 196.987   ③ 199.342   ④ 199.645   ⑤ 위 보기 중 답 없음

(정답) ③

(풀이) $P(\bar{X} \geq c) = 0.95$, $P\left(\frac{\bar{X}-200}{2/5} \geq \frac{c-200}{2/5}\right) = P\left(Z \geq \frac{c-200}{\frac{2}{5}}\right) = 0.95$, $\frac{c-200}{\frac{2}{5}} = -1.645$, $c = 200 - 1.645 * \frac{2}{5} = 199.342$

16. 특정 과자의 무게가 100g으로 표시되어있다. 이 과자를 무작위로 49개를 뽑아 무게를 측정할 때, 이 무게 $X_1, X_2, \ldots, X_{49}$는 정규분포 $N(100, 0.2^2)$을 따른다고 가정하자. $P(\bar{X} \geq c) = 0.975$를 만족하는 c는 무엇인가?

(풀이) $P(\bar{X} \geq c) = 0.975, P\left(Z \geq \frac{c-100}{0.2/\sqrt{49}}\right) = 0.975$, $\frac{c-100}{0.2/\sqrt{49}} = -1.96, c = 100 - 1.96 * \frac{0.2}{7} = 99.944$

17. 특정 과자의 무게가 100g으로 표시되어있다. 이 과자를 무작위로 49개를 뽑아 무게를 측정할 때, 이 무게 $X_1, X_2, \ldots, X_{49}$는 정규분포 $N(100, 0.2^2)$을 따른다고 가정하자. $P(\bar{X} \geq c) = 0.025$를 만족하는 c는 무엇인가?

① 99.066 ② 100.056 ③ 100.944 ④ 101.392 ⑤ 위 보기 중 답 없음

(정답) ②

(풀이) $P(\bar{X} \geq c) = 0.025, P\left(Z \geq \frac{c-100}{0.2/\sqrt{49}}\right) = 0.025, \frac{c-100}{0.2/\sqrt{49}} = 1.96, c = 100 + 1.96 * \frac{0.2}{7} = 100.056$

중심극한정리

17. 2016년 1월 31일, 농구팀 KCC와 전자랜드의 상대전적은 4:1이었다. 이를 근거로 두 팀이 100번 경기할 때, 전자랜드가 KCC를 이기는 경기수가 15보다 클 확률을 중심극한정리를 사용하여 근사적으로 구하면 얼마인가?

① 0.6536 ② 0.7463 ③ 0.9162 ④ 0.9573 ⑤ 위 보기 중 답 없음

(정답) ③

(풀이) X~B(100,0.2), $P(X > 15) \cong P(X \geq 14.5) \cong P\left(Z \geq \frac{14.5-20}{\sqrt{100*0.2*0.8}}\right) = P(Z \geq -1.38) = P(Z \leq 1.38) = 0.9162$

18. 표본 $X_1, X_2, \ldots, X_{100}$이 모두 독립이고 평균이 5이고 분산이 9인 동일한 분포를 따른다고 가정하자. $\bar{X}$의 분포를 바르게 표현한 것은 무엇인가?

① $\frac{\bar{X}-5}{0.3}$는 근사적으로 표준정규분포를 따른다.

② $\frac{\bar{X}-5}{0.9}$는 근사적으로 표준정규분포를 따른다.

③ $\frac{\bar{X}-5}{3}$는 근사적으로 표준정규분포를 따른다.

④ $\frac{\bar{X}-5}{9}$는 근사적으로 표준정규분포를 따른다.

⑤ 위 보기 중 답 없음

(정답) ①

19. 미국 프로농구 골든 스테이트 워리어즈 팀의 스테판 커리의 3점 슛 성공률은 43.8%로 알려져 있다. 이선수가 100번 3점 슛을 던질 때, 50번 이상 성공할 확률을 중심극한정리를 사용하여 계산하면 얼마인가?

① 0.0034 ② 0.0878 ③ 0.1056 ④ 0.1251 ⑤ 위 보기 중 답 없음

(정답) ④

(풀이) X = 100 중 성공 횟수~B(100,0.438)

$$P(X \geq 50) \cong P(X \geq 49.5) \cong P\left(Z \geq \frac{49.5 - 43.8}{\sqrt{(100)(0.438)(0.562)}}\right) = P(Z \geq 1.15) = 1 - pnorm(1.15) = 0.1251$$

20. 어떤 기관의 영어시험문제 출제 시, 500 문항 당 1개 오답이 있다고 알려져 있다. 이 기관에서 출제하는 영어시험 1000 문항 중 오답 수가 1개 이하인 확률은 무엇인가? 중심극한정리를 이용하라.

① 0.0615　　② 0.1353　　③ 0.4013　　④ .4106　　⑤ 위 보기 중 답 없음

(정답) ④

(풀이) $X = 1000$ 중 오류의 수 $\sim B\left(1000, \frac{1}{500}\right)$

$$P(X \leq 1) \cong P(X \leq 1.5) \cong P\left(Z \leq \frac{1.5 - 2}{\sqrt{(1000)\left(\frac{1}{500}\right)\left(\frac{499}{500}\right)}}\right) = P(Z \leq -0.25) = pnorm(-0.25) = 0.4013$$

21. $Gamma(\alpha, \theta)$의 평균과 분산이 $\alpha\theta, \alpha\theta^2$임을 보이라.

22. $\chi^2(r)$의 평균과 분산이 $r, 2r$임을 보이라.

23. $Beta(\alpha, \beta)$ 평균과 분산이 $\frac{\alpha}{\alpha+\beta}, \frac{\alpha\beta}{(\alpha+\beta+1)(\alpha+\beta)^2}$임을 보이라.

부록

벡터를 이용한 표본분포의 정리 5.9 증명 ② (생략가능)

벡터 $X = \begin{pmatrix} X_1 \\ \vdots \\ X_n \end{pmatrix}$, $1 = \begin{pmatrix} 1 \\ \vdots \\ 1 \end{pmatrix}$, 그리고 평균벡터 $\bar{X}1 = \begin{pmatrix} \bar{X} \\ \vdots \\ \bar{X} \end{pmatrix}$가 주어지면

$$X = \bar{X}1 + (X - \bar{X}1)$$

이 성립한다. 이때, 두 벡터 $\bar{X}$와 $(X - \bar{X}1)$의 내적이 0이다. 즉,

$\bar{X}1 \cdot (X - \bar{X}1)$
$= \bar{X}(1, \cdots, 1) \cdot (X_1 - \bar{X}, \cdots, X_n - \bar{X})$
$= \bar{X}\sum(X_j - \bar{X})$
$= \bar{X}\left(\sum X_j - n\bar{X}\right)$
$= \bar{X}(n\bar{X} - n\bar{X})$
$= 0$

이므로

$\bar{X}1 \perp (X - \bar{X}1)$

이다. 또한,

$(X - \bar{X}1) \cdot (X - \bar{X}1)$
$= (X_1 - \bar{X}, \cdots, X_n - \bar{X}) \cdot (X_1 - \bar{X}, \cdots, X_n - \bar{X})$
$= \sum_{i=1}^{n}(X_i - \bar{X})^2$
$= (n-1)S^2$

이다. 통계에서 직교하는 두 벡터는 독립이라는 것이 알려져 있다. 따라서 $\bar{X}$와 S^2은 독립이다.

표본분포의 정리 5.9 증명 ③ (생략가능)

표본 $X_1, X_2, \cdots, X_n$이 독립이고, 동일한 정규분포 $N(\mu, \sigma^2)$를 따른다. 다라서 $\frac{X_j - \mu}{\sigma}$들도 독립이고 동일 표준정규분포 $N(0,1)$를 따른다. 즉, $\left(\frac{X_j - \mu}{\sigma}\right)^2$들은 독립인 카이제곱분포 $\chi^2(1)$을 따르므로, 이들의 합은

$$\sum_{j=1}^{n}\left(\frac{X_j - \mu}{\sigma}\right)^2 \sim \chi^2(n)$$

을 따른다. 이것을 독립인 표본평균과 표본분산, 두 부분으로 분해하자.

$\sum_{j=1}^{n}\left(\frac{X_j - \mu}{\sigma}\right)^2$
$= \sum_{j=1}^{n}\left(\frac{X_j - \bar{X} + \bar{X} - \mu}{\sigma}\right)^2$
$= \sum_{j=1}^{n}\left(\frac{X_j - \bar{X}}{\sigma}\right)^2 + \sum_{j=1}^{n}\left(\frac{\bar{X} - \mu}{\sigma}\right)^2 + 2\sum_{j=1}^{n}\left(\frac{X_j - \bar{X}}{\sigma}\right)\left(\frac{\bar{X} - \mu}{\sigma}\right)$
$= \frac{(n-1)S^2}{\sigma^2} + \left(\frac{\bar{X} - \mu}{\sigma/\sqrt{n}}\right)^2 \sim \chi^2(n)$

여기서 세 번째 항은 0이다.

$\sum_{j=1}^{n}\left(\frac{X_j - \bar{X}}{\sigma}\right)\left(\frac{\bar{X} - \mu}{\sigma}\right) = \left(\frac{\bar{X} - \mu}{\sigma}\right)\sum_{j=1}^{n}\left(\frac{X_j - \bar{X}}{\sigma}\right) = \left(\frac{\bar{X} - \mu}{\sigma}\right)\frac{1}{\sigma}\left(\sum_{j=1}^{n}X_j - n\bar{X}\right) = 0$

이것은 $\frac{X_j - \bar{X}}{\sigma}$와 $\frac{\bar{X} - \mu}{\sigma}$에 해당하는 두 벡터의 내적이 0이라는 의미이므로, 두 벡터가 직교한다 (아래 증명 2 참조). 확률에서 직교인 두 확률벡터는 독립이다.

이제 각 항의 분포를 알아보자. $\frac{\bar{X} - \mu}{\sigma/\sqrt{n}} \sim N(0,1)$이므로 $\left(\frac{\bar{X} - \mu}{\sigma/\sqrt{n}}\right)^2 \sim \chi^2(1)$이고, $\sum_{j=1}^{n}\left(\frac{X_j - \mu}{\sigma}\right)^2 \sim \chi^2(n)$이다. 카이제곱의 가법성에 따라서 $V_1 \sim \chi^2(r_1)$, $V_2 \sim \chi^2(r_2)$, 그리고 V_1과 V_2가 독립이면, 이들의 합에 대하여 $V_1 + V_2 \sim \chi^2(r_1 + r_2)$가 성립한다. 그러므로 $\frac{(n-1)S^2}{\sigma^2} \sim \chi^2(n-1)$이다.

참된 지혜는 광대한 우주의 질서 안에서 자신의 위치를 깨닫는 것이다.

톨스토이

6. 추정과 검정

어떤 이도 확실한 진리를 알 수 없다. 확실한 진리는 절대 알려지지 않는다. 신에 대해서도, 내가 말한 모든 것에 대해서도 마찬가지이다. 우연히 어떤 사람이 그 궁극적인 진리에 대해 모를 수 있다. 왜냐하면 모든 것은 추측으로만 엮인 그물망이기 때문이다.

크세노파네스[38]

돈과 시간에 따른 제약 때문에 전수조사가 불가능하므로, 모집단의 확실한 분포는 알려져 있지 않다. 모평균 모분산과 같은 모수는 상수로 존재하지만, 그 확실한 값이 알려져 있지 않다. 대신, 표본을 이용하여 모집단을 짐작하고 추론하며, 이는 항상 객관적이고 정확한 통계적 추론을 필요로 한다.

용량이 50ml라고 표기되어 있는 화장품이 생각보다 빨리 떨어지면, 소비자 입장에서는 실제 용량이 50ml가 맞는지에 대한 합리적인 의심이 생길 수 있다. 이를 확인하기 위하여 동일 제품을 25개 구입 후 계산한 평균 용량이 49.05ml이면, 이 값을 모평균 μ의 점추정(point estimator)이라고 부른다. 표본으로부터 모평균 μ이 포함될 확률이 0.95 (95%)인 구간 (48.18, 49.92)을 얻으면, 이를 μ의 구간 추정(interval estimator)이라고 부른다. 50ml가 이 구간에 포함되지 않으므로, 소비자는 0.95의 확신을 가지고 화장품의 용량이 50ml가 아니라고 짐작할 것이다. 이와 같이 화장품의 평균 용량이 50ml이라고 말할 수 있는지 없는지에 대하여 통계적으로 의사결정 내리는 방법을 가설검정이라고 부른다. 모평균 μ, 모분산 σ^2, 성공 확률 p, 상관계수 ρ 등을 모수(parameter)라고 부른다. 모수를 한 값으로 점추정하거나, 모수가 속할 가능성이 높은 신뢰구간을 추정하거나, 가설을 세우고 검정할 수 있다. 이 모든 과정을 추정(estimation)과 검정(hypothesis test), 또는 한 마디로 통계적 추론(statistical inference)이라고 부른다.

이 장에서는 정규분포를 따르는 모집단에서 표본을 이용하여, 모평균 μ에 대한 추정과 검정을 실시해보자. 이와 같이 모집단이 하나이고, 모평균을 검정하는 문제를 일표본 Z - 검정이라고 부른다. 여기서 정의되는 개념들은 모든 통계자료분석의 기본 개념이므로, 반복해서 복습하고, 잘 기억해두자.

---

[38] 크세노파네스(Xenophanes) 기원전 6세기 후반의 철학자. 브라이언 매기(2001) 사진과 그림으로 보는 철학의 역사. 시공 아크로 총서 6. 박은미 옮김

6.1 점추정★

표본 $X_1, X_2, \cdots, X_n$을 이용하여 모평균 μ를 한 값으로 추정하기 위해서, 표본평균 $\bar{X}$를 사용하자.

$$\hat{\mu} = \bar{X} = \frac{1}{n}\sum_{i=1}^{n} X_i$$

표본평균 이외에도 중앙값과 같이 모평균의 점추정치로 사용될 수 있는 통계량들이 많이 존재한다. 하지만, 이후의 추론을 위해서 이미 표본분포가 잘 알려진 표본평균을 모평균의 점추정치로 주로 사용하자.. 표본평균의 기대값은

$$E[\bar{X}] = \mu$$

으로 알려져 있다. 모평균의 참값과 점추정치의 차이를 **바이어스**(bias)라고 정의하자.

$$bias(\hat{\mu}) = \hat{\mu} - \mu$$

바이어스가 0인 점추정치를 **불편추정치**(unbiased estimator)라고 부른다. 표본이 달라지면, 점추정치도 변한다. 점추정치가 변하는 정도를 표현하기 위하여, 점추정치의 표준편차인 **표준오차**(SE; Standard Error)를 사용한다. 표본평균의 분산이 $Var(\bar{X}) = \frac{\sigma^2}{n}$ 이므로, 표본평균의 표준오차는 다음과 같다.

$$SE(\bar{X}) = \frac{\sigma}{\sqrt{n}}$$

표준오차가 작은 불편추정치가 좋은 점추정치이다.

가장 유명한 점추정치로는 모멘트 추정치 (MME; Method of Moments Estimator), 최대우도 추정치 (MLE; Maximum Likelihood Estimator), 베이즈 추정치 (BE; Bayesian Estimator)가 있다. MME는 가장 오래된 방법이며, 분포를 가정하지 않고 모수를 추정할 때 많이 사용된다. MLE는 분포를 가정하고, 주어진 자료를 근거로 분포에서 가장 나타날 가능성이 높은 통계량을 추정치로 찾는다. BE는 사전확률을 안다고 가정하고, 사후확률을 최대로 만드는 통계량을 추정치를 찾으며, 최근에 자주 사용되는 방법이다.

예제 6.1 $X_1, X_2, X_3 \sim iid\ N(\mu, 1)$ 을 따른다고 가정할 때, 모평균 μ의 점추정치 중에서 어느 것이 좋을까?

① $\widehat{\mu_1} = X_1$ ② $\widehat{\mu_2} = \frac{X_1 + 2X_2}{3}$ ③ $\widehat{\mu_3} = \frac{X_1 + 2X_2}{3} - 1$ ④ $\widehat{\mu_4} = \frac{X_1 + X_2 + X_3}{3}$

각각의 기대값과 SE를 구해보자.

① $E[\widehat{\mu_1}] = E[X_1] = \mu$, $Var(\widehat{\mu_1}) = Var(X_1) = 1, SE(\widehat{\mu_1}) = 1$

② $E[\widehat{\mu_2}] = E\left[\frac{X_1 + 2X_2}{3}\right] = \mu$, $Var(\widehat{\mu_2}) = Var\left(\frac{X_1 + 2X_2}{3}\right) = \frac{1}{9} + \frac{4}{9} = \frac{5}{9}, SE(\widehat{\mu_2}) = \sqrt{\frac{5}{9}}$

③ $E[\widehat{\mu_3}] = E\left[\frac{X_1 + X_2}{3} - 1\right] = \frac{2}{3}\mu - 1$, $Var(\widehat{\mu_3}) = Var\left(\frac{X_1 + X_2}{3} - 1\right) = \frac{2}{9}, SE(\widehat{\mu_3}) = \sqrt{\frac{2}{9}}$

6. 추정과 검정

④ $E[\widehat{\mu_4}] = E\left[\frac{X_1+X_2+X_3}{3}\right] = \mu$, $Var(\widehat{\mu_4}) = Var\left(\frac{X_1+X_2+X_3}{3}\right) = \frac{3}{9}$, $SE(\widehat{\mu_4}) = \sqrt{\frac{3}{9}}$

불편추정치는 $\widehat{\mu_1}$, $\widehat{\mu_2}$, $\widehat{\mu_4}$ 이고, 이중에서 표준오차가 제일 작은 점추정치는 $\widehat{\mu_4}$ 이다. $\widehat{\mu_3}$ 의 표준오차가 제일 작지만, $\widehat{\mu_3}$는 불편추정치가 아니다. 만약 $\mu = 3$이라면, $\widehat{\mu_3}$의 bias는 1로써 평균의 약 33%나 될 만큼 크다. 이 경우, $\widehat{\mu_3}$은 모평균의 좋은 점추정치라고 보기 어렵다. □

모집단의 특성을 표현하는 모평균, 모분산, 표준편차 등을 **모수**(parameter)라고 부르며, 이를 기호로 θ, 이의 점추정 통계량을 $\hat{\theta}$ 라고 통칭하자. 모수 θ 에 대한 점추정치 $\hat{\theta}$ 가 얼마나 좋은지를 평가하기 위하여, **평균제곱오차**(The mean squared error; MSE)를 다음과 같이 정의하여 사용한다.

$$MSE(\hat{\theta}, \theta) = E\left[(\hat{\theta} - \theta)^2\right]$$

그러면, MSE는 $Var(\hat{\theta})$와 $Bias^2(\hat{\theta})$의 합이다.

$$\begin{aligned} MSE(\hat{\theta}, \theta) &= E\left[(\hat{\theta} - E[\hat{\theta}] + E[\hat{\theta}] - \theta)^2\right] \\ &= E\left[(\hat{\theta} - E[\hat{\theta}])^2\right] + (E[\hat{\theta}] - \theta)^2 \\ &= Var(\hat{\theta}) + Bias^2(\hat{\theta}) \end{aligned}$$

여기서, $E[(\hat{\theta} - E[\hat{\theta}])(E[\hat{\theta}] - \theta)] = 0$가 성립한다. MSE가 고정되면, 바이어스와 분산 중 하나가 작으면, 나머지 하나가 커진다.

6.2 구간추정과 신뢰구간

모평균 μ를 포함할 확률이 $1 - \alpha$ 인 μ의 $100(1 - \alpha)\%$ 신뢰구간(Confidence Interval)을 추정해보자.

표본 $X_1, X_2, \cdots, X_n$ 이 독립이고 동일분포 $N(\mu, \sigma^2)$ 을 따르며, 분산 σ^2 이 알려져 있다고 가정하자. 그러면, 표준화된 표본평균은 표준정규분포를 따른다.

$$Z = \frac{\bar{X} - \mu}{\sigma/\sqrt{n}} \sim N(0,1)$$

따라서, 다음이 성립한다.

$$P(|Z| < z_{\alpha/2}) = 1 - \alpha$$

$$P\left(-z_{\frac{\alpha}{2}} < \frac{\bar{X} - \mu}{\frac{\sigma}{\sqrt{n}}} < z_{\alpha/2}\right) = 1 - \alpha$$

이 부등식을 μ에 대하여 풀면, μ를 포함하는 확률이 $1 - \alpha$인 구간을 얻을 수 있다.

$$P\left(\mu \in \left(\bar{X} - z_{\alpha/2}\frac{\sigma}{\sqrt{n}}, \quad \bar{X} + z_{\alpha/2}\frac{\sigma}{\sqrt{n}}\right)\right) = 1 - \alpha$$

이 구간을 μ의 100$(1 - \alpha)$% **신뢰구간**(CI)이라고 정의한다 (그림 6.1).

μ의 100$(1 - \alpha)$% 신뢰구간(CI)

$$\left(\bar{X} - z_{\alpha/2}\frac{\sigma}{\sqrt{n}}, \quad \bar{X} + z_{\alpha/2}\frac{\sigma}{\sqrt{n}}\right)$$

신뢰구간 길이의 반에 해당하는 $z_{\alpha/2}\frac{\sigma}{\sqrt{n}}$을 **오차한계**라고 부른다.

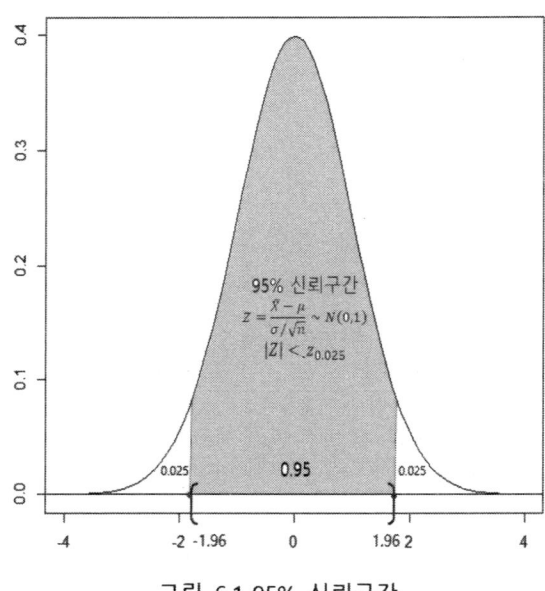

그림 6.1 95% 신뢰구간

예제 6.2 어떤 화장품의 포장에 용량이 50ml이라고 표기되어 있다. 이 화장품의 용량이 실제로 50ml인지 알아보기 위해서, 25개 표본을 뽑아서 구한 평균이 $\bar{x} = 49.05$이었다. 화장품의 용량이 표준편차 $\sigma = 2.21$인 정규분포를 따른다고 가정할 때, 화장품의 평균용량 μ에 대한 95% 신뢰구간을 만들어 보자. 평균이 $\bar{x} = 49.05$이고 모표준편차가 $\sigma = 2.21$이므로, μ에 대한 95% 신뢰구간은 다음과 같이 얻어진다.

μ의 95% 신뢰구간(CI)

$$= \bar{x} \pm z_{0.025}\frac{\sigma}{\sqrt{n}}$$

$$= \left(49.05 - 1.96\frac{2.21}{\sqrt{25}}, 49.05 + 1.96\frac{2.21}{\sqrt{25}}\right)$$

$$= (48.18, 49.92)$$

μ의 95% 신뢰구간(CI)은 50을 포함하는가? 소비자는 이 화장품의 용량이 50이라고 생각할 수 있을까?   □

95% 신뢰구간이라는 의미는 동일한 크기의 표본을 100개 뽑다서, 100개의 신뢰구간을 만들면, 이중 95개가 실제 모평균 μ를 포함하고, 나머지 5개가 실제 모평균 μ를 포함하지 못할 수 있음을 의미한다. 6.4절에서 신뢰구간에 대한 자세한 의미를 살펴보자.

여기서 구한 신뢰구간은 표본평균을 중심으로 양쪽 대칭인 모양으로 구해졌다. 이 신뢰구간은 다음 6.3절에서 다룰 양측검정과 대응되는 모양의 신뢰구간이며, 일반적으로 가장 많이 사용되는 신뢰구간이다.

6.3 가설과 검정

예제6.2 화장품 예제에서 평균 용량이 50ml라고 말할 수 있는지, 없는지에 대해서 생각해보자. **귀무가설** (null hypothesis) H_0과 **대립가설** (alternative hypothesis) H_1의 두 가지 가설을 세우고,

이를 검정하는 과정을 **가설검정**(hypothesis test)이라고 부른다. 다음과 같은 세 가지 가설이 존재한다. 이때, 등호가 귀무가설에 붙어있어야 함에 주의하자.

가설 ① $H_0: \mu = \mu_0$ vs. $H_1: \mu \neq \mu_0$ (양측검정)

② $H_0: \mu \leq \mu_0$ vs. $H_1: \mu > \mu_0$ (단측검정)

③ $H_0: \mu \geq \mu_0$ vs. $H_1: \mu < \mu_0$ (단측검정)

대부분 통계 소프트웨어가 기본으로 제공하는 양측검정을 위주로 이야기해보자.

표본평균과 짐작하는 모평균 μ_0의 차이, $\bar{X} - \mu_0$가 작을수록 H_0에 대한 근거가 되며, $\bar{X} - \mu_0$가 클수록 H_1에 대한 강한 근거가 된다. 따라서 **검정통계량** (test statistic) Z를 다음과 같이 정의하자.

$$검정통계량 \quad Z = \frac{\bar{X} - \mu_0}{\sigma/\sqrt{n}}$$

귀무가설 $H_0: \mu = \mu_0$ 이 참일 때, Z는 표준정규분포 $N(0,1)$을 따른다. 만약 μ_0이 신뢰구간에 포함되면, 귀무가설 H_0이 타당하다고 볼 수 있다. 만약 μ_0이 신뢰구간에 포함되지 않으면, 대립가설 H_1이 타당하다고 볼 수 있다. 이를 근거로, 기각역을 정의하자. 양측검정에서 귀무가설 H_0을 기각할 수 있는 **기각역**(rejection region) R은, 귀무가설이 참일 때, 신뢰구간 CI의 여집합 모양으로 정의된다. 이때, 신뢰구간에서 μ를 사용한 것과 달리, 기각역에서는 μ_0을 사용한다. 가설 ①②③에 대한 기각역은 다음과 같다.

기각역 R ① $|Z| \geq z_{\alpha/2}$ ② $Z \geq z_\alpha$ ③ $Z \leq -z_\alpha$

의사결정은 "귀무가설을 기각한다" 또는 "귀무가설을 기각하지 않는다"의 두 가지 밖에 없다.

의사결정 $\begin{cases} \text{검정통계량 } Z\text{가 기각역 } R\text{에 속하면, 귀무가설 } H_0\text{을 기각한다.} \\ \text{검정통계량 } Z\text{가 기각역 } R\text{에 속하지 않으면, 귀무가설 } H_0\text{을 기각하지 않는다.} \end{cases}$

한 개 모집단에서 모평균에 대한 가설을 세우고 검정하는 과정을 **일표본 Z-검정**이라고 부른다. 기각역 R과 신뢰구간 CI, 의사결정 사이의 관계[39]를 살펴보자.

$$Z \in R \Leftrightarrow \mu_0 \notin CI \Leftrightarrow H_0 \text{ 기각}$$

$$Z \notin R \Leftrightarrow \mu_0 \in CI \Leftrightarrow H_0 \text{ 기각하지 않음}$$

통계적 의사결정에는 두 가지 오류가 존재한다(표 6.1). 제1종의 오류는 귀무가설 H_0이 참일 때 H_0을 기각하는 오류이고, 제 2종의 오류는 귀무가설 H_0이 거짓일 때 H_0을 기각하지 않는 오류로 정의된다.

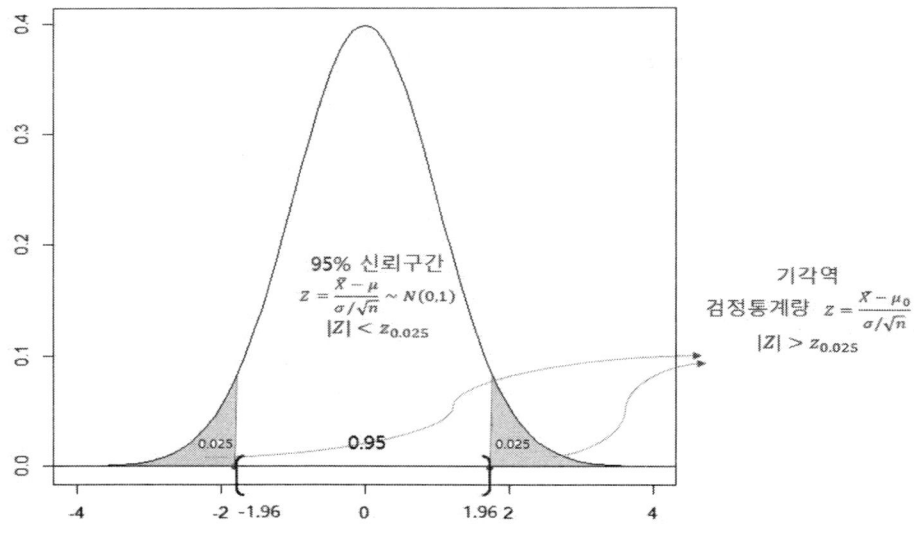

그림 6.2 신뢰구간과 기각역

---

[39] Duality of confidence interval and rejection region of two-sided test.

6. 추정과 검정

표 6.1 가설검정과 오류

의사결정	H_0 참	H_0 거짓
H_0을 기각함	제1종의 오류	
H_0을 기각하지 않음		제2종의 오류

유의수준(significance level) α는 귀무가설이 참일 때, 귀무가설을 기각하는 제1종 오류의 확률로 정의된다.

$$\text{유의수준 } \alpha = P(\text{제1종 오류}) = P(H_0 \text{을 기각함} \mid H_0 \text{ 참}) = P(Z \in R \mid H_0 \text{ 참})$$

제2종 오류의 확률은

$$\beta = P(\text{제2종 오류}) = P(H_0 \text{을 기각하지 않음} \mid H_0 \text{ 거짓}) = P(Z \notin R \mid H_0 \text{ 거짓})$$

이다. 검정법의 **검정력** (the power of the test)은 $1 - \beta$로 다음과 같이 정의된다.

$$\text{검정력 } 1 - \beta = P(H_0 \text{을 기각함} \mid H_0 \text{ 거짓})$$

가설에 대한 검정은 유의수준 α를 만족해야 하며, 검정력이 클수록 좋다. 따라서, 통계분석법을 선택할 때, 문제의 목적에 맞고 가정이 만족되는 모형이 가능한지 살피고, 그 중에서 검정력이 제일 좋은 방법을 선택하자.

예제 6.3 (예제 6.2 계속) 이 화장품의 포장지에 적힌 대로, 내용량이 50ml인지 알아보기 위하여, 유의수준 $\alpha = 0.05$에서 양측검정을 실시해보자. 가설은

$$H_0 : \mu = 50 \quad \text{vs.} \quad H_1 : \mu \neq 50$$

이다. 이 예제에서는 H_0은 화장품의 용량이 50이기를 바라는 회사의 입장이고, H_1은 이를 의심하는 소비자의 입장이다. 검정통계량은

$$Z = \frac{49.05 - 50}{2.21/\sqrt{25}} = -2.15$$

이고, 기각역은

$$R : |Z| \geq 1.96$$

이다. $|Z| = 2.15 > 1.96$이므로, 검정통계량 Z가 기각역 R에 속한다. 따라서 유의수준 $\alpha = 0.05$에서 귀무가설 $H_0 : \mu = 50.0$을 기각한다. 여기서, $z_{0.05/2}$을 계산하기 위하여, 표를 찾거나 또는 R의 함수 qnorm(0.975,0,1)를 이용하여, 1.96을 찾는다.

표본평균과 귀무가설에서 가정된 평균의 차이가 클수록, 검정통계량 Z가 커진다. Z가 커질수록, 귀무가설을 기각할 확률이 커진다. □

6.4 유의확률 p-값

유의수준이 먼저 결정되어야 신뢰구간과 기각역이 정해진다. 보통 유의수준으로 0.05를 사용하는 것이 일반적이지만, 유의수준은 사용자나 사용기관에 따라서 달라질 수 있다. 약물의 생물학적 동등성 실험에서 혈중 약물 농도를 검정할 때, 90% 신뢰구간과 검정력 0.8이 주로 사용된다. 공장에서는 생산되는 제품의 고품질을 위해서, 0.01 보다 훨씬 작은 유의수준이 사용된다. 통계학에서는 유의수준과 상관없이 주어진 자료의 검정통계량만으로 계산할 수 있는 p-값을 정의하여 사용한다. 사용자는 유의확률 p-값을 유의수준과 비교하여 의사결정을 내리면 된다.

신뢰구간이나 기각역은 검정통계량이 어떤 구간에 속하는지 속하지 않는지를 근거로 의사결정을 내린다. 반면, p-값은 검정통계량의 위치에 해당하는 꼬리의 확률로 정의된다. 가설 ①②③에 대한 유의확률은 다음과 같다. 양측검정에서 p-값은 검정통계량의 위치에 대응하는 양쪽 꼬리의 확률로 정의된다.

유의확률 ① p-값 $= P(|Z| \geq |z_0|)$ ② p-값 $= P(Z \geq z_0)$ ③ p-값 $= P(Z \leq -z_0)$

연속형일 때는 한 점에서의 확률이 0이고, 이산형일 때도 대표본의 경우 p-값$=\alpha$의 발생 확률이 낮기 때문에, 등호를 생략하고[40] 다음의 의사결정 기준을 사용하자.

$$\text{의사결정 } p\text{-값} < \alpha \text{이면, } H_0 \text{을 기각한다.}$$

자료분석에서 이 기준은 매우 중요하므로, 상세한 이론을 잊어버리더라도, 이를 꼭 기억하기 바란다.

예제 6.4 (예제 6.2 계속) 화장품 예제에서 p-값은 다음과 같다.

$$p\text{-값} = P(|Z| \geq |-2.15|) = (2)(0.0158) = 0.0316 < \alpha = 0.05 \text{ (표로 계산한 값)}$$

$$p\text{-값} = P(|Z| \geq |-2.15|) \text{ (R로 계산한 값)}$$
$$= 2 * (pnorm(-2.15))$$
$$= 2 * (1 - pnorm(abs(-2.15), 0, 1))$$
$$= 0.0316 < \alpha = 0.05$$

p-값이 유의수준 α보다 작으므로, 귀무가설 $H_0 : \mu = 50.0$을 기각한다.

---

[40] The ASA Statement on p-Values: Context, Process, and Purpose Ronald L. Wasserstein & Nicole A. Lazar. p-값이 유의수준 α보다 작거나 같으면 귀무가설 H_0을 기각한다. p-값 $\leq \alpha$이면 H_0을 기각한다.

이를 그림으로 나타내면 그림 6.3와 같다. (-1.96, 1.96)의 구간이 모평균의 신뢰구간에 해당하며, 면적이 0.95이다. ±1.96 바깥쪽 꼬리 구간이 기각역에 해당하며, 면적이 $\alpha = 0.05$이고, 유의수준에 해당한다. ±2.15 바깥쪽 꼬리의 면적이 유의확률 $p = 0.0316$이다. ±2.15 바깥쪽 꼬리의 면적이 ±1.96 바깥쪽 꼬리 면적보다 작음을 확인할 수 있다. □

일반적인 통계 소프트웨어는 주어진 자료에 대한 검정통계량과 이것의 $p-$값을 계산해주므로, 우리는 이 $p-$값과 "나의 유의수준"을 비교하여, "**$p-$값이 유의수준 α보다 작으면, 귀무가설 H_0을 기각한다**"는 의사결정을 내리면 된다.

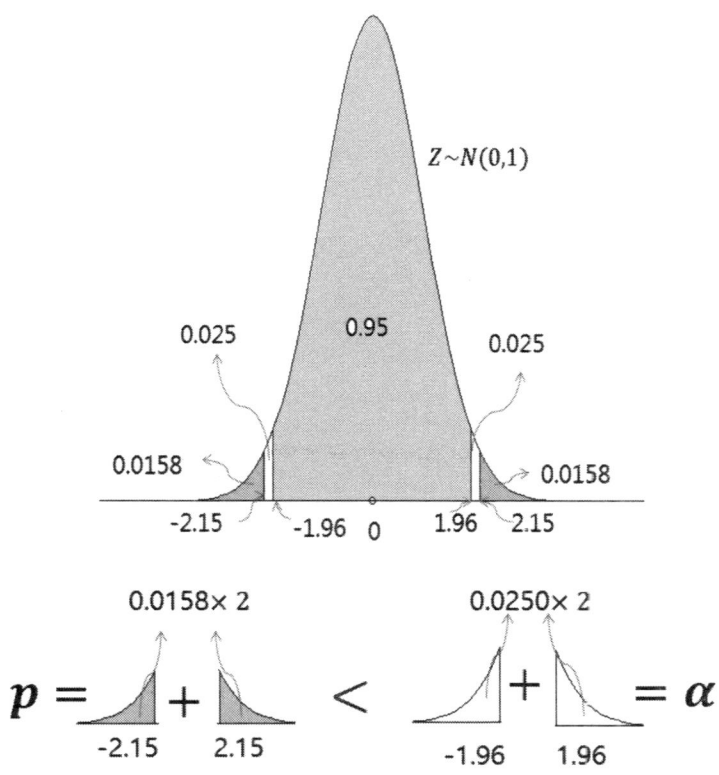

그림 6.3 양측검정에서 통계적 추론에 사용되는 통계량들의 관계도

예제 6.5 (예제 6.2, 6.3, 6.4) 화장품 자료의 평균, 검정통계량, 신뢰구간, $p-$값을 R을 이용하여 한꺼번에 계산하고, 화장품의 포장이 50ml인지 가설검정하자. □

R 실습

```
# 예제 6.2, 6.3, 6.4
# 신뢰구간
 x.bar <- 49.05
 sigma <- 2.21
 n <- 25
 ci.low<- x.bar - 1.96*sigma/sqrt(n)
 ci.high<- x.bar + 1.96*sigma/sqrt(n)
 ci <- c(ci.low, ci.high)
 ci
# 검정통계량
 z.stat <- (x.bar - 50) / (sigma/sqrt(n))
 z.stat
# 유의확률
 p.value<-2*(1-pnorm(abs(z.stat), 0, 1))
 p.value
```

6.5 신뢰구간의 의미

6.3과 6.4절에서 세 가지 가설의 종류에 따라서 기각역과 유의확률이 달라짐을 보았다. 신뢰구간은 귀무가설이 참일 때 귀무가설이 받아들여지는 구간과 동일해야 하므로, 신뢰구간의 모양도 가설의 종류에 따라서 달라져야 한다. 6.2절 구간추정에서 만들어진 신뢰구간은 양측검정을 가정하고 만들어졌기 때문에, 표본평균을 중심으로 대칭이다. 만약 가설이 단측검정이면, 신뢰구간의 모양도 이에 맞추어 달라져야 한다. 현실적으로 양측검정의 사용빈도가 높다 보니, 양측검정에 대응되는 신뢰구간이 일반적으로 널리 사용된다. 연습문제에서 각자 단측검정에 대응하는 신뢰구간을 유도해보자.

다음 예제 6.6 시뮬레이션을 통하여, 신뢰구간에서 95%의 의미를 살펴보자.

6. 추정과 검정

예제 6.6 가설 $H_0: \mu = 0$, $H_1: \mu \neq 0$ 을 검정하기 위하여, 표준정규분포로부터 표본크기가 30인 자료를 100개 만든 후, 신뢰구간을 100개 만들자. $\mu = 0$을 포함하지 못하는 구간이 100개 중 몇 개인지 세어보자. 그림 6.2는 95% 신뢰구간 100개를 나타낸다. $\mu = 0$ 을 포함하지 못하는 신뢰구간이 100개 중 몇 개인지 세어보자. 6, 22, 45, 49, 62번째 신뢰구간이 0을 포함하지 못하고, 나머지 95개 (95%)의 신뢰구간들이 0을 포함하고 있다.

시뮬레이션 시행마다 결과가 달라지므로, 그래프도 달라진다. 때로는 0을 포함하지 못하는 95 % 신뢰구간이 5개보다 적게 나타날 수도 있고, 5개보다 많이 나타날 수도 있다. 동일한 프로그램을 여러 번 실행시켜보자. 본인의 결과를 재생하고자 한다면, set.seed 명령어를 사용하자. 예를 들어, set.seed(2)를 사용하면, 5개의 신뢰구간이 0을 포함하지 못하는 결과를 얻을 수 있으며, 다시 실행해도 동일한 결과를 얻을 수 있다. □

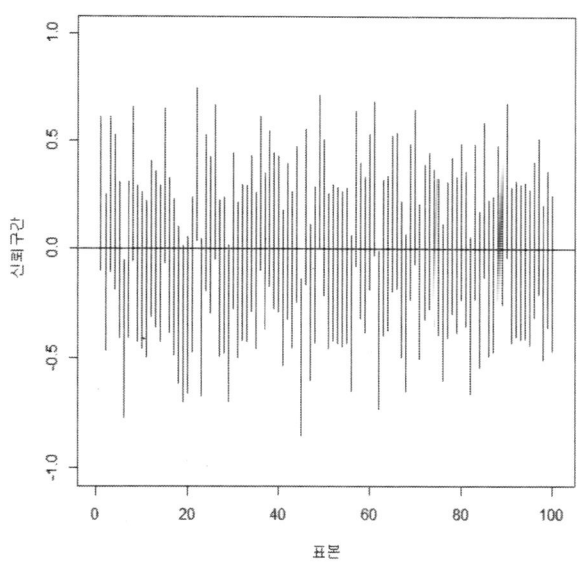

그림 6.2 95% 신뢰구간 시뮬레이션

R 실습

```
# 그림 6.2
# 95% 신뢰구간 100개 만들기
    x<-rnorm(100*30, 0, 1)          # 3000 개 난수 생성
    x<-matrix(x, 100, 30)           # 100 x 30 행렬로 만들기
                                    # 각 행이 표본크기 30인 표본에 해당함
```

```
x.bar<-apply(x, 1, mean)           # 각 표본(행)의 평균을 계산함

low <- x.bar - 1.96*1/sqrt(30)     #신뢰구간의 하한값 계산
high <- x.bar + 1.96*1/sqrt(30)    #신뢰구간의 상한값 계산
ci<- data.frame(low, high)         # (하한값, 상한값)을 data.frame으로 묶음.
ci

# 그래프 그리기
plot(NA, xlim=c(0,101), ylim=c(-1, 1), xlab="표본", ylab="신뢰구간")
ci$x0<-1:100
ci$x1<-1:100
segments(ci$x0,ci$low, ci$x1,ci$high)
abline(h=0)

# 0을 포함하지 못한 신뢰구간 찾기
which(high < 0)
which(low > 0)
```

유의수준이란 신뢰구간이나 가설검정에서 귀무가설을 기각하는 의사결정을 내릴 때, 틀릴 수 있도록 '사회적으로 허용되는 오류의 확률'이다. 즉, 유의수준이 0.05이면, 참인 모평균 μ를 추정하기 위해서, 크기 n인 표본을 100번 추출하여 100개의 신뢰구간을 만들면, 100개 중 95개의 신뢰구간은 모평균 μ를 포함하지만, 나머지 5개는 모평균 μ를 포함하지 못할 수도 있다. 실제로는 시간 또는 경제적인 이유로 표본을 한 번만 추출하여, 모평균 μ를 추론한다.

조사 대상을 전수조사하지 않는 이상 절대로 알 수 없는 모평균 μ는 망망대해에 떠있는 물고기 한 마리에 비유될 수 있고, 신뢰구간은 그 물고기를 잡으려고 던지는 그물에 비유될 수 있다. 유의수준 0.05 또는 95% 신뢰구간은 그물을 100번 던지면, 95번 그 물고기를 잡고, 5번 그 물고기를 놓칠 수 있다는 의미와 유사하다. 유의수준 0.01 또는 99% 신뢰구간은 그물을 100번 던지면, 99번 그 물고기를 잡고, 1번 정도 물고기를 놓칠 수 있다는 의미와 유사하다.

유의수준이 커지면, 신뢰구간이 짧아진다. 표본크기가 커지면, 신뢰구간의 길이가 짧아진다. 표준편차가 작아지면, 신뢰구간이 짧아진다.

6.6 검정력과 표본크기★

가설에 대한 검정은 제1종 오류의 확률인 유의수준 α를 만족시키면서, 검정력이 클수록 좋다. 검정력은 표본크기의 함수이며, 검정력이 주어지면 표본크기를 계산할 수 있고, 표본크기가 정해지면 검정력을 계산할 수 있다. 표본크기가 클수록 검정력이 커진다. 하지만, 많은 자료를 모으기 위해서는 많은 시간과 돈이 필요하므로, 표본크기는 예산과 직결된다.

우선 검정력의 성질에 대해서 알아본 후, 주어진 검정력을 만족시키는 표본크기를 구해보자. 흔히 사용되는 유의수준 α = 0.05 에 대해서, 검정력이 0.8 을 넘도록 표본크기를 구해보자. 검정력이 0.8 을 넘으려면, 제2종 오류의 확률은 0.2 이하이어야 한다. 단측검정을 사용하여, 표본크기를 계산해보자. 마지막으로 검정력을 고려하지 않고 표본크기를 계산하는 방법도 알아보자.

예제 6.7 어떤 전자 제품의 배터리 수명이 48개월보다 긴지에 대하여 가설을 세우고 검정할 때, 검정력을 구해보자. 자료는 표준편차가 σ = 6개월인 정규분포를 따른다고 가정하자. 표본 크기는 n이고, 유의수준이 α = 0.05이다. 가설은

$$H_0: \mu \leq 48 \quad H_1: \mu > 48$$

이며, 검정통계량은 $Z = \frac{\bar{X}-48}{\frac{\sigma}{\sqrt{n}}}$이고, 기각역은 $R: Z \geq z_{0.05}$이다.

대립가설 $H_1: \mu > 48$ 에 속하는 μ 를 μ_1 이라고 불러보자. 그러면, $\mu_1 > 48$ 이고, 검정력은 다음과 같이 n, σ, $\mu_0 - \mu_1$의 함수로 구해진다.

$$\text{검정력} = P\left(H_0\text{을 기각함} \,\middle|\, H_0 \text{ 거짓}\right)$$

$$= P\left(\frac{\bar{X}-\mu_0}{\frac{\sigma}{\sqrt{n}}} \geq z_\alpha \,\middle|\, \mu = \mu_1\right)$$

$$= P\left(\frac{\bar{X}-\mu_1}{\frac{\sigma}{\sqrt{n}}} + \frac{\mu_1-\mu_0}{\frac{\sigma}{\sqrt{n}}} \geq z_\alpha \,\middle|\, \mu = \mu_1\right)$$

특히, 검정력을 μ_1의 함수로 표현하면,

$$\text{검정력 함수 } \gamma(\mu_1) = P\left(Z \geq \frac{\mu_0-\mu_1}{\frac{\sigma}{\sqrt{n}}} + z_\alpha\right)$$

으로 표현된다.

예를 들어, μ_0 = 48, σ = 6, n = 35, α = 0.05 이면, 검정력 = $\gamma(\mu_1)$ 은 그림 6.3과 같이 나타난다. 표본크기 n이 고정되면, μ_1이 커질 때 검정력이 증가한다. 즉, 표본크기 n이 고정되면, μ_0과 μ_1의 차이가 커질 때 검정력이 증가한다 (그림 6.3 왼쪽). 또한 대립가설 하의 평균 μ_1 = 51이 고정되면, 표본크기 n이 커질 때 검정력이 증가한다 (그림 6.3 오른쪽). □

R 실습

```
#그림 6.3 (왼쪽)
  gamma1<-function(mu1)
          {mu0<-48;  sigma<-6;  n<-35;  alpha<-0.05;
          1-pnorm((mu0-mu1)/(sigma/sqrt(n)) + qnorm(alpha,0,1,lower.tail=F) ) }
  curve(gamma1(x), from=45, to=55,
        xlab="대립가설 하의 평균 μ1 (mu0=48,n=35)", ylab="검정력")


#그림 6.3 (오른쪽)
  gamma2<-function(n)
          {mu0<-48;  mu1<-51;  sigma<-6;  alpha<-0.05;
          1-pnorm((mu0-mu1)/(sigma/sqrt(n)) + qnorm(alpha,0,1,lower.tail=F) ) }
  curve(gamma2(x), from=5, to=80, xlab="표본크기 n (mu0=48, mu1=51)", ylab="검정력")
```

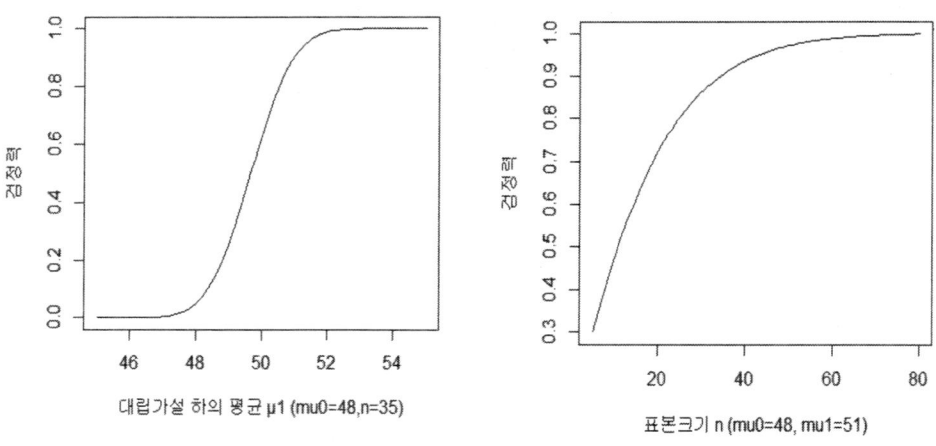

그림 6.3 (왼쪽) 검정력 함수 $\gamma(\mu_1)$ (오른쪽) $\mu_0 = 50$, $\mu_1 = 53$일 때 검정력 함수 $\gamma(n)$

예제 6.8 (예제 6.7 계속) 이제 거꾸로 검정력이 0.80를 넘도록 표본크기 n을 구해보자. 이때, 귀무가설 하의 평균을 $\mu_1 = 51$이라고 두고, $\gamma(51) \geq 0.8$를 만족하는 n을 계산하자. $\mu_0 = 48$, $\mu_1 = 51$, $\sigma = 6$이고, $\alpha = 0.05$이며, $\beta \leq 0.2$이므로, 다음이 성립한다.

$$\gamma(51) = P\left(Z \geq \frac{48-51}{\frac{6}{\sqrt{n}}} + 1.645\right) \geq 0.8$$

$\beta = 0.1$ 에 대한 표준정규분포의 분위수가 $z_\beta = z_{0.20} = qnorm(0.80) = 0.842$ 이므로, n 은 다음과 같이 구해진다.

$$\frac{48-51}{\frac{6}{\sqrt{n}}} + 1.645 \leq -0.842$$

$$n \geq \left(\frac{1.645 + 0.842}{\frac{48-51}{6}}\right)^2 \approx 24.741$$

$\mu_0 - \mu_1 = 3$일 때, 표본크기 n이 적어도 25 이상이어야, $\alpha = 0.05$과 검정력 0.80를 만족시킬 수 있다. □

예제 6.8을 일반화시켜 보자.

정리 6.1 (1) 자료가 분산이 σ^2으로 알려진 정규분포를 따른다고 가정하자. 단측검정 $H_0: \mu \geq \mu_0$ $H_1: \mu < \mu_0$ 또는 $H_0: \mu \leq \mu_0$ $H_1: \mu > \mu_0$ 에서, 유의수준 α 를 만족시키면서 검정력이 $1 - \beta$ 이상이 되기 위한 표본크기는, 대립가설 하의 평균 μ_1 이 참이라고 가정할 때, 다음과 같이 얻어진다.

$$n \geq \left(\frac{z_\alpha + z_\beta}{\frac{\mu_0 - \mu_1}{\sigma}}\right)^2$$

(2) 양측검정 $H_0: \mu = \mu_0$, $H_1: \mu \neq \mu_0$일 때, 표본 크기는

$$n \geq \left(\frac{z_{\alpha/2} + z_\beta}{\frac{\mu_0 - \mu_1}{\sigma}}\right)^2$$

이다.

(증명) (1)

$$\text{검정력} = P\left(H_0 \text{을 기각함} \mid H_0 \text{ 거짓}\right)$$

$$= P\left(\frac{\bar{X} - \mu_0}{\frac{\sigma}{\sqrt{n}}} \geq z_\alpha \,\bigg|\, \mu = \mu_1\right)$$

$$= P\left(\frac{\bar{X} - \mu_1}{\frac{\sigma}{\sqrt{n}}} + \frac{\mu_1 - \mu_0}{\frac{\sigma}{\sqrt{n}}} \geq z_\alpha \,\bigg|\, \mu = \mu_1\right)$$

$$= P\left(\frac{\bar{X} - \mu_1}{\frac{\sigma}{\sqrt{n}}} \geq z_\alpha + \frac{\mu_0 - \mu_1}{\frac{\sigma}{\sqrt{n}}} \,\bigg|\, \mu = \mu_1\right)$$

$\mu = \mu_1$이 참일 때, $\frac{\bar{X}-\mu_1}{\frac{\sigma}{\sqrt{n}}} \sim N(0,1)$을 따른다. 따라서, 검정력을 μ_1의 함수로 표현하면,

$$\text{검정력 함수 } \gamma(\mu_1) = P\left(Z \geq \frac{\mu_0 - \mu_1}{\frac{\sigma}{\sqrt{n}}} + z_\alpha \right) \geq 1 - \beta$$

즉,

$$\frac{\mu_0 - \mu_1}{\frac{\sigma}{\sqrt{n}}} + z_\alpha \leq -z_\beta$$

따라서, 표본 크기는 다음과 같이 얻어진다.

$$n \geq \left(\frac{z_\alpha + z_\beta}{\frac{\mu_0 - \mu_1}{\sigma}} \right)^2$$

(증명) (2) 양측검정일 때 검정력 = $P(H_0\text{을 기각함} \mid H_0 \text{ 거짓})$의 정의에 따라서, 검정력함수는 다음과 같다.

$$\gamma(\mu_1) = P\left(\frac{\bar{X}-\mu_0}{\frac{\sigma}{\sqrt{n}}} \geq z_{\frac{\alpha}{2}} \text{ 또는 } \frac{\bar{X}-\mu_0}{\frac{\sigma}{\sqrt{n}}} \leq -z_{\frac{\alpha}{2}} \mid \mu = \mu_1 \right)$$

$$= P\left(\frac{\bar{X}-\mu_1}{\frac{\sigma}{\sqrt{n}}} - \frac{\mu_0 - \mu_1}{\frac{\sigma}{\sqrt{n}}} \geq z_{\frac{\alpha}{2}} \text{ 또는 } \frac{\bar{X}-\mu_1}{\frac{\sigma}{\sqrt{n}}} - \frac{\mu_0 - \mu_1}{\frac{\sigma}{\sqrt{n}}} \leq -z_{\frac{\alpha}{2}} \mid \mu = \mu_1 \right)$$

$$= P\left(\frac{\bar{X}-\mu_1}{\frac{\sigma}{\sqrt{n}}} \geq z_{\frac{\alpha}{2}} + \frac{\mu_0 - \mu_1}{\frac{\sigma}{\sqrt{n}}} \mid \mu = \mu_1 \right) + P\left(\frac{\bar{X}-\mu_1}{\frac{\sigma}{\sqrt{n}}} \leq -z_{\frac{\alpha}{2}} + \frac{\mu_0 - \mu_1}{\frac{\sigma}{\sqrt{n}}} \mid \mu = \mu_1 \right)$$

$$\sim P\left(\frac{\bar{X}-\mu_1}{\frac{\sigma}{\sqrt{n}}} \geq z_{\frac{\alpha}{2}} + \frac{\mu_0 - \mu_1}{\frac{\sigma}{\sqrt{n}}} \mid \mu = \mu_1 \right) \geq 1 - \beta$$

왜냐하면, 두번째 확률 $P\left(\frac{\bar{X}-\mu_1}{\frac{\sigma}{\sqrt{n}}} \leq -z_{\frac{\alpha}{2}} + \frac{\mu_0 - \mu_1}{\frac{\sigma}{\sqrt{n}}} \mid \mu = \mu_1 \right) \to 0$ 이다. $\mu = \mu_1$ 이 참일 때, $\frac{\bar{X}-\mu_1}{\frac{\sigma}{\sqrt{n}}} \sim N(0,1)$을 따른다. 따라서, 검정력을 μ_1의 함수로 표현하면,

$$\gamma(\mu_1) = P\left(Z \geq \frac{\mu_0 - \mu_1}{\frac{\sigma}{\sqrt{n}}} + z_{\alpha/2} \right) \geq 1 - \beta$$

$$\frac{\mu_0 - \mu_1}{\frac{\sigma}{\sqrt{n}}} + z_{\alpha/2} \leq -z_\beta$$

$$n \geq \left(\frac{z_{\alpha/2} + z_\beta}{\frac{\mu_0 - \mu_1}{\sigma}} \right)^2$$

□

검정력 γ를 고려하지 않고 표본크기를 간단히 구하는 방법을 살펴보자.

정리 6.2 표본이 $N(\mu, \sigma^2)$을 따를 때, 유의수준 α이고 오차한계가 ε이 되도록, μ를 추정하기 위한 표본크기 n은 다음과 같다.

$$n = \left(\frac{\sigma \, z_{\alpha/2}}{\varepsilon}\right)^2$$

(증명) μ의 $100(1-\alpha)\%$ 신뢰구간 $\left(\bar{X} - z_{\alpha/2}\frac{\sigma}{\sqrt{n}}, \bar{X} + z_{\alpha/2}\frac{\sigma}{\sqrt{n}}\right)$의 오차한계가 ε이 되도록 표본크기를 정할 수 있다. 즉, $z_{\alpha/2}\frac{\sigma}{\sqrt{n}} = \varepsilon$을 n에 대하여 풀어서, 표본크기를 구할 수 있다. □

예제 6.9 R을 이용하여, $\mu_0 = 48$, $\mu_1 = 51$, $\sigma = 6$, $\alpha = 0.05$, $1-\beta = 0.9$일 때, n을 계산해보자. $d = \frac{\mu_0 - \mu_1}{\sigma} = \frac{48-51}{6} = -0.5$를 사용하자. 이때, $t-$분포를 사용하므로, 표본크기 $n = 35.65269$가 되어서, 정규분포를 사용할 때보다 1 정도 더 필요함을 알 수 있다. □

R 실습

```
> library(pwr)
> pwr.t.test(d=-0.5,sig.level=0.05,power=0.9, type="one.sample", alternative="less")

     One-sample t test power calculation

              n = 35.65269
              d = -0.5
      sig.level = 0.05
          power = 0.9
    alternative = less
```

요약 일표본 Z-검정

추론	양측검정	단측검정	
가설	$H_0: \mu = \mu_0$ $H_1: \mu \neq \mu_0$	$H_0: \mu \leq \mu_0$ $H_1: \mu > \mu_0$	$H_0: \mu \geq \mu_0$ $H_1: \mu < \mu_0$
검정 통계량	\multicolumn{3}{c} $Z = \dfrac{\bar{X} - \mu_0}{\sigma/\sqrt{n}} = z_0$
신뢰구간	$\bar{X} \pm z_{\alpha/2}\dfrac{\sigma}{\sqrt{n}}$	$\left(\bar{X} - z_\alpha\dfrac{\sigma}{\sqrt{n}}, \infty\right)$	$\left(-\infty, \bar{X} + z_\alpha\dfrac{\sigma}{\sqrt{n}}\right)$
기각역	$\|Z\| \geq z_{\alpha/2}$	$Z \geq z_\alpha$	$Z \leq -z_\alpha$
유의확률	$p = P(\|Z\| \geq \|z_0\|)$	$p = P(Z \geq z_0)$	$p = P(Z \leq -z_0)$

연습문제

1.★ $X_1, X_2, X_3 \sim iid\ Bernoulli(p)$를 따른다고 가정할 때, 모비율 p의 점추정치 $\widehat{p_1} = \frac{X_1 + 2X_2 + 7X_3}{10}$과 $\widehat{p_2} = \frac{X_1 + X_2 + X_3}{3}$ 중에서 어느 것이 좋을까? 각각의 bias와 SE를 구해보자.

(풀이) ① $E[\widehat{p_1}] = E\left[\frac{X_1 + 2X_2 + 7X_3}{10}\right] = \frac{E[X_1] + 2E[X_2] + 7E[X_3]}{10} = \frac{p + 2p + 7p}{10} = p$

$Var(\widehat{p_1}) = Var\left(\frac{X_1 + 2X_2 + 7X_3}{10}\right) = \frac{(1 + 4 + 49)p(1-p)}{100}$

$SE(\widehat{p_1}) = \sqrt{\frac{54\,p(1-p)}{100}}$

$bias[\widehat{p_1}] = 0$

② $E[\widehat{p_2}] = E\left[\frac{X_1 + X_2 + X_3}{3}\right] = \frac{E[X_1] + E[X_2] + E[X_3]}{3} = \frac{p + p + p}{3} = p$

$Var(\widehat{p_2}) = Var\left(\frac{X_1 + X_2 + X_3}{3}\right) = \frac{p(1-p)}{9}$

$SE(\widehat{p_2}) = \sqrt{\frac{p(1-p)}{9}}$

$bias[\widehat{p_2}] = 0$

$\widehat{p_1}$과 $\widehat{p_2}$은 모두 불편추정치이므로, SE가 작은 $\widehat{p_2}$가 더 좋다.

2. 자료가 정규분포를 따르고 모분산이 알려진 경우, $H_0: \mu = \mu_0$ vs $H_1: \mu \neq \mu_0$에 대한 설명 중 틀린 것은 어느 것인가?

a. 일표본 Z 검정을 사용한다.

b. 유의수준 α에서 검정통계량 $|Z|$가 $z_{\frac{\alpha}{2}}$보다 크면 H_0을 기각한다.

c. 유의확률이 유의수준보다 작으면, 검정통계량이 신뢰구간에 속한다.

d. 95% 신뢰구간이 0을 포함하지 않으면, 유의수준 0.05에서 $H_0: \mu = \mu_0$을 기각한다.

① a c   ② b c   ③ b d   ④ c d   ⑤ 위 보기 중 답 없음

(정답) ④

3. 다음 중 옳은 설명은 무엇인가?

a. 주어진 유의수준에 대하여, 표본 수가 커지면 신뢰구간이 길어진다.

b. 주어진 표본의 수에 대하여, 유의수준이 작아지면 신뢰구간이 길어진다.

c. 95% 신뢰구간이라는 것은 동일한 크기의 표본을 100번 만들어서 100개의 신뢰구간을 만들 때, 이들 중 5개가 실제 모평균을 포함하지 못하는 것을 의미한다.

6. 추정과 검정

d. 유의확률 p-값이 유의수준보다 작으면 귀무가설을 채택한다.

e. 귀무가설이 참일 때, 신뢰구간과 기각역은 서로 여집합이다.

f. 제 1 종의 오류의 확률은 유의확률이다.

① a c e   ② b c   ③ b c e   ④ c e f   ⑤ 위 보기 중 답 없음

(정답) ③

4. R의 mtcars 자료에서 4기통(cyl=4)이고 수동기어 (am=1)인 8대 차들의 마력(hp) 자료를 이용하여 $\bar{x} = 99.875$를 얻었다. 자료가 정규분포를 따르고, 분산이 60으로 알려져 있다고 가정할 때, 유의수준 0.05에서 차들의 평균마력이 100인지 가설검정하라.

(1) μ에 대한 95% 신뢰구간을 구하라.

(2) $\mu = 100$ 은 신뢰구간에 속하는가?

(3) $H_0 : \mu = 100$ vs. $H_1 : \mu \neq 100$ 을 검정하기 위한 검정통계량 Z를 계산하라.

(4) 유의수준 0.05에서 기각역을 구하라.

(5) Z는 기각역에 속하는가?

(6) 기각역을 이용하면, 유의수준 0.05에서 귀무가설 H_0을 기각하는가?

(7) p-값은 얼마인가?

(8) p-값을 이용하면, 유의수준 0.05에서 귀무가설 H_0을 기각하는가?

(9) 결론이 무엇인가?

(풀이) (1) 95% CI of μ is $\bar{x} \pm z_{0.025} \frac{\sigma}{\sqrt{n}} = \left(99.875 - 1.96 \frac{\sqrt{60}}{\sqrt{8}}, 99.875 + 1.96 \frac{\sqrt{60}}{\sqrt{8}}\right) = (94.507, 105.242)$

(2) 예

(3) $Z = \frac{\bar{x} - \mu_0}{\frac{\sigma}{\sqrt{n}}} = \frac{99.875 - 100}{\frac{\sqrt{60}}{\sqrt{8}}} = -0.0456$

(4) $R : |Z| \geq z_{\alpha/2}$ 또는 $R : |Z| \geq 1.96$

(5) $|Z| = 0.0456 < 1.96$이므로 Z는 기각역에 속하지 않는다.

(6) 기각하지 않는다.

(7) 반올림하여 표에서 찾으면, p-값 $= P(|Z| \geq |-0.05|) = 0.9602$, R을 이용하여 계산하면, p-값 $= P(|Z| \geq |-0.05|) = 0.9636291$, 두 값에서 차이가 있지만, 유의수준 0.05와 비교할 때에는 0.96까지만 사용되므로, 결과가 같다.

(8) p-값$=0.9602$가 유의수준 $\alpha = 0.05$보다 크므로, 귀무가설 H_0을 기각하지 않는다.

(9) 유의수준 0.05에서 4기통(cyl=4)이고 수동기어 (am=1)인 차들의 평균 마력(hp)이 100이라고 볼 수 있다.

5. 어느 수학 과목 수강생 9명의 학점자료를 이용하여 평균 $\bar{x} = 3.311$을 얻었다. 자료가 정규분포를 따르고, 표준편차가 0.6으로 알려져 있다고 가정하자. 수강생들의 평균평점이 3.8인지를 검정하고자 한다. 소수 3째자리까지만 계산하라.

(1) 평점의 평균 μ 에 대한 95% 신뢰구간을 구하라.

(2) 가설 $H_0 : \mu = 3.8$ vs. $H_1 : \mu \neq 3.8$를 검정하기 위한 검정통계량 Z를 구하라.

(3) 유의수준 $\alpha = 0.05$에서 기각역 R은 무엇이며, Z는 R에 속하는가?

(4) 유의확률 p – 값은 얼마인가? 유의확률p는 유의수준 $\alpha = 0.05$보다 작은가?

(5) (1-4)에 근거하여, 유의수준 0.05에서 귀무가설을 기각하는가?

(6) 결론이 무엇인가?

(풀이) (1) $(3.311 - 1.96 * \frac{0.6}{\sqrt{9}}, 3.311 + 1.96 * \frac{0.6}{\sqrt{9}}) = (2.919, 3.703)$ (2) $Z = \frac{3.311-3.8}{0.6/\sqrt{9}} = -2.445$ (3) $R: |Z| \geq 1.96$ 검정통계량 Z는 기각역 R에 속한다. (4) 반올림하여, $p - $값$ = P(|Z| \geq |-2.445|) = 0.0145$, $p - $값$ = 0.0145 < \alpha = 0.05$. 유의확률이 유의수준보다 작다. (5) 유의수준 0.05에서 귀무가설을 기각한다. (6) 유의수준 0.05에서, 평점 평균이 3.8이라고 말할 수 없다.

6. 자동차 32 대를 뽑아서 계산한 마력의 평균이 146.7이었다. 마력이 정규분포를 따르고, 표준편차가 68.6일 때, 평균마력이 140보다 크다고 말할 수 있는지 가설을 세우고 유의수준 0.05에서 검정하라.

(풀이) $H_0 : \mu \leq 140$, $H_1 : \mu > 140$ $Z = \frac{146.7-140}{\frac{68.6}{\sqrt{32}}} = 0.5525$, 기각역 R: $Z \geq 1.645$. 따라서 귀무가설을 기각하지 않는다. 즉 평균마력이 140보다 크다고 말할 수 없다.

7. 어떤 전자 제품의 배터리 수명이 50개월보다 짧은지에 대하여 가설을 세우고 검정할 때, 검정력을 구해보자. 자료는 표준편차가 $\sigma = 5$개월인 정규분포를 따른다고 가정하자. 표본 크기는 n이고, 유의수준이 $\alpha = 0.05$ 이다. ① 가설을 세우라. ② 대립가설 하의 평균을 $\mu_1 = 47$이고, $n = 40$일 때 $\gamma(47)$을 구하라. ③ 대립가설 하의 평균이 $\mu_1 = 45$이라고 두고, $\gamma \geq 0.9$를 만족하는 n을 계산하라.

(풀이) ① $H_0 : \mu \geq 50$, $H_1 : \mu < 50$

② $\gamma(47) = P\left(Z \geq \frac{50-47}{\frac{5}{\sqrt{40}}} + 1.645 \right) = 2.668021 \times 10^{-8}$

③ $n \geq \left(\frac{z_\alpha + z_\beta}{\frac{\mu_0 - \mu_1}{\sigma}} \right)^2 = \left(\frac{1.645+1.282}{\frac{50-45}{5}} \right)^2 = 8.567$이므로, $n = 9$이다.

8.★ 단측검정에서 μ의 $100(1-\alpha)\%$ 신뢰구간을 구하라.

(풀이) ① $H_0: \mu \leq \mu_0$ $H_1: \mu > \mu_0$에 대해서 생각해보자. 귀무가설을 기각하지 않는 영역 $Z \leq z_\alpha$을 μ_0에 대해서 풀자. $\frac{\bar{X}-\mu_0}{\sigma/\sqrt{n}} \leq z_\alpha \Leftrightarrow \bar{X} - z_\alpha \frac{\sigma}{\sqrt{n}} \leq \mu_0$ 따라서, 신뢰구간은 $\left(\bar{X} - z_\alpha \frac{\sigma}{\sqrt{n}}, \infty\right)$이다. ②마찬가지로 $H_0: \mu \geq \mu_0$ $H_1: \mu < \mu_0$일 때, 신뢰구간은 $Z \geq -z_\alpha$을 μ_0에 대해서 풀어서 $\left(-\infty, \bar{X} + z_\alpha \frac{\sigma}{\sqrt{n}}\right)$로 구할 수 있다.

부단히 반복하고 노력하면 습관이 된다.

에픽테토스

7. 일표본 T-검정

실재와 외부 세계에 대한 우리의 이해는 늘 궁극적으로 감각을 통해 경험이나, 경험에서 도출되는 요인들로 이루어져야 한다. 사물에 대한 믿음이 증거를 바탕으로 해야 한다는 원칙을 고집하려면, 증거가 바뀌면 믿음을 바꾸겠다고 각오해야 한다.

존 로크[41,42]

앞서 추론과 검정에서, 분산 σ^2이 알려져 있다고 가정하고, 신뢰구간과 Z-검정, 유의확률을 설계했다. 하지만, 실재 세계에서는 분산 σ^2이 알려져 있지 않다. 대신 수집된 자료를 바탕으로 표본분산 S^2을 추정하고, 현실에서 사용할 수 있도록, Z-검정과 꼭 닮은 T-검정을 설계하자. 만약 표본이 달라지고 추정된 표본분산 S^2이 바뀌면, 모평균에 대한 추론결과도 바뀔 수 있다.

모평균을 추론할 때, 모집단의 분포가 정규분포인지 아닌지, 표본의 크기가 대표본인지 소표본인지에 따라서 평균검정법이 달라질 수 있다. 소표본 비정규분포에 대하여 비모수적 방법을 사용하는 경우를 제외하면, T-검정법은 가장 일반적으로 사용되는 평균 검정법이다. 표본이 크면, t-분포가 정규분포에 근사하며, 중심극한정리에 따라서 표본평균이 정규분포에 근사하므로, T-검정법을 쓰면 된다. 표본크기에 대한 계산법은 6.6절에서 이미 다루었으므로, 여기서는 생략하자.

7.1 표본분포 복습★

표본 $X_1, X_2, \cdots, X_n$에 대하여 표본평균과 표본분산을

$$\bar{X} = \frac{1}{n}\sum_{i=1}^{n} X_i, \quad S^2 = \frac{1}{n-1}\sum_{i=1}^{n}(X_i - \bar{X})^2$$

와 같이 정의하면, 이들의 분포는 다음 정리와 같다.

---

[41] 존 로크(John Locke, 1632-1704) 영국의 대표적인 경험주의자이며 자유주의자로서, 다른 사람에게 피해를 주지 않는다면, 개인에게 노동의 결실에 대한 소유권이 있으며, 마음대로 사고팔 수 있다고 생각했다. 또한 주권은 국민에게 있으며, 정부의 유일한 합법적 목적은 개인의 삶, 자유, 재산의 보호라고 생각했다. 로크의 사상은 미국과 프랑스 혁명에 큰 영향을 끼쳤다.

[42] 브라이언 매기(2001) 사진과 그림으로 보는 철학의 역사. 시공 아크로 총서 6. 박은미 옮김

정리 5.9 복습 표본 $X_1, X_2, \cdots, X_n$가 독립이고 동일한 분포 $N(\mu, \sigma^2)$를 따른다고 가정하자. 그러면 다음 세 가지가 성립한다.

① $\frac{\bar{X}-\mu}{\sigma/\sqrt{n}} \to N(0,1)$

② $\bar{X}$와 S^2는 독립이다.

③ $\frac{(n-1)S^2}{\sigma^2} \sim \chi^2(n-1)$이다.

표본 $X_1, X_2, \cdots, X_n$가 독립이고 동일분포 $N(\mu, \sigma^2)$를 따른다고 가정하면, 위의 표본분포의 정리에 따라서

$$Z = \frac{\bar{X}-\mu}{\sigma/\sqrt{n}} \sim N(0,1)$$

$$V = \frac{(n-1)S^2}{\sigma^2} \sim \chi^2(n-1)$$

이므로 일표본 T 통계량이

$$T = \frac{Z}{\sqrt{V/(n-1)}} = \frac{\frac{\bar{X}-\mu}{\sigma/\sqrt{n}}}{\sqrt{\frac{(n-1)S^2}{\sigma^2}/(n-1)}} = \frac{\bar{X}-\mu}{S/\sqrt{n}} \sim t(n-1)$$

으로 얻어진다. 여기서 n이 아주 크면, S는 근사적으로 σ가 되며, t(n – 1)은 근사적으로 정규분포 $N(0,1)$와 같아진다. □

표본이 하나일 때 모평균 검정을 위해서, 표본평균의 분포로 Z를 사용하면 일표본 Z-검정법이라고 부르고, T를 사용하면 일표본 T-검정법이라고 부른다. 둘 중 어느 것을 사용할지 생각해보자.

① 표본이 정규분포를 따르고 모분산 σ^2을 모를 때, T를 사용한다.

② 표본이 작고 정규분포를 가정할 수 없을 때, 윌콕슨의 비모수적 검정법을 사용한다.

③ 표본이 크면, 정규분포를 가정할 수 없더라도 중심극한정리에 따라서 Z를 사용할 수 있다.

④ $\lim_{n \to \infty} t_\alpha(n-1) = z_\alpha$ 이므로, 표본이 크면, 정규분포를 가정할 수 없더라도, 현실적으로 T를 사용한다.

7.2 모분산을 모를 때, 모평균 μ에 대한 추론

표본 $X_1, X_2, \cdots, X_n$이 독립이고 동일분포 $N(\mu, \sigma^2)$을 따르며, 분산 σ^2이 알려져 있지 않다고 가정하자. 그러면,

7. 일표본 T-검정

$$T = \frac{\bar{X} - \mu}{S/\sqrt{n}} \sim t(n-1)$$

이므로 μ가 포함되는 확률이 $100(1-\alpha)\%$인 신뢰구간을 얻을 수 있다.

$$P\left(-t_{\frac{\alpha}{2}}(n-1) < \frac{\bar{X}-\mu}{\frac{S}{\sqrt{n}}} < t_{\alpha/2}(n-1)\right) = 1-\alpha$$

이 부등식을 μ에 대하여 풀면,

$$P\left(\mu \in \left(\bar{X} - t_{\alpha/2}(n-1)\frac{S}{\sqrt{n}},\quad \bar{X} + t_{\alpha/2}(n-1)\frac{S}{\sqrt{n}}\right)\right) = 1-\alpha$$

이므로, μ의 $100(1-\alpha)\%$ 신뢰구간(CI)은

$$CI = \left(\bar{X} - t_{\alpha/2}(n-1)\frac{S}{\sqrt{n}},\quad \bar{X} + t_{\alpha/2}(n-1)\frac{S}{\sqrt{n}}\right)$$

이다.

예제 7.1 mtcars 에서 6 기통 차들의 연비에 대한 신뢰구간을 살펴보자. 이때 자료가 $N(\mu, \sigma^2)$ 를 따른다고 가정하자. 연비의 단위는 마일/갤런[43]이다

$$\boxed{21.0,\ 21.0,\ 21.4,\ 18.1,\ 19.2,\ 17.8,\ 19.7}$$

μ의 95% 신뢰구간은 무엇인가? 표본평균과 표본표준편차가 각각 $\bar{x} = 19.7428$, $s = 1.4536$이며, $t_{0.025}(6) = 2.4469$이다. 따라서

$$\mu\text{의 } 95\%\ CI$$
$$= \bar{x} \pm t_{0.025}(n-1)\frac{s}{\sqrt{n}}$$
$$= \left(19.7428 - 2.4469\frac{1.4536}{\sqrt{7}},\ 19.7428 + 2.4469\frac{1.4536}{\sqrt{7}}\right)$$
$$= (18.3985, 21.0872)$$

□

모평균 μ에 대한 가설검정에 대해서 논의해보자.

가설 ① $H_0: \mu = \mu_0$ vs. $H_1: \mu \neq \mu_0$ (양측검정)

---

[43] 1 마일= 1.60934 km. 1 갤론 = 3.78541 리터

② $H_0: \mu \leq \mu_0$ vs. $H_1: \mu > \mu_0$ (단측검정)

③ $H_0: \mu \geq \mu_0$ vs. $H_1: \mu < \mu_0$ (단측검정)

모분산 σ^2이 알려져 있지 않으므로, 귀무가설이 참일 때 검정통계량은

$$\text{검정통계량}^{44} \quad T = \frac{\bar{x} - \mu_0}{S/\sqrt{n}}$$

이며, 귀무가설이 참일때, $t(n-1)$분포를 따른다. 만약 μ_0이 신뢰구간에 포함되면, 귀무가설 H_0이 더 타당하다고 볼 수 있다. 양측검정에서 귀무가설 H_0을 기각할 수 있는 기각역 R은 $H_0: \mu = \mu_0$ 하에서 신뢰구간 CI의 여집합 모양으로 정의된다.

$$\text{기각역 } R \quad ① \ |T| \geq t_{\alpha/2}(n-1) \quad ② \ T \geq t_\alpha \quad ③ \ T \leq -t_\alpha$$

의사결정은 "귀무가설을 기각한다" 또는 "귀무가설을 기각하지 않는다"의 두 가지 밖에 없다.

$$T \in R \ (\mu_0 \notin CI)\text{이면, 귀무가설 } H_0\text{을 기각한다.}$$

$$T \notin R \ (\mu_0 \in CI)\text{이면, 귀무가설 } H_0\text{을 기각하지 않는다}$$

검정통계량이 $T = t_0$이면, 세 가지 가설에 대한 유의확률은 다음과 같다.

$$\text{유의확률} \quad ① \ p-\text{값} = P(|T| \geq t_0) \quad ② \ p-\text{값} = P(T \geq t_0) \quad ③ \ p-\text{값} = P(T \leq -t_0)$$

$p-$값이 유의수준 α보다 작으면 귀무가설 H_0을 기각한다.

$$\text{의사결정} \quad p-\text{값} \leq \alpha \text{이면 } H_0\text{을 기각한다.}$$

본문 중에서는 양측검정에 대한 예제만 살펴보고, 연습문제에서 각자 단측검정 예제를 풀어보자.

예제 7.2 mtcars에서 6기통 차들의 연비가 21이라고 말할 수 있을까? 유의수준 $\alpha = 0.05$에서 양측가설 $H_0: \mu = 21$ vs. $H_1: \mu \neq 21$를 검정하자. $\bar{x} = 19.7428$, $s = 1.4536$이므로 검정통계량은

$$T = \frac{19.7428 - 21}{\frac{1.4536}{\sqrt{7}}} = -2.2882$$

이다. 이것을 $t_{0.05/2}(7-1) = qt(0.975, 6) = 2.4469$과 비교하면,

$$|T| = |-2.2882| < 2.4469$$

이므로, 유의수준 0.05에서 귀무가설 $H_0: \mu = 21$ 를 기각하지 않는다. 이에 대한 $p-$값을 계산해보자.

$$p-\text{값} = P(|T| \geq |-2.2882|) = 0.0621 > \alpha = 0.05$$

---

[44] 일반적으로 통계량을 표현할 때는 대문자를 사용하고, 통계량의 값을 표현할 때는 소문자를 사용한다. 여기서는 대문자를 사용하도록 하겠다.

이므로 유의수준 0.05에서 귀무가설 $H_0 : \mu = 21$ 을 기각하지 않는다. 별도로 $t_{0.05/2}(7-1)$ 를 구하려면 표를 찾거나 또는 R의 함수 qt(0.975,6)를 이용할 수 있다. 마찬가지로 p – 값을 따로 계산하려면 R에서 2*(1-pt(2.2882,6)) 또는 2*pt(-2.2882,6)을 사용하자. □

R 실습

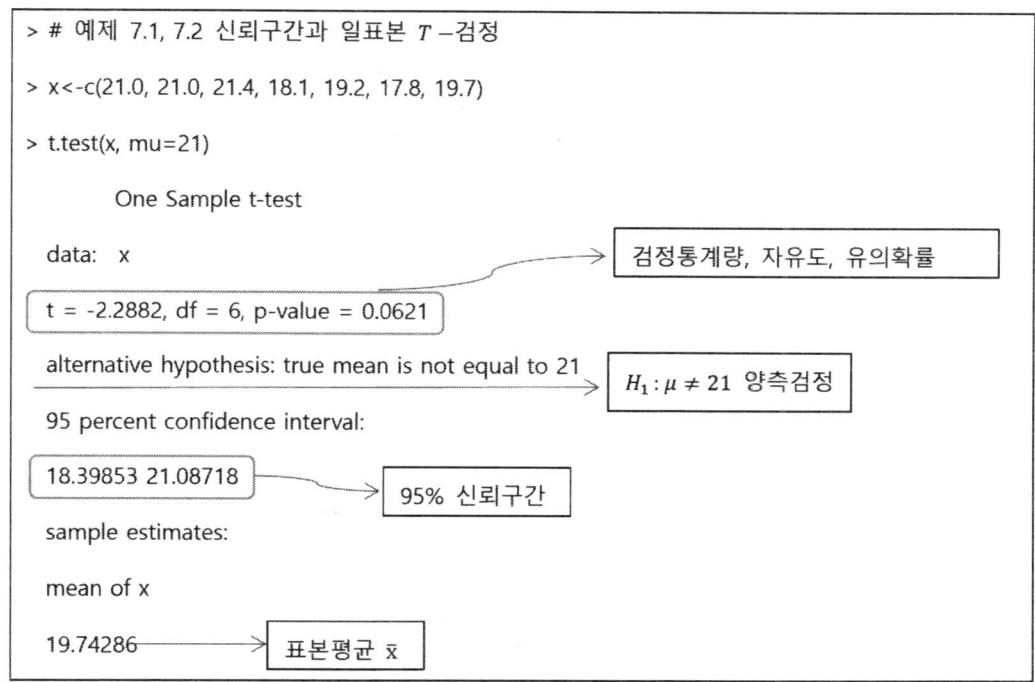

7.3 정규성검정

주어진 자료가 정규분포를 따르는지 알아보기 위하여, **샤피로**(Shapiro) **검정**을 사용하자. 이때, 가설은 다음과 같다.

H_0 : 자료가 정규분포를 따른다.

H_1 : 자료가 정규분포를 따르지 않는다.

샤피로 검정법의 p – 값이 유의수준보다 작으면 H_0 을 기각하고, 자료가 정규분포를 따르지 않는다고 결론지을 수 있다. 샤피로 검정법의 p – 값이 유의수준보다 크면 H_0 을 기각하지 않고, 자료가 정규분포를 따른다고 결론지을 수 있다. 샤피로 검정법 외에도 **콜모고로프-스미어노프의 비모수적 검정법** (Kolmogorov-Smirnov test)을 사용할 수 있다.

QQ-plot (quantile-quantile plot)을 이용하여 자료의 정규성을 그래프로 살펴볼 수 있다. QQ-plot의 x축은 표준정규분포의 분위수이고, y축은 표본의 분위수이다. 이들이 일직선에 놓이면, 표본이 정규분포를 따른다고 볼 수 있다.

샤피로의 검정, 콜모고로프-스미어노프 검정법, QQ-plot의 결과들이 일치하지 않을 경우, 자료 중 이상치 등을 제거한 후 다시 검사해볼 필요가 있다

예제 7.3 mtcars에서 6기통 차들의 연비가 정규분포를 따른다고 말할 수 있을까? 그림 7.1의 상자도표와 QQ-plot을 보면 자료들이 비교적 대칭이고 직선에 놓여있음을 알 수 있다. 샤피로 검정의 p-값=0.3252 > 0.05이므로, "H_0 : 자료가 정규분포를 따른다."를 기각하지 않는다. 연비는 정규분포를 따른다고 볼 수 있다. 예제 7.1과 예제 7.2에서 t 분포를 사용한 것이 타당하다.

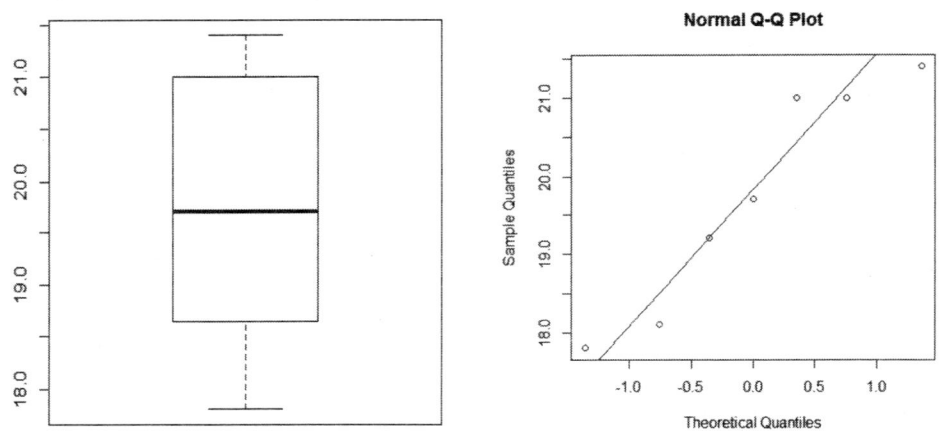

그림 7.1 상자도표와 QQ-plot

R 실습

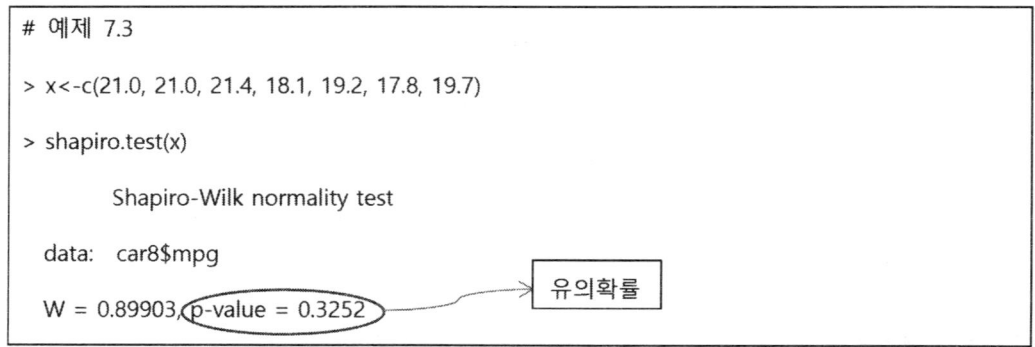

```
# 그림 7.1
> boxplot(x)
> qqnorm(x)
> qqline(x)
```

7.4 일표본 윌콕슨 비모수검정 (Wilcoxon nonparametric test) ★

만약 표본의 수가 작고 표본이 정규분포를 따르지 않으면, 평균을 추론하기 위하여 비모수 방법인 윌콕슨 검정을 사용할 수 있다. 이 경우, 다음의 두 과정을 거치는 것이 바람직하다.

① 정규성 검정을 위해서 샤피로의 검정법(Shapiro-Wilk normality test)을 사용하자.

② p – 값이 유의수준보다 클 때, T – 검정법을 사용한다. p – 값이 유의수준보다 작거나 같을 때, 윌콕슨 검정법을 사용한다.

표본 $X_1, X_2, ..., X_n$ 이 연속형 확률변수이고, 분포가 알려져 있지 않을 때, $H_0 : \mu = \mu_0$ 인지 검정하기 위하여 윌콕슨 검정법을 정의해보자. 우선, $|X_1 - \mu_0|, |X_2 - \mu_0|, ..., |X_n - \mu_0|$을 크기 순으로 나열한 다음, 순위 $R_i = rank(|X_i - \mu_0|)$를 정하자. 그리고, 주어진 자료 X_i 대신, $\pm R_i$를 사용하자. 만약 $X_i - \mu_0 > 0$이면, $+R_i$를 사용하고, $X_i - \mu_0 < 0$이면, $-R_i$를 사용하자. 윌콕슨 검정통계량 W는 $\pm R_i$의 합으로 정의된다. W의 분포는 $R_1, R_2, ..., R_n$의 순열에 근거하여 얻어지며, 이에 대한 이론은 생략하고, R을 사용해서 검정하자.

예제 7.4 mtcars에서 8기통 차들의 엔진무게(wt)가 4라고 말할 수 있는지 가설검정해보자. 엔진무게의 단위는 1000 lbs [45] 이다. 샤피로 검정법을 이용하여, 8기통 차들의 엔진무게가 정규분포를 따르는지 살펴보자. P – 값=0.002753 < 0.05이므로 자료가 정규분포를 따르지 않는다고 볼 수 있다 그림 7.2의 QQ-plot을 보면, 자료가 일직선을 크게 벗어남을 알 수 있다. 엔진무게의 평균이 4인지 아닌지에 대한 양측 가설은 다음과 같다.

$$H_0 : \mu = 4 \quad \text{vs.} \quad H_1 : \mu \neq 4$$

윌콕슨의 비모수 검정법을 실시하여 얻은 p – 값=0.4511 > 0.05이므로 $H_0 : \mu = 4$ 을 기각하지 않는다. 즉 8기통 차들의 엔진무게는 4000lbs라고 볼 수 있다.

---

[45] 1 파운드 1 lbs = 0.453592 Kg

x_i	$x_i - 4$	$|x_i - 4|$	rank($|x_i - 4|$)	±rank($|x_i - 4|$)
3.440	-0.560	0.560	9	-9
3.570	-0.430	0.430	6.5	-6.5
4.070	0.070	0.070	1	1
3.730	-0.270	0.270	5	-5
3.780	-0.220	0.220	4	-4
5.250	1.250	1.250	12	12
5.424	1.424	1.424	14	14
5.345	1.345	1.345	13	13
3.520	-0.480	0.480	8	-8
3.435	-0.565	0.565	10	-10
3.840	-0.160	0.160	3	-3
3.845	-0.155	0.155	2	-2
3.170	-0.830	0.830	11	-11
3.570	-0.430	0.430	6.5	-6.5

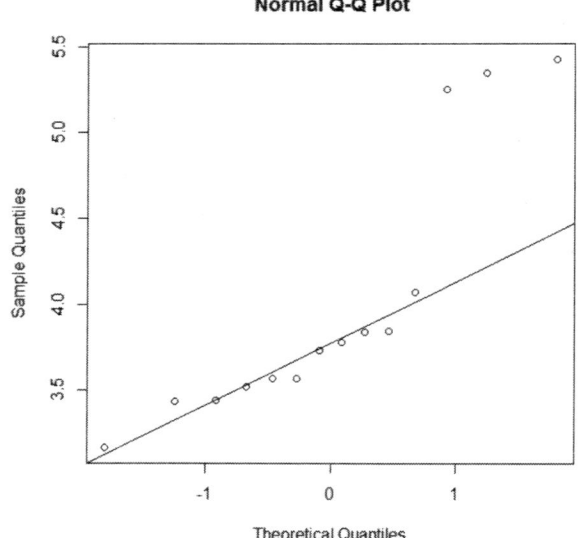

그림 7.2 정규성 검정을 위한 QQ-plot

R 실습

```
> # 예제 7.4
> x<-c(3.440, 3.570, 4.070, 3.730, 3.780, 5.250, 5.424, 5.345, 3.520, 3.435, 3.840, 3.845, 3.170, 3.570)
> shapiro.test(x)

        Shapiro-Wilk normality test

data:  x
W = 0.77869, p-value = 0.002753          → 정규성검정에 대한 유의확률

> qqnorm(x)
> qqline(x)
> wilcox.test(x, mu=4)

        Wilcoxon signed rank test with continuity correction

data:  x
V = 40, p-value = 0.4511                 → 평균검정에 대한 유의확률
alternative hypothesis: true location is not equal to 4
```

7.5 일표본 분산의 신뢰구간과 가설검정★

표본 $X_1, X_2, \cdots, X_n$이 독립이고 동일분포 $N(\mu, \sigma^2)$을 따른다고 가정하자. 그러면,

$$\frac{(n-1)S^2}{\sigma^2} \sim \chi^2(n-1)$$

이므로 σ^2이 포함되는 확률이 $100(1-\alpha)\%$인 구간은

$$P\left(\chi^2_{1-\alpha/2}(n-1) < \frac{(n-1)S^2}{\sigma^2} < \chi^2_{\alpha/2}(n-1)\right) = 1-\alpha$$

가 된다. 이를 σ^2에 대하여 풀면

$$P\left(\sigma^2 \in \left(\frac{(n-1)S^2}{\chi^2_{\alpha/2}(n-1)}, \frac{(n-1)S^2}{\chi^2_{1-\alpha/2}(n-1)}\right)\right) = 1-\alpha$$

이므로 σ^2의 $100(1-\alpha)\%$ 신뢰구간이 다음과 같이 얻어진다.

가설은

$$CI = \left(\frac{(n-1)S^2}{\chi^2_{\alpha/2}(n-1)}, \frac{(n-1)S^2}{\chi^2_{1-\alpha/2}(n-1)}\right)$$

$$H_0: \sigma^2 = \sigma_0^2 \text{ vs. } H_1: \sigma^2 \neq \sigma_0^2$$

이고, 검정통계량은

$$\chi^2 = \frac{(n-1)S^2}{\sigma_0^2} = \chi_0^2$$

이다. 기각역은

$$R: \chi^2 \geq \chi^2_{\alpha/2}(n-1) \text{ 또는 } \chi^2 \leq \chi^2_{1-\alpha/2}(n-1)$$

이며, 유의확률은

$$p = 2P(\chi^2(n-1) \geq \chi_0^2) \text{ 또는 } p = 2P(\chi^2(n-1) \leq \chi_0^2)$$

이다.

예제 7.5 mtcars에서 6기통 차들의 연비(mpg)의 분산이 2라고 말할 수 있는지 가설검정해보자. 엔진무게의 단위는 마일/갤론이다. EnvStats 패키지의 varTest를 이용하자

```
21.0, 21.0, 21.4, 18.1, 19.2, 17.8, 19.7
```

가설은 $H_0: \sigma^2 = 2$ vs. $H_1: \sigma^2 \neq 2$ 이며, p-value = 0.7727 > 0.05 이므로, 귀무가설을 기각하지 않는다. 따라서, 분산이 6 이라고 말할 수 있다.

R 실습

```
#예제 7.5
> library(EnvStats)
> x<-c(21.0, 21.0, 21.4, 18.1, 19.2, 17.8, 19.7)
> varTest(x, sigma.squared=2)

        Chi-Squared Test on Variance

 data:  x
 Chi-Squared = 6.3386, df = 6, p-value = 0.7727
```

검정통계량, 자유도, 유의확률

7. 일표본 **T**-검정

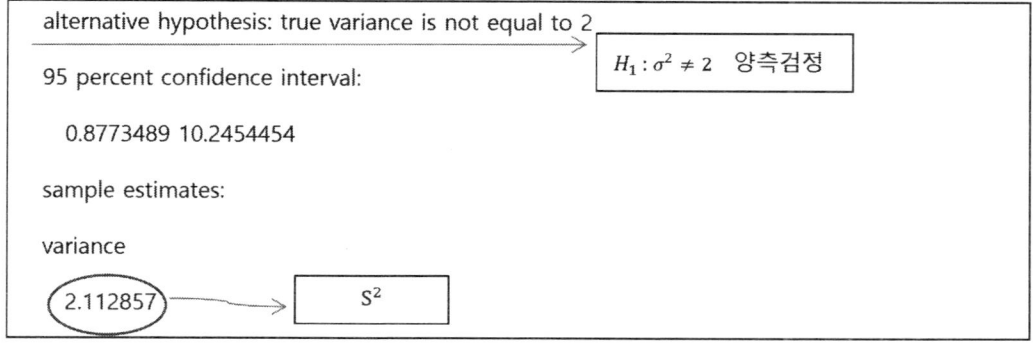

요약 일표본 t-검정

추론	양측검정	단측검정	
가설	$H_0: \mu = \mu_0 \quad H_1: \mu \neq \mu_0$	$H_0: \mu \leq \mu_0 \quad H_1: \mu > \mu_0$	$H_0: \mu \geq \mu_0 \quad H_1: \mu < \mu_0$
검정 통계량		$T = \dfrac{\bar{X} - \mu_0}{S/\sqrt{n}} = t_0$	
신뢰구간	$\bar{X} \pm t_{\alpha/2}(n-1)\dfrac{S}{\sqrt{n}}$	$\left(\bar{X} - t_{\alpha}(n-1)\dfrac{S}{\sqrt{n}}, \infty\right)$	$\left(-\infty, \bar{X} + t_{\alpha}(n-1)\dfrac{S}{\sqrt{n}}\right)$
기각역	$|T| \geq t_{\alpha/2}(n-1)$	$T \geq t_{\alpha}(n-1)$	$T \leq -t_{\alpha}(n-1)$
유의확률	$p = P(|T| \geq |t_0|)$	$p = P(T \geq t_0)$	$p = P(T \leq -t_0)$

요약 일표본 분산 χ^2 – 검정법

추론	양측검정	단측검정	
가설	$H_0: \sigma^2 = \sigma_0^2 \quad H_1:: \sigma^2 \neq \sigma_0^2$	$H_0: \sigma^2 \leq \sigma_0^2 \quad H_1: \sigma^2 > \sigma_0^2$	$H_0: \sigma^2 \geq \sigma_0^2 \quad H_1: \sigma^2 < \sigma_0^2$
검정 통계량		$\chi^2 = \dfrac{(n-1)S^2}{\sigma_0^2} = \chi_0^2$	
신뢰구간	$\left(\dfrac{(n-1)S^2}{\chi^2_{\alpha/2}(n-1)}, \dfrac{(n-1)S^2}{\chi^2_{1-\alpha/2}(n-1)}\right)$	$\left(\dfrac{(n-1)S^2}{\chi^2_{\alpha}(n-1)}, \infty\right)$	$\left(-\infty, \dfrac{(n-1)S^2}{\chi^2_{1-\alpha}(n-1)}\right)$
기각역	$\chi^2 \geq \chi^2_{\alpha/2}(n-1)$ 또는 $\chi^2 \leq \chi^2_{1-\alpha/2}(n-1)$	$\chi^2 \geq \chi^2_{\alpha}(n-1)$	$\chi^2 \leq \chi^2_{1-\alpha}(n-1)$
유의확률	$p = 2P(\chi^2 \geq \chi_0^2)$ 또는 $p = 2P(\chi^2 \leq \chi_0^2)$	$p = P(\chi^2 \geq \chi_0^2)$	$p = P(\chi^2 \leq \chi_0^2)$

연습문제

1. 주어진 자료가 모분산이 알려지지 않은 정규분포를 따를 때, 가설 $H_0: \mu = \mu_0$ vs $H_1: \mu \neq \mu_0$을 검정하자. 다음 설명 중 틀린 것은 어느 것인가?

a. 일표본 t 검정을 사용한다.

b. 유의수준 α에서 검정통계량 $|T|$가 $t_{\frac{\alpha}{2}}(n-1)$보다 크거나 같으면 H_0을 기각한다.

c. 유의확률이 유의수준보다 작으면, 검정통계량이 신뢰구간에 속한다.

d. 95% 신뢰구간이 0을 포함하지 않으면, 유의수준 0.05에서 $H_0: \mu = \mu_0$을 기각한다.

① a c ② b c ③ b d ④ c d ⑤ 위 보기 중 답 없음

(정답) ④

2. 다음 일표본 평균검정에 대한 설명을 읽고, 아래 질문에 답하라.

> 어떤 부품 지름이 납품서에 표기된 13.2cm와 동일한지 검정하고자 한다. 부품 25개를 무작위로 뽑아서 지름을 측정한 결과, 평균이 13.4이고 분산이 0.5이었다. 부품 지름은 정규분포를 따르고, 분산은 알려지지 않았다고 가정하자. (여기서, Z는 표준정규분포, T는 t분포에 대한 검정통계량을 나타내며, $z_{0.025} = 1.96$이고, $t_{0.025}(24) = 2.06$이다.)

(1) 다음 가설 중 옳은 것은 무엇인가? 여기서 H_0은 귀무가설, H_1은 대립가설을 나타낸다.

① $H_0: \mu = 13.2$ ② $H_0: \mu \neq 13.2$ ③ $H_1: \mu = 13.4$ ④ $H_1: \mu \neq 13.4$ ⑤ 위 보기 중 답 없음

(2) 검정통계량은 무엇인가?

① $T = -2$ ② $Z = 0$ ③ $T = 1.41$ ④ $Z = 2$ ⑤ 위 보기 중 답 없음

(3) 유의수준 0.05에서 기각역은 무엇인가?

① $|Z| \geq 1.96$ ② $Z \leq -1.96$ ③ $|T| \geq 2.06$ ④ $T \geq 2.06$ ⑤ 위 보기 중 답 없음

(4) 유의수준 0.05에서 귀무가설을 기각하는가, 기각하지 않는가?

① 기각한다. ② 기각하지 않는다.

(풀이) (1) 가설은 $H_0: \mu = 13.2$, $H_1: \mu \neq 13.2$이다.

(2) 검정통계량은 $T = \frac{13.4 - 13.2}{\sqrt{0.5/25}} = 1.414214$이다.

(3) 기각역은 $|T| \geq t_{0.025}(24) = 2.06$이다.

(4) |1.414214| < 2.06이므로, 귀무가설 $H_0: \mu = 13.2$을 기각하지 않는다.

3-7. 1977년 미국의 50개 주에 대한 인구 자료인 R의 state.x77 중 기대수명을 이용하여, 평균검정을 실시해보자. 유의수준 0.05에서 다음 물음에 답하라. 정규분포를 가정하며, 분산을 모른다고 가정하자.

| 69.05 | 69.31 | 70.55 | 70.66 | 71.71 |
| 72.06 | 72.48 | 70.06 | 70.66 | 68.54 |

7. 일표본 T-검정

73.60	71.87	70.14	70.88	72.56
72.58	70.10	68.76	70.39	70.22
71.83	70.63	72.96	68.09	70.69
70.56	72.60	69.03	71.23	70.93
70.32	70.55	69.21	72.78	70.82
71.42	72.13	70.43	71.90	67.96
72.08	70.11	70.90	72.90	71.64
70.08	71.72	69.48	72.48	70.29

3. 일표본 t 검정

```
> t.test(x, mu=71)

        One Sample t-test

 data:  x
 t = -0.63948, df = 49, p-value = 0.5255
 alternative hypothesis: true mean is not equal to 71
 95 percent confidence interval:
  70.4971 71.2601
 sample estimates:
 mean of x
   70.8786
```

(1) 가설은 무엇인가?

(2) 분포에 대한 가정은 무엇인가?

(3) 검정통계량은 무엇인가? 유의확률은 얼마인가? 유의확률은 유의수준보다 작은가? 귀무가설을 기각하는가?

(4) 기각역은 무엇인가? 검정통계량은 기각역에 속하는가? 귀무가설을 기각하는가?

(5) 95% 신뢰구간을 써라. 71이 신뢰구간에 속하는가? 귀무가설을 기각하는가?

(풀이) (1) $H_0: \mu = 71$ vs. $H_1: \mu \neq 71$ (2) 자료는 분산을 모르는 정규분포를 따른다. (3) 검정통계량 t=-0.63948이며, 유의확률 p-값 = 0.5255> 유의수준=0.05이므로 귀무가설을 기각하지 않는다. (4) R: $|T| \geq t_{\frac{0.05}{2}}(49) = 2.009575$. |-0.63948|< 2.009575 이므로 검정통계량은 기각역에 속하지 않는다. 따라서 유의수준 0.05에서 귀무가설을 기각하지 않는다. ($t_{\frac{0.05}{2}}(49)$를 계산하기 위해서 qt(0.975, 49)를 사용하면 된다.) (5)

(70.4971, 71.2601). 속한다. 기각하지 않는다.

4.★ 일표본 T 검정 (정규분포를 가정함, 분산을 모른다고 가정함)

```
> t.test(x, mu=70, alternative="greater")

        One Sample t-test

data:  x
t = 4.628, df = 49, p-value = 1.367e-05
alternative hypothesis: true mean is greater than 70
95 percent confidence interval:
 70.56032      Inf
sample estimates:
mean of x
 70.8786
```

(1) 가설은 무엇인가?

(2) 분포에 대한 가정은 무엇인가?

(3) 검정통계량은 무엇인가? 유의확률은 얼마인가? 유의확률은 유의수준보다 작은가? 귀무가설을 기각하는가?

(4) 기각역은 무엇인가? 검정통계량은 기각역에 속하는가? 귀무가설을 기각하는가?

(5) 95% 신뢰구간을 써라.

(풀이) (1) $H_0: \mu \leq 70$ vs. $H_1: \mu > 70$ (2) 자료의 분포는 분산을 모르는 정규분포이다. (3) T = 4.628, p-값 = 1.367e-05<0.05. 기각한다. (4) R: $T \geq t_{0.05}(49) = qt(0.95, 49) = 1.676551$ 이때, 4.628> 1.676551 이므로 검정통계량은 기각역에 속한다. 따라서 유의수준 0.05에서 귀무가설을 기각한다. (5) (70.56032,∞).

5.★ 일표본 T 검정 (정규분포를 가정함, 분산을 모른다고 가정함)

```
> t.test(x, mu=70, alternative="less")

        One Sample t-test

data:  x
```

7. 일표본 T-검정

```
t = 4.628, df = 49, p-value = 1

alternative hypothesis: true mean is less than 70

95 percent confidence interval:
  -Inf 71.19688

sample estimates:
mean of x
   70.8786
```

(1) 가설은 무엇인가?

(2) 분포에 대한 가정은 무엇인가?

(3) 검정통계량은 무엇인가? 유의확률은 얼마인가? 유의확률은 유의수준보다 작은가? 귀무가설을 기각하는가?

(4) 기각역은 무엇인가? 검정통계량은 기각역에 속하는가? 귀무가설을 기각하는가?

(5) 95% 신뢰구간을 써라.

(풀이) (1) $H_0: \mu \geq 70$ vs. $H_1: \mu < 70$ (2) 자료의 분포는 분산을 모르는 정규분포이다. (3) T = 4.628, p-값 =1 > 0.05. 기각하지 않는다. (4) R: $T \leq -t_{0.05}$ (49) = -1.676551. 4.628> -1.676551이므로 검정통계량은 기각역에 속하지 않는다. 유의수준 0.05에서 귀무가설을 기각하지 않는다. (5) $(-\infty, 71.19688)$.

6.★ 정규성 검정

```
> shapiro.test(x)

        Shapiro-Wilk normality test

data:  x
W = 0.97724, p-value = 0.4423
```

(1) 가설은 무엇인가?

(2) 유의확률은 얼마인가? 유의확률은 유의수준보다 작은가? 귀무가설을 기각하는가?

(3) QQ-plot을 찍어서 정규분포를 확인하자.

(풀이) (1) H_0: 자료가 정규분포를 따른다. vs. H_1: 자료가 정규분포를 따르지 않는다.

(2) 유의확률 p-값 = 0.4423 > 유의수준=0.05이므로 귀무가설을 기각하지 않는다. 즉 자료는 정규분포를 따른다고 볼 수 있다.

(3) qqnorm(x)

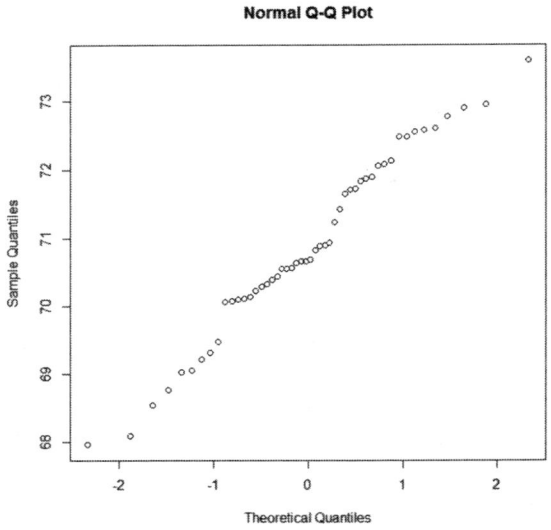

7.★ 윌콕슨 비모수 검정

```
> wilcox.test(x,mu=71)

        Wilcoxon signed rank test with continuity correction

data:  x
V = 587, p-value = 0.6293
alternative hypothesis: true location is not equal to 71
```

(1) 가설은 무엇인가?

(2) 유의확률은 얼마인가? 유의확률은 유의수준보다 작은가? 귀무가설을 기각하는가?

(3) 3(3)과 7(3)의 의사결정은 동일한가? 어느 것이 더 유리한가?

(풀이) (1) $H_0: \mu = 71$ vs. $H_1: \mu \neq 71$

    (2) p-value = 0.6293 > 0.05이므로 귀무가설을 기각하지 않는다.

    (3) 동일하다.

8. mtcars에서 8기통 차들의 연비에 대한 신뢰구간을 살펴보자. 이때 자료가 $N(\mu, \sigma^2)$ 를 따른다고

가정하자. 연비의 단위는 마일/갤런[46]이다.

> 18.7, 14.3, 16.4, 17.3, 15.2, 10.4, 10.4, 14.7, 15.5, 15.2, 13.3, 19.2, 15.8, 15.0

(1) μ의 95% 신뢰구간은 무엇인가?

(2) mtcars에서 8기통 차들의 연비가 17이라고 말할 수 있을까? 유의수준 $\alpha = 0.05$에서 양측가설 $H_0 : \mu = 17$ vs. $H_1 : \mu \neq 17$를 검정하라.

(풀이) (1) 표본평균과 표본표준편차가 각각 $\bar{x} = 15.1$, $s = 2.56$이며, $t_{0.025}(9) = 2.160$이다. 따라서

$$95\% \, CI \text{ of } \mu = \bar{x} \pm t_{0.025}(n-1) \frac{s}{\sqrt{n}} = (13.623, 16.378)$$

(2) $\bar{x} = 15.1$, $s = 1.24$ 이므로 검정통계량은 $T = \frac{15.1 - 17}{\frac{2.56}{\sqrt{14}}} = -2.777$ 이다. 이것을 $t_{0.05/2}(14-1) = 2.160$ 과 비교하면, $|T| = |2.777| > 2.160$이므로, 검정통계량이 기각역에 속한다. 유의수준 0.05에서 귀무가설 $H_0 : \mu = 17$를 기각한다. 이에 대한 p-값을 계산해보자. p-값 $= P(|T| \geq |2.777|) = 0.0157 < \alpha = 0.05$ 이므로 유의수준 0.05에서 귀무가설 $H_0 : \mu = 17$를 기각한다. 전체적으로 R에서 위 자료를 x에 저장한 후 t.test(x, mu=17)을 사용하면, μ 에 대한 95% 신뢰구간, 검정통계량 t 와 p-값을 얻을 수 있다. 별도로 $t_{0.05/2}(14-1)$ 를 구하려면 표를 찾거나 또는 R의 함수 qt(0.975,13)를 이용할 수 있다. 마찬가지로 p-값을 따로 계산하려면 R에서 2*(1-pt(2.777,13))를 사용하자.

9. 어떤 화장품의 용량을 다음과 같이 얻었다. 유의수준 0.05를 사용하자.

> 49.3, 50.2, 48.5, 49.8, 46.0, 49.1, 48.6, 50.0, 50.1, 48.9

(1) 95% 신뢰구간을 구하라.

(2) QQ-plot을 그려라.

(3) 정규성을 검정하라.

(4) 화장품의 용량이 50인지 아닌지를 검정하는 가설을 세워라.

(5) (4)의 가설을 검정하라.

(풀이) p-value = 0.02826<0.05이므로 귀무가설을 기각한다.

(6) 결론은 무엇인가?

(풀이) (1) $\bar{x} \pm t_{0.025}(n-1)\frac{s}{\sqrt{n}} = \left(49.050 - 2.262\frac{1.238}{\sqrt{10}}, 49.050 + 2.262\frac{1.238}{\sqrt{10}}\right) = (48.164, 49.935)$

---

[46] 1 마일= 1.60934 km. 1 갤런 = 3.78541 리터

(2)

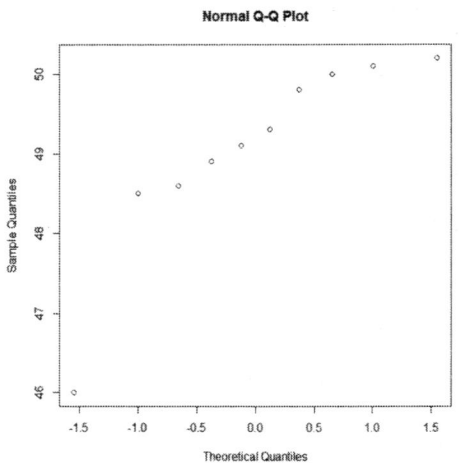

(3) shapiro 검정에서 p-value = 0.02826<0.05이므로 정규분포가 아니다.

(4) $H_0: \mu = 50$ vs. $H_1: \mu \neq 50$

(5) 자료가 정규분포를 따르지 않으므로, 윌콕슨의 검정을 사용하자.

(6) 화장품의 용량은 50이 아니다.

R 실습

```
x<-c(49.3, 50.2, 48.5, 49.8, 46.0, 49.1, 48.6, 50.0, 50.1, 48.9)
shapiro.test(x)
qqnorm(x); qqline(x)
wilcox.test(x, mu=50)
```

훌륭한 노동자는 자신이 하는 일이 얼마나 중요한지 안다.

톨스토이

훌륭한 학생은 자신이 배우는 공부가 얼마나 중요한지 안다.

최경미

8. 이표본 T-검정

우리가 사는 지구는 우리를 둘러싼 거대한 우주의 암흑 속에 있는 외로운 하나의 점입니다.

세이건[47,48]

1990년 보이저 1호가 지구로부터 61억km 떨어진 우주에서 찍은 지구는 "창백한 푸른 점"에 불과했다. 우리는 뭔가를 탐구할 때, 끊임없이 비교한다. 어제의 나와 오늘의 나를 비교하고, 우리 나라와 다른 나라를 비교한다. 그리고, 여전히 달과 지구와 태양과 은하, 그리고 우주를 비교한다.

자료를 통계적으로 분석할 때, 종종 둘 이상 집단의 평균 등의 특성을 비교하여, 두 집단의 차이를 검정한다. 두 경쟁 업체의 동일 상품을 비교하거나, 새로 개발한 제품이 예전 상품보다 나은지 비교하거나, 다른 사양을 가진 두 종류 차량의 성능을 비교한다. 통계적 비교를 위해서, 두 집단의 자료를 반복 측정해서 얻어진 표본평균을 비교한다. 이때, 분산의 동일성 여부에 따라서 사용할 수 있는 검정법이 달라진다. 왜냐하면, 두 집단의 분산이 작으면 두 집단의 평균이 더 많이 달라 보이고, 분산이 크면 평균이 좀더 같아 보이기 때문이다. 뿐만 아니라, 두 집단의 분산이 다를 수도 있다. 따라서 두 집단의 평균이 동일한지 검정하기 위해서, 우선 두 집단의 분산을 면밀히 살펴보아야 한다.

자료의 독립성 여부에 따라서 사용할 수 있는 검정법이 다르다. 두 모집단에 속한 실험대상이 독립 개체인지, 동일한 개체인지 따라서 분석방법이 달라진다. 예를 들어서, 두 공장 A와 B에서 생산된 공산품의 품질을 비교한다면, 실험대상이 A 공장과 B 공장 중 한 군데만 속하므로, 이 공산품은 독립된 개체이다. 반면, 생물이나 의약학 실험에서, 두 집단의 실험대상이 독립이 아닐 때가 많다. 예를 들어, 약물효과를 검증하기 위한 임상시험에 참여한 사람들이 A 약품과 B 약품을 차례로 복용하도록 실험을 실시한 후, 두 약의 효능을 비교하자. 한 사람이 두 약을 모두 복용하므로, 한 사람의 자료는 A에도 속하고, B에도 속한다. 이 경우, 두 집단은 독립이 아니다.

일표본 평균검정과 마찬가지로 정규분포 가정의 성립여부에 따라서 사용하는 검정법이 다르다. 만약 정규분포 가정이 성립하면, T-검정통계량을 사용할 수 있다. 표본이 충분히 크면, 중심극한정리를 사용할 수 있기 때문에, 분포와 상관없이 근사적인 정규분포를 사용할 수 있다.

---

[47] 칼 세이건(1934-1996) 미국의 천문학자이며, 코스모스와 창백한 푸른 점(The Pale Blue Dot)의 저자.

[48] 위키피디아 https://ko.wikipedia.org/wiki/창백한_푸른_점

만약 정규분포를 가정할 수 없는 소표본이라면, 윌콕슨 비모수 검정법을 사용할 수 있다.

8.1 이표본의 표본분포★

두 모집단이 독립이고, 정규분포를 따른다고 가정하자. 즉, 표본 $X_1, X_2, \cdots, X_{n_1}$가 독립이고 동일한 정규분포 $N(\mu_1, \sigma_1^2)$를 따르고, 표본 $Y_1, Y_2, \cdots, Y_{n_2}$가 독립이고 동일한 정규분포 $N(\mu_2, \sigma_2^2)$를 따르며, 두 표본은 독립이다. 여기서 두 표본의 평균이 동일한지, 다른지를 표현하는 가설은 다음과 같다.

$$\text{가설 } H_0: \mu_1 = \mu_2 \text{ vs. } H_1: \mu_1 \neq \mu_2$$

두 집단의 모평균 차이를 나타내는 점추정치는 두 표본평균의 차이가 된다.

$$\widehat{\mu_1 - \mu_2} = \hat{\mu}_1 - \hat{\mu}_2 = \bar{X} - \bar{Y}$$

아래 그림 8.1과 같이 분산에 따라서 평균 차이가 달라 보인다. 분산이 작으면 두 평균이 달라 보이고, 분산이 크면 두 평균이 비슷해 보인다. 분산이 다를 경우도 있다.

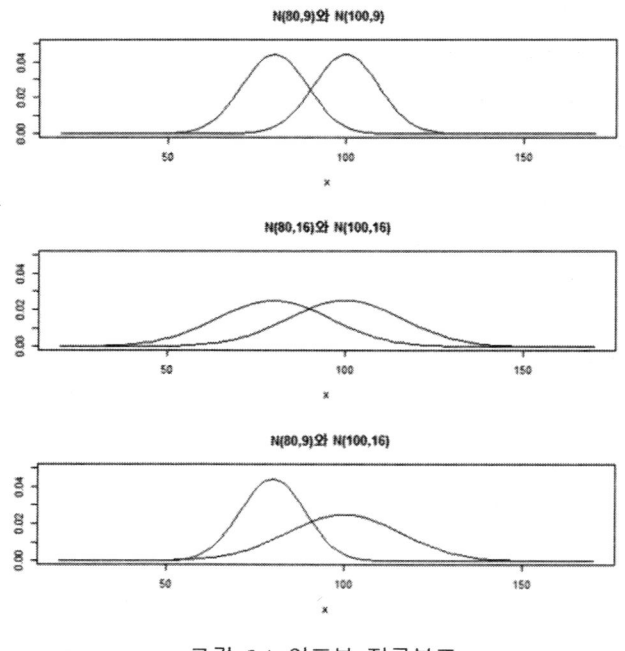

그림 8.1 이표본 정규분포

두 표본평균의 차이에 대한 기대값은

$$E[\bar{X} - \bar{Y}] = \mu_1 - \mu_2$$

이다. 두 표본이 독립이므로, 표본평균 차이의 분산은 각각 표본평균의 분산의 합이다. 따라서, 분산은

$$Var(\bar{X} - \bar{Y}) = \sigma_1^2/n_1 + \sigma_2^2/n_2, \quad \sqrt{Var(\bar{X} - \bar{Y})} = \sqrt{\sigma_1^2/n_1 + \sigma_2^2/n_2}$$

이다. 표본이 충분히 크면, 표준화된 통계량 Z는 근사적으로 표준정규분포를 따른다.

$$Z = \frac{(\bar{X} - \bar{Y}) - (\mu_1 - \mu_2)}{\sqrt{\sigma_1^2/n_1 + \sigma_2^2/n_2}} \sim N(0,1)$$

독립인 두 모집단의 평균을 비교할 때에는, 정규분포를 가정하고, ①②③을 실시하자. 현실에서는 모분산 σ_1^2과 σ_2^2가 알려져 있지 않아서, 이들의 추정치 S_1^2과 S_2^2을 사용하므로, Z 대신 T를 사용한다.

① 등분산성(equal variances)을 검정

② 등분산이면 등분산 이표본 T-검정을 실시

③ 분산이 다르면 이분산(non-equal variances) 이표본 T-검정을 실시

표본크기가 충분히 크면 근사적으로 정규분포를 사용할 수 있다. 표본크기 n이 충분히 크면, $t_\alpha(n-1) \approx z_\alpha$이므로, 정규분포 가정이 없어도 T-검정을 종종 사용한다. 만약, 표본 크기가 작고, 정규분포를 가정하기 어려우면, 윌콕슨의 비모수 검정을 실시한다. 이분산이 일반적이므로, 등분산성 검정을 따로 실시하기 어려울 때는 이분산을 가정하고 평균차이를 검정하면 된다. 자료분석의 순서를 보면, 등분산성(equal variances) 검정을 먼저 살펴봐야 하겠지만, 이분산 이표본 T-검정이 가장 일반적인 방법이므로, ③②① 순서로 이론을 살펴보자.

예제 8.1 그림 8.1을 그려보자. □

R 실습

```
# 그림 8.1

  par(mfrow=c(3,1))


  curve(dnorm(x,80,9), from=20,to=170, main="N(80,9)와 N(100,9)", ylab=" " ylim=c(0,0.05))

  curve(dnorm(x,100,9), from=20,to=170,add=T)


  curve(dnorm(x,80,16), from=20,to=170, main="N(80,16)와 N(100,16)", ylab=" ", ylim=c(0,0.05))

  curve(dnorm(x,100,16), from=20,to=170,add=T)
```

```
curve(dnorm(x,80,9), from=20,to=170, main="N(80,9)와 N(100,16)", ylab=" ", ylim=c(0,0.05))
curve(dnorm(x,100,16), from=20,to=170,add=T)
```

8.2 이분산 T -검정

정규분포를 따르는 독립인 두 표본을 생각해보자. $X_1, X_2, \cdots, X_{n_1}$ 는 독립이고 동일한 정규분포 $N(\mu_1, \sigma_1^2)$ 를 따르고, $Y_1, Y_2, \cdots, Y_{n_2}$ 는 독립이고 동일한 정규분포 $N(\mu_2, \sigma_2^2)$ 를 따르며, 두 표본은 독립이라고 가정하자. $\sigma_1^2 \neq \sigma_2^2$ 이라고 가정하자. 두 표본의 평균동일성에 대한 가설과 검정통계량은 다음과 같다.

$$\text{가설} \quad H_0: \mu_1 = \mu_2 \quad \text{vs.} \quad H_1: \mu_1 \neq \mu_2$$

8.1의 통계량 Z 에서 σ_1^2 과 σ_2^2 을 X 와 Y 의 표본분산 S_1^2 과 S_2^2 으로 대체하면, 아래의 T -검정통계량을 얻을 수 있다.

$$\text{검정통계량} \quad T = \frac{(\bar{X} - \bar{Y}) - (\mu_1 - \mu_2)}{\sqrt{S_1^2/n_1 + S_2^2/n_2}}$$

귀무가설이 참일 때, 검정통계량 T는 $t(df)$ 분포를 따른다. 이때 T -검정통계량은 Satterthwaite의 자유도 df를 가지며, 이는 다음과 같다.

$$\text{자유도} \quad df = \frac{(S_1^2/n_1 + S_2^2/n_2)^2}{\frac{(S_1^2/n_1)^2}{n_1 - 1} + \frac{(S_2^2/n_2)^2}{n_2 - 1}}$$

앞에서와 마찬가지로 $\mu_1 - \mu_2$가 포함되는 확률이 100(1-α)%인 구간을 다음과 같이 얻을 수 있다.

$$\left(\bar{X} - \bar{Y} - t_{\alpha/2}(df)\sqrt{S_1^2/n_1 + S_2^2/n_2}, \quad \bar{X} - \bar{Y} + t_{\alpha/2}(df)\sqrt{S_1^2/n_1 + S_2^2/n_2} \right)$$

신뢰구간이 0을 포함하지 않으면 귀무가설을 기각할 수 있다. 즉, 기각역은

$$\text{기각역} \quad R: \ |T| \geq t_{\alpha/2}(df)$$

이고, "검정통계량이 기각역에 속하면 ($T \in R$), 귀무가설 H_0 을 기각한다"고 의사결정을 내린다. 검정통계량 값이 $T = t_0$일 때, 유의확률은

$$\text{유의확률} \quad p - \text{값} = P(|T| \geq |t_0|)$$

이다.

예제 8.2 R의 mtcars자료 표8.1에서 4기통 차와 6기통 차의 평균연비를 비교해보자. 이때

정규분포를 가정하자. 표 8.2는 표본평균과 표본표준편차이고, 그림 8.2는 상자도표이다. 유의수준 0.05를 사용하자.

표 8.1 4기통과 6기통 차의 연비

4기통 차 : 22.8, 24.4, 22.8, 32.4, 30.4, 33.9, 21.5, 27.3, 26.0, 30 4, 21.4
6기통 차 : 21.0, 21.0, 21.4, 18.1, 19.2, 17.8, 19.7

표 8.2 4기통과 6기통 차의 연비 평균과 표준편차

실린더 수	평균	표준편차	표본크기(n)
4	26.66	4.51	11
6	19.74	1.45	7

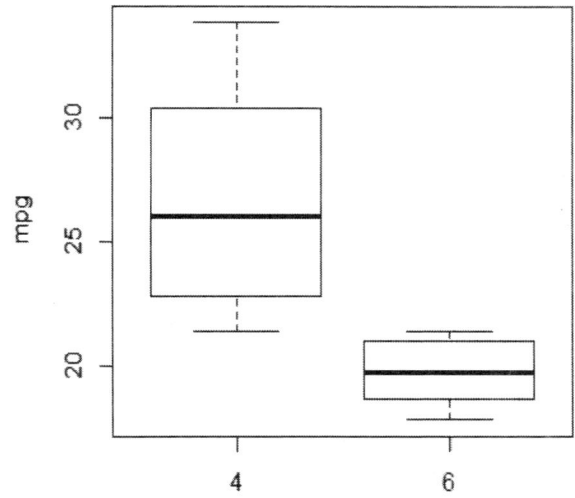

그림 8.2 4기통과 6기통의 mpg 상자도표

이분산을 가정하면, Satterthwaite의 자유도는 df = 12.956이다. 신뢰구간의 하한값과 상한값은

$$26.66 - 19.74 - t_{0.025}(12.956)\sqrt{\frac{(4.51)^2}{11} + \frac{(1.45)^2}{7}} = 3.75$$

$$26.66 - 19.74 + t_{0.025}(12.956)\sqrt{\frac{(4.51)^2}{11} + \frac{(1.45)^2}{7}} = 10.09$$

이므로, $\mu_1 - \mu_2$ 의 95% 신뢰구간은

$$95\% \text{ 신뢰구간} = (3.75, 10.09)$$

이다. 이 신뢰구간은 0을 포함하지 않는다. 검정통계량은

$$T = \frac{(\bar{X}-\bar{Y})-(\mu_1-\mu_2)}{\sqrt{S_1^2/n_1+S_2^2/n_2}} = \frac{(26.66-19.74)-0}{\sqrt{(4.51)^2/11+(1.45)^2/7}} = 4.7191, \ df = 12.956$$

이다. 기각역은

$$|T| \geq t_{0.025}(12.956) = qt(0.975, 12.956) = 2.16$$

다. 검정통계량이 기각역에 속하므로 유의수준 0.05에서 귀무가설을 기각한다. 유의확률

$$p - 값 = P(|T| \geq |4.7191|) = 2*pt(-4.7191, 12.956) = 0.0004048$$

이 유의수준 0.05보다 작다. 따라서 유의수준 0.05에서 귀무가설 $H_0: \mu_1 = \mu_2$ 또는 H_0: "4기통 차와 6기통 차의 평균 연비가 동일하다"를 기각한다. 즉, 4기통 차와 6기통 차의 평균 연비는 다르다. □

R 실습

```
> # 예제 8.2
> x<-c(22.8, 24.4, 22.8, 32.4, 30.4, 33.9, 21.5, 27.3, 26.0, 30.4, 21.4)
> y<-c(21.0, 21.0, 21.4, 18.1, 19.2, 17.8, 19.7)
> # 표 8.2
> mean(x)
[1] 26.66364
> mean(y)
[1] 19.74286
> sd(x)
[1] 4.509828
> sd(y)
```

```
> # 그림 8.2
> mydata<-c(x,y)
> m<-length(x)
> n<-length(y)
```

```
> mygroup<-c(rep("4",m),rep("6",n))
> boxplot(mydata~mygroup, ylab="mpg")
```

```
> # 평균 검정
> t.test(x,y)

        Welch Two Sample t-test

data:  x and y
t = 4.7191, df = 12.956, p-value = 0.0004048
alternative hypothesis: true difference in means is not equal to 0
95 percent confidence interval:
 3.751376 10.090182
sample estimates:
mean of x mean of y
 26.66364  19.74286
```

→ 검정통계량, 자유도, 유의확률

→ $H_1: \mu_1 \neq \mu_2$

→ 신뢰구간

→ 표본평균

8.3 등분산 T – 검정

정규분포를 따르는 독립인 두 표본을 생각해보자. $X_1, X_2, \cdots, X_{n_1}$ 는 독립이고 동일한 정규분포 $N(\mu_1, \sigma_1^2)$ 를 따르고, $Y_1, Y_2, \cdots, Y_{n_2}$ 는 독립이고 동일한 정규분포 $N(\mu_2, \sigma_2^2)$ 를 따르며, 두 표본은 독립이라고 가정하자. 두 표본의 분산 $\sigma_1^2 = \sigma_2^2$ 이라고 가정하자. 두 집단의 평균이 동일한지 검정하는 가설은 다음과 같다.

$$\text{가설 } H_0: \mu_1 = \mu_2 \text{ vs. } H_1: \mu_1 \neq \mu_2$$

두 집단의 분산이 동일할 경우, 공통 분산 s_p^2 은

$$s_p^2 = \frac{(n_1-1)S_1^2 + (n_2-1)S_2^2}{(n_1-1)+(n_2-1)}$$

$$se(\bar{X}-\bar{Y}) = s_p\sqrt{1/n_1 + 1/n_2}$$

으로 추정된다. 8.1의 통계량 Z 에서 σ_1^2 과 σ_2^2 을 X 와 Y 의 표본분산을 s_p^2 으로 대체하면 검정통계량은

R과 더불어 배우는 통계학

$$\text{검정통계량} \quad T = \frac{(\bar{X} - \bar{Y}) - (\mu_1 - \mu_2)}{s_p\sqrt{1/n_1 + 1/n_2}}$$

이다. 귀무가설이 참일 때, 검정통계량 T는 $t(n_1 + n_2 - 2)$분포를 따른다. 가 된다. 여기서 $\mu_1 - \mu_2$의 100(1-α)% 신뢰구간은

$$(\bar{X} - \bar{Y} - t_{\alpha/2}\,(n_1 + n_2 - 2)s_p\sqrt{1/n_1 + 1/n_2},\ \bar{X} - \bar{Y} + t_{\alpha/2}\,(n_1 + n_2 - 2)s_p\sqrt{1/n_1 + 1/n_2})$$

이다. 기각역은

$$\text{기각역} \quad R: \ |T| \geq t_{\alpha/2}\,(n_1 + n_2 - 2)$$

이며, 의사결정은 "검정통계량이 기각역에 속하면 ($t \in R$), 귀무가설 H_0을 기각한다"이다. 검정통계량 값이 $t = t_0$일 때, 유의확률은

$$\text{유의확률} \quad p-\text{값} = P(\,|T| \geq |t_0|\,)$$

이다.

예제 8.3 이번에는 등분산을 가정하고, R의 mtcars자료 (표8.1)에서 4기통 차와 6기통 차의 평균연비가 같은지 또는 다른지 비교해보자. 정규분포를 가정하고, 등분산을 가정하자. 자유도 df= (11-1)+(7-1)=16이다. 공통 분산 s_p^2은

$$s_p^2 = \frac{(11-1)(4.51)^2 + (7-1)(1.45)^2}{(11-1) + (7-1)} = 13.501$$

이고,

$$26.66 - 19.74 - t_{0.025}\,(16)\,\sqrt{13.501}\sqrt{\frac{1}{11} + \frac{1}{7}} = = 3.15$$

$$26.66 - 19.74 + t_{0.025}\,(16)\sqrt{13.501}\sqrt{\frac{1}{11} + \frac{1}{7}} = 10.69$$

이므로, $\mu_1 - \mu_2$의 95% 신뢰구간은

$$95\% \ \text{신뢰구간} = (3.15, 10.69)$$

이다. 이 신뢰구간이 0을 포함하지 않는다. 검정통계량은

$$T = \frac{(26.66 - 19.74) - 0}{\sqrt{13.501}\sqrt{1/11 + 1/7}} = 3.8952$$

이다. 기각역은

$$|T| \geq t_{0.025}(16) = qt(0.975, 16) = 2.12$$

다. 검정통계량이 기각역에 속하므로 귀무가설을 기각한다. 유의확률은

$$p - \text{값} = P(\,|T| \geq |3.8952|\,) = 0.001287$$

으로, 유의수준 0.05보다 작으므로 귀무가설 $H_0: \mu_1 = \mu_2$ 또는 H_0: "4기통 차의 연비와 6기통 차의 연비는 동일하다"를 기각한다. 즉, 4기통 차와 6기통 차의 평균 연비는 다르다. □

R 실습

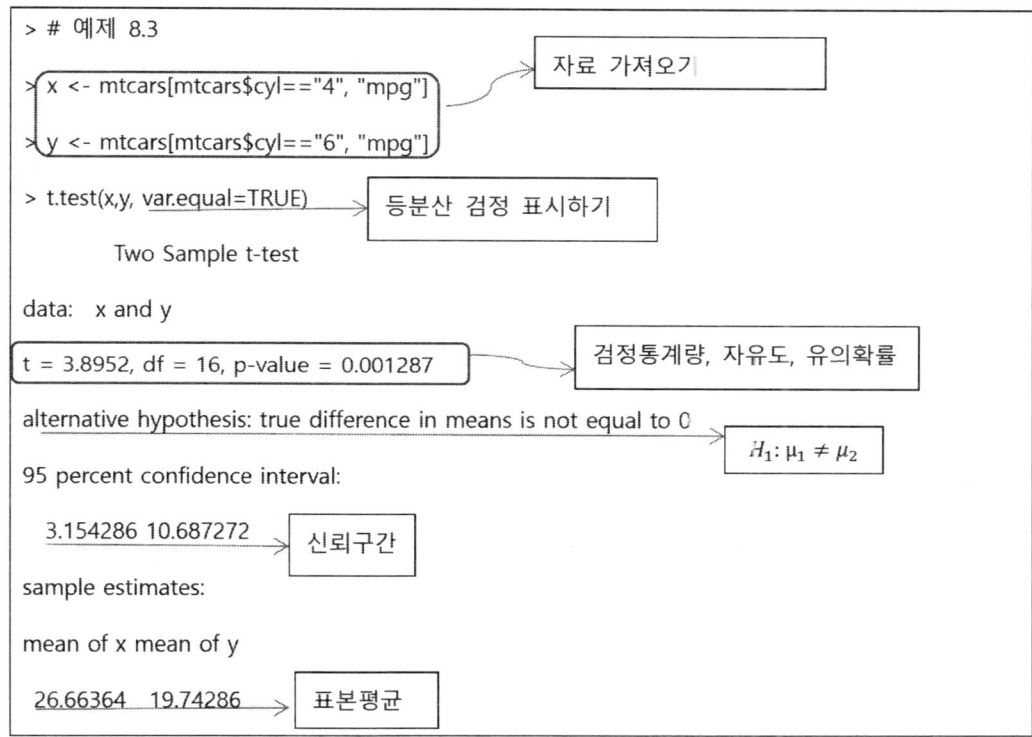

8.4 등분산성 검정을 위한 F –통계량

정규분포를 따르는 독립인 두 표본의 분산이 동일한지 검정하자. $X_1, X_2, \cdots, X_{n_1}$는 독립이고 동일한 정규분포 $N(\mu_1, \sigma_1^2)$를 따르며, $Y_1, Y_2, \cdots, Y_{n_2}$는 독립이고 동일한 분포 $N(\mu_2, \sigma_2^2)$를 따른다고 가정하자. 두 표본은 독립이다. 그러면, 귀무가설과 대립가설은

$$H_0: \sigma_1^2 = \sigma_2^2 \qquad H_1: \sigma_1^2 \neq \sigma_2^2$$

또는

$$H_0: \frac{\sigma_1^2}{\sigma_2^2} = 1 \qquad H_1: \frac{\sigma_1^2}{\sigma_2^2} \neq 1$$

이다. 이때,

$$V_1 = \frac{(n_1-1)S_1^2}{\sigma_1^2} \sim \chi^2(n_1-1)$$

$$V_2 = \frac{(n_2-1)S_2^2}{\sigma_2^2} \sim \chi^2(n_2-1)$$

이고, V_1과 V_2는 독립이다. 자유도를 $r_1 = n_1-1$과 $r_2 = n_2-1$이라고 두면,

$$F = \frac{V_1/r_1}{V_2/r_2} = \frac{\frac{(n_1-1)S_1^2}{\sigma_1^2}/(n_1-1)}{\frac{(n_2-1)S_2^2}{\sigma_2^2}/(n_2-1)} = \frac{S_1^2/\sigma_1^2}{S_2^2/\sigma_2^2} \sim F(n_1-1, n_2-1)$$

이다. 아래의 부등식을 $\frac{\sigma_1^2}{\sigma_2^2}$에 대해서 풀어서, 분산의 비율 $\frac{\sigma_1^2}{\sigma_2^2}$에 대한 100(1-$\alpha$)% 신뢰구간을 다음과 같이 얻을 수 있다.

$$P\left(F_{1-\frac{\alpha}{2}}(n_1-1, n_2-1) < \frac{S_1^2/\sigma_1^2}{S_2^2/\sigma_2^2} < F_{\frac{\alpha}{2}}(n_1-1, n_2-1)\right) = 1-\alpha$$

$$CI = \left(\frac{S_1^2}{S_2^2}\frac{1}{F_{\frac{\alpha}{2}}(n_1-1,n_2-1)}, \frac{S_1^2}{S_2^2}\frac{1}{F_{1-\frac{\alpha}{2}}(n_1-1,n_2-1)}\right) = \left(\frac{S_1^2}{S_2^2}\frac{1}{F_{\frac{\alpha}{2}}(n_1-1,n_2-1)}, \frac{S_1^2}{S_2^2}F_{\alpha/2}(n_2-1, n_1-1)\right)$$

여기서, F분포의 성질에 따라서 $F_{1-\frac{\alpha}{2}}(n_1-1, n_2-1) = \frac{1}{F_{\alpha/2}(n_2-1, n_1-1)}$가 성립한다. 귀무가설 H_0이 참이면, 두 분산이 동일하기 때문에 검정통계량은

$$\text{검정통계량 } F = \frac{S_1^2}{S_2^2}$$

이다. 기각역은 다음과 같다.

$$\text{기각역 } F \geq F_{\alpha/2}(n_1-1, n_2-1) \text{ 또는 } F \leq F_{1-\frac{\alpha}{2}}(n_1-1, n_2-1) = \frac{1}{F_{\frac{\alpha}{2}}(n_2-1, n_1-1)}$$

F 분포가 대칭이 아니므로, 검정통계량이 $F = f_0$일 때 유의확률은

$$p-\text{값} = 2P(F \geq f_0) \text{ 또는 } 2P(F \leq f_0)$$

으로 얻어진다. 검정통계량이 기각역에 속하면 "H_0:분산이 동일하다"를 기각한다. 또는 $p-\text{값}<$ 유의수준일 때, 귀무가설을 기각한다.

예제 8.4 표8.1의 자료가 정규분포를 따른다고 가정하고, 4기통 차와 6기통 차의 분산의 동일한지를 검정하자. 유의수준 0.05에서 기각역, 유의확률, 신뢰구간을 차례로 이용해보자.

① 기각역은

$$F \leq F_{0.025}(10,6) = qf(0.975,10,6) = 0.25 \text{ 또는 } F \geq F_{0.925}(10,6) = qf(0.025,10,6) = 5.46$$

이다. 검정통계량은

$$F = \frac{S_1^2}{S_2^2} = \frac{(4.51)^2}{(1.45)^2} = 9.6261 > 5.46$$

이며, 검정통계량이 기각역에 속하므로, 귀무가설을 기각한다.

② 유의확률 $p-값 = 2P(F \geq 9.6261) = 2*(1-pt(9.6261, 10, 6)) = 0.01182$ 이다. 유의확률이 유의수준 0.05보다 작으므로 동일분산이라는 귀무가설을 기각한다.

③ 분산의 비율 $\frac{\sigma_1^2}{\sigma_2^2}$에 대한 95% 신뢰구간은 $(1.762592, 39.198688)$ 이며, 이것은 1을 포함하지 않는다.

①, ②, ③으로부터 두 표본의 분산이 동일하다고 볼 수 없다. 따라서, 8.1의 이분산 평균검정이 적합하다. □

R 실습

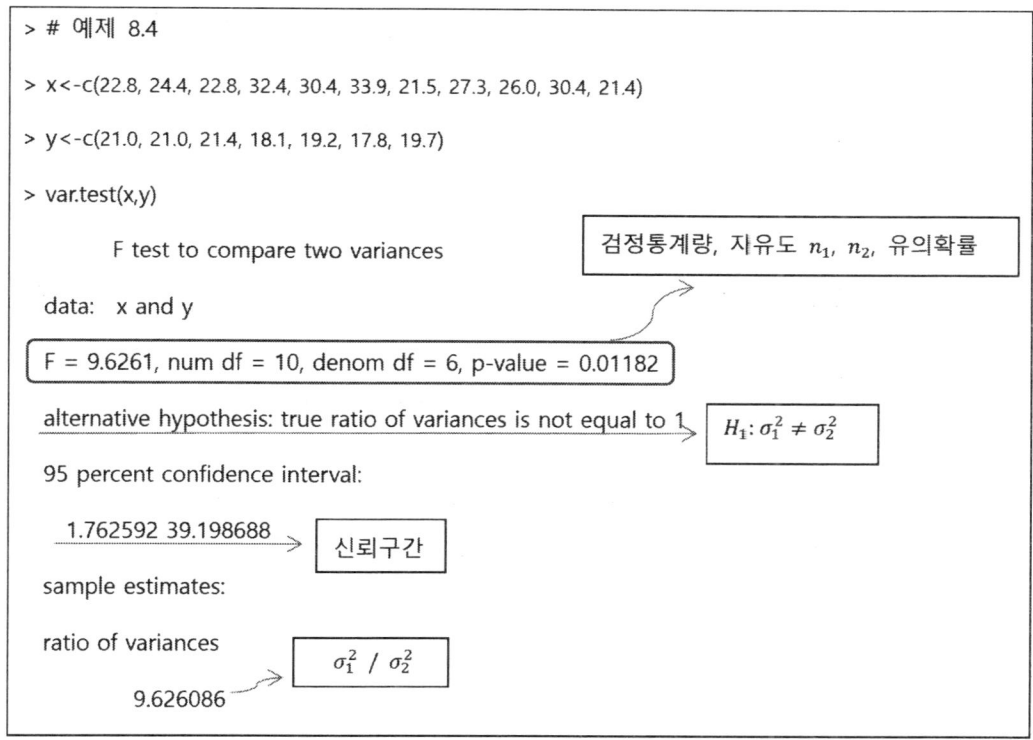

8.5 비모수 이표본 평균검정★

일반적으로 표본크기가 크면, 특별한 분포 가정이 없더라도 이분산 $T-$검정을 사용할 수 있다. 표본크기가 작을 때 $T-$검정을 사용하려면, 정규분포의 가정이 필요하다. 소표본이고 정규분포의 가정이 없으면, 윌콕슨(Wilcoxon)의 비모수 방법을 고려할 필요가 있다. 현실적으로는 비모수적 방법을 사용하기 보다는 표본크기를 충분히 확보하여, 근사적으로 정규분포를 따르는 $Z-$검정을 사용하거나, 정규분포 가정을 만족하도록 이상치 등을 제거한 후 $T-$검정을 사용하는 경우가 많다.

예제 8.5 mtcars에서 6기통과 8기통 차의 평균마력을 비교해보자. 유의수준 0.05를 사용하자.

$$H_0: \mu_{6기통} = \mu_{8기통} \quad \text{vs.} \quad H_1: \mu_{6기통} \neq \mu_{8기통}$$

샤피로 검정을 이용하여, 두 자료의 정규성을 검정하면, 6기통 차의 마력은 $p-$값 $= 0.002939 < 0.05$이므로 정규분포를 따르지 않는다. 윌콕슨 검정을 사용하면, $p-$값$=0.0006469 < 0.05$이므로 귀무가설을 기각한다. 즉, 6기통과 8기통 차의 평균마력은 다르다. 그림 8.2를 보면 두 집단의 hp 차이가 확연함을 알 수 있다. □

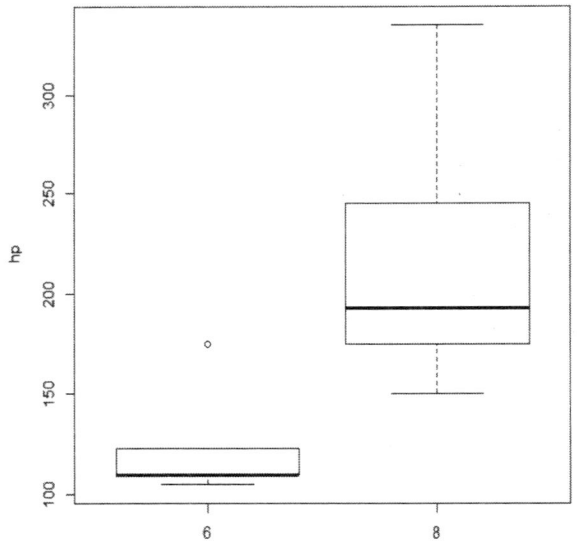

그림 8.3 6기통과 8기통의 hp 상자도표

R 실습

```
# 예제 8.5
> hp6<-mtcars[mtcars$cyl==6,"hp"]
> hp8<-mtcars[mtcars$cyl==8,"hp"]
```

8. 이표본 T-검정

```
> shapiro.test(hp6)

        Shapiro-Wilk normality test

data:  hp6
W = 0.6908, p-value = 0.002939     → 정규분포가 아님

wilcox.test(x,y)

> shapiro.test(hp8)

        Shapiro-Wilk normality test

data:  hp8
W = 0.89776, p-value = 0.1047

> wilcox.test(hp6,hp8)

        Wilcoxon rank sum test with continuity correction

data:  hp6 and hp8
W = 3, p-value = 0.0006469     → 평균이 동일하다는 귀무가설을 기각하고,
                                  평균이 다르다는 대립가설을 받아들임.
alternative hypothesis: true location shift is not equal to 0
```

```
# 그림 8.3
mydata <- c(hp6, hp8)
m<-length(hp6)
n<-length(hp8)
mygroup<-c(rep("6",m), rep("8",n))
boxplot(mydata~mygroup, ylab="hp")
```

8.6 쌍체 비교법 ★

두 약 A와 B의 생물학적 동등성을 검정하는 문제를 생각해보자. 체중이나 체질에 따라서 사람마다 두 약의 약효가 다르게 나타날 수 있기 때문에, 한 사람에게 두 약을 모두 투여한 후, 그 차이가 0인지를 검정한다. 이때, 앞서 투약되는 약의 잔여효과(carryover effect)가 나중에 투약되는 약의 효과에 영향을 미치지 않도록, 각 사람에게 투약되는 두 약의 순서를 랜덤하게

정해야 한다. 이와 같은 경우, 실험단위(subject)의 효과를 없애기 위해서 한 실험대상에서 두 처리법 A와 B를 랜덤한 순서로 반복하여 측정한 후, 그 차이를 이용하여 두 처리법의 동일성을 검정하는 방법을 **쌍체 비교법**(paired t-test)이라고 부른다.

| A_1 B_1 | A_2 B_2 | B_3 A_3 | ... | A_{n-1} B_{n-1} | B_n A_n |

각 실험대상에서 얻어진 차이 d_i를

$$d_i = A_i - B_i, \quad i=1,\ldots,n$$

로 정의하면, 이는 한 실험단위 내에서 처리 A와 B의 효과의 차이를 표현한다. 이와 같은 변수의변환은 이표본 자료를 일표본 자료로 바꾼다. 따라서, 일표본 t-검정법을 이용하여, 두 처리의 차이의 평균 μ_d가 0인지 아닌지에 대한 가설검정을 할 수 있다.

$$H_0: \mu_d = 0 \text{ vs } H_1: \mu_d \neq 0$$

검정통계량은

$$T = \frac{\bar{d}}{s_d/\sqrt{n}}$$

이고, 100(1-α)% 신뢰구간은

$$\bar{d} \pm t_{\alpha/2}(n-1)\frac{s_d}{\sqrt{n}}$$

이다. 기각역은

$$R: |T| \geq t_{\alpha/2}(n-1)$$

이며, 검정통계량이 $t = t_0$일 때 유의확률은

$$p-\text{값} = P(|T| \geq |t_0|)$$

이다. 검정통계량이 기각역에 속하거나, p-값 ≤ 유의수준일 때, 귀무가설을 기각한다.

예제 8.6 두 명의 간호사 A와 B가 12명의 환자를 대상으로 어떤 기계를 이용하여 심장 신호를 측정한 자료를 표 8.2와 같이 얻었다면, 두 간호사의 측정치가 동일한지 검정해보자. 정규분포를 가정하자.

쌍체비교법에 근거한 검정통계량 t = -6.0237이며, 이것의 p-값 = 8.628e-05이 유의수준 0.05보다 작으므로 귀무가설을 기각한다. 즉, 유의수준 0.05에서 두 간호사의 심장 신호 측정은 동일하다고 보기 어렵다.

8. 이표본 T-검정

표 8.2 심장신호 자료[49]

Id:	1	2	3	4	5	6	7	8	9	10	11	12
A	4.8,	5.6,	6.0,	6.4,	6.5,	6.6,	6.8,	7.0,	7.0,	7.2,	7.4,	7.6
B	5.8,	6.1,	7.7,	7.8,	7.6,	8.1,	8.0,	8.1,	6.6,	8.1,	9.5,	9.6

□

R 실습

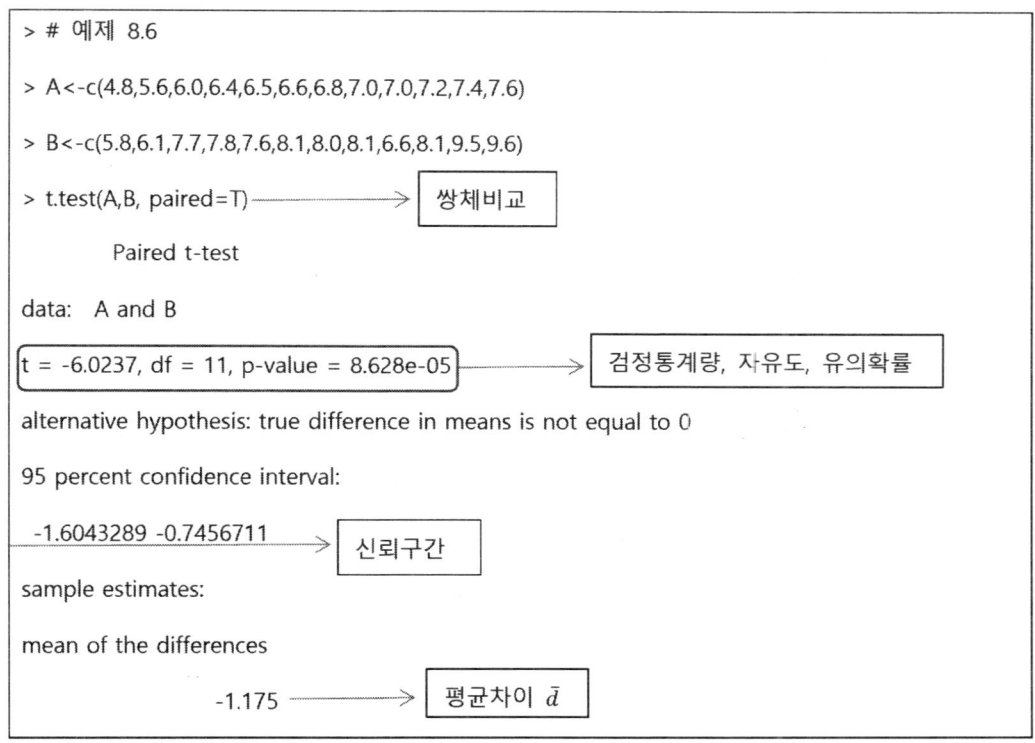

예제 8.7★ 약동학 또는 약력학의 임상시험에서 가장 널리 쓰이는 실험계획법 중 하나인 2x2 교차설계법은 다음 표 8.3과 같다.

표8.3 2x2 교차설계법

	시기 1	시기2
RT 투여군	R	T
TR 투여군	T	R

---

[49] Levine, Ramsey, Smidt (2001) Applied Statistics, p.430. 23명 자료 중 일부

약 투여시기를 시기1과 시기2로 나눈다. 실험약을 T (Test drug)로 표현하고, 대조약을 R (Reference drug)로 표현한다. 실험은 RT와 TR 두 가지 실험 투여군으로 진행된다. RT에서는 시기 1에 대조약(R)을 투여하고, 시기 2에 시험약(T)을 투여한다. 반대로 TR에서는 시기 1에 시험약을 투여하고, 시기 2에 대조약을 투여한다. 피험자는 둘 중 한 투여군에 무작위로 배정되며, 한 피험자는 한 투여군에만 속한다. 먼저 투여받은 약이 충분히 배출되어서 잔류효과가 최소가 되도록 하기 위하여, 시기1과 시기2 사이에 일정한 기간을 둔다. 약 투여순서를 교차로 설계하는 이유는 R과 T 사이의 잔류효과가 공평하게 서로 상쇄되도록 하기 위함이다.

A 제약회사 약의 임상시험에서 22명의 피험자에서 투여된 대조약과 시험약의 혈중농도가 동일한지를 유의수준 0.1에서 비교해보자. 약의 혈중농도에 로그를 취하면 정규분포를 따르는 것으로 알려져 있다 [50]. 한 피험자가 대조약과 시험약을 모두 투여받기 때문에 피험자효과를 교정할 수 있는 쌍체비교법을 이용한다. 최대혈중농도(C_{max})에 로그변환을 취하면, 다음과 같은 C_{max}비의 로그변환이 된다:

$$d_i = \ln C_{max,T,i} - \ln C_{max,R,i} = \ln(C_{max,T,i}/C_{max,R,i}).$$

두 처리의 차이 d_i의 평균에 대한 신뢰구간을

$$\bar{d} \pm t_{0.10/2}(22-1)\frac{s_d}{\sqrt{n}}$$

을 계산하면, 이 구간이 90% 신뢰구간이 된다. 여기서 $t_{\frac{0.10}{2}}(22-1) = 1.72$이다. 이 차이에 대한 90% 신뢰구간을 구한 후 지수변환을 하면, C_{max}비에 관한 90% 신뢰구간을 얻을 수 있다. C_{max}비에 관한 90% 신뢰구간이 1을 포함하면, 대조약과 시험약의 C_{max}가 생물학적으로 동등하다고 결론짓는다. □

표 8.4 이표본 분산 F검정법

추론	양측검정	단측검정	
가설	$H_0: \sigma_1^2 = \sigma_2^2$ $H_1:: \sigma_1^2 \neq \sigma_2^2$	$H_0: \sigma_1^2 \leq \sigma_2^2$ $H_1: \sigma_1^2 > \sigma_2^2$	$H_0: \sigma_1^2 \geq \sigma_2^2$ $H_1: \sigma_1^2 < \sigma_2^2$
검정통계량	$F = \frac{S_1^2}{S_2^2} = f_0$		
신뢰구간	$\left(\frac{S_1^2/S_2^2}{F_{\frac{\alpha}{2}}(n_1-1, n_2-1)}, \frac{S_1^2/S_2^2}{F_{1-\frac{\alpha}{2}}(n_1-1, n_2-1)}\right)$	$\left(\frac{S_1^2/S_2^2}{F_{\alpha}(n_1-1, n_2-1)}, \infty\right)$	$\left(-\infty, \frac{S_1^2/S_2^2}{F_{1-\alpha}(n_1-1, n_2-1)}\right)$
기각역	$F \geq F_{\alpha/2}(n_1-1, n_2-1)$ 또는 $F \leq F_{1-\frac{\alpha}{2}}(n_1-1, n_2-1)$	$F \geq F_{\alpha}(n_1-1, n_2-1)$	$F \leq F_{1-\alpha}(n_1-1, n_2-1)$
유의확률	$p = 2P(F \geq f_0)$ 또는 $p = 2P(F \leq f_0)$	$p = P(F \geq f_0)$	$p = P(F \leq f_0)$

---

[50] 로그정규분포 (Lognormal distribution)

8. 이표본 T-검정

표 8.5 이표본 T-검정 (등분산, 소표본)

추론	양측검정	단측검정	
가설	$H_0: \mu_1 = \mu_2$ $H_1: \mu_1 \neq \mu_2$	$H_0: \mu_1 \leq \mu_2, H_1: \mu_1 > \mu_2$	$H_0: \mu_1 \geq \mu_2, H_1: \mu_1 < \mu_2$
검정 통계량	등분산 $T = \frac{(\bar{X}-\bar{Y})-(\mu_1-\mu_2)}{s_p\sqrt{1/n_1+1/n_2}} = t_0$, $\quad s_p^2 = \frac{(n_1-1)S_1^2+(n_2-1)S_2^2}{(n_1-1)+(n_2-1)}$		
자유도	$df = n_1 + n_2 - 2$		
신뢰구간	$\bar{X}-\bar{Y} \pm t_{\frac{\alpha}{2}}(df)s_p\sqrt{\frac{1}{n_1}+\frac{1}{n_2}}$	$\left(\bar{X}-\bar{Y}-t_\alpha(df)s_p\sqrt{\frac{1}{n_1}+\frac{1}{n_2}}, \infty\right)$	$\left(-\infty, \bar{X}-\bar{Y}+t_\alpha(df)s_p\sqrt{\frac{1}{n_1}+\frac{1}{n_2}}\right)$
기각역	$|T| \geq t_{\alpha/2}(df)$	$T \geq t_\alpha(df)$	$T \leq -t_\alpha(df)$
유의확률	$p = P(|T| \geq |t_0|)$	$p = P(T \geq t_0)$	$p = P(T \leq -t_0)$

표 8.6 이표본 T-검정 (이분산)

추론	양측검정	단측검정	
가설	$H_0: \mu_1 = \mu_2$ $H_1: \mu_1 \neq \mu_2$	$H_0: \mu_1 - \mu_2 \leq 0, H_1: \mu_1 - \mu_2 > 0$	$H_0: \mu_1 - \mu_2 \geq 0, H_1: \mu_1 - \mu_2 < 0$
분산추정	$S^2 = S_1^2/n_1 + S_2^2/n_2$		
검정 통계량	$T = \frac{(\bar{X}-\bar{Y})-(\mu_1-\mu_2)}{\sqrt{S_1^2/n_1+S_2^2/n_2}} = t_0$		
자유도	$df = \frac{(S_1^2/n_1+S_2^2/n_2)^2}{\frac{(S_1^2/n_1)^2}{n_1-1}+\frac{(S_2^2/n_2)^2}{n_2-1}}$		
신뢰구간	$\bar{X}-\bar{Y} \pm t_{\frac{\alpha}{2}}(df)\sqrt{\frac{S_1^2}{n_1}+\frac{S_2^2}{n_2}}$	$\left(\bar{X}-\bar{Y}-t_\alpha(df)\sqrt{\frac{S_1^2}{n_1}+\frac{S_2^2}{n_2}}, \infty\right)$	$\left(-\infty, \bar{X}-\bar{Y}+t_\alpha(df)\sqrt{\frac{S_1^2}{n_1}+\frac{S_2^2}{n_2}}\right)$
기각역	$|T| \geq t_{\alpha/2}(df)$	$T \geq t_\alpha(df)$	$T \leq -t_\alpha(df)$
유의확률	$p = P(|T| \geq |t_0|)$	$p = P(T \geq t_0)$	$p = P(T \leq -t_0)$

표 8.7 쌍체비교법

추론	양측검정	단측검정	
가설	$H_0: \mu_1 = \mu_2$ $H_1: \mu_1 \neq \mu_2$	$H_0: \mu_1 \leq \mu_2, H_1: \mu_1 > \mu_2$	$H_0: \mu_1 \geq \mu_2, H_1: \mu_1 < \mu_2$
검정 통계량	$\bar{d} = \bar{X} - \bar{Y}, \quad T = \frac{\bar{d}}{S_d/\sqrt{n}} = t_0$		
신뢰구간	$\bar{d} \pm t_{\alpha/2}(n-1)\frac{S_d}{\sqrt{n}}$	$\left(\bar{d} - t_\alpha(n-1)\frac{S_d}{\sqrt{n}}, \infty\right)$	$\left(-\infty, \bar{d} + t_\alpha(n-1)\frac{S_d}{\sqrt{n}}\right)$
기각역	$|T| \geq t_{\alpha/2}(n-1)$	$T \geq t_\alpha(n-1)$	$T \leq -t_\alpha(n-1)$
유의확률	$p = P(|T| \geq |t_0|)$	$p = P(T \geq t_0)$	$p = P(T \leq -t_0)$

연습문제

1. R의 InsectSprays에서 두 개의 살충제 B와 F의 효과를 비교하기 위해, 각 살충제를 12번

살포 후 죽은 세균 수를 조사하여, 다음과 같은 자료를 얻었다. 유의수준 0.05에서 다음 중 옳은 것은 어느 것인가? (정규분포를 가정함)

```
B: 11 17 21 11 16 14 17 17 19 21 7 13
F: 11  9 15 22 15 16 13 10 26 26 24 13
```

표 1. 등분산 검정

Method	Num DF	Den DF	F Value	Pr > F
F	11	11	0.4725	0.2294

표 2. t-test

Method	Variances	DF	t Value	Pr > |t|
Pooled	Equal	22	-0.6126	0.5464
Satterthwaite	Unequal	19.498	-0.6126	0.5472

a. B와 F의 분산을 비교하는 F 검정에 따르면 두 분산이 같다.
b. 두 집단의 평균검정에 대한 검정통계량은 t=-0.6126이다.
c. 두 집단의 평균검정에 대한 검정통계량의 자유도는 19.498이다.
d. 두 집단의 평균이 다르다

① a, b   ② a, c   ③ b, d   ④ c, d   ⑤ 위 보기 중 답 없음

(정답) ①

2. R의 mtcars에서 13대의 트랜스미션 수동(manual) 차량과 19대의 자동(automatic) 차량의 mpg (연비)를 비교하기 위하여 이표본 t-검정을 실시한 결과, 표1과 표2를 얻었다. 틀린 설명은 어느 것인가? (정규분포를 가정함)

표 1. 등분산 검정

Method	Num DF	Den DF	F Value	Pr > F
F	12	18	2.59	0.0669

8. 이표본 T-검정

표 2. ttest

Method	Variances	DF	t Value	Pr > |t|
Pooled	Equal	30	-4.11	0.0003
Satterthwaite	Unequal	18.332	-3.77	0.0014

① 독립인 이표본에서 평균을 비교하는 문제이고 검정통계량은 t이다.

② 유의수준 0.05에서 자동과 수동의 분산이 같다고 보기 어렵다.

③ 검정통계량은 t=-4.11이다.

④ 유의수준 0.05에서 두 집단의 평균이 다르다고 말할 수 있다.

⑤ 답 없음

(정답) ②

3. 다음 자료는 두 종류의 붓꽃 A와 B의 이파리 길이를 측정한 것이며(Fisher, iris 자료 중 일부), A와 B의 평균 길이가 동일한지 비교 검정하고자 한다. (정규분포를 가정함)

```
x<-c(5.1, 4.9, 4.7, 4.6, 5.0, 5.4, 4.6, 5.0, 4.4, 4.9)   # 붓꽃 A
y<-c(6.3, 5.8, 7.1, 6.3, 6.5, 7.6, 4.9, 7.3, 6.7, 7.2)   # 붓꽃 B
```

```
등분산 검정을 위한 R 코드 및 결과

> var.test(x, y)

        F test to compare two variances

data:   x and y
F = 0.13125, num df = 9, denom df = 9, p-value = 0.005775
alternative hypothesis: true ratio of variances is not equal to 1
```

(1) 위 등분산 검정의 귀무가설과 대립가설은 무엇인가?

(2) 유의확률 p은 얼마인가? 유의확률p는 유의수준 α = 0.05보다 작은가? (둘 중 선택)

    (답: 유의확률이 유의수준보다 작다 / 유의확률이 유의수준보다 크다)

(3) 유의수준 0.05에서 귀무가설을 기각하는가? (둘 중 선택)

(답: 유의수준 0.05에서 귀무가설을 기각한다 / 유의수준 0.05에서 귀무가설을 기각하지 않는다)

등분산검정 결과에 따라서, A 또는 B 중 한 가지만 사용함
A. 등분산 가정 하의 이표본 평균검정을 위한 R 코드 및 결과 > t.test(x,y, var.equal=TRUE)   Two Sample t-test data: x and y t = -6.3218, df = 18, p-value = 5.87e-06 alternative hypothesis: true difference in means is not equal to 0
B. 이분산 가정 하의 이표본 평균검정을 위한 R 코드 및 결과 > t.test(x,y, var.equal=FALSE)   Welch Two Sample t-test data: x and y t = -6.3218, df = 11.322, p-value = 4.972e-05 alternative hypothesis: true difference in means is not equal to 0

(4) 위 독립표본 평균검정의 귀무가설과 대립가설은 무엇인가?

(5) 위 이표본 평균검정 A와 B 중 어느 것을 사용해야 하는가?

(6) 평균비교를 위한 검정통계량은 무엇인가? 귀무가설이 참일 때, 검정통계량의 분포는 무엇인가?

(7) 유의확률은 얼마인가? 유의확률은 유의수준보다 작은가? (둘 중 선택)

    (답: 유의확률이 유의수준보다 작다 / 유의확률이 유의수준보다 크다)

(8) 유의수준 0.05에서 귀무가설을 기각하는가? (둘 중 선택)

    (답: 유의수준 0.05에서   귀무가설을 기각한다/ 유의수준 0.05에서 귀무가설을 기각하지 않는다)

(9) 결론이 무엇인가?

(풀이) (1) 가설 H_0 : 두 집단의 분산이 동일하다. vs. H_1 : 두 집단의 분산이 다르다.

(2) p-value = 0.005775. 유의확률이 유의수준보다 작다

(3) 유의수준 0.05에서 귀무가설을 기각한다.

(4) 가설 H_0: 두 집단의 평균이 동일하다. vs. H_1: 두 집단의 평균이 다르다.

(5) B

(6) 검정통계량은 t(11.322)를 따른다.

(7) p-value = 4.972e-05 유의확률이 유의수준보다 작다.

(8) 유의수준 0.05에서 귀무가설을 기각한다.

(9) 붓꽃 A와 B의 이파리 평균 길이가 다르다.

4. InsectSprays 자료 중 살충제 C와 D의 살충효과가 동일한지 검정하고자 한다. 다음 R코드를 실행하여, 유의수준 0.05에서 아래 물음에 답하라. (정규분포를 가정함)

```
C <- InsectSprays[InsectSprays$spray=="C", "count"] # spray=C 중에서 count 변수 가져오기
D <- InsectSprays[InsectSprays$spray=="D", "count"] # spray=D 중에서 count 변수 가져오기
var.test(C, D)
# 등분산검정 결과에 따라서, 다음 둘 중 한 가지만 사용함
t.test(C, D, var.equal=T)
t.test(C, D)
```

(1) 두 집단의 분산은 동일한지에 대한 가설을 써라. var.test의 유의확률 p를 분산의 동일성을 검정하라. 이분산 검정 또는 등분산 검정 중 어느 것을 이용할 것인가?

(2) 살충제 C와 D의 살충효과가 동일한지 검정하는 가설을 써라.

(3) 평균비교를 위한 검정통계량은 무엇인가? 귀무가설이 참일 때, 검정통계량의 분포는 무엇인가?

(4) 평균비교를 위한 검정통계량의 유의확률은 얼마인가? 유의확률은 유의수준보다 작은가? 귀무가설을 기각하는가?

(5) 두 집단의 평균 차이에 대한 95% 신뢰구간을 써라. 0이 신뢰구간에 속하는가? 귀무가설을 기각하는가?

(6) 결론이 무엇인가?

이성은 모든 사람에게 똑같이 존재하며, 모든 사람의 공통된 재산이다.

톨스토이

9. 회귀분석

철학사에서 수 백 년 동안 지속되던 "무엇이 존재하는가?", "어떻게 살아야 하는가?", "정의란 무엇인가?"와 같은 질문은, 데카르트(Descaertes, 1596-1650) 이후, "내가 무엇을 알 수 있는가?"로 바뀌었다. 데카르트 이후, 서양철학은 방법적 엄밀함으로 회귀하였으며, 감각이 아닌 이성을 통하여 세상에 대한 지식이 얻어진다는 믿음에 바탕을 둔 합리주의가 서양철학의 영구적인 전통이 되었다. 데카르트에 따르면, 믿을 수 있는 올바른 사실에 논리를 적용하고, 작은 의심도 개입되지 않도록 하는 기초방법이 존재한다. 그는, 바로 이 방법으로 인하여, 수학적 원리에 근거하여 세상에 대한 믿을 수 있는 지식을 제공하는 과학이 가능하다고 생각했다.[51]

과학 및 공학뿐 아니라 인문사회과학 등 학문전반에 걸쳐서, 회귀분석은 신뢰할 수 있는 자료에 적용될 수 있는 수학적으로 엄밀한 분석방법으로써, 세상에 대한 믿을 수 있는 지식을 제공하는 중요한 역할을 한다. 통계학에서 회귀(regression)라는 단어는 아버지의 키와 아들의 키의 상관관계를 조사했던 골턴[52]이 처음 사용하였다. 이 조사에 따르면, 키 큰 아버지의 아들이 무조건 더 커지기 보다는, 아버지보다 다소 작아지면서 전체적인 평균 키로 회귀하였다. 현대의 회귀분석은 수집된 자료에 근거해서 변수들 사이의 상관관계를 함수로 추정하는 분석방법들을 통칭한다.

큰 자료에는 얽히고설킨 수많은 변수들이 존재한다. 그냥 눈으로 봐서는 어느 것이 설명 변수이고 어느 것이 반응 변수인지 알기 어렵다. 분석 목적에 따라서, 한 변수가 설명 변수가 되기도 하고, 반응 변수가 되기도 한다. 어떤 변수들 사이에는 아무런 관계가 없을 수도 있다. 회귀분석을 이용하여, 이들 사이의 유의한 상관관계를 알아낼 수 있다. 뿐만 아니라, 만약 두 변수의 상관관계를 직선으로 나타낼 수 있다면, 직선의 기울기로 설명 변수의 증감에 따른 반응 변수의 변화 정도를 알아낼 수 있다.

단순회귀모형에서는 설명 변수와 반응 변수가 한 개씩만 있고, 오차가 정규분포를 따른다고 가정한다. 이는 직선이 아닌 복잡하고 다양한 선형모형으로 확장될 수 있다. 변수는 둘 이상으로 늘어날 수 있으며, 연속형 대신 범주형이 될 수 있다. 오차에 대한 정규분포가정도 다양하게 변형된다. 우선 단순회귀분석에서 추정, 모형의 적합성 검정, 모형에 대한 해석, 모형에 대한 진단을 차례로 살펴보자. 많은 변수가 사용되는 다중회귀모형의 예도 살펴보자. 회귀분석은 통계자료분석방법 중 가장 대표적인 방법이므로, 꼼꼼히 공부하자. 이 장의 마지막에는 변수 선택 방법을 포함한 실질적인 회귀모형 추정과정을 상세하게 설명한다. 이 장에서는 유의수준 0.05를

---

[51] 브라이언 매기(2001) 사진과 그림으로 보는 철학의 역사. 시공 아크로 총서 6. 박은미 옮김

[52] Francis Galton(1822-1911) 영국의 인류학자이고, 찰스 다윈의 사촌 동생이며, 유전학에 관심이 많았다.

사용한다.

9.1 단순회귀모형

두 변수 X, Y가 모두 연속형일 때, 두 변수 사이의 상관관계를 직선으로 표현할 수 있다. 예를 들어, 아버지의 키가 아들의 키에 어느 정도 영향을 미치는지 알고 싶다거나, 자동차의 마력이 연비에 미치는 영향을 알아보는 문제를 생각해보자. 아버지의 키 X_i에 따라서 아들의 키 Y_i가 어느 정도 달라질 수 있고, 자동차의 마력 X_i에 따라서 연비 Y_i가 영향을 받게 되므로, 이들의 관계를 산점도와 직선으로 표현할 수 있다. 이때, 직선의 기울기는 설명변수 X_i의 증가에 따른 반응변수 Y_i의 변화율을 나타낸다.

예제 9.1 다음 표9.1과 같이 19대의 자동차(mtcars; 자동 트랜스미션, am=0)의 자료를 이용하여, 마력과 연비(mpg)의 관계를 살펴보자. 그림 9.1의 세 개 직선 중에서, 두 변수의 관계를 가장 잘 설명하는 최적 직선식은 어느 것인가? 그 이유는 무엇인가?

표 9.1 mtcars의 마력과 연비

마력 x	110	175	105	245	62	95	123	123	180	180
연비 y	21.4	18.7	18.1	14.3	24.4	22.8	19.2	17.8	16.4	17.3
마력 x	180	205	215	230	97	150	150	245	175	
연비 y	15.2	10.4	10.4	14.7	21.5	15.5	15.2	13.3	19.2	

R 실습

```
# 표 9.1
# 방법 1
 x<- mtcars[mtcars$am==0,"hp"]
 y<- mtcars[mtcars$am==0,"mpg"]


# 방법 2
 auto <- subset(mtcars, am==0)
 y<-auto$mpg
```

```
x<-auto$hp

# 방법 3

y<-c(21.4, 18.7, 18.1, 14.3, 24.4, 22.8, 19.2, 17.8, 16.4, 17.3, 15.2, 10.4, 10.4, 14.7, 21.5, 15.5, 15.2,
     13.3, 19.2)

x<-c(110, 175, 105, 245,  62,  95, 123, 123, 180, 180, 180, 205, 215  230,  97, 150, 150, 245,
     175)
```

```
# 그림 9.1

plot(x,y, main="최적직선 찾기")

abline(30, -0.065)

abline(20, -0.035)

abline(26.62485,  -0.05914, col="blue")
```

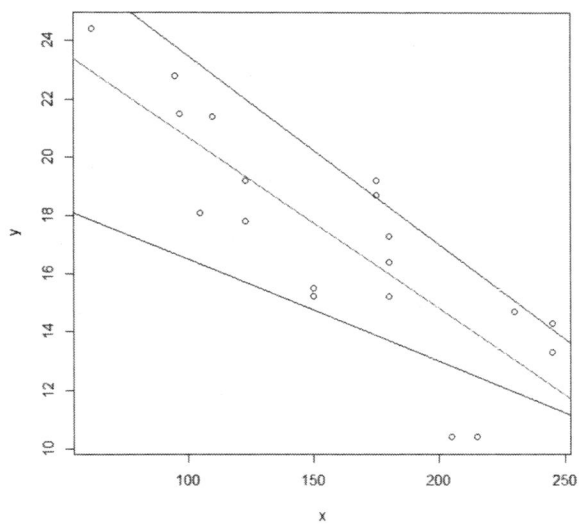

그림 9.1 마력과 연비에 대한 산점도와 최적 직선식

연속형 자료가 다음과 같이

$$(x_1, y_1), (x_2, y_2), \cdots, (x_n, y_n)$$

쌍으로 얻어질 때, 산점도의 한 가운데 평균점 $(\bar{x}, \bar{y})$ 를 지나는 직선식을 추정하기 위하여, 단순회귀모형을 사용한다.

$$Y_i = \alpha + \beta x_i + \varepsilon_i, \ i = 1, \cdots, n$$

여기서 변수와 모수는 다음과 같이 정의된다.

x_i : 설명변수(explanatory variable), 독립변수(independent variable)

Y_i : 반응변수(response variable), 종속변수(dependent variable)

ε_i : 오차(errors)

α : y-절편(intercept)

β : 기울기(slope)

오차에 대한 가정은

"오차는 독립이고, 동일한 $N(0, \sigma^2)$를 따른다."

이며, 이는 오차의 ① 독립성 ② 정규성 ③ 등분산성을 의미한다. 여기서, ε_i 와 Y_i 는 확률변수이지만, x_i는 확률변수가 아닌 주어진 값이므로, $E[Y_i|x_i] = \alpha + \beta x_i$이다. 주어진 점 x에서 Y의 평균반응은

$$E[Y|x] = \alpha + \beta x$$

로 정의된다. 이를 **회귀모형의 선형성**이라고 부른다.

  우선, ①회귀계수 α, β 를 추정하여 ②최적 직선식을 추정하고, ③선형 회귀모형의 적합성 검정과 ④계수 추정값의 유의성 검정을 차례로 실시하자. 또한 ⑤주어진 점 x에서 Y 의 평균반응에 대한 신뢰구간과 예측구간을 구해보자. 또한 ⑥잔차도를 이용하여 모형의 적합도를 살펴보고, ⑦이상점 및 영향점의 존재를 파악해보자. 마지막으로 ⑧여러 개의 설명변수를 사용하는 다중회귀분석와 ⑨모형의 선택에 대해서도 간단히 살펴보자.

9.2 최소제곱법을 이용한 최적 직선식 추정

가우스(1975)가 먼저 발견하고 사용했을 거라는 추측이 있지만, 르장드르[53](1805)가 공식적으로 처음 발표한 최소제곱법은 통계자료분석의 획기적인 초석이다. x와 y의 관계를 나타내는 직선

---

[53] 르장드르(A.M Legendre, 1752-1833) 프랑스 수학자로서, 최소제곱법을 공식적으로 최초로 발표하여, 통계자료분석의 초석을 놓았다.

중에서, 오차 제곱합 $H(a,b)$를 다음과 같이 정의하면,

$$H(\alpha, \beta) = \sum_{i=1}^{n} \varepsilon_i^2 = \sum_{i=1}^{n}(y_i - \alpha - \beta x_i)^2$$

H는 아래로 볼록한 함수이다. 최소제곱법(Least squares method)을 이용하여, H가 최소가 되는 α와 β를 찾아보자. H를 각각 α와 β에 대하여 편미분하여,

$$\frac{\partial H}{\partial \alpha} = 0, \quad \frac{\partial H}{\partial \beta} = 0$$

으로 두자. 이 연립방정식의 해를 구하면, 절편 α와 기울기 β를 추정할 수 있다. (부록 참조)

$$\hat{\beta} = \frac{S_{xy}}{S_{xx}} = \frac{\sum_{i=1}^{n}(x_i - \bar{x})(y_i - \bar{y})}{\sum_{i=1}^{n}(x_i - \bar{x})^2}$$

$$\hat{\alpha} = \bar{y} - \hat{\beta}\bar{x}$$

그러면, **추정값**(fitted values)은

$$\hat{y}_i = \hat{\alpha} + \hat{\beta} x_i$$

이고, 이는 $\hat{y}_i = E[Y_i|x_i]$에 해당한다. 회귀식으로 설명되지 못한 **잔차**(residual) e_i는 관측값 y_i과 추정값 $\hat{y}_i$의 차이로 정의된다.

$$\text{잔차} = \text{관측값} - \text{추정값}$$

$$e_i = y_i - \hat{y}_i$$

예제 9.2 (계속) 마력과 연비의 관계를 나타내는 최적 직선식을 찾아보자. $\bar{x} = 160.263, \bar{y} = 17.154$, $\sum x_i^2 = 540311, \sum y_i^2 = 5951.2, \sum x_i y_i = 49120.3, n = 19$ 이므로, $\hat{\alpha} = 26.625$, $\hat{\beta} = -0.059$이다. 따라서,

$$\hat{\beta} = \frac{S_{xy}}{S_{xx}} = \frac{49120.3 - (19)(160.263)(17.154)}{540311 - (19)(160.263)^2} = -0.059$$

$$\hat{\alpha} = 17.154 + (-0.059)(160.263) = 26.625$$

이므로, 최적 직선식은 다음과 같다.

$$\text{연비} = 26.625 - 0.059 \times \text{마력}$$

□

R 실습

```
# 예제 9.2 회귀모형적합
> fit <- lm(y~x)
> fit
```

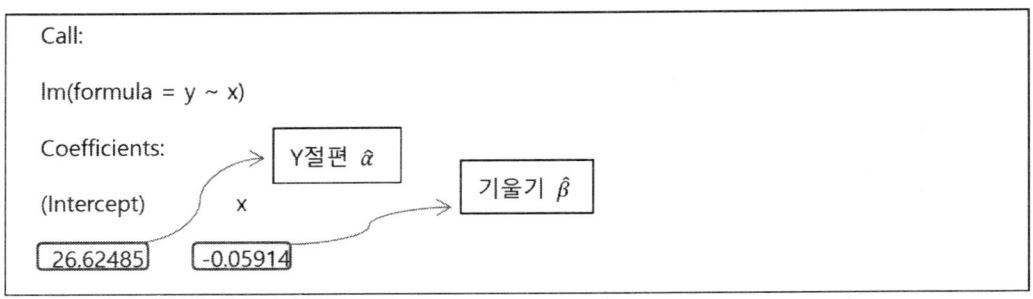

```
# 예제 9.2 회귀계수, 예측값, 잔차의 출력을 생략한다.
coefficients(fit)        # $\hat{\beta}$
fitted(fit)              # $\hat{y}$
residuals(fit)           # $\hat{e}$
```

추정된 회귀직선식은 주어진 자료에 잘 적합하며, 오차의 가정을 잘 만족하고 있을까? 이 물음에 답하기 위해서, 모형의 적합도 검정과 회귀진단을 차례로 살펴보자.

9.3 분산분석을 이용한 회귀모형의 적합도 검정

선형모형이 아니거나, 불필요한 설명변수가 포함되거나, 필요한 설명변수가 빠지거나, 비정상적인 자료가 포함되면, 회귀모형의 적합도가 나쁠 수 있다. 회귀모형의 적합도검정을 위한 가설은 다음과 같다.

H_0: 회귀모형이 유의하지 않다. H_1: 회귀모형이 유의하다.
H_0: $Y_i = \alpha + \varepsilon_i$ H_1: $Y_i = \alpha + \beta x_i + \varepsilon_i$
H_0: $\beta = 0$ H_1: $\beta \neq 0$
H_0: 모든 회귀 계수가 0이다. H_1: 0이 아닌 회귀계수가 존재한다.

단순회귀모형에서 "회귀모형이 유의하다"는 가설은 모형이 $Y_i = \alpha + \beta x_i + \varepsilon_i$이라는 뜻이며, 직선의 기울기 β가 0이 아니라는 뜻이다.

추정된 모형의 적합도를 검정하기 위해서, 자료의 변동을 분석해보자. 아래 그림9.2에서와 같이 **총변동**(SST)은 회귀직선에 의해서 설명되는 변동(SSR)과 회귀직선에 의해서 설명되지 않는 변동(SSE)의 합으로 분해된다.

변동의 분해

그림 9.2의 변동분해를 수식으로 표현하자.

$$y_i - \bar{y} = (\hat{y}_i - \bar{y}) + (y_i - \hat{y}_i)$$

$$\text{총변동} = \begin{pmatrix} \text{회귀모형에 의해서} \\ \text{설명된 변동} \end{pmatrix} + \begin{pmatrix} \text{회귀모형에 의해서} \\ \text{설명이 안된 변동} \end{pmatrix}$$

$$\sum_{i=1}^{n}(y_i - \bar{y})^2 = \sum_{i=1}^{n}(\hat{y} - \bar{y})^2 + \sum_{i=1}^{n}(y_i - \hat{y})^2$$

$$SST = SSR + SSE$$

여기서, **총제곱합**은 SST(Sum of squares for total), **회귀제곱합**은 SSR(Sum of squares for regression), **오차제곱합**은 SSE(Sum of squares for error)라고 불린다. $\sum_{i=1}^{n}(\hat{y}_i - \bar{y})(y_i - \hat{y}_i) = 0$이며, 이는 두 변동이 직교이고 독립임을 의미한다.

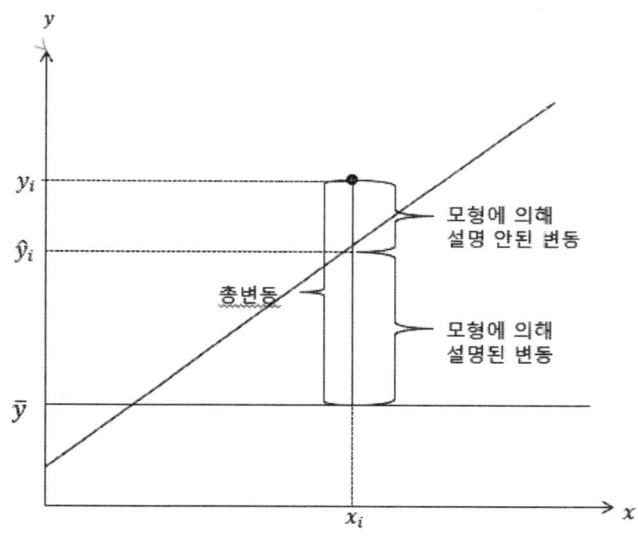

그림 9.2 단순회귀모형에서 변동의 분하

제곱합들의 관계를 정리한 표 9.2를 **분산분석표** (ANOVA table, Analysis of Variance table)라고 부른다. 분산분석표의 목적은 모형의 적합성 검정이다.

표 9.2 단순회귀분석의 분산분석표

요인	제곱합(SS)	자유도 (df)	평균제곱합 $MS = SS/df$	검정통계량 F	유의확률 $p - 값$
회귀모형	SSR	$df_R = X$ 변수 개수$=1$	$MSR = SSR/1$	$F = MSR/MSE$	$p \leq \alpha$ 이면 "H_0: 회귀계수 $= 0$"을 기각하고 회귀모형이 유의하다 결론지음
오차	SSE	$df_E = df_T - df_R$ $= n - 2$	$MSE = SSE/(n-2)$	$\sim F(1, n-2)$ (H_0이 참일 때)	
총합	SST	$df_T =$ 표본수 $- 1$ $= n - 1$			

오차의 분산 추정치 $\hat{\sigma}^2 =$ MSE   결정계수 $R^2 = SSR/SST =$ 회귀모형에 의해서 설명된 변동의 비율

R의 분산분석표에는 총합이 출력되지 않는다.

분산분석표에 포함된 통계량들에 대한 항목 별 분포이론을 살펴보자.

제곱합

SSR은 회귀 제곱합이고, SSE는 오차 제곱합이며, 둘은 서로 독립이다. 총 제곱합 SST는 회귀 제곱합과 오차 제곱합의 합이다.

$$SST = SSR + SSE$$

자료가 주어지면 SST는 고정되므로, SSR가 커지면 SSE가 작아지고, SSR이 작아지면 SSE가 커진다. SSR이 클수록, 또는 SSE가 작을수록, 모형의 적합도가 좋다. SSE의 다른 이름은 RSS(residual sum of squares)이며, 잔차제곱합을 의미한다.

결정계수

결정계수 (Coefficient of determination) R^2은 총변동 중 회귀직선에 의해 설명된 비율, 즉

$$R^2 = \frac{SSR}{SST}$$

로 정의된다. R^2이 클수록 회귀모형이 자료의 변동을 잘 설명한다. R^2의 범위는 $0 \leq R^2 \leq 1$이며, 독립변수의 수가 증가하면 R^2이 커지며, R^2의 증가가 둔화되는 지점에서 독립변수의 수를 대략적으로 짐작할 수 있다. 하지만, SSR과 SST가 독립이 아니어서 R^2이 확률분포를 갖지 않기 때문에, R^2을 이용하여 모형에 대한 검정을 실시할 수 없고, 모형을 결정하기 어렵다. 따라서,

R^2은 선택된 모형이 변동을 얼마나 잘 설명하는지 해석하기 위해서 주로 사용된다.

제곱합의 분포와 자유도

귀무가설이 참일 때 제곱합의 분포는 다음과 같다 (부록 참조).

$$\left(\frac{SST}{\sigma^2} \sim \chi^2(n-1)\right) = \left(\frac{SSR}{\sigma^2} \sim \chi^2(1)\right) + \left(\frac{SSE}{\sigma^2} \sim \chi^2(n-2)\right)$$

회귀모형의 자유도 df_R은 y-절편을 제외한 설명변수의 개수이다. 단순회귀분석에서는 설명변수가 1개이므로, 단순회귀모형에서 회귀모형의 자유도는 항상 1이다. 회귀모형의 자유도 df_R과 오차의 자유도 df_E를 더하면, 총 자유도 df_T를 얻을 수 있다. 따라서,

$$df_T = df_R + df_E$$

가 항상 성립한다. 총자유도는 $df_T =$ (표본의 크기 -1) $= n - 1$ 이다. 오차의 자유도 df_E 는 SSE의 자유도는 SST의 자유도와 SSR의 자유도의 차이다.

$$df_E = df_T - df_R = \left(\text{표본의 크기} - 1\right) - \text{설명변수의 개수} = n - 2$$

평균제곱합

평균제곱합(Mean Squares; MS)은 제곱합을 자유도로 나눈 것으로 정의된다 ($MS = SS/df$). 오차 분산 σ^2의 추정값으로 MSE를 사용하며, 다음과 같다.

$$\hat{\sigma}^2 = MSE$$

이때, $E[MSE] = \sigma^2$이다. 여기에 제곱근을 취하여, σ의 추정값인 s를 구할 수 있다.

$$\hat{\sigma} = s = \sqrt{MSE} = \text{residual standard error}$$

검정통계량

선형회귀모형의 적합도 검정을 위한 검정통계량 F는

$$F = \frac{MSR}{MSE} = \frac{SSR/1}{SSE/(n-2)}$$

이며, 귀무가설 하에서 $F(1, n-2)$ 를 따른다. $F \geq F_\alpha(1, n-2)$, 또는 "$p-$값 $\leq$ 유의수준 $\alpha = 0.05$"이면, 귀무가설 $H_0: \beta = 0$을 기각하고, 단순회귀모형이 유의하다고 결론짓는다 (부록 참조).

예제 9.3 예제 9.1의 마력과 연비의 단순회귀모형에 대한 분산분석표를 구하자. 유의수준 0.05에서 모형의 적합성을 살펴보면, $F-$검정통계량이 유의하므로 ($p = 7.143e - 08 < 0.05$),

$H_0: \beta = 0$를 기각한다. 즉, 마력이 연비를 설명하는 유의한 설명변수이다. 모형의 결정계수가 $R^2 = \frac{182.937}{264.588} = 0.6914$ 이므로, 마력은 연비에서 나타나는 총변동 중 69.14%를 설명한다. 여기서, $F = 38.088 > F_{0.05}(1,17) = qf(0.95,1,17) = 4.45$ 이므로, 귀무가설을 기각한다. 또한 유의확률은 $P(F(1,17) > 38.088) = 1 - pf(38.088,1,17) = 1.025e - 05$으로 얻어진다. □

표 9.3 마력과 연비에 대한 단순회귀분석의 분산분석표

요인	제곱합 SS	자유도 df	평균제곱합 MS = SS/df	검정통계량 F	유의확률 p
회귀 (마력hp)	182.937	1	182.937	F=38.088	1.025e-05
잔차 (residual)	81.651	17	4.803		
총합	264.588	18			

$\hat{\sigma} = \sqrt{MSE}$ =Residual standard error: 2.192 on 17 degrees of freedom

R^2 =Multiple R-squared: 0.6914,   Adjusted R-squared: 0.6733

R 실습

```
# 예제 9.3
> anova(fit)
Analysis of Variance Table

Response: y
            Df   Sum Sq   Mean Sq   F value   Pr(>F)
x            1   182.937  182.937   38.088    1.025e-05 ***
Residuals   17   81.651   4.803
---
Signif. codes:  0 '***' 0.001 '**' 0.01 '*' 0.05 '.' 0.1 ' ' 1
```

p=1.025× 10^{-5} < 0.05이므로, 회귀모형이 유의하다.

9.4 추정된 계수의 유의성 검정

모형의 적합도 검정에서 모형이 유의하다고 판정되면, 추정된 계수들이 유의한지를 따로 살펴야 한다.

가설

단순회귀모형에서 회귀 계수의 유의성에 대한 가설은 다음과 같다.

9. 회귀분석

(절편의 유의성) 가설 $H_0: \alpha = 0 \quad H_1: \alpha \neq 0$

(기울기의 유의성) 가설 $H_0: \beta = 0 \quad H_1: \beta \neq 0$

단순회귀분석에서는 설명변수가 한 개 밖에 없기 때문에, 모형에 대한 가설과 기울기 β에 대한 가설이 동일하다. 일반적인 다중회귀분석에서는 두 가설이 다르다.

검정통계량

t –통계량을 검정통계량으로 사용하며 (부록), 그 결과를 표 9.4의 계수 추정표와 같이 정리한다. 계수 추정표의 1행은 절편, 2행은 설명변수에 해당한다. 2열은 계수 추정값, 3열은 표준오차, 4열은 검정통계량, 5열은 유의확률을 차례로 포함한다. 각 행에서 유의확률 p가 유의수준 $\alpha = 0.05$보다 작으면 해당 귀무가설을 기각한다. R에서는 회귀분석의 기본 출력으로 표9.4와 함께, 표9.3의 F와 $p-$값, $\hat{\sigma}$, R^2을 제공한다. 단순회귀분석에서는 설명변수가 한 개 밖에 없기 때문에, F 검정통계량은 기울기 β에 대한 t 검정통계량의 제곱이다. 이로부터 추정된 회귀식은 다음과 같다.

$$\hat{y}_i = \hat{\alpha} + \hat{\beta} x_i$$

표 9.4 단순회귀분석의 계수 추정표

	추정값(Estimate)	표준오차 (Std. Error)	검정통계량 t	유의확률 $p = \Pr(> \|t\|)$
절편(Intercept)	$\hat{\alpha}$	$se(\hat{\alpha})$	$t = \dfrac{\hat{\alpha}}{se(\hat{\alpha})}$	$p \leq \alpha$이면 $H_0: \alpha = 0$을 기각한다.
x	$\hat{\beta}$	$se(\hat{\beta})$	$t = \dfrac{\hat{\beta}}{se(\hat{\beta})}$	$p \leq \alpha$이면 $H_0: \beta = 0$을 기각한다.

$\hat{\sigma} = \sqrt{MSE}$ = 잔차에 대한 표준오차 (Residual standard error). 자유도=(n-1)-x의 갯수

R^2 =결정계수 (Multiple R-squared) =SSR/SST, 조정된 결정계수 (Adjusted R-squared)

se: 모수에 대한 표준오차 (standard error)

추정값에 대한 검정통계량에 대한 분포이론을 살펴보자.

기울기 β에 대한 추론

β에 대한 추정통계량의 기대값, 표준오차 (standard error; se), 분포는 다음과 같이 얻어진다.

$$E[\hat{\beta}] = \beta$$

$$\mathrm{Var}(\hat{\beta}) = \frac{\sigma^2}{S_{xx}}$$

$$se(\hat{\beta}) = \sqrt{\widehat{Var}(\hat{\beta})} = \frac{\sqrt{MSE}}{\sqrt{S_{xx}}}$$

귀무가설 하에서 검정통계량은

$$t = \frac{\hat{\beta}}{se(\hat{\beta})}$$

이며, 분포는 $t(n-2)$이다. 유의확률이 유의수준보다 작거나 같으면($p \leq \alpha$), 귀무가설 $H_0: \beta = 0$을 기각하고, 대립가설 $H_0: \beta \neq 0$로 결론짓는다.

y-절편 α에 대한 추론

α에 대한 추정통계량의 기댓값, 표준오차 (standard error; se), 분포는 다음과 같이 얻어진다.

$$E[\hat{\alpha}] = \alpha$$

$$Var(\hat{\alpha}) = \sigma^2 \left(\frac{1}{n} + \frac{\bar{x}^2}{S_{xx}} \right)$$

$$se(\hat{\alpha}) = \sqrt{\widehat{Var}(\hat{\alpha})} = \hat{\sigma} \sqrt{\left(\frac{1}{n} + \frac{\bar{x}^2}{S_{xx}} \right)} = \sqrt{MSE \left(\frac{1}{n} + \frac{\bar{x}^2}{S_{xx}} \right)}$$

귀무가설 하에서 검정통계량은

$$t = \frac{\hat{\alpha}}{se(\hat{\alpha})}$$

이고, 분포는 $t(n-2)$이다. 유의확률이 유의수준보다 작거나 같으면 ($p \leq \alpha$), 귀무가설 $H_0: \alpha = 0$을 기각하고, 대립가설 $H_0: \alpha \neq 0$로 결론짓는다.

예제 9.4 예제 9.1의 마력과 연비의 단순회귀모형에서 계수에 대한 유의성검정을 실시해보자. 표 9.5로부터 얻은 추정된 회귀직선식은

$$연비 = 26.62485 - 0.05914 \times 마력$$

이며, 유의수준 0.05에서 절편과 마력의 계수는 모두 유의하다 (p – 값 = 6.92e – 12, p – 값 = 1.02e – 05) . 그림 9.3의 추정된 회귀직선식에 따르면, 마력이 1 증가하면, 연비가 0.05914 감소함을 볼 수 있다.

검정통계량은 $F = 45.65$이고, 유의확률은 $p = 7.143e - 08 < 0.05$이므로, 추정된 회귀모형이 적합하다. 즉, 마력이 연비를 설명하는 유의한 설명변수이며, 이는 단순회귀모형이 유의함과 동일하다. 모형의 결정계수가 $R^2 = 0.6914$이므로, 마력은 연비에서 나타나는 총변동 중 69.14%를 설명한다. 잔차의 표준오차는 $\hat{\sigma} = \sqrt{MSE} = 2.192$이다. □

9. 회귀분석

표 9.5 마력과 연비의 단순회귀분석에서의 계수추정표

	추정값 (Estimate)	표준오차 (Std. Error)	검정통계량 (t value)	유의확률 Pr(>|t|)
절편(Intercept)	26.624848	1.615883	16.477	6.92e-12 ***
x	-0.059137	0.009582	-6.172	1.02e-05 ***

$\hat{\sigma} = \sqrt{MSE}$ =Residual standard error: 2.192 on 17 degrees of freedom

R^2 =Multiple R-squared: 0.6914,   Adjusted R-squared: 0.6733

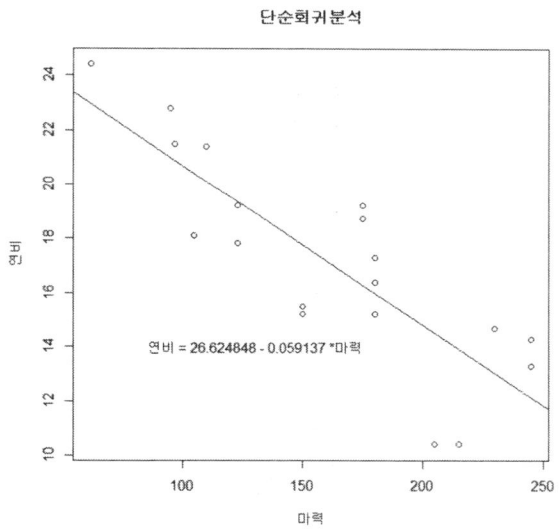

그림 9.3 마력과 연비에 대하여 추정된 단순회귀모형

R 실습

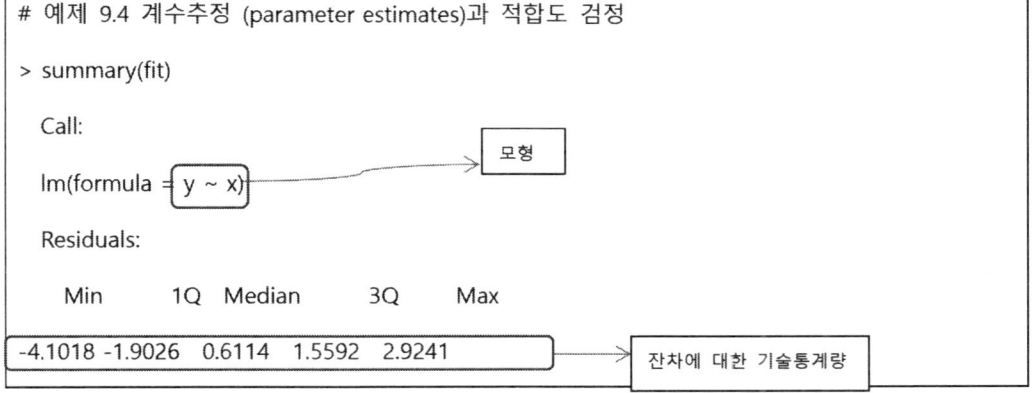

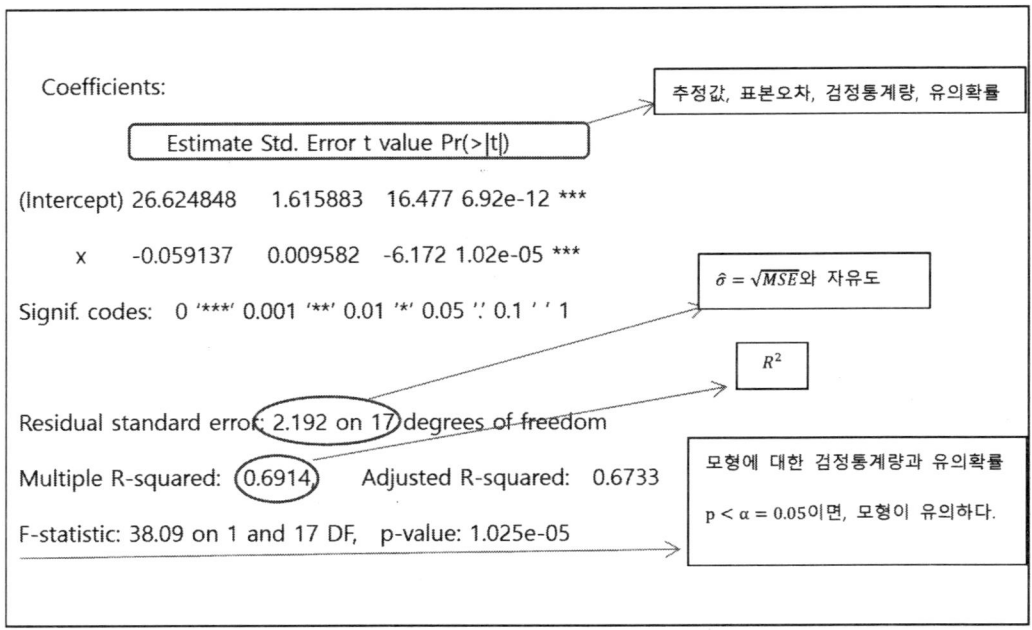

```
# 그림 9.3
> plot(x,y, main="단순회귀분석",
        xlab="마력", ylab="연비",
        text(130,14,"연비 = 26.624848 - 0.059137 *마력") )
> abline(fit)
```

9.5 잔차도를 이용한 모형 진단

잔차도(residual plot)로부터, 오차에 대한 가정이 만족되는지 살펴보자. 이를 위하여 잔차 e_i 또는 표준화된 잔차(standardized residual) r_i를 사용하자.

$$r_i = \frac{e_i}{\widehat{sd}(e_i)}$$

여기서 $\widehat{sd}(e_i)$는 잔차의 표준편차이다. 잔차도는 x-축에 x_i 또는 $\hat{y}_i$를 두고, y-축에 잔차 e_i 또는 표준화된 잔차(standardized residual) r_i를 나타낸다. 이때 잔차가 다음의 ①, ②, ③을 만족하면, 오차의 가정이 타당하다고 할 수 있다.

① 잔차는 0 주변에 대칭적으로 놓여있다.

② 대부분의 잔차는 ±2 근방에 놓여있다.

③ 규칙적인 패턴이 없다.

표준정규분포라면, ±1.96 이내에 자료가 놓일 확률이 0.95이며, 종모양으로 대칭이고, 랜덤해야한다.

예제 9.5 예제 9.1의 마력과 연비의 단순회귀분석에서 잔차도를 이용하여 모형의 타당성을 살펴보자. 잔차들이 특별한 패턴을 보이지는 않지만, 12, 13, 19번째 자료들은 0을 중심으로 ±2를 제법 벗어남을 볼 수 있다.

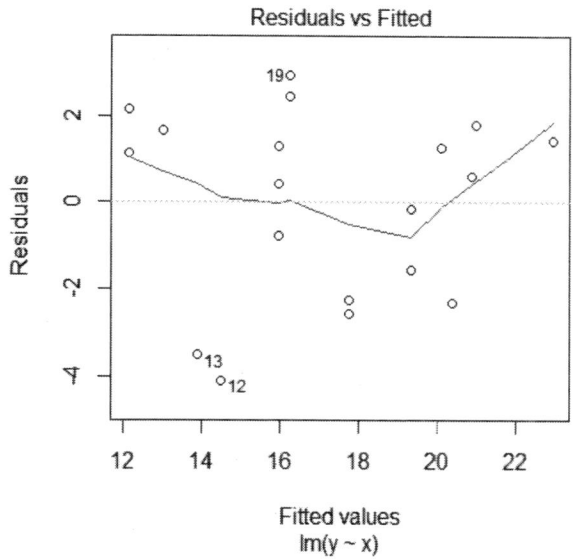

그림 9.4 마력과 연비에 대한 단순회귀모형으로부터 얻은 잔차도

R 실습

```
# 예제 9.5 잔차와 표준화 잔차
  e <- resid(fit)
  r <- rstandard(fit)
# 그림 9.4
  plot(fit, which=1)
```

9.6 기타 방법을 이용한 회귀모형 진단★

잔차를 진단하기 위하여, 잔차도 이외에 이상점(outliers)과 영향점(influential point), 잔차의 QQ-plot을 살펴보자.

이상점과 영향점

한 점을 제거하면 회귀모형의 추정에 큰 영향을 미치는 점을 **영향점**(influential point)이라고 부른다. 이들 중에서 대다수 관측치들의 추세와 뚝 떨어져서 위치하며, 회귀직선을 자신 쪽으로 끌어당기는 점을 **이상점**(outlier)라고 부른다. 어떤 영향점은 대다수 관측치들의 추세와 동일한 방향에 위치하며, 회귀직선의 추세를 강화하기도 한다(그림 9.5 오른쪽). 한 회귀모형에서 이상점이나 영향점이 다른 모형에서는 이상점이나 영향점이 아닐 수도 있다. 면밀히 검토 후, 필요에 따라서 수정 또는 제거한 후 추가 분석을 반복 실시하자.

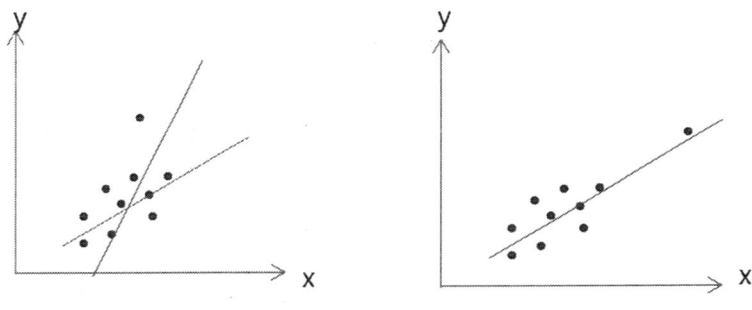

그림 9.5 이상점(왼쪽) 영향점(오른쪽)

이상점과 영향점을 판별하기 위하여 R의 잔차도가 제공하는 **쿡스 거리**(Cook's distance) 와 **레버리지**(leverage)를 살펴보자.

① 쿡스 거리 D_i 는 i 번째 관측치가 있을 때와 없을 때 전체 추정값이 얼마나 달라지는지를 계산한 값이다.

$$D_i = \frac{1}{(p+1)\hat{\sigma}^2} \sum_{k=1}^{n} (\hat{y}_{k(i)} - \hat{y}_k)^2$$

여기서 $\hat{y}_{k(i)}$ 은 i 번째 관측치를 제거한 추정값이고, $\hat{y}_k$ 은 i 번째 관측치를 포함한 추정값이다. $D_i > \frac{4}{n}$ 또는 $D_i > \frac{4}{n-p-1}$ 이면, 주의가 필요하다. 단순회귀분석에서 설명변수의 수는 $p = 1$이다.

② 한 점에서 y_i를 아래 위로 움직일 때, $\hat{y}_i$의 변화율을 레버리지라고 부른다. x_i가 $\bar{x}$로부터 멀리 떨어질수록 큰 지렛대 효과가 발생하여, 레버리지 점수가 커진다. 설명변수가 1개인 단순회귀분석에서 레버리지는 다음과 같이 얻어진다.

$$h_i = \frac{1}{n} + \frac{(x_i - \bar{x})^2}{\sum_{i=1}^{n}(x_i - \bar{x})^2}$$

여기서, $h_i > \frac{2(p+1)}{n}$인 점이 영향점이다.

QQ-plot을 이용한 정규성 진단

QQ-plot은 이론적인 정규분포로부터 생성된 값과 회귀모형으로 추정된 잔차를 크기 순서대로 짝을 지워서 산점도로 나타낸 그래프이다. QQ-plot이 일직선이면 잔차가 정규분포를 따른다고 볼 수 있다. 만약 QQ-plot이 일직선이 아니면, ①모형을 달리 세우기, ②변수를 추가하거나 제거하기, ③자료 중 이상점을 찾아서 제거하기 등을 추가로 실시해야 한다.

대부분 자료분석의 데이터 클리닝(Data Cleaning) 단계에서, 자로 내의 이상치를 찾아서 면밀히 검토한 후, 수정 또는 제거하는 작업을 우선적으로 실시한다.

예제 9.6 예제 9.1의 마력과 연비의 단순회귀분석에서, R이 제공하는 기본적인 잔차 그림을 이용하여 이상점과 영향점을 찾아보자. 그림 9.6 QQ-plot에서 12,13,19가 표시되어있다. 그림9.7에서 12, 13의 잔차가 -2 근처이지만, 이들의 쿡스 거리는 $\frac{4}{19-1-1} = 0.24$보다 작다. 그림 9.7과 9.9에서 5번 점 (62,24,4)의 레버리지가 0.24로써 4/19보다 크다. 이는 그림 9.3에서 제일 왼쪽 점이며, 제거하지 않아도 된다. □

R 실습

```
# 그림 9.6과 그림 9.7
  plot(fit)
  plot(fit, which=2)
# 그림 9.8
  cooks.distance(fit)
  plot(cooks.distance(fit), type = "h")
  library(car)
  influencePlot(fit)
  outlierTest(fit)
#그림 9.9
  hat(model.matrix(fit))
```

```
plot(hat(model.matrix(fit)), type = "h")

library(car)

leveragePlots(fit)
```

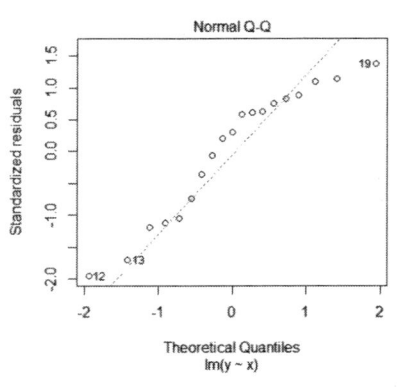

그림 9.6 QQ-plot

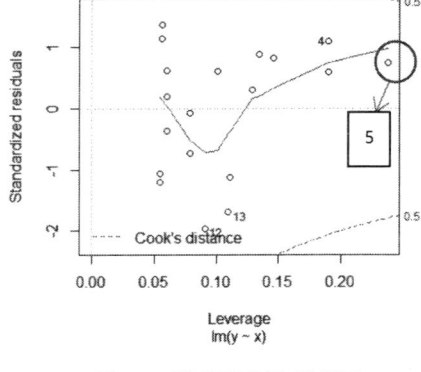

그림 9.7 레버리지와 잔차도

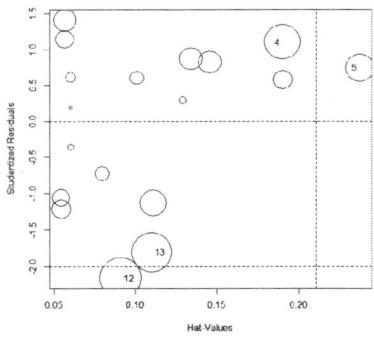

그림 9.8 잔차도와 쿡스거리

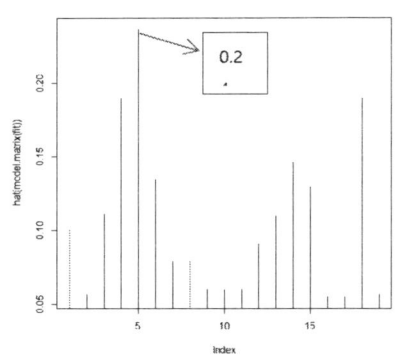

그림 9.9 레버리지

샤피로의 정규성 검정

잔차도나 QQ-plot 이외에도, 샤피로(Shapiro)의 정규성 검정을 이용하여, 잔차들이 정규분포를 따르는지 검정할 수 있다. 잔차에 대한 샤피로 검정의 가설은 다음과 같다.

H_0: 잔차가 정규분포를 따른다.

H_1: 잔차가 정규분포를 따르지 않는다.

유의확률이 유의수준 0.05보다 크면, H_0을 받아들이고 잔차가 정규분포를 따른다고 결론짓는다.

등분산 검정

잔차의 분산이 상수인지 변하는지 검정해볼 수 있다. 유의확률 p-값이 0.05보다 작으면, 변수를 변환하여 오차의 분산이 상수가 되도록 만들어야 한다.

독립성 검정

더빈-왓슨 (Durbin-Watson) 검정을 이용하여, 잔차 e_i와 e_{i-1} 사이에 자기상관(auto-correlation)이 존재하는지 검정해볼 수 있다. 자기 상관계수는 설명변수가 시간일 때 주로 계산된다. 유의확률 p-값이 0.05보다 작으면, 오차에 자기상관을 고려하는 모형을 설계하는 것이 바람직하다.

예제 9.7★ 예제 9.1의 마력과 연비의 단순회귀분석에서 얻은 잔차들을 이용하여, 샤피로 검정을 실시하자. 유의확률 $p = 0.129 > 0.05$이므로, 잔차가 정규분포를 따른다고 볼 수 있다. car 패키지에서 ncvTest의 등분산 검정에서 얻은 유의확률이 $p = 0.32 > 0.05$이므로, 오차의 분산이 상수라고 볼 수 있다. 잔차 사이의 자기상관계수 0.1784에 대한 더빈-왓슨 검정의 유의확률이 $p = 0.256 > 0.05$이므로, 잔차 사이의 자기상관이 0이라고 볼 수 있다. 즉 오차는 서로 독립이다. mtcars 자료는 시간을 설명변수로 갖는 시계열 자료가 아니므로, 오차 사이의 자기상관이 없다.□

R 실습

```
# 예제 9.7
> shapiro.test(fit$resid)

    Shapiro-Wilk normality test

data:  fit$resid
W = 0.92337, p-value = 0.129
```

0.05보다 크므로 잔차가 정규분포를 따른다.

```
# 등분산 검정
> library(car)
> ncvTest(fit)
```

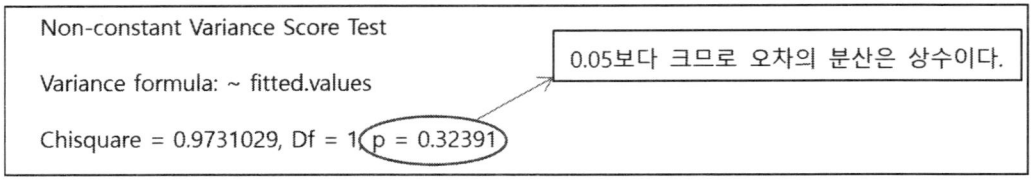

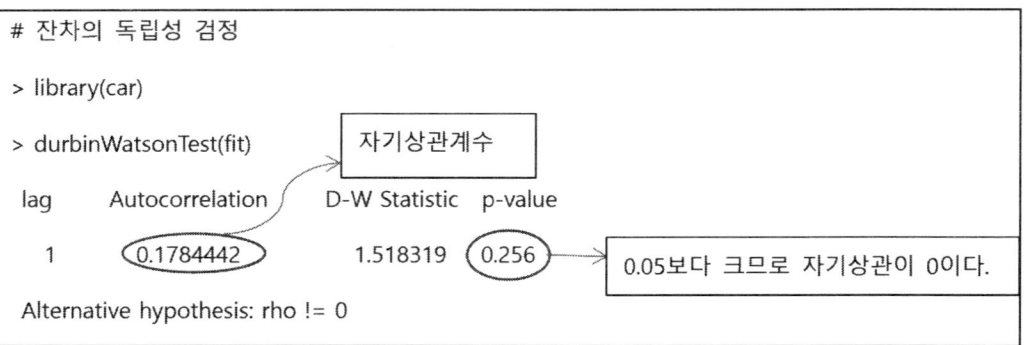

9.7 신뢰구간과 예측구간★

평균반응에 대한 신뢰구간(confidence interval)과 한 추정값에 대한 예측구간(prediction interval)을 찾아보자.

신뢰구간

주어진 x에서 평균반응(mean response) $E[Y|x] = \alpha + \beta x$에 대한 신뢰구간을 찾아보자. 주어진 x에서 최소제곱법으로 추정된 단순회귀식은

$$\hat{Y} = \hat{\alpha} + \hat{\beta}x = \bar{y} - \hat{\beta}\bar{x} + \hat{\beta}x = \bar{y} + \hat{\beta}(x - \bar{x})$$

이며, 이 추정값의 평균과 분산, 표준오차는 다음과 같다(부록).

$$E[\hat{Y}|x] = E[\hat{\alpha} + \hat{\beta}x|x] = \alpha + \beta x$$

다음 식의 전개에서 x를 주어진 자료로 보고, $Var(\cdot|x)$ 대신 $Var(\cdot)$, $se(\hat{Y}|x)$ 대신 $se(\hat{Y})$를 쓰자.

$$Var(\hat{Y}) = Var(\hat{\alpha} + \hat{\beta}x) = \left(\frac{1}{n} + \frac{(x-\bar{x})^2}{S_{xx}}\right)\sigma^2$$

$$se(\hat{Y}) = MSE\sqrt{\frac{1}{n} + \frac{(x-\bar{x})^2}{S_{xx}}}$$

추정된 회귀직선 $\hat{Y} = \hat{\alpha} + \hat{\beta}x$의 분포는

$$\frac{(\hat{\alpha} + \hat{\beta}x) - (\alpha + \beta x)}{MSE\sqrt{\frac{1}{n} + \frac{(x - \bar{x})^2}{S_{xx}}}} \sim t(n-2)$$

이다. 따라서, 평균반응에 대한 $100(1-\alpha)\%$ 신뢰구간은 다음과 같이 얻어진다.

$$(\hat{\alpha} + \hat{\beta}x) \pm t_{\frac{\alpha}{2}}(n-2)MSE\sqrt{\frac{1}{n} + \frac{(x - \bar{x})^2}{S_{xx}}}$$

설명변수의 값 x가 평균 $\bar{x}$에 가까울수록 신뢰구간의 길이가 짧아진다. 또한 설명변수의 범위가 커지면 S_{xx}가 커지므로, 신뢰구간의 길이가 짧아진다.

예측구간

새로운 x^*에서 회귀직선에 대한 예측구간(prediction interval)을 찾아보자. 회귀직선에 의해서 예측된 반응변수는

$$Y^* = \alpha + \beta x^* + \varepsilon$$

이므로, $\hat{Y}^*$의 분산은 평균반응에 따른 분산과 오차분산에 대한 분산을 포함한다. 즉, $\hat{Y}^*$의 분산은

$$\text{Var}(\hat{Y}^*) = Var(\alpha + \beta x^*) + Var(\varepsilon) = \left(\frac{1}{n} + \frac{(x^* - \bar{x})^2}{S_{xx}}\right)\sigma^2 + \sigma^2 = \left(1 + \frac{1}{n} + \frac{(x^* - \bar{x})^2}{S_{xx}}\right)\sigma^2$$

으로 얻어진다. 따라서 x^*에서 예측구간은 다음과 같다.

$$(\hat{\alpha} + \hat{\beta}x^*) \pm t_{\frac{\alpha}{2}}(n-2)MSE\sqrt{1 + \frac{1}{n} + \frac{(x^* - \bar{x})^2}{S_{xx}}}$$

예제 9.8 예제 9.1의 마력과 연비의 단순회귀분석에서 평균반응에 대한 신뢰구간과 새로운 x인 5,15,25,35,45에서 예측구간을 구해보자.

R 실습

```
# 예제 9.8 신뢰구간 계산
  predict(fit,  level=0.95,  interval="confidence")
# 예제 9.8 예측구간 계산
  new.x<-c(5,15,25,35,45)
  predict(fit,  data.frame(x=new.x),  level=0.95,  interval="p")
```

```
# 그림 9.10
library(ggplot2)
ggplot(auto, aes(x=hp, y=mpg))+
    geom_point( )+
    stat_smooth(method="lm")+
    labs(title="연비=26.62485-0.05914*마력",
         subtitle="matcars 중, auto=0(자동)",
         y="연비", x="마력")
```

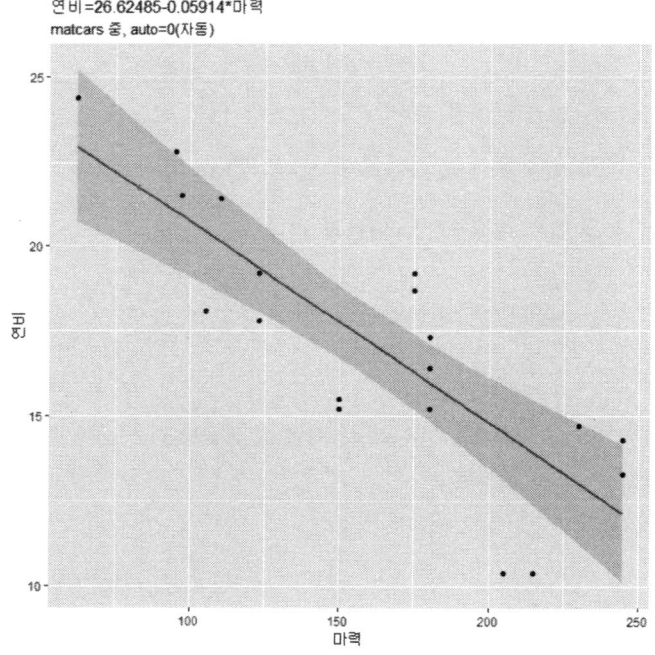

그림 9.10 마력과 연비의 단순회귀분석

9.8 더미변수를 사용한 다중회귀모형★★★

독립변수 중 한 개가 **더미변수**(dummy variable)인 포함된 다중회귀모형을 살펴보자.

$$y_i = \beta_0 + \beta_1 x_{1i} + \beta_2 x_{2i} + \beta_{12}(x_{1i} \times x_{2i}) + \varepsilon_i, \ i = 1, \cdots, n$$

만약 더미변수 X_2가 두 집단 A와 B를 표현한다면, x_{2i}는

$$x_{2i} = \begin{cases} 0 & \text{집단 } A \\ 1 & \text{집단 } B \end{cases}$$

이다. $x_{1i} \times x_{2i}$은 X_1과 X_2의 **교호작용**(interaction)을 표현한다. 이로부터 5 가지 모형이 가능하다.

(모형1) X_1과 X_2, 교호작용이 유의하지 않은 경우 단일표본에서 평균검정이 된다.

$$y_i = \beta_0 + \varepsilon_i$$

(모형2) X_1만 유의한 경우, 단순회귀모형이 된다.

$$y_i = \beta_0 + \beta_1 x_{1i} + \varepsilon_i$$

(모형3) X_2만 유의한 경우, 두 집단의 평균을 비교하게 된다.

집단 A: $y_i = \beta_0 + \varepsilon_i$

집단 B: $y_i = (\beta_0 + \beta_2) + \varepsilon_i$

(모형4) X_1과 X_2만 유의한 경우, 절편이 다르고 나란한 두 직선을 추정할 수 있다.

집단 A: $y_i = \beta_0 + \beta_1 x_{1i} + \varepsilon_i$

집단 B: $y_i = (\beta_0 + \beta_2) + \beta_1 x_{1i} + \varepsilon_i$

(모형5) X_1과 X_2, 둘의 교호작용이 모두 유의한 경우, 두 집단에서 절편과 기울기가 다른 두 직선을 추정할 수 있다.

집단 A: $y_i = \beta_0 + \beta_1 x_{1i} + \varepsilon_i$

집단 B: $y_i = (\beta_0 + \beta_2) + (\beta_1 + \beta_{12}) x_{1i} + \varepsilon_i$

예제 9.9 mtcars에서 무게(wt)와 트랜스미션의 자동/수동(am)이 연비(mpg)에 미치는 영향을 중회귀분석으로 살펴보자. 트랜스미션이 자동인지 수동인지에 따라서, 무게에 회귀직선의 절편과 기울기가 모두 달라진다고 가정하는 모형은 다음과 같다.

$$mpg = \beta_0 + \beta_1 wt + \beta_2 am + \beta_{12}(am \times wt)$$

트랜스미션이 자동 (am=0) 또는 수동(am=1)에 따라서 다른 모형이 만들어진다.

트랜스미션 자동: 연비 $= \hat{\beta}_0 + \hat{\beta}_1 wt = 31.41 - 3.79 \times$ 무게

트랜스미션 수동: 연비 $= (\hat{\beta}_0 + \hat{\beta}_2) + (\hat{\beta}_1 + \hat{\beta}_{12})wt = 46.29 - 9.08 \times$ 무게

□

표 9.6 mpg와 am, wt에 대한 중회귀분석에서 계수추정표

모형	계수추정	계수의 표준오차	t-통계량	유의확률
절편	31.4161	3.0201	10.402	4.00e-11 ***
wt	-3.7859	0.7856	-4.819	4.55e-05 ***
am (더미변수)	14.8784	4.2640	3.489	0.00162 **
wt × am	-5.2984	1.4447	-3.667	0.00102 **

$\sqrt{MSE} = 2.591$ (자유도=28), $R^2 = 0.833$, $F = 46.57$(자유도=(3,28), $p = 5.209$e-11)

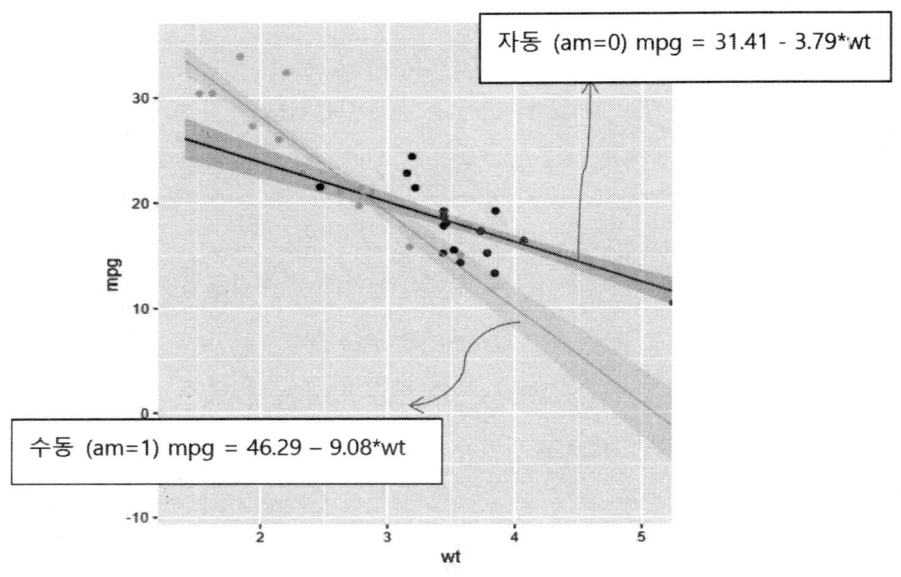

그림 9.11 더미변수가 있는 중회귀분석

R 실습

더미변수(dummy variable)를 사용할 때, 연속형을 범주형으로 변환하는 factor( )를 사용하자.

```
# 표 9.6
fit2<-lm(mpg~wt*factor(am), data=mtcars)
summary(fit2)
```

```
# 그림 9.11
```

```
library(ggplot2)
ggplot(mtcars,aes(y=mpg,   x=wt, color=factor(am)))+
    geom_point( ) +
    stat_smooth(method="lm")+
    labs(title="더미변수가 있는 중회귀분석",
         subtitle="(자동) 연비=31.41-3.79*무게 (수동) 연비=46.29-9.08*무게",
         y="연비", x="무게")
# am을 선으로 구분하려면, lty=factor(am)를 사용하자.
```

```
# 그림 9.11[54]
  fit3<-lm(mpg~wt*am, data=mtcars)
  library(ggplot2)
  library(ggiraphExtra)
  ggPredict(fit3, interactive=T, se=T)
# 더미변수를 두 번째에 씀
```

9.9 모형의 선택★★★

이 절은 실제 회귀분석에서 매우 유용한 내용이다. 행렬과 벡터로 표현되는 중회귀분석 모형은 이 책의 범위를 벗어나므로 생략하고, 통계 패키지나 R의 출력에 나타나는 통계량을 중심으로, 간략히 중회귀분석에서 모형의 선택에 해당하는 줄거리만 살펴보자.

모형

두 개 이상의 독립변수를 포함하는 다중회귀모형은 다음과 같다.

$$y_i = \beta_0 + \beta_1 x_{1i} + \cdots + \beta_p x_{pi} + \varepsilon_i, \ i = 1, \cdots, n$$

여기서 각 변수에 대한 정의는 다음과 같다.

---

[54] https://cran.r-project.org/web/packages/ggiraphExtra/vignettes/ggPredict.html

R과 더불어 배우는 통계학

$x_1, \cdots, x_p$: p 개의 설명변수, 독립변수

y_i : 반응변수, 종속변수

ε_i : 오차

β_0 : 절편 (intercept)

β_j : j번째 설명변수에 대한 계수 (coefficient)

이때, 오차에 대한 가정은

"ε_i 는 독립이고, 동일한 $N(0, \sigma^2)$를 따른다"

이다. 따라서, 주어진 x_i에 대한 y_i의 분포는 다음과 같다.

$$y_i \sim N(\beta_0 + \beta_1 x_{1i} + \cdots + \beta_p x_{pi}, \sigma^2)$$

다중회귀모형에서 설명변수의 수는 절편을 제외하고 p 개이므로, 이를 고려하여 분산분석표와 계수추정표를 작성하자.

제곱합과 검정통계량

회귀제곱합과 오차제곱합은 단순회귀분석에서와 동일하게 정의된다. 다만, 설명변수의 수가 p이므로, 귀무가설 하에서 이들의 분포는 각각

$$\frac{SSR}{\sigma^2} \sim \chi^2(p), \quad \frac{SSE}{\sigma^2} \sim \chi^2(n-1-p)$$

이다. 검정통계량 F의 분포는

$$F = \frac{SSR/p}{SSE/(n-1-p)} \sim F(p, n-1-p)$$

이며, 분산의 추정치는 다음과 같다.

$$\hat{\sigma}^2 = MSE = SSE/(n-1-p)$$

따라서 각 회귀계수의 유의성에 대한 검정통계량과 분포는

$$t = \frac{\hat{\beta}}{se(\hat{\beta})} \sim t(n-1-p)$$

이다. 유의확률이 유의수준보다 작으면($p < \alpha$), 귀무가설 $H_0: \beta = 0$을 기각하고, 대립가설 $H_0: \beta \neq 0$로 결론짓는다. 이때, $se(\hat{\beta})$에 대한 자세한 내용은 이 책의 범위를 벗어나므로 생략하자.

수정 결정계수

설명력이 낮은 불필요한 설명변수가 모형에 제거할 수 있도록 수정된 R_{adj}^2를 사용한다.

$$R_{adj}^2 = 1 - \frac{SSE/(n-p-1)}{SST/(n-1)} = 1 - (1-R^2)\frac{n-1}{n-p-1}$$

다중공선성

이외에도, 변수 $X_1, X_2, \cdots, X_p$ 에 대해서 $c_1X_1 + c_2X_2 + \cdots + c_pX_p = c_0$가 성립하면, 변수들 사이에 다중공선성(multicollinearity)이 존재한다고 말한다. 선형회귀모형 $X_k = (c_0 - c_1X_1 + c_2X_2 + \cdots + c_pX_p)/c_k$ 의 결정계수 R_k^2 을 이용하여, 공차한계 (VIF; variance inflation factor) $VIF_k = \frac{1}{1-R_k^2}$ 를 계산한다. $VIF \geq 10$이면, 다중공선성이 존재한다고 판단한다.

최대로그우도함수 $-2MLL$

우도함수(Likelihood function)는 주어진 자료를 근거로, 추정하고자 하는 모수가 어떤 값이 될지, 그 가능성을 확률함수의 곱으로 나타낸다. 우도함수는 주어진 자료에 따라서 모수가 나타날 수 있는 가능도 또는 우도를 표현하며, 확률함수가 아니다. 오차가 정규분포를 따르므로, 단순회귀분석에서의 우도함수 L과 로그우도함수 ℓ은 다음과 같다.

$$L(\alpha, \beta, \sigma^2) = \prod_{i=1}^{n} f(y_i|x_i; \alpha, \beta, \sigma^2) = \prod_{i=1}^{n} \frac{1}{\sqrt{2\pi\sigma^2}} \exp\left(-\frac{(y_i - (\alpha + \beta x_i))^2}{2\sigma^2}\right)$$

$$\ell(\alpha, \beta, \sigma^2) = \log L(\alpha, \beta, \sigma^2) = -\frac{n}{2}\log(2\pi\sigma^2) - \frac{1}{2\sigma^2}\sum_{i=1}^{n}(y_i - (\alpha + \beta x_i))^2$$

ℓ을 최대로 만드는 최대우도추정치 $\hat{\alpha}, \hat{\beta}, \hat{\sigma}^2$은 다음의 연립방정식을 풀어서 얻어진다.

$$\frac{\partial \ell}{\partial \alpha} = 0, \quad \frac{\partial \ell}{\partial \beta} = 0, \quad \frac{\partial \ell}{\partial \sigma^2} = 0$$

최대우도추정치에서 우도함수와 로그우도함수가 최대값을 가지며, 이 최대값은 이 모형을 사용할 때 얻을 수 있는 최적의 결과를 의미한다. 특히, 최대로그우도(MLL; $Maximum\ Log - Likelihood$)에 (-2)를 곱한 $-2MLL$은 귀무가설 하에서 근사적으로 카이제곱분포를 따른다.

$$-2MLL = -2\ell(\hat{\alpha}, \hat{\beta}, \hat{\sigma}^2) = n\log(2\pi\hat{\sigma}^2) + n = n\log(2\pi MSE) + n \to \chi^2(r)$$

여기서 r 은 모형에서 추정하는 모수의 수이다. 위의 모든 식은 다중회귀분석으로 그대로 확장되어 사용된다. MLL이 클수록, 즉 $-2MLL$이 작을수록 좋다. 하지만 이대로 사용하기 보다는 두 모형을 비교할 때, 두 모형의 $-2MLL$ 차이를 검정통계량으로 사용한다. (아래 참조)

AIC

최대로그우도에 설명변수의 수를 더하여 정의되는 AIC(Akaike Information Criteria) 는 모형에 포함되는 설명변수가 많아질수록 불이익을 받도록 설계되었다. AIC 가 작을수록 좋은 모형이다.

$$AIC = -2MLL + 2\left(\text{추정하는 모수의 수}\right) = n\log(2\pi MSE) + n + 2(p+2)$$

여기서 추정하는 모수는 $(p+1)$개의 β와 σ^2이다. R의 stepAIC를 이용하여, AIC가 제일 작은 모형을 찾아보자. 최대우도에 대한 자세한 설명은 이 책의 범위를 벗어나므로 생략한다.

F를 이용한 모형의 선택

모형에 특정 설명변수 X를 포함시킬지 말지를 결정하기 위하여 SSE를 사용해보자. 비교되는두 모형에 대한 가설은 다음과 같다.

$$H_0: 모형_0 \ (\beta = 0; \ 작은 모형)$$

$$H_1: 모형_1 \ (\beta \neq 0; \ 일반적이고 \ 더 \ 큰 \ 모형)$$

p_0 개의 설명변수를 가진 모형$_0$의 잔차제곱합이 SSE_0이고, p_1 개의 설명변수를 가진 모형$_1$의 잔차제곱합이 SSE_1이면, 검정통계량 F는 다음과 같다.

$$F = \frac{(SSE_0 - SSE_1)/(p_1 - p_0)}{SSE_1/(n - p_1 - 1)} \sim F(p_1 - p_0, n - p_1 - 1)$$

F의 유의확률이 $p < 0.05$이면, 모형$_1$을 받아들이자.

$-2MLL$을 이용한 모형의 선택

비교하는 모형$_0$과 모형$_1$에 대한 가설은 다음과 같으며,

$$H_0: 모형_0 \ (\beta = 0; \ 작은 모형)$$

$$H_1: 모형_1 \ (\beta \neq 0; \ 일반적이고 \ 더 \ 큰 \ 모형)$$

검정통계량 $-2MLL$의 근사 분포는 다음과 같다.

$$-2MLL_0 \rightarrow \chi^2 \ (df_0)$$
$$-2MLL_1 \rightarrow \chi^2 \ (df_1)$$

카이제곱의 가법성에 따라서, 둘의 차이도 카이제곱 분포를 따른다.

$$D = (-2MLL_0) - (-2MLL_1) \rightarrow \chi^2 \ (df_1 - df_0)$$

자유도는 $df_1 - df_0$ 이며, 이것은 θ에 포함되는 모수의 개수와 같다. 유의수준 0.05에서 D의 유의확률 $p < 0.05$이면, 귀무가설을 기각하므로 모형$_1$을 선택한다. D의 유의확률 $p > 0.05$이면, 귀무가설을 기각하지 않으므로 모형$_0$을 선택한다.

예제 9.9 미국 50개 주에 대한 자료 state.x77을 이용하여, 기대수명을 설명할 수 있는 유의한 독립변수를 찾아보자. 우선, 변환을 이용하여 새로운 변수 인구밀도를 정의하자.

인구밀도 = 인구/면적

쿡스 거리가 큰 Hawaii, Alaska, Nevada를 제거하자. 모든 변수가 포함된 초기 모형은

기대수명 = $\beta_0 + \beta_1$ *연봉* + β_2 *문맹률* + β_3 *살인률* + β_4 *고졸비율* + β_5 *서리일 수* + β_6 *인구밀도* + *오차*

이다. 표 9.7은 R에서 stepAIC를 이용하여, 유의하지 않은 변수들을 자동으로 제거한 후, AIC가 가장 작은 최종모형의 계수추정표이다. 추정된 선형회귀모형은

기대수명 = 68.98328 − (0.19190) *살인률* + (0.06297) *고졸비율*

이며, 결정계수는 여전히 $R^2 = 0.7181$ 이다. 즉, 살인률, 고졸비율이 모형에 포함되면, 나머지 변수들이 필요하지 않다. 유의한 두 변수의 계수 부호를 살펴보자. 고졸비율이 높을수록 기대수명이 증가하며, 살인률이 높을수록 기대수명이 감소한다. □

표 9.7 R에서 stepAIC를 이용하여 얻은 AIC가 제일 작은 모형의 회귀계수와 유의확률.

최종모형	계수추정	계수의 표준오차	t-통계량	유의확률
절편	68.98328	1.05284	65.521	< 2e-16 ***
살인률	-0.19190	0.03487	-5.503	1.81e-06 ***
고졸비율	0.06297	0.01669	3.772	0.000479 ***

AIC=-31.54, $\sqrt{MSE}$ = 0.6932(자유도=44, R^2 = 0.7181, Adjusted R-squared=0.7053 F = 56.04(자유도=(2,44), p= 7.976e-13)

예제 9.10 $-2MLL$을 이용하여, 고졸비율을 이 모형에 포함시킬지, 제거할지 결정해보자. 비교할 두 모형은 다음과 같다.

H_0: *기대수명* = $\beta_0 + \beta_1$ *살인률*

H_1: *기대수명* = $\beta_0 + \beta_1$ *살인률* + β_2 *고졸비율*

이를 R의 anova를 이용하여 두 가지 방법으로 검정해보자. AIC를 이용하여 D를 계산해보면,

$D = (-2MLL_0) - (-2MLL_1) = -2(-54.50296 - (-47.91764)) = 13.17063$

유의확률 p-값=1-pchisq(13.17063, 1)= 0.0002843712 를 구할 수 있다. 두 모형에서 추정하는 모수의 차이가 1 개이므로 자유도가 1이다. 유의확률이 0.01보다 작으므로 귀무가설을 기각한다. 따라서, 대립가설의 모형 "*기대수명* = $\beta_0 + \beta_1$ *살인률* + β_2 *고졸비율*"이 유의하다. □

R 실습

```
# 예제 9.9, 표 9.7
# 자료준비
```

```r
mydata <- data.frame(state.x77)

mydata$Density <- mydata$Population/mydata$Area

mydata$Population<-NULL
mydata$Area <- NULL


# 초기 전체 모형

fit <- lm(Life.Exp~Income+Illiteracy+Murder+HS.Grad+Frost+Density, data=mydata)


# 잔차검정

plot(fit)

plot(fit, which=4, cook.levels=cutoff)

library(car)

outlierTest(fit)

influencePlot(fit,   id.method="identity")


# 이상점 제거

del <- c("Alaska","Hawaii","Nevada")

mydata <- mydata[ !rownames(mydata) %in% del, ]


# 회귀모형 적합

fit <- lm(Life.Exp~Income+Illiteracy+Murder+HS.Grad+Frost+Density, data=mydata)


# 다중공선성 체크

vif(fit)


# 모형선택

library(MASS)
```

```
fit.final<-stepAIC(fit)
summary(fit.final)
```

```
# 예제 9.10
fit.H0<- lm(Life.Exp~ Murder, data=mydata)
fit.H1<- lm(Life.Exp~ Murder+ HS.Grad, data=mydata)
logLik(fit.H1)
AIC(fit.H1)
logLik(fit.H0)
AIC(fit.H0)
delta <- -2*( logLik(fit.H0) - logLik(fit.H1))
delta
1-pchisq(delta, 1)
```

부록

최소제곱법(Least Squares method)

최소제곱법(Least squares method)을 이용하여 $\hat{\alpha}$과 $\hat{\beta}$를 찾아보자. 오차의 제곱합 $H(\alpha, \beta)$를 다음과 같이 정의한 후,

$$H(\alpha, \beta) = \sum_{i=1}^{n} \varepsilon_i^2 = \sum_{i=1}^{n} (y_i - \alpha - \beta x_i)^2$$

이를 최소화하기 위해서 α 와 β 에 대하여 편미분하여 0으로 두고,

$$\frac{\partial H}{\partial \alpha} = -2 \sum_{i=1}^{n} (y_i - \alpha - \beta x_i) = 0$$

$$\frac{\partial H}{\partial \beta} = -2 \sum_{i=1}^{n} (y_i - \alpha - \beta x_i) x_i = 0$$

a와 b에 대한 연립방정식으로 정리하여 얻은 연립방정식이 다음과 같다.

$$\sum_{i=1}^{n} y_i - n\alpha - \beta \sum_{i=1}^{n} x_i = 0$$

$$\sum_{i=1}^{n} x_i y_i - \alpha \sum_{i=1}^{n} x_i - \beta \sum_{i=1}^{n} x_i^2 = 0$$

연립방정식을 풀어서 해를 구하면, a와 b의 추정값을 얻을 수 있다.

$$\hat{\beta} = \frac{S_{xy}}{S_{xx}} = \frac{\sum_{i=1}^{n}(x_i-\bar{x})(y_i-\bar{y})}{\sum_{i=1}^{n}(x_i-\bar{x})^2}$$

$$\hat{\alpha} = \bar{y} - \hat{\beta}\bar{x}$$

기울기 β에 대한 추론

자료 $((x_i, y_i), i = 1, 2, \ldots, n$

모형 $Y_i = \alpha + \beta x_i + \varepsilon_i$

가정 $\varepsilon_i \sim iid\ N(0, \sigma^2)$

$$E[\varepsilon_i] = 0, Var(\varepsilon_i) = \sigma^2$$
$$E[Y_i] = E[\alpha + \beta x_i + \varepsilon_i] = \alpha + \beta x_i + E[\varepsilon_i] = \alpha + \beta x_i$$
$$Var(Y_i) = Var(\alpha + \beta x_i + \varepsilon_i) = Var(\varepsilon_i) = \sigma^2$$

최소제곱법에 의한 추정통계량은 다음과 같다.

$$\hat{\alpha} = \bar{y} - \hat{\beta}\bar{x},\ \hat{\beta} = \frac{S_{xy}}{S_{xx}} = \frac{\sum_{i=1}^{n}(x_i-\bar{x})(y_i-\bar{y})}{\sum_{i=1}^{n}(x_i-\bar{x})^2}$$

$$E[\hat{\beta}] = E\left[\frac{\sum_{i=1}^{n}(x_i-\bar{x})(Y_i-\bar{Y})}{\sum_{i=1}^{n}(x_i-\bar{x})^2}\right] = E\left[\frac{\sum_{i=1}^{n}(x_i-\bar{x})Y_i}{\sum_{i=1}^{n}(x_i-\bar{x})^2}\right] = \frac{\sum_{i=1}^{n}(x_i-\bar{x})}{\sum_{i=1}^{n}(x_i-\bar{x})^2} E[Y_i]$$

$$= \frac{\sum_{i=1}^{n}(x_i-\bar{x})}{\sum_{i=1}^{n}(x_i-\bar{x})^2}(\alpha + \beta x_i) = \frac{\sum_{i=1}^{n}(x_i-\bar{x})x_i}{\sum_{i=1}^{n}(x_i-\bar{x})^2}\beta = \beta$$

$$Var(\hat{\beta}) = Var\left(\frac{\sum_{i=1}^{n}(x_i-\bar{x})Y_i}{\sum_{i=1}^{n}(x_i-\bar{x})^2}\right) = \frac{\sigma^2}{S_{xx}} \quad (\because 독립)$$

따라서, $\hat{\beta}$의 분포는 다음과 같다.

$$\hat{\beta} \sim N(\beta, \frac{\sigma^2}{S_{xx}})$$

그런데,

$$se(\hat{\beta}) = \sqrt{\widehat{Var}(\hat{\beta})} = \frac{\sqrt{MSE}}{\sqrt{S_{xx}}}$$

이므로, 귀무가설 $H_0: \beta = 0$하에서 검정통계량은

$$t = \frac{\hat{\beta}}{se(\hat{\beta})} \sim t(n-2)$$

분포를 따른다. 유의확률이 유의수준보다 작거나 같으면 ($p \leq \alpha$), 귀무가설 $H_0: \beta = 0$을 기각하고, 대립가설 $H_0: \beta \neq 0$로 결론짓는다.

y-절편 α에 대한 추론

α에 대한 추정통계량의 기대값, 표준오차 (standard error; se), 분포는 다음과 같이 얻어진다.

$$E[\hat{\alpha}] = E[\bar{Y} - \hat{\beta}\bar{x}] = E[\alpha + \beta\bar{x} - \hat{\beta}\bar{x}] = \alpha$$

$$Var(\hat{\alpha}) = Var(\bar{Y} - \hat{\beta}\bar{x}) = Var(\bar{Y}) + (\bar{x})^2 Var(\hat{\beta}) = \sigma^2\left(\frac{1}{n} + \frac{\bar{x}^2}{S_{xx}}\right)$$

따라서 $\hat{a}$의 분포는 다음과 같다.
$$\hat{a} \sim N\left(\alpha, \sigma^2 \left(\frac{1}{n} + \frac{\bar{x}^2}{S_{xx}}\right)\right)$$
그런데,
$$se(\hat{a}) = \sqrt{\widehat{\mathrm{Var}(\hat{a})}} = \hat{\sigma}\sqrt{\left(\frac{1}{n} + \frac{\bar{x}^2}{S_{xx}}\right)} = \sqrt{MSE\left(\frac{1}{n} + \frac{\bar{x}^2}{S_{xx}}\right)}$$
이므로, 귀무가설 $H_0: \alpha = 0$하에서 검정통계량은
$$t = \frac{\hat{a}}{se(\hat{a})} \sim t(n-2)$$
분포를 따른다.

검정통계량 F의 분포

귀무가설이 참일 때, 제곱합의 분포가
$$\frac{SST}{\sigma^2} = \frac{(n-1)S^2}{\sigma^2} \sim \chi^2(n-1), \quad \frac{SSR}{\sigma^2} \sim \chi^2(1)$$
이고, SSR와 SSE는 서로 독립이다. 카이제곱 분포의 가법성에 따라서
$$\frac{SSE}{\sigma^2} \sim \chi^2(n-2)$$
이 성립한다. 즉,
$$\left(\frac{SST}{\sigma^2} \sim \chi^2(n-1)\right) = \left(\frac{SSR}{\sigma^2} \sim \chi^2(1)\right) + \left(\frac{SSE}{\sigma^2} \sim \chi^2(n-2)\right)$$
이다. SST의 자유도는 df_T = (표본의 크기 – 1) = n – 1 이며, SSR의 자유도 df_R과 SSE의 자유도 df_E의 합이다. SSR의 자유도는 모형에서 y-절편을 제외한 설명변수의 개수이며, 단순회귀모형에서는 x가 한 개이므로 1이다. SSE의 자유도는 SST의 자유도와 SSR의 자유도의 차이로 구해지므로, $df_E = df_T - df_R = ($ 표본의 크기 – 1 – 설명변수의 개수$) = n - 2$ 이다. 회귀모형의 적합도 검정을 위한 검정 통계량 F는
$$F = \frac{\frac{SSR}{\sigma^2}/1}{\frac{SSE}{\sigma^2}/(n-2)} = \frac{SSR/1}{SSE/(n-2)} \sim F(1, n-2)$$
이다. 또한, 제곱합을 자유도로 나누어 평균제곱합을 정의한다 ($MS = SS/df$). $E[\chi^2(r)] = r$ 로 알려져 있으므로,
$$E\left[\frac{SSE}{\sigma^2}\right] = n - 2, \quad E\left[\frac{SSE}{n-2}\right] = \sigma^2$$
$$\hat{\sigma}^2 = \frac{1}{n-2} SSE = MSE$$
가 성립한다.

단순회귀분석의 기울기와 상관계수의 관계

단순회귀분석에서는 $R^2 = r^2$ 이고, 기울기 추정값 $\hat{\beta}$ 과 상관계수 r과의 관계는 다음과 같이 비례한다.

$$\hat{\beta} = \frac{S_{xy}}{S_{xx}} = \frac{S_{xy}}{\sqrt{S_{xx}}\sqrt{S_{yy}}} \frac{\sqrt{S_{yy}}}{\sqrt{S_{xx}}} = r\frac{\sqrt{S_{yy}}}{\sqrt{S_{xx}}}$$

대표본일 때, 추정통계량 $\hat{\theta}$에 대한 t-검정통계량

표본의 크기가 클 때 표준화된 추정통계량 Z의 분포는

$$Z = \frac{\hat{\theta} - E[\hat{\theta}]}{\sqrt{Var(\hat{\theta})}} \to N(0,1) \text{ (대표본)}$$

이다. 추정통계량 $\hat{\theta}$에 대한 오차를 다음과 같이 정의하면,

$$se(\hat{\theta}) = \sqrt{\widehat{Var(\hat{\theta})}}$$

스튜던트화 통계량 t의 분포는

$$t = \frac{\hat{\theta} - E[\hat{\theta}]}{se(\hat{\theta})} \to t(df) \text{ (대표본)}$$

$t(df)$ 분포를 따른다. df는 MSE의 자유도이며, 단순회귀분석에서는 $(n-2)$이다.

평균반응의 분산

$$Var(\hat{Y}) = Var(\hat{\alpha} + \hat{\beta}x) = Var\left(\bar{Y} + \hat{\beta}(x - \bar{x})\right)$$
$$= Var(\bar{Y}) + (x - \bar{x})^2 Var(\hat{\beta}) + 2(x - \bar{x})Cov(\bar{Y}, \hat{\beta})$$
$$= \left(\frac{1}{n} + \frac{(x - x_m)^2}{S_{xx}}\right)\sigma^2$$

편차의 합이 $\sum_{i=1}^{n}(x_i - \bar{x}) = 0$이므로, $Cov(\bar{Y}, \hat{\beta})$는 다음과 같다. ⟶ 0

$$Cov(\bar{Y}, \hat{\beta}) = Cov\left(\bar{Y}, \frac{S_{xY}}{S_{xx}}\right) = Cov\left(\bar{Y}, \frac{\sum_{i=1}^{n}(x_i - \bar{x})(Y_i - \bar{Y})}{\sum_{i=1}^{n}(x_i - \bar{x})^2}\right) = \frac{\sum_{i=1}^{n}(x_i - \bar{x})}{\sum_{i=1}^{n}(x_i - \bar{x})^2} Cov(\bar{Y}, Y - \bar{Y}) = 0$$

연습문제

1. 어떤 특수 제품을 판매하고 있는 상점을 중심으로 광고료 X가 판매량 Y에 미치는 영향을 알아보기 위하여 10개 상점을 표본으로 추출하여, 각 상점들의 연간 광고료와 총판매량을 조사하여 표1과 그림1의 자료를 얻었다고 가정하자. 다음 물음에 답하라. X의 단위는 10만원이고 Y의 단위는 100만원이다.

표 1. 광고료와 총판매량

X	4	8	9	8	8	12	6	10	6	9
Y	9	20	22	15	17	30	18	25	10	20

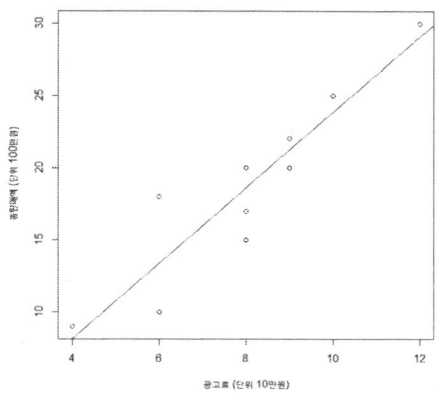

그림 1. 광고료와 총판매량

아래 분석결과에 대하여 답하라.

```
> x<-c(4,  8,  9,  8,  8, 12,  6, 10,  6,  9)
> y<-c(9, 20,  22, 15, 17, 30, 18, 25, 10, 20)
> fit <-lm(y~x)
> anova(fit)
  Analysis of Variance Table
  Response: y
            Df  Sum Sq  Mean Sq  F value   Pr(>F)
  x          1  313.043  313.04   45.24   0.0001487
  Residuals  8   55.357    6.92
```

(1) 단순회귀모형은 무엇인가?

(2) 오차에 대한 가정은 무엇인가?

(3) 위 분산분석표에 대한 귀무가설과 대립가설은 무엇인가?

(4) 단순회귀모형에 의해서 설명되는 변동의 합 SSR은 무엇인가?

(5) 단순회귀모형에 의해서 설명되지 않는 변동의 합, 즉 잔차의 합 SSE는 무엇인가?

(6) 검정통계량 F는 무엇인가?

(7) F의 유의확률 p-value는 무엇인가?

(8) 유의수준 0.05에서 귀무가설을 기각하는가? (둘 중 선택)

　　(답: 유의수준 0.05에서 귀무가설을 기각한다 / 유의수준 0.05에서 귀무가설을 기각하지 않는다)

(9) 단순회귀모형은 유의한가? (둘 중 선택)

　　(답: 회귀모형이 유의하다 / 회귀모형이 유의하지 않다)

아래 분석결과를 읽고, 기울기에 대한 가설 $H_0: \beta = 0$, $H_1: \beta \neq 0$에 대하여 답하라.

```
> summary(fit)
Coefficients:
              Estimate   Std. Error   t value   Pr(>|t|)
(Intercept)   -2.2696     3.2123      -0.707    0.499926
x              2.6087     0.3878       6.726    0.000149
Residual standard error: 2.631 on 8 degrees of freedom
Multiple R-squared:   0.8497
```

(10) 단순회귀모형의 추정된 기울기 $\hat{\beta} = b$는 무엇인가?

(11) 검정통계량 $t = t_0 = \frac{b}{se(b)}$는 무엇인가?

(12) 유의확률 $p = P(|t| > |t_0|)$ 는 무엇인가?

(13) 유의수준 0.05에서 귀무가설을 기각하는가? (둘 중 선택)

　　(답: 유의수준 0.05에서 귀무가설을 기각한다 / 유의수준 0.05에서 귀무가설을 기각하지 않는다)

(14) 추정된 직선식은 무엇인가?

(15) x(광고료)가 1 (10 만원) 증가할 때, y(판매액)은 얼마나 (몇백만원) 증가하는가?

(16) 총 변동에 대하여, 이 회귀직선이 설명하는 자료의 변동의 비율은 얼마인가 (%)?

(풀이) (1) $y_i = \alpha + \beta x_i + \varepsilon_i$, i=1,...,n

(2) ε_i, iid $N(0, \sigma^2)$

(3) 가설 $H_0 : \beta = 0$ vs. $H_1 : \beta \neq 0$

(4) 313.043

(5) 55.357

(6) 45.24

(7) 0.0001487

(8) 유의수준 0.05에서 귀무가설을 기각한다

(9) 회귀모형이 유의하다

(10) b =2.6087

(11) t=6.726

(12) P=0.000149

(13) 유의수준 0.05에서 귀무가설을 기각한다

(14) Y = -2.2696 + 2.6087 x

(15) 2.6087*백만원=2,608,700원

(16) R^2 =0.8497, 84.97%

2. 문맹이 수명에 미치는 영향을 알아보기 위하여, 미국 50개 주의 문맹률(%)(1970년)과 기대수명(세)(1969–71년)을 조사하였다. (자료: state.x77 in R, U.S. Department of Commerce, Bureau of the Census (1977)) 단순회귀분석을 실시하여 아래의 표2과 표3를 얻었다.

```
mydata<-data.frame(state.x77)

fit <-lm(mydata$Life.Exp ~ mydata$Illiteracy)

anova(fit)

summary(fit)

plot(mydata$Illiteracy, mydata$Life.Exp, xlab="문맹률 %", ylab="기대수명")

abline(fit)
```

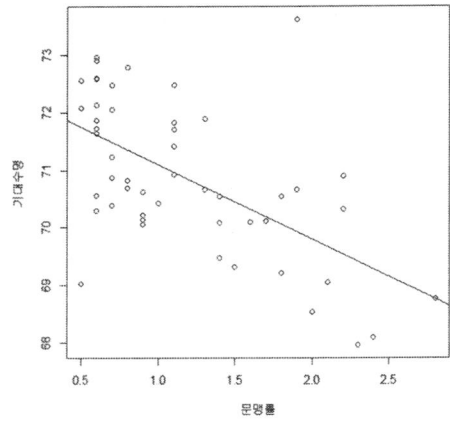

그림 2. 미국 50개 주에 대한 문맹률(%)과 기대수명((세)의 산점도와 회귀직선

표 2. 분산분석: 종속변수 y는 기대수명 (세), 독립변수 x는 문맹률 (%)

요인	제곱합	자유도	평균 제곱	F	유의확률
회귀 모형	30.578				6.969e-06
잔차					
합계	88.299	49			

표 3. 계수추정표

	Estimate	Std. Error	t value	Pr(>|t|)
(Intercept)	72.3949	0.3383	213.973	< 2e-16 ***
x	-1.2960	0.2570	-5.043	6.97e-06 ***

(1) 표2에 대한 설명으로 틀린 것은 어느 것인가?

① 결정계수 R^2 = 0.346 이므로 총변동 중 회귀모형이 설명하는 변동은 34.6%이다.

② $H_0: \beta = 0$에 대한 검정통계량은 F=25.4이다.

③ 잔차의 평균제곱합은 57.721이다.

④ 유의수준 0.05에서 귀무가설을 기각하므로 <그림1>의 직선 모형이 유의하다.

⑤ 위 보기 중 답 없음

(2) 표3에 대한 설명으로 틀린 것은 어느 것인가?

① $H_0: \alpha = 0$에 대한 검정통계량은 t=213.973이고, 유의수준 0.05에서 y절편이 0이 아니다.

② 유의수준 0.05에서 $H_0: \beta = 0$ 에 대한 p 값이 0.05보다 작으므로, 문맹률이 수명에 유의하게 영향을 미친다고 볼 수 있다.

③ 표2의 F-검정통계량과 표3에서 $H_0: \beta = 0$에 대한 t-검정통계량의 제곱은 동일하다.

④ 유의수준 0.05에서 문맹률이 1%감소할 때 수명이 1.296세 감소한다그 할 수 있다.

⑤ 위 보기 중 답 없음

(정답) (1) ③ (2) ④

2. 표4는 Orange (Pinheiro and Bates, 2000)는 남부 캘리포니아의 오렌지 나무의 둘레를 일별로 기록한 자료이다. 단순회귀분석 결과를 아래 표4와 표5로 얻었다. 이때 단순회귀모형은 $Y_i = \alpha + \beta X_i + \varepsilon_i$, $\varepsilon_i \sim \text{iid } N(0, \sigma^2)$ 이다. 그림3은 산점도와 추정된 단순회귀직선을 나타낸다. 유의수준은 0.05에서, 다음 질문에 대하여 참/거짓을 판정하라.

표 4. 오렌지 나무의 나이와 둘레

나이(일)	118	484	664	1004	1231	1372	1582
둘레(mm)	30	58	87	115	120	142	145

표 5. 분산분석: 종속변수 y는 둘레(mm), 독립변수 x는 나이(일)

요인	제곱합	자유도	평균 제곱	F	유의확률
회귀 모형	10921.2				4.85×10^{-5}
잔차	324.5				

표 6. 계수추정표

	Estimate	Std. Error	t value	Pr(>|t|)
절편	24.437847	6.543311	3.735	0.0135
나이(일)	0.081477	0.006281	*	4.85e-05

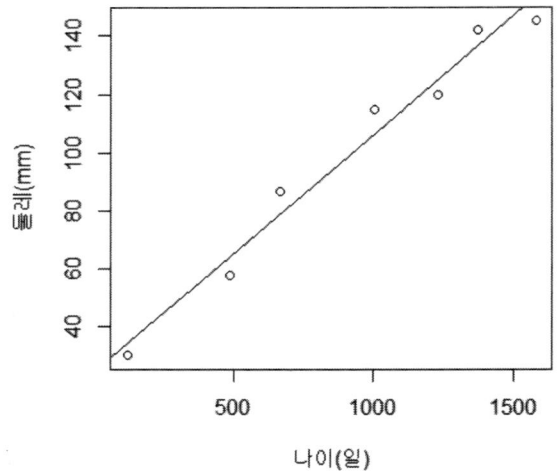

그림 3. 나무의 나이(일)와 둘레(mm)의 산점도 및 회귀직선

(1) 결정계수 $R^2 = 0.9711$이므로, 회귀모형이 총 변동의 97.11%를 설명한다.

① 참　② 거짓

(2) 귀무가설 $H_0: \beta = 0$를 검정하는 검정통계량은 F=64.9이다.

① 참　② 거짓

(3) 표5을 근거로 귀무가설 "H_0: 회귀직선이 유의하지 않다."를 기각한다.

① 참　② 거짓

(4) 표6의 *에서 $H_0: \beta = 0$　$H_1: \beta \neq 0$ 에 대한 검정통계량은 t=12.973이며, 나이가 둘레에 유의하게 영향을 미친다.

① 참　② 거짓

(5) 유의수준 0.05에서 이 오렌지 나무는 한 달 (30일) 동안 둘레는 약 0.24mm 증가한다고 말할 수 있다.

① 참　② 거짓

(6) σ의 추정값은 0.0063이다.

① 참　② 거짓

(정답) (1) ① (2) ② (3) ① (4) ① (5) ② (6) ②

9. 회귀분석

4. 대형 투자회사에서 고객을 상대하는 창구직원들의 태도에 관한 설문조사를 실시한 후 얻은attitude 자료를 이용하여(Chatterjee, Price, 1977), 직원의 불만 처리 비율(complains)과 만족도 (rating)의 관계를 알아보고자 한다. 직원의 불만 처리 비율(complains)을 설명변수, 전체적인 만족도를 종속변수로 두고, 단순회귀분석을 실시한 후, 질문 (1)-(17)에 답하라.

```
# 단순회귀 (Simple Regression)
  help(attitude)
  head(attitude)
  pairs(attitude)
  x <- attitude$complaints
  y <- attitude$rating
  fit <- lm(y~x)
```

```
  anova(fit)
# 결과 붙여넣기
```

(1) 단순회귀모형은 무엇인가?

(2) 오차에 대한 가정은 무엇인가?

(3) 위 분산분석표에 대한 귀무가설과 대립가설은 무엇인가?

(4) 단순회귀모형에 의해서 설명되는 변동의 합 SSR은 무엇인가?

(5) 단순회귀모형에 의해서 설명되지 않는 변동의 합, 즉 잔차의 합 SSE는 무엇인가?

(6) 검정통계량 F는 무엇인가?

(7) F의 유의확률 p-value는 무엇인가?

(8) 유의수준 0.05에서 귀무가설을 기각하는가? (둘 중 선택)

   (답: 유의수준 0.05에서 귀무가설을 기각한다 / 유의수준 0.05에서 귀무가설을 기각하지 않는다)

(9) 단순회귀모형은 유의한가? (둘 중 선택)

   (답: 회귀모형이 유의하다 / 회귀모형이 유의하지 않다)

```
summary(lm.r)

# 결과 붙여넣기
```

(10) 단순회귀모형의 추정된 기울기 $\hat{\beta} = b_1$는 무엇인가?

(11) 검정통계량 $t = t_0 = \frac{b}{se(b)}$는 무엇인가?

(12) 유의확률 $p=P(|t| > |t_0|)$ 는 무엇인가?

(13) 유의수준 0.05에서 귀무가설을 기각하는가? (둘 중 선택)

  (답: 유의수준 0.05에서 귀무가설을 기각한다/ 유의수준 0.05에서 귀무가설을 기각하지 않는다)

(14) 추정된 직선식은 무엇인가?

(15) x(직원의 불만 처리 비율)가 1 증가할 때, y(전체적인 만족도)는 얼마나 증가하는가?

(16) 총 변동에 대하여, 이 회귀직선이 설명하는 자료의 변동의 비율은 얼마인가 (%)?

(17) 산점도와 회귀직선 그래프를 그려라.

```
plot(x,y, main="제목 써넣기",
    xlab="x이름 써넣기",
    ylab="y이름 써넣기",
    text(50, 70, "추정 직선식 써넣기") )        # 여기서 50, 70은 제목의 위치를 나타냄
abline(lm.r)                                # 회귀직선
```

한 가지 일을 잘 하기 위해서는 그에 대한 모든 것을 잘 알아야한다.

에픽테토스

10. 분산분석법

> 순전히 논리적인 논증과 사변만으로 세계에 대한 어떠한 지식에도 이를 수 없다. 그 대신 사물이 어떻게 실제로 존재하는지 살펴봐야 한다. 추론도 중요하지만, 오직 관찰과 실험만이 자연 세계에 대한 지식의 신뢰할 수 있는 기초를 마련해 준다.
>
> 동일한 현상에 대한 두 가지 서로 다른 설명 중, 좀더 복잡한 것이 잘못된 무언가를 포함하고 있을 가능성이 높고, 다른 모든 조건이 같다면 좀더 단순한 것이 더 정확하다. 어떤 것을 설명하려고 할 때, 추론을 최소화해야 한다. 불필요한 것을 끌어들여서는 안된다
>
> 오컴[55]

통계자료 중에는 인구조사, 여론조사처럼 수집을 통하여 얻어지는 자료도 있고, 최근의 화제인 빅데이터처럼 장기간 축적으로 만들어진 자료도 있지만, 연구나 약품 또는 제품 등의 개발을 위하여 엄밀한 사전 계획에 따라서 실험을 실시한 후 얻어지는 자료도 있다. 이처럼 분석의 목적이 되는 요인 이외의 다른 모든 조건들을 동일하게 두고 상황을 단순화시키는 실험방법을 미리 설계하고, 계획에 따라서 얻어진 자료를 분석하는 통계방법을 **실험계획법** (Experimental Design)이라고 부른다. 실험계획법의 세 가지 기본원리는 랜덤화, 반복, 블록화이다. 연구 목표가 아닌 변수들이 실험에 미치는 영향을 없애기 위하여, 실험의 순서를 랜덤하게 배정한다. 동일한 조건에서 실험을 반복하여 얻어진 반응변수들의 평균으로, 요인 변수의 효과를 추정한다. 실험의 처음부터 끝까지 불필요한 것을 끌어들이지 않고 실험조건이 동일하게 유지되도록, 실험을 블록화한다. 실험계획법에 따라서 얻어진 자료를 이용하여, 요인변수가 반응변수에 미치는 효과를 추정하고 검정하는 방법을 **분산분석법** (Analysis of Variance; ANOVA)이라고 부른다.

이 장에서는 실험계획법 중에서 가장 기본이 되는 일원배치 분산분석법(One-way ANOVA)과 이원배치 분산분석법(Two-way ANOVA)에 대해서 알아보자.

10.1 일원배치 분산분석법

---

[55] 오컴 (1285-1347); 브라이언 매기(2001) 사진과 그림으로 보는 철학의 역사. 박은미 옮김

여섯 종류 살충제의 살충효과를 비교해보자. 이때 설명변수 X는 6 종류 살충제를 나타내며, 반응변수 Y는 각 살충제를 뿌렸을 때 죽은 벌레 수를 나타낸다. 이때 설명변수 X를 **요인**(factor)이라고 부른다. 이때 X의 값을 **수준**(level)이라고 부르고, 수준은 집단을 표현한다. 여섯 종류의 살충제 종류는 여섯 집단을 표현한다. 반응변수 Y는 X의 각 처리수준(집단)에서 반복 측정되는 실험결과를 나타낸다. 실험설계에 따라서 정해지는 세 개 이상 처리집단에서 실험결과의 평균을 비교하는 문제를 **일원배치 분산분석법**이라고 부른다. 일원배치 분산분석법은 이표본 평균비교법을 세 개 이상의 집단으로 확장한 통계방법이다. 일원배치 분산분석법의 일차적인 목표는 모든 집단의 평균이 동일한지, 평균이 다른 집단이 적어도 한 개 이상 존재하는지를 검정하는 것이다. 따라서 가설은 다음과 같다.

H_0: 집단의 평균이 모두 동일하다.

H_1: 집단의 평균이 모두 동일하지는 않다.

예제 10.1 InsectSprays in R. 여섯 가지 살충제 A, B, C, D, E, F의 살충효과를 비교하자. 동일한 조건에서 6가지 살충제를 반복하여 12번 뿌린 후, 죽은 벌레 수를 측정하여 아래 표10.1로 정리하고, 그림 10.1 상자도표를 그려보자.

표 10.1 6 종류의 살충제와 벌레 수

A	10	7	20	14	14	12	10	23	17	20	14	13
B	11	17	21	11	16	14	17	17	19	21	7	13
C	0	1	7	2	3	1	2	1	3	0	1	4
D	3	5	12	6	4	3	5	5	5	5	2	4
E	3	5	3	5	3	6	1	1	3	2	6	4
F	11	9	15	22	15	16	13	10	26	26	24	13

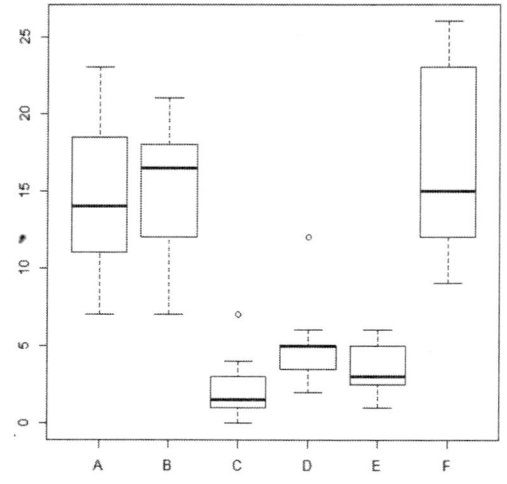

그림 10.1 6종류의 살충제와 죽은 벌레수의 상자도표

요인 X와 수준, 반응변수 Y는 다음과 같다.

요인 X = 살충제 종류

X의 수준: A, B, C, D, E, F

반응변수 Y = 죽은 벌레 수

살충제의 효과가 동일한지 검정하는 가설은 다음과 같다.

H_0: 살충제의 효과가 모두 동일하다.

H_1: 살충제의 효과가 모두 동일하지는 않다.

□

아래 표10.2는 일원배치 분산분석 실험에서의 자료 구조를 표현한다. 반응변수 y_{ij} 는 설명변수 X의 i 번째 수준 (집단)에서 j번째 실험 결과 관측된 값이다. 이때 전체 실험은 완전히 무작위(Complete randomization) 순서로 실시되어야 한다.

표 10.2 일원배치분산분석의 실험

수준＼반복	1	2	...	$n_i = r$
1	y_{11}	y_{12}	...	y_{1n_1}
2	y_{21}	y_{22}	...	y_{2n_2}
⋮	⋮	⋮	...	⋮
k	y_{k1}	y_{k2}	...	y_{kn_k}

위의 실험결과를 아래 표10.3의 모양으로 엑셀 등의 자료 파일로 저장한다. 각 열이 한 개의 변수에 해당하므로, 이 자료에는 X와 Y, 두 개의 변수가 존재한다. 일원배치 분산분석법의 모형을 살펴보자.

$$y_{ij} = \mu_i + \varepsilon_{ij}, \quad i = 1,2,\cdots,k, \quad j = 1,2,\cdots,n_i$$

i: 처리집단, $i = 1,2,\cdots,k$,　j: 처리집단 내에서의 반복,　k: 처리집단의 수

n_i: i번째 처리집단에서의 반복의 수,　n: 전체 표본크기

y_{ij}: i번째 처리집단에서 j번째 관측값

μ_i : i번째 집단평균

ε_{ij}: 오차 (error)

241

표 10.3 일원배치분산분석의 자료

X	Y
1	y_{11}
1	y_{12}
⋮	⋮
1	y_{1n_1}
⋮	⋮
k	y_{k1}
k	y_{k2}
⋮	⋮
k	y_{kn_k}

이때 오차가 모두 독립이고(independent), 동일한 정규분포 $N(0,\sigma^2)$을 따른다(identically distributed)고 가정하며, 이를 간단히

$$\varepsilon_{ij} \sim iid\ N(0,\sigma^2)$$

로 표현한다.

일원배치 분산분석 모형의 가설은 다음과 같다.

$$H_0: \mu_1 = \mu_2 = \cdots = \mu_k$$

$$H_1: \text{모든 } \mu_i \text{가 같지는 않다.}$$

각 집단의 평균 μ_i의 평균으로 전체 평균 $\mu = \frac{1}{k}\sum_{i=1}^{k}\mu_i$를 정의하자. 집단의 평균 μ_i에서 전체 평균 μ를 제거하여 효과(effect) α_i를 정의하자.

$$\alpha_i = \mu_i - \mu,\ i = 1,2,\cdots,k$$

효과를 이용하여 나타낸 일원배치 분산분석법의 모형은 다음과 같다.

$$y_{ij} = \mu + \alpha_i + \varepsilon_{ij},\quad i = 1,2,\cdots,k,\quad j = 1,2,\cdots,n_i$$

$$\varepsilon_{ij} \sim iid\ N(0,\sigma^2)$$

이때, 실험자가 미리 설계한 k 처리수준을 비교 분석한 결과를 실험에 포함된 k 수준에만 적용하는 경우를 **고정효과모형**(fixed effect model)이라고 부른다. 이 모형에서는 실험에 포함되지 않은 값에 대하여, 분석결과를 확대 적용할 수 없다. 이와 같은 고정효과에 대해서는 모든 효과의 합은 0이다 ($\sum_{i=1}^{k}\alpha_i = 0$). 가설을 효과로 표현하면 다음과 같다.

$$H_0: \alpha_1 = \alpha_2 = \cdots = \alpha_k = 0 \qquad H_1: \text{적어도 한 개의 } \alpha_i \text{가 0이 아니다.}$$

이 가설을 요인 X에 대해서 다시 써보자.

$$H_0: \text{X의 효과가 유의하지 않다.} \qquad H_1: \text{X의 효과가 유의하다.}$$

10. 분산분석법

자료의 총변동은 x의 처리집단의 차이 때문에 발생하는 **집단간 변동**(SSB; Between Sum of Squares)과 처리집단의 차이로 설명되지 않는 **집단내 변동**(SSW; Within Sum of Squares)의 합으로 분할된다. SSB는 $SStr$(Sum of Squares for Treatment)로, SSW는 SSE로 병행하여 사용된다(그림 10.2).

y_{ij}: 관측된 반응변수

$\bar{y}_{i\cdot}$: i번째 처리집단의 평균

$\bar{y}_{\cdot\cdot}$: 전체 평균

$$y_{ij} - \bar{y}_{\cdot\cdot} = (\bar{y}_{i\cdot} - \bar{y}_{\cdot\cdot}) + (y_{ij} - \bar{y}_{i\cdot})$$

총변동 = (집단 간 변동) + (집단 내 변동)

$$\sum_{i=1}^{k}\sum_{j=1}^{n_i}(y_{ij} - \bar{y}_{\cdot\cdot})^2 = \sum_{i=1}^{k}\sum_{j=1}^{n_i}(\bar{y}_{i\cdot} - \bar{y}_{\cdot\cdot})^2 + \sum_{i=1}^{k}\sum_{j=1}^{n_i}(y_{ij} - \bar{y}_{i\cdot})^2$$

$$SST = SStr + SSE$$
$$SST = SSB + SSW$$

제곱합은 표 10.4 분산분석표로 정리된다. 회귀분석에서와 마찬가지로, 귀무가설이 참일 때, 제곱합들의 분포를 다음과 같은 카이제곱분포이다.

$$\left(\frac{SST}{\sigma^2} \sim \chi^2(N-1)\right) = \left(\frac{SStr}{\sigma^2} \sim \chi^2(k-1)\right) + \left(\frac{SSE}{\sigma^2} \sim \chi^2(N-k)\right)$$

여기서, SStr와 SSE는 독립이고, 이들의 자유도를 합하면, 총자유도가 된다. $SStr$의 자유도는 추정해야 하는 모수 α_i의 개수 k에서 1을 뺀 $(k-1)$이다. 그 이유는 $\alpha_1, \alpha_2, \cdots, \alpha_k$에 대하여, $\sum_{i=1}^{k}\alpha_i = 0$이라고 가정하므로, $(k-1)$개를 알면, 나머지 한 개의 값을 추정할 수 있기 때문이다. 집단간 제곱합이 크고, 집단내 제곱합이 작을수록 집단의 차이가 뚜렷하다. 두 제곱합은 인공지능 등의 분류분석에서 객체를 인식할 때, 자주 사용된다.

이때, 검정통계량 $F \geq F_\alpha(df_{tr}, df_E)$이면, 귀무가설 H_0을 기각한다. 또는 검정통계량 F에 대한 유의확률 p가 유의수준 α보다 작으면, 귀무가설 H_0을 기각한다. 잔차가 정규분포 가정을 만족하지 않으면, 비모수적 방법 크루스칼 왈리스 (Kruskal-Wallis) 방법을 쓸 수 있다.

표 10.4 일원배치 분산분석표 (ANOVA table)

요인	SS	df	MS	F	p
처리	SStr	$df_{tr} = k-1$	$MStr = \frac{SStr}{df_{tr}}$	$F = MStr/MSE$	$P \leq \alpha$ 이면 H_0를 기각함
잔차 (residuals; errors)	SSE	$df_E = n-k$	$MSE = \frac{SSE}{df_E}$	$\sim F(df_{tr}, df_E)$ (H_0이 참일 때)	
총합	SST	$df_T = n-1$			

n=표본의 크기, k=처리 수준의 수, n_i는 i번째 집단에서 반복측정 수

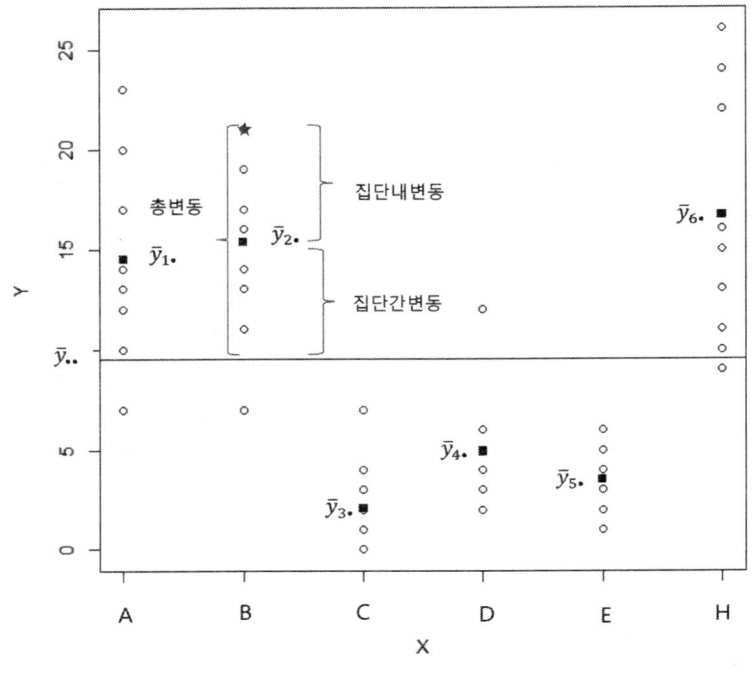

그림 10.2 변동의 분해

예제 10.2 R의 InsectSprays에서 살충제에 따른 효과의 차이가 있는지 살펴보자. 우선, 집단별 평균과 표준편차, 반복수, 최소, 최대는 아래 표 10.5와 같다. 표 10.6 분산분석표에서 검정통계량 F에 대한 유의확률이 유의수준 0.05보다 작으므로 ($p < 2.2e-16$), 여섯 가지 살충제의 효과가 다르다. □

표 10.5 집단 별 평균과 표준편차, 반복수, 최소, 최대

Spray 수준	평균(means)	표준편차(std)	반복수(r)	최소(Min)	최대(Max)
A	14.500000	4.719399	12	7	23
B	15.333333	4.271115	12	7	21
C	2.083333	1.975225	12	0	7
D	4.916667	2.503028	12	2	12
E	3.500000	1.732051	12	1	6
F	16.666667	6.213378	12	9	26

10. 분산분석법

표 10.6 분산분석표 (ANOVA table)

요인	제곱합(SS)	자유도(df)	평균제곱합(MS)	검정통계량 F	p
spray	2668.8	5	533.77	34.702	P<2.2e-16
Residuals	1015.2	66	15.38		
총합	3684	71			

R 실습

```
# 표 10.1
> data(InsectSprays)
> head(InsectSprays)
   count spray
1   10    A
2    7    A
3   20    A
4   14    A
5   14    A
6   12    A
> summary(InsectSprays)
    count        spray
 Min.   : 0.00   A:12
 1st Qu.: 3.00   B:12
 Median : 7.00   C:12
 Mean   : 9.50   D:12
 3rd Qu.:14.25   E:12
 Max.   :26.00   F:12
> is.factor(InsectSprays$spray)      # 스프레이가 요인(factor)인지 체크
[1] TRUE
> is.numeric(InsectSprays$count)     # 죽은 벌레수가 연속형(numeric)인지 체크
```

[1] TRUE

```
# 그림 10.1
> boxplot(count~spray, data=InsectSprays,mean)
# 표 10.5
> aggregate(count~spray, data=InsectSprays,mean)
  spray     count
1     A 14.500000
2     B 15.333333
3     C  2.083333
4     D  4.916667
5     E  3.500000
6     F 16.666667
> aggregate(count~spray, data=InsectSprays,sd)
1     A 4.719399
2     B 4.271115
3     C 1.975225
4     D 2.503028
5     E 1.732051
6     F 6.213378
```

```
# 그림 10.2
InsectSprays$type <- as.numeric(InsectSprays$spray)
with(InsectSprays, plot(type, count, xlab="X", ylab="Y"))
y.bar <- aggregate(count~type, data=InsectSprays,FUN=mean)
points(y.bar, pch=15)
```

10. 분산분석법

```
abline(h=mean(InsectSprays$count))
```

```
# 표 10.6
> fit<-lm(count~spray, data=InsectSprays)
> anova(fit)
Analysis of Variance Table

Response: count
            Df Sum Sq Mean Sq F value    Pr(>F)
spray        5 2668.8  533.77  34.702  < 2.2e-16 ***
Residuals   66 1015.2   15.38


> summary(fit)
Coefficients:
             Estimate Std. Error t value Pr(>|t|)
(Intercept)   14.5000     1.1322  12.807  < 2e-16 ***
sprayB         0.8333     1.6011   0.520   0.604       # A와 B는 차이가 없다
sprayC       -12.4167     1.6011  -7.755 7.27e-11 ***  # A와 C는 차이가 있다.
sprayD        -9.5833     1.6011  -5.985 9.82e-08 ***  # A와 D는 차이가 있다.
sprayE       -11.0000     1.6011  -6.870 2.75e-09 ***  # A와 E는 차이가 있다.
sprayF         2.1667     1.6011   1.353   0.181       # A와 F는 차이가 없다.
```

< 2.2e-16 → spray들의 효과가 동일하지 않다.

절편이 A의 평균을 나타냄

각 집단 평균과 집단 A와의 평균(효과) 차이를 나타냄

```
# 표 10.6 aov 사용하는 방법
 fit <- aov(count~spray, data=InsectSprays)
 anova(fit)
```

가정에 대한 검정

주어진 자료가 정규분포를 따르는지 알아보기 위해서 Shapiro검정을 사용할 수 있다.

등분산성을 만족하는지 알아보기 위해서, Levene 검정 또는 Bartlett 검정을 사용할 수 있다. 만약 정규분포나 등분산성 가정이 만족하지 않으면, Kruskal-Wallis 비모수 검정을 사용할 수 있다. 종종 가정을 무시하고, 모수적 방법을 사용하여 분석한다. 따라서, 정규성과 등분산성이 잘 만족되도록 실험을 설계하고, 주의 깊게 실험을 실시하는 것이 중요하다.

```
#등분산 검정
> install.packages("lawstat")
> library(lawstat)
> with(InsectSprays, levene.test(count, spray))
        Modified robust Brown-Forsythe Levene-type test based on the
        absolute deviations from the median
data:   count
Test Statistic = 3.8214, p-value = 0.004223
> with(InsectSprays, bartlett.test (count,spray))
        Bartlett test of homogeneity of variances
data:   count and spray
Bartlett's K-squared = 25.96, df = 5, p-value = 9.085e-05
```

```
# 정규분포를 가정하지 않을 때 사용하는 Kruskal-Wallis 비모수검정법 ★
> kruskal.test(count~spray, data=InsectSprays)
        Kruskal-Wallis rank sum test
data:   count by spray
Kruskal-Wallis chi-squared = 54.691, df = 5, p-value = 1.511e-10
```

spray들의 효과가 모두 동일하지는 않다.

10.2 다중비교법 (Multiple comparison)

k 처리집단의 평균이 다르다면, 그 중 어느 집단에서 효과의 차이가 있는지를 알아보기 위해서, 모든 가능한 $\binom{k}{2}$ 조합에 대하여 쌍체비교를 실시하는 방법을 **다중비교법**이라고 부른다. 이때, 각

쌍에 대해서 유의수준 α를 적용하면, 총 유의수준은 $\binom{k}{2}α$가 되어서, 허용되는 유의수준 α보다 훨씬 커지는 문제가 발생한다. 예를 들어, InsectSprays 자료에서는 각 쌍별로 0.05의 유의수준을 허용하면, 총 유의수준은 $\binom{6}{2}(0.05)=0.75$가 되며, 이는 정해진 유의수준 0.05를 초과한다. 이 문제를 해결하기 위해서 본페로니(Bonferroni)는 각 쌍의 유의수준을 $α/\binom{k}{2}$로 조정하여 전체 유의수준이 α로 유지되도록 만들었다. 하지만, InsectSprays 자료에서 이 값이 $\frac{0.05}{\binom{6}{2}} = 0.0033$으로 매우 작아져서, 귀무가설을 기각하기 매우 어려워지므로, 집단 간 차이를 찾아내기 어렵다. 이는 검정법의 검정력이 떨어짐을 의미한다. 이 같은 어려움을 해결하기 위해서 개발된 여러가지 방법 중에서 LSD (Least significant difference), 튜키(Tukey)의 HSD(Honest Significant Difference), 던컨(Duncan)의 방법들이 널리 알려져 있다. 다중비교법에서 가설은 모든 $\binom{k}{2}$ 조합에 대하여

H_0: 두 집단의 평균이 동일하다. ($μ_i = μ_j$, $i ≠ j$)

H_1: H_0이 아니다. ($μ_i ≠ μ_j$, $i ≠ j$)

가설검정을 실시한다. 튜키의 방법 등에서는 둘씩 일일이 비교해야 하지만, 던컨의 방법은 자동으로 평균이 동일한 집단끼리 묶어주는 장점이 있다.

빅데이터 (Big data) 시대에 다중비교법은 매우 유용하게 사용되며, 특히 수많은 세포 중 질병이 있는 세포를 분류해내기 위해서 사용되기도 한다. 이 경우, 한 개의 세포가 한 집단에 해당하면, 집단 수가 엄청나게 많아지고, 검정력이 크게 떨어진다. 이와 같은 문제점을 보완하기 위하여, 귀무가설이 참일 때 귀무가설을 기각하는 확률인 유의수준 대신, 잘못 기각되는 귀무가설의 기대 비율로 정의되는 FDR(False Discovery Rate; Benjamini, Hochberg, 1995) 통계량을 사용하기도 한다.

예제 10.3 던컨의 다중비교법 분석 결과, 표 10.7에 따르면, 평균이 다른 a와 b 두 개의 그룹이 존재하며, 살충제 A, B, F가 a 그룹이고, C, D, E가 b 그룹에 속한다. a 그룹의 평균이 b 그룹의 평균보다 유의하게 크다. 크기 순으로는 (F, B, A) > (D, E, C)이므로, 살충제 A, B, F의 살충 효과가 살충제 C, D, E의 살충효과보다 유의하게 크다고 말할 수 있다. (유의수준=0.05)

동일한 자료를 튜키의 방법으로 분석하자. 우선 각 집단의 평균을 크기 순으로 나열하자. 각 쌍의 평균비교에 대한 유의확률이 유의수준보다 크면, 두 집단의 평균이 다르다고 본다. 각 쌍의 평균비교에 대한 유의확률이 유의수준보다 작으면, 두 집단의 평균이 같다고 본다. 평균이 유의하게 같을 때, 두 집단을 같은 선으로 연결하거나, 던컨에서처럼 같은 글자로 연결하자. 평균이 유의하게 다를 때, 두 집단을 끊어서 다른 선으로 그리거나, 던컨에서처럼 다른 글자로 표시하자. 그러면, 튜키와 던컨에서 동일한 결과를 얻을 수 있다.

다중비교법에서는 수학적 논리가 성립하지 않는 경우가 있다. 예를 들어, 수학에서는 $μ_A = μ_B$, $μ_B = μ_C$이면 $μ_A = μ_C$가 성립한다. 하지만, 통계에서는 $μ_A = μ_B$, $μ_B = μ_C$ 이어도, $μ_A ≠ μ_C$일 수 있다. 그 이유는 유의수준 $α > 0$으로 허용되기 때문이다. □

표 10.7 던컨의 다중비교법에 따라 평균이 유의하게 다른 두 살충제 그룹

던컨의 Grouping *		Treatments	means
a		F	16.67
a	$\mu_F = \mu_B = \mu_A$	B	15.33
a		A	14.5
b		D	4.917
b	$\mu_D = \mu_E = \mu_C$	E	3.5
b		C	2.083

*Means with the same letter are not significantly different. (던컨의 grouping 글자가 동일하면, 평균이 유의하게 다르지 않다.)

R 실습

```
# 표 10.6
fit <- aov(count~spray, data=InsectSprays)
anova(fit)
```

```
# 표 10.7 던컨의 다중비교법
library(agricolae)
duncan.test(aov.out, "spray", alpha=0.05, console=TRUE)
```

```
# 표 10.7 튜키의 다중비교법
> TukeyHSD(aov.out)
  Tukey multiple comparisons of means
    95% family-wise confidence level
Fit: aov(formula = count ~ spray, data = InsectSprays)
$spray
         diff       lwr       upr     p adj
B-A   0.8333333  -3.866075  5.532742 0.9951810
C-A -12.4166667 -17.116075 -7.717258 0.0000000
D-A  -9.5833333 -14.282742 -4.883925 0.0000014
```

```
E-A    -11.0000000  -15.699409  -6.300591  0.0000000
F-A      2.1666667   -2.532742   6.866075  0.7542147
C-B    -13.2500000  -17.949409  -8.550591  0.0000000
D-B    -10.4166667  -15.116075  -5.717258  0.0000002
E-B    -11.8333333  -16.532742  -7.133925  0.0000000
F-B      1.3333333   -3.366075   6.032742  0.9603075
D-C      2.8333333   -1.866075   7.532742  0.4920707
E-C      1.4166667   -3.282742   6.116075  0.9488669
F-C     14.5833333    9.883925  19.282742  0.0000000
E-D     -1.4166667   -6.116075   3.282742  0.9488669
F-D     11.7500000    7.050591  16.449409  0.0000000
F-E     13.1666667    8.467258  17.866075  0.0000000
```

10.3 대비의 검정★

개별 집단 평균의 동일성 검정뿐 아니라, 이들 사이에서 가중평균의 동일성도 검정할 수 있다.

정의 10.1 대비 (Contrast)

$$C = \sum_{i=1}^{a} c_i \mu_i$$

여기서 계수의 합을 0이라고 가정한다. 즉, $\sum_{i=1}^{a} c_i = 0$이다. □

예를 들어, 대비를 이용하여 다음과 같이 개별 처리를 비교할 수 있다.

$$H_0: (\mu_1 + \mu_2)/2 = (\mu_3 + \mu_4 + \mu_5)/3$$

$$H_0: \mu_4 = \mu_5$$

대비를 추정해보면,

$$\hat{C} = \sum_{i=1}^{a} c_i \overline{y_{i\cdot}}$$

이고, 추정된 대비의 분산과 표준오차는 다음과 같다.

$$\text{Var}(\hat{C}) = \sum c_i^2 Var(\overline{y_{i\cdot}}) = \sum c_i^2 \frac{\sigma^2}{n_i}$$

$$se(\hat{C}) = \sqrt{MSE \sum \frac{c_i^2}{n_i}}$$

대비에 대한 검정통계량과 H_0 하에서 분포는 다음과 같다.

$$t = \frac{\hat{C}}{\widehat{se}(\hat{C})} \sim t(df\ for\ MSE)$$

이에 근거하여, 대비를 검정할 수 있다. 자세한 내용을 생략한다.

예제 10.4 R의 InsectSprays에서 spray A,B,F와 C,D,E의 평균차이를 contrast를 이용해서 검정해보자.

$$H_0: \mu_A + \mu_B + \mu_F = \mu_C + \mu_D + \mu_E$$
$$H_1:: \mu_A + \mu_B + \mu_F \ne \mu_C + \mu_D + \mu_E$$

R 패키지 lsmeans의 constrast를 이용하여 표10.8을 얻었다. 유의확률이 0.05보다 작으므로 A,B,F와 C,D,E의 평균차이가 유의하다. □

표 10.8 대비검정표

contrast	estimate	SE	df	t.ratio	p
ABFvsCDE	36	2.77	66	12.981	<0.0001

R 실습

```
# 표 10.8
install.packages("lsmeans")
library(lsmeans)
fit <- lm(count~spray, data=InsectSprays)
means.spray <- lsmeans(fit, specs="spray")
means.spray
contrast(means.spray, list(ABFvsCDE=c(1,1,-1,-1,-1,1)))
```

```
# 분산분석표
summary(fit)
```

10.4 이원배치법 (Two-way factorial design)★

두 개의 요인 A와 B를 고려할 때, 이원배치법을 사용한다. 이때 각 요인의 수준은

$$A: A_1, A_2, \cdots, A_a$$

$$B: B_1, B_2, \cdots, B_b$$

이며, 실험설계에 따른 자료구조와 파일로 저장되는 자료구조는 아래 표 10.9와 같다. 여기서 r은 반복수이고, 각 실험수준마다 다를 수 있다. 표10.10에서는 r=3의 예를 보여준다. 요인이 두 개 이상일 경우에는 각 요인의 유의성뿐 아니라, 두 요인 사이의 교호작용 (interaction effect)의 유의성도 검정할 수 있다.

표 10.9 이원배치 분산분석의 실험

A \ B	B_1	...	B_b
A_1	$y_{111}, \cdots, y_{11r}$	...	$y_{1b1}, \cdots, y_{1br}$
⋮	⋮	⋮	⋮
A_a	$y_{a11}, \cdots, y_{a1r}$	...	$y_{ab1}, \cdots, y_{abr}$

표 10.10 이원배치 분산분석의 자료

X_1	X_2	Y
A_1	B_1	y_{111}
A_1	B_1	y_{112}
A_1	B_1	y_{113}
⋮	⋮	⋮
A_1	B_b	y_{1b1}
A_1	B_b	y_{1b2}
A_1	B_b	y_{1b3}
⋮	⋮	⋮
A_a	B_1	y_{a11}
A_a	B_1	y_{a12}
A_a	B_1	y_{a13}
⋮	⋮	⋮
A_a	B_b	y_{ab1}
A_a	B_b	y_{ab2}
A_a	B_b	y_{ab3}

이원배치 분산분석의 모형은 다음과 같다.

$$y_{ijk} = \mu + \alpha_i + \beta_j + \gamma_{ij} + \varepsilon_{ijk}$$

$$\sum_{i=1}^{a} \alpha_i = 0, \quad \sum_{j=1}^{b} \beta_j = 0, \quad \sum_{i=1}^{a} \gamma_{ij} = \sum_{j=1}^{b} \gamma_{ij} = 0$$

$$\varepsilon_{ijk} \sim iid\ N(0, \sigma^2)$$

모형에 대한 세 가지 가설은 다음과 같다.

1. H_0: $\alpha_1 = \alpha_2 = \cdots = \alpha_a = 0$ (A 효과가 없다.)

   H_1: H_0이 아니다. (A 효과가 유의하다.)

2. H_0: $\beta_1 = \beta_2 = \cdots = \beta_b = 0$ (B 효과가 없다.)

   H_1: H_0이 아니다. (B 효과가 유의하다.)

3. H_0: 모든 i와 j에 대해서 교호작용 $\gamma_{ij} = 0$이다. (교호작용이 존재하지 않는다.)

   H_1: H_0이 아니다. (교호작용이 존재한다.)

분산분석표 (표10.11)에서 유의확률이 유의수준보다 작으면 귀무가설을 기각하고, 해당하는 요인이 유의하다고 결론 내린다.

표10.11 분산분석표

요인	자유도 df	제곱합 SS	평균제곱합 MS	검정통계량 F	유의확률 p	귀무가설
A (α)	a-1	SS_A	MS_A	F_A	p_A	H_0: A 효과가 없다
B (β)	b-1	SS_B	MS_B	F_B	p_B	H_0: B 효과가 없다
A × B (γ)	(a-1)(b-1)	SS_{AB}	MS_{AB}	F_{AB}	p_{AB}	H_0: 교호작용이 없다
오차(Residuals)	ab(r-1)	SS_E	MS_E			

유의확률 p가 유의수준보다 작으면, 귀무가설을 기각한다.

분산분석법에 대한 통계소프트웨어들을 사용하다 보면, 제곱합을 계산하는 방법이 꽤 다양함을 알 수 있다. 이들을 살펴보기 위하여, 모형을 나타내는 제곱합을 정의해보자. $SS(A, B, AB)$는 모든 요인 $A, B, A \times B$를 포함하는 모형의 제곱합이고, $SS(A, B)$는 A, B를 포함하는 모형의 제곱합, $SS(A)$는 A를 포함하는 모형의 제곱합, $SS(B)$는 B를 포함하는 모형의 제곱합이다. 이들의 차이를 나타내는 제곱합을 정의해보자.

$$SS(AB \mid A, B) = SS(A, B, AB) - SS(A, B)$$
$$SS(A \mid B, AB) = SS(A, B, AB) - SS(B, AB)$$
$$SS(B \mid A, AB) = SS(A, B, AB) - SS(A, AB)$$
$$SS(A \mid B) = SS(A, B) - SS(B)$$
$$SS(B \mid A) = SS(A, B) - SS(A)$$

가장 많이 사용되는 Type=1, Type=3을 살펴보자. Type=1은 순차적(sequential) 방법으로, 모형이 써진 요인의 순서대로 제곱합을 계산하므로, $SS(A), SS(B|A), SS(AB|A,B)$ 를 계산해준다. 가장 널리 사용되는 Type=3는 다른 요인들이 모두 모형에 포함된 뒤에 해당 요인이 마지막으로 모형에 더해질 때 증가하는 제곱합을 계산한다. 즉, $SS(A|B), SS(B|A), SS(AB|A,B)$ 를 계산해준다. R에서 Type=1을 계산하는 방법은 fit <- lm(y~A*B); anova(fit)이다. R에서 Type=3을 계산하는 방법은 fit <- lm(y~A*B); car::Anova(fit, type=3)이다.

예제 10.5 날실용 양모 (warp wool)의 두 종류 A와 B, 강도(tension)의 세 종류 L(Low), M(Medium), H(High), 총 여섯 가지 조합에서, 각 실험 조건 마다 날실 절단 수를 9회 반복 측정하였다. (표 10.12 warpbreaks in R; Tippett, LHC, 1950)

표 10.12 warpbreaks의 자료

A	L	26	A	L	30	A	L	54	A	L	25	A	L	70	A	L	52	A	L	51	A	L	26	A	L
67	A	M	18	A	M	21	A	M	29	A	M	17	A	M	12	A	M	18	A	M	35	A	M
30	A	M	36	A	H	36	A	H	21	A	H	24	A	H	18	A	H	10	A	H	43	A	H	28
A	H	15	A	H	26	B	L	27	B	L	14	B	L	29	B	L	19	B	L	29	B	L	31	B	L
41	B	L	20	B	L	44	B	M	42	B	M	26	B	M	19	B	M	16	B	M	39	B	M	28
B	M	21	B	M	39	B	M	29	B	H	20	B	H	21	B	H	24	B	H	17	B	H	13	B
H	15	B	H	15	B	H	16	B	H	28															

표 10.13는 양모 종류별 날실 절단의 평균과 표준편차를 나타내고, 그림 10.3는 양모 종류별 날실절단의 상자도표와 평균을 나타낸다. Type=3 분산분석표를 사용한 분산분석표 10.14에 따르면, 유의수준 0.05에서 양모 종류(wool; p=0.0026768), 날실 강도 (tension; p=0.0001881)과 교호작용 (wool* tension; p=0.0210442)이 모두 유의하다.

  이 결과를 평균도표로 확인할 수 있다. 두 번째 평균도표에서 보면, 양모 종류 A와 B에 따른 날실 절단 수의 평균 차이는 작지만, 강도에 따른 날실 절단 수의 평균 차이는 크다.

  세 번째 평균도표는 양모 종류와 실 강도의 교호작용을 보여준다. 양모 A에서는 강도 M와 H에서의 날실 절단 수가 강도 L에서의 날실 절단 수보다 작다. 반면, 양모 B에서는 강도 H에서의 날실 절단 수가 강도 L과 M에서의 날실 절단 수보다 작다. 양모 A와 양모 B의 두 그래프가 나란하지 않고 교차하므로, 두 양모 타입와 강도 사이에 교호작용이 있다고 말할 수 있다. 즉, 타입에 따라서 날실이 끊어지는 경향이 다르게 나타난다. □

표 10.13 warpbreaks의 타입 별 강도의 평균 (표준편차)

날실강도 타입	L (약)	M (중)	H (강)
A 타입	44.6 (18.1)	24.0 (8.7)	24.6 (10.3)
B 타입	28.2 (9.9)	28.8 (9.4)	18.8 (4.9)

표 10.14 warpbreaks의 자료의 분산분석표 (Type=3)

	제곱합 (SS)	자유도 (df)	평균제곱합 (MS)	F	유의확률 p
intercept	17866.8	1	17866.8	149.2757	2.426e-16
wool	1200.5	1	1200.5	10.0301	0.0026768
tension	2468.5	2	1234.2	10.3121	0.0001881
wool*tension	1002.8	2	501.4	4.189	0.0210442
Residuals	5745.1	48	119.7		

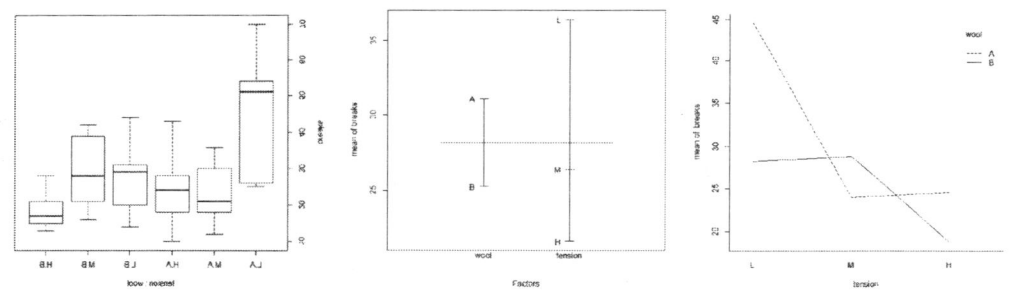

그림 10.3 warpbreaks의 자료에서 모직 강도의 평균 도표

R 실습

```
# 표 10.12
# warpbreaks in R
# Tippett, L. H. C. (1950) Technological Applications of Statistics. Wiley. Page 106.
# 방법 1: 직접 만들기
  wool<- c(rep("A",27), rep("B",27))
```

```
tension <-rep(c(rep("L",9), rep("M",9), rep("H",9)),2)
wool<-factor(wool)
tension<-factor(tension, levels=c("L","M","H"))
breaks<-c(26, 30, 54, 25, 70, 52, 51, 26, 67,
          18, 21, 29, 17, 12, 18, 35, 30, 36,
          36, 21, 24, 18, 10, 43, 28, 15, 26,
          27, 14, 29, 19, 29, 31, 41, 20, 44,
          42, 26, 19, 16, 39, 28, 21, 39, 29,
          20, 21, 24, 17, 13, 15, 15, 16, 28)
mydata<-data.frame(wool, tension, breaks)

# 방법 2: 자료 부르기
warpbreaks
```

```
# 표 10.13
agg1<-aggregate(breaks ~ wool + tension, data= warpbreaks, FUN=mean)
agg1
xtabs(breaks ~ wool + tension, data=agg1)
agg2<-aggregate(breaks ~ wool + tension, data= warpbreaks, FUN=sd)
agg2
xtabs(breaks ~ wool + tension, data=agg2)
```

```
# 그림 10.3
boxplot(breaks~tension+wool,data=warpbreaks)
plot.design(warpbreaks)
with(warpbreaks, interaction.plot(tension, wool, breaks, bty="l"))
```

```
# 표 10.14
# 방법 1.
  fit<- lm(breaks ~ wool + tension + wool:tension, data= warpbreaks)
  car::Anova(fit, type=3)
# ::은 그 패키지에 있는 함수를 사용한다는 의미임
# library(car); Anova(fit,type=3)와 동일함
# type=3를 지정하지 않을 경우, type=2를 사용함

# 방법 2. Type 1 (aov 대신 lm을 써도 된다.)
  fit <- aov(breaks ~ wool + tension + wool:tension, data= warpbreaks)
  summary(fit)
  anova(fit)
```

10.5 난괴법 (Complete Randomized Block Design; CRBD)★★

실험요인의 효과로 **고정효과**(fixed effect)와 **랜덤효과**(random effect), 두 가지가 존재한다. 고정효과는 실험자가 설계한 k 처리수준만 비교분석하며, k 처리수준의 효과를 모두 더하면 0이다. InsectSprays의 예제처럼 분석결과를 실험에 포함된 k 수준에만 적용할 수 있으며, 다른 수준으로 확대 적용할 수 없다. 반면, 랜덤효과는 요인이 가질 수 있는 수준(값)이 아주 많아서 분포를 이루며, 실제 실험에서는 이들 중 극히 일부를 랜덤으로 뽑아서 실험하고, 그 결과를 전체 수준으로 확대하여 적용할 수 있다. 랜덤효과요인의 가장 흔한 예로 날짜, 장소, 동물 또는 사람 등이 있다. 예를 들어, 신약 임상시험에서는 전체 인구 중 일부를 임상시험 대상(subject)으로 랜덤하게 뽑아서 실험을 실시하므로, 임상시험 대상은 다른 대상으로 대체 가능하다. 또한 신약에 대한 임상시험 결과를 전체 인구에 확대 적용할 수 있다. 일반적인 임상시험에서 대상자는 적어도 두 차례 이상 약을 복용하므로, 각 대상자는 블록(block)과 같은 역할을 한다.

난괴법의 통계 모형은 다음과 같다.

$$y_{ij} = \mu + \alpha_i + b_j + \varepsilon_{ij} \quad i = 1, 2 \ldots, k, j = 1, \ldots, r$$

$$\sum_{i=1}^{p} \alpha_i = 0$$

$$b_j \sim iid\ N(0, \sigma_b^2) \quad \text{and} \quad \varepsilon_{ij} \sim iid\ N(0, \sigma^2)$$

10. 분산분석법

여기서 실험의 주효과인 α_i는 고정효과이고, 블록을 표현하는 b_j는 랜덤효과이다. 집단평균과 이들의 차이의 분산을 찾아보자.

$$\bar{y}_{i\cdot} = \mu_i - \bar{b}_{\cdot} + \bar{\varepsilon}_{1\cdot}$$

$$\bar{y}_{i\cdot} - \bar{y}_{j\cdot} = \mu_i - \mu_j + \bar{\varepsilon}_{i\cdot} - \bar{\varepsilon}_{j\cdot}$$

$$E[\bar{y}_{i\cdot}] = \mu_i, \quad Var(\bar{y}_{i\cdot}) = (\sigma_b^2 + \sigma^2)/r$$

$$E[\bar{y}_{i\cdot} - \bar{y}_{j\cdot}] = \mu_i - \mu_j, \quad Var(\bar{y}_{i\cdot} - \bar{y}_{j\cdot}) = 2\sigma^2/r$$

주효과에 대한 귀무가설과 대립가설은 다음과 같다.

$$H_0: \alpha_1 = \alpha_2 = \cdots = \alpha_k = 0$$

$$H_1: \text{적어도 한 개의 효과는 0이 아니다.}$$

랜덤효과에 대한 귀무가설과 대립가설은 다음과 같다.

$$H_0: \sigma_b^2 = 0 \quad vs. \quad H_1: \sigma_b^2 \neq 0$$

고정효과와 랜덤효과가 섞여있는 모형을 **혼합효과 선형모형**(Mixed effects linear model)이라고 부르며, 이를 위해서 일반적인 회귀분석에서 사용하는 최대우도(Maximum Likelihood; ML)와 제약 최대우도(Restricted Maximum Likelihood; REML)를 병용하여 사용한다. 이에 대한 이론적인 설명은 이 교재의 범위를 벗어나므로 생략하고, 대신 R을 이용하여 분석해보자. R에서는 aov(analysis of variance) 함수를 사용하거나, 또는 nlme(non-linear mixed effects) 패키지에서 lme(linear mixed effects) 함수를 이용할 수 있다. 난괴법의 분산분석표 (표10.15) 블록인자에 대한 행이 추가되어 있다.

표 10.15 분산분석표

요인	SS	df	MS	E[MS]	F
처리(Treatment)	SStr	k-1	MStr	$\sigma^2 + r \sum \dfrac{\alpha_i^2}{k-1}$	F= MStr/ MSE
블록 (Block)	SSb	r-1	MSb	$\sigma^2 + k\sigma_b^2$	
잔차 (Error)	SSE	(k-1)(r-1)	MSE	σ^2	

예제 10.6 (ergoStool, nlme) 9명의 근로자들이 네 종류의 의자 (stool)를 만드는 노동(effort)을 보그-스케일(Borg scale)로 측정하였다. 이때 근로자들은 블록요인이그, 다른 근로자들로 대체 가능하므로, 랜덤요인이다. 의자 종류가 의자를 만드는데 소요되는 노동력에 미치는 대한 영향을 분석하는 모형은 다음과 같다.

$$y_{ij} = \mu + \alpha_i + b_j + \varepsilon_{ij}, \quad i = 1,2,3,4, \quad j = 1,2,\ldots,9$$

$$\sum_{i=1}^{p} \alpha_i = 0, b_j \sim N(0, \sigma_b^2), \quad \varepsilon_{i\cdot} \sim N(0, \sigma^2 I)$$

이때, 개별 근로자가 반복에 해당한다. 첨자 i는 4 종류 의자를 나타내고, j는 9명의 개별 노동자를 나타낸다. 그림10.3에서 왼쪽은 수준별 평균을 나타내며, 오른쪽은 노동자별로 의자 타입에 소요된 노동력을 표현한다.

우선 aov를 이용하여 얻은 분산분석표를 살펴보자. 의자의 종류 (Type)에 대한 검정통계량은 F = 22.36 이며, 이것의 유의확률이 p=3.93e-07 < 0.05이므로, 의자를 만들기 위해서 필요한 노동력이 의자의 종류에 따라서 다르다. 이때 σ의 추정값은 $\sqrt{MSE} = \sqrt{1.211} = 1.100$이다. nlme의 lme은 $\hat{\sigma}_b = 1.332$, $\hat{\sigma} = 1.100$을 제공한다. 표10.5에서

$$\sigma^2 + k\sigma_b^2 = MSb$$

이 성립하므로, $(1.1)^2 + 4 \times (1.332)^2 \approx 8.312$ 임을 알 수 있다. aov와 lme가 사용하는 추정방법이 다르므로 F가 약간 다르다. □

표 10.16 ergostool의 이원배치분산분석표

요인	SS	df	MS	F	p
Subject	66.5	8	8.312	F = 8.312/1.211 = 6.86	1.07e-04 ***
Type	81.19	3	27.065	F = 27.065/1.211 = 22.36	3.93e-07 ***
Error	29.06	24	1.211		
합	176.75	35			

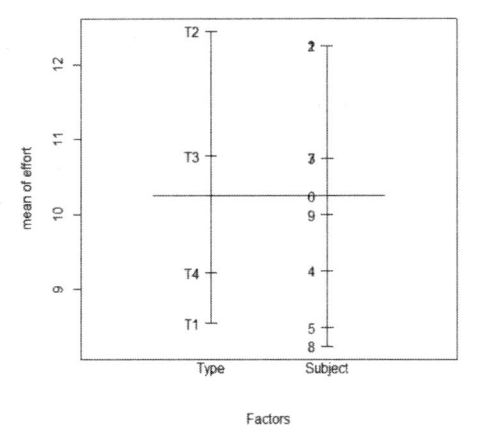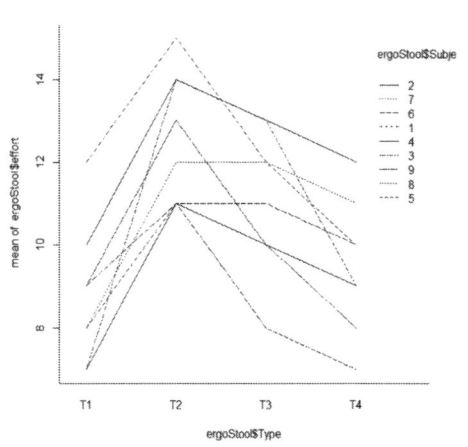

그림 10.3 (왼쪽)ergostool의 집단 평균 (오른쪽) 노동자 개별 노동

R 실습

```
# 그림 10.3
```

```
library(nlme)
plot.design(ergoStool)
interaction.plot(ergoStool$Type, ergoStool$Subject, ergoStool$effort,  bty="l")
```

```
# 표 10.16
# 방법 1
 fit <-aov(effort~Type+Error(Subject), data=ergoStool)
> summary(fit)
Error: Subject                                            → 랜덤효과에 대한 제곱합
        Df Sum Sq Mean Sq F value Pr(>F)
Residuals  8   66.5   8.312
Error: Within                                             → 고정효과에 대한 분산분석표
         Df Sum Sq Mean Sq F value    Pr(>F)
Type      3  81.19   27.065   22.36 3.93e-07 ***
Residuals 24  29.06    1.211
---
Signif. codes:   0 '***' 0.001 '**' 0.01 '*' 0.05 '.' 0.1
```

```
# 방법 2
#   NLME (Non-linear Mixed Effects Model)
> library(nlme)
> fit <- lme(effort~ Type, data=ergoStool, random=~1 | Subject )
> fit
Linear mixed-effects model fit by REML
  Data: ergoStool
  Log-restricted-likelihood: -60.56539
```

Type을 고정효과로 둔다.

Subject를 랜덤효과로 둔다.

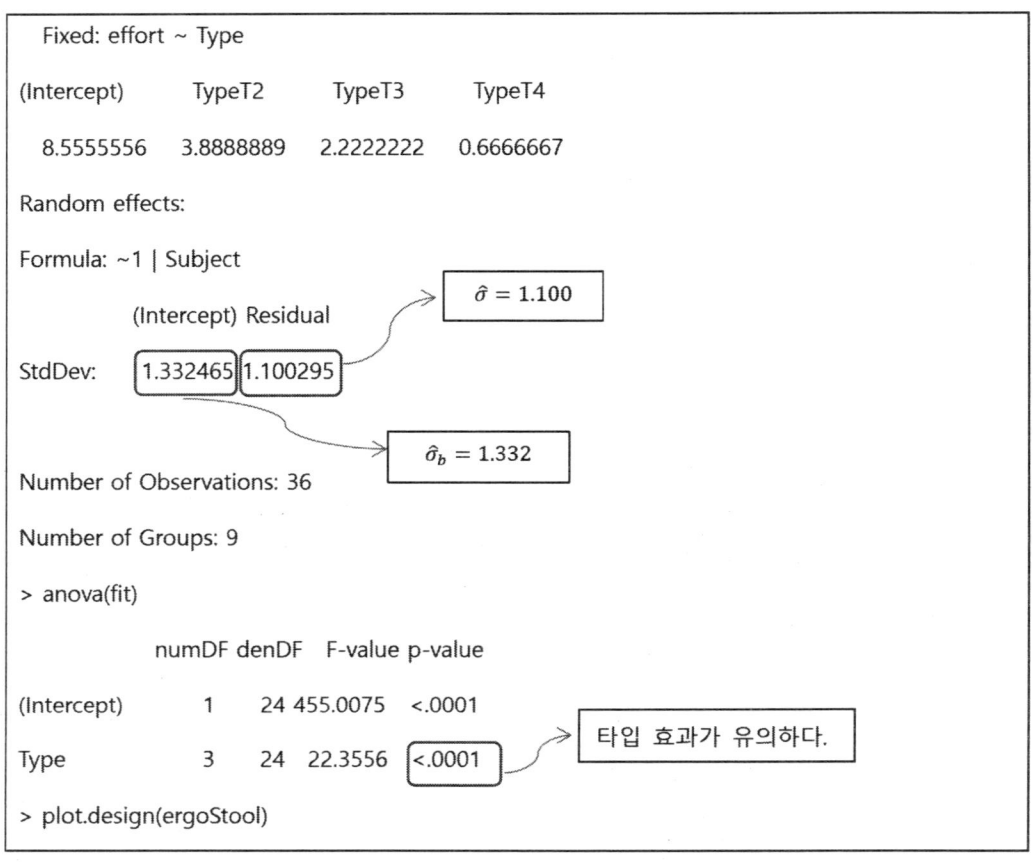

10.6 공분산분석 ★★★

독립변수 중 연속형 변수와 범주형 요인이 섞여있을 경우에 **공분산분석**(ANCOVA; Analysis of covariance)을 실시할 수 있다. 범주형 변수인 요인은 회귀분석에서 더미변수와 동일하게 취급하고 선형모형으로 표현해보자.

$$y_i = \beta_0 + \beta_1 x_{1i} + \cdots + \beta_p x_{pi} + \varepsilon_i, \; i = 1, \cdots, n$$

p개의 설명변수 $x_1, \cdots, x_p$ 중에서 연속형 설명변수를 **공변량**(covariates)라고 부르고, 범주형 설명변수를 요인이라고 부른다. 설명변수에 연속형과 범주형이 섞여 있으므로, 이 모형은 회귀분석법과 분산분석법이 섞여있는 일반화 선형모형이다. 이외에도 반응변수가 집단 또는 빈도를 나타내면, 오차의 분포는 이항분포나 포아송 분포 등으로 확장될 수 있다.

예제 10.7 mtcars 자료를 이용하여, 마력 (hp)를 설명할 수 있는 유의한 설명변수를 찾아보자.

10. 분산분석법

자동차를 만들 때 기계적으로 설계가 가능한 변수들을 초기 모형에 넣고 마력을 추정해보자.

$$hp = \beta_0 + \beta_1 factor(cyl) + \beta_2 drat + \beta_3 wt + \beta_4 factor(vs) + \beta_5 factor(am) + \beta_6 gear + \beta_7 carb$$

표 10.16에서 기통수와 carb만 유의하다.

stepAIC를 이용하여, AIC가 가장 작은 모형을 찾아보면, cyl와 carb, vs가 유의하다. 유의확률이 가장 큰 vs를 제거하면, cyl의 부호가 음수가 나타나므로, vs를 모형에서 제거하지 않아야 한다. 따라서 마력을 설명하는 최종모형은 기통수, carb와 vs를 포함한다.

$$hp = \beta_0 + \beta_{cyl}\, cyl + \beta_{vs}\, vs + \beta_{carb}\, carb + 오차$$

이때, AIC= 298.2061이고, 표준편차의 추정치는 $\sqrt{MSE} = 23.41$이다. 결정계수는 $R^2 = 0.9135$이다. 즉 이 모형이 전체 자료변동의 91.35%를 설명한다.

추정된 식은 다음과 같다.

$$hp = 24.080 + 2.884\, cyl_6 + 101.784\, cyl_8 + 23.927\, vs + 23.814\, carb$$

이에 따르면, cyl=4와 cyl=6의 차이는 2.884 ($p = 0.825$)이지만 통계적으로 유의하지 않다. $cyl = 4$와 $cyl = 8$의 차이는 118.140 ($p = 8.40e - 07$)이며, 차이가 유의하다. 엔진 $vs = 0$ (v 타입)과 $vs = 1$(s 타입)의 차이는 23.927($p = 0.070053$) 이며, 유의수준 0.05에서 유의하지 않고, 유의수준 0.1에서 유의하다. $Carb$가 1 증가할 때, hp는 23.814마력 증가한다($p = 0.001245$).

유의수준 0.05에서 최종 모형의 변수 중, $cyl = 4$와 $cyl = 8$의 차이와 $carb$가 유의하다.

□

표 10.17 초기 모형의 계수추정표

변수	Estimate (std. error)	Pr(>|t|)	귀무가설 H_0	의사결정
(Intercept)	15.790 (80.485)	0.846188	$H_0: \beta_0 = 0$	유의하지 않다.
factor(cyl)6	10.522 (17.946)	0.563388	$H_0: \beta_1 = 0$ $H_0: \alpha_{4기통} = \alpha_{6기통} = 0$	유의하지 않다.
factor(cyl)8	118.140 (26.714)	0.000196	$H_0: \beta_1 = 0$ $H_0: \alpha_{4기통} = \alpha_{8기통} = 0$	유의하다
drat	-14.601 (14.665)	0.329790	$H_0: \beta_2 = 0$	유의하지 않다.
wt	2.379 (9.497)	0.804418	$H_0: \beta_3 = 0$	유의하지 않다.
factor(vs)1	32.451 (17.080)	0.070053	$H_0: \beta_4 = 0$ $H_0: \alpha_v = \alpha_s = 0$	유의하지 않다.
factor(am)1	13.443 (17.280)	0.444504	$H_0: \beta_5 = 0$ $H_0: \alpha_a = \alpha_m = 0$	유의하지 않다.
gear	12.332 (12.850)	0.347186	$H_0: \beta_6 = 0$	유의하지 않다.
carb	20.137 (5.474)	0.001245	$H_0: \beta_7 = 0$	유의하다

AIC= 302.0375, $\sqrt{MSE} = 23.41$(자유도=23), $R^2 = 0.9135$, F = 30.37(자유도=(8,23), p= 1.89e-10)

표 10.18 최종 모형의 계수추정표

변수	Estimate (std. error)	Pr(>|t|)	귀무가설 H_0	의사결정
(Intercept)	24.080 (17.784)	0.187	$H_0: \beta_0 = 0$	유의하다.
factor(cyl)6	2.884 (12.952)	0.825	$H_0: \alpha_{4기통} = \alpha_{6기통} = 0$	유의하지 않다.
factor(cyl)8	101.784 (16.022)	8.40e-07	$H_0: \alpha_{4기통} = \alpha_{8기통} = 0$	유의하다
factor(vs)1	23.927 (15.200)	0.070053	$H_0: \alpha_v = \alpha_s = 0$	유의하지 않다.
carb	23.814 (3.352)	0.001245	$H_0: \beta_{carb} = 0$	유의하다

AIC= 298.2061, $\sqrt{MSE}$ = 23.41(자유도=23), R^2 = 0.9135, F = 30.37(자유도=(8,23), p= 1.89e-10)

R 실습

```
# 예제 10.5
# 집단을 표현하는 범주형자료를 독립변수로 사용할 경우, factor(.) 사용하기.
> fit<-lm(hp~factor(cyl)+drat+wt+factor(vs)+carb+gear, data=mtcars)
> summary(fit)
```

```
# AIC가 선택한 모형
library(MASS)
fit.aic <- stepAIC(fit)
> summary(fit.aic)
Coefficients:

              Estimate   Std. Error   t value   Pr(>|t|)
(Intercept)   -27.331    41.425       -0.660    0.515208
factor(cyl)6   15.485    15.722        0.985    0.333739
factor(cyl)8  124.980    23.143        5.400    1.17e-05 ***
factor(vs)1    28.905    15.394        1.878    0.071697 .
gear           13.040     9.523        1.369    0.182620
carb           19.634     4.495        4.368    0.000178 ***
```

10. 분산분석법

```
---
Signif. codes:   0 '***' 0.001 '**' 0.01 '*' 0.05 '.' 0.1 ' ' 1


Residual standard error: 22.69 on 26 degrees of freedom

Multiple R-squared:  0.9081,    Adjusted R-squared:  0.8905

F-statistic:  51.4 on 5 and 26 DF,   p-value: 1.176e-12
```

```
# 잔차도
> plot(fit.aic)
```

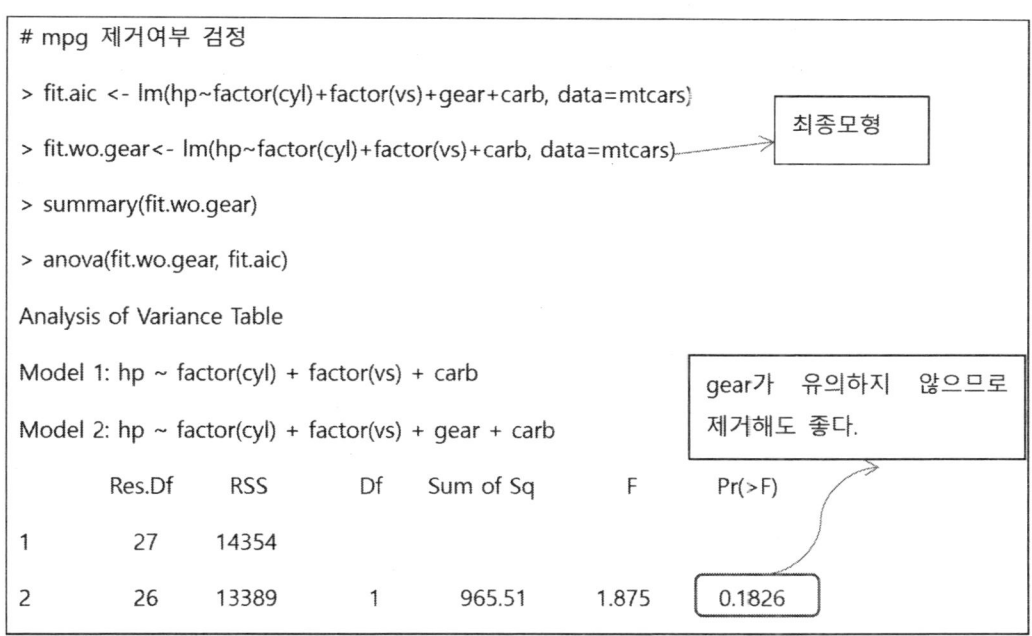

```
# mpg 제거여부 검정
> fit.aic <- lm(hp~factor(cyl)+factor(vs)+gear+carb, data=mtcars)
> fit.wo.gear<- lm(hp~factor(cyl)+factor(vs)+carb, data=mtcars)    ← 최종모형
> summary(fit.wo.gear)
> anova(fit.wo.gear, fit.aic)
Analysis of Variance Table

Model 1: hp ~ factor(cyl) + factor(vs) + carb
Model 2: hp ~ factor(cyl) + factor(vs) + gear + carb
```

	Res.Df	RSS	Df	Sum of Sq	F	Pr(>F)
1	27	14354				
2	26	13389	1	965.51	1.875	0.1826

gear가 유의하지 않으므로 제거해도 좋다.

연습문제

1-2. 일주일에 걸친 A,B,C 세 가지 식이요법(diet)에 따른 아침 공복 시 혈당(glucose)강하에 차이가 있는지 여부를 조사하고자 한다. 아래의 분산분석표를 작성하여 세 식이요법에 따른 혈당강하에 차이가 있는지를 검정하라.

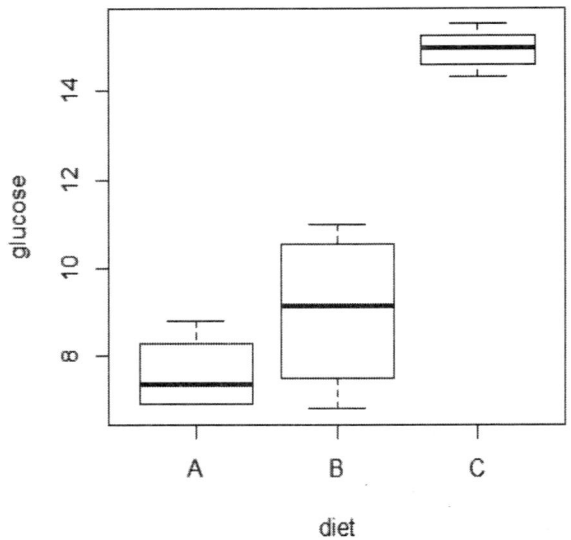

표 1. 자료

	A	B	C
자료	6.9, 6.9, 8.8, 7.8	10.1, 11.0, 8.2, 6.8	15.0, 14.9, 15.5, 14.3
평균 (표준편차)	7.6 (0.9)	9.0 (1.9)	14.9 (0.4)

표 2. 분산분석표

요인	제곱합(SS)	자유도(df)	평균제곱(MS)	F
처리	120.662			(p=3.633e-05)
잔차				
계	134.537			

표 3. 던컨의 다중비교 결과

Means with the same letter are not significantly different			
t Grouping	Mean	N	Diet
a	7.6	4	A
a	9.0	4	B
b	14.9	4	C

1. 표 2에 대한 설명 중 틀린 것은?

① 처리는 세 모집단을 표현하며, 자유도는 2이다.

② 잔차에 대한 평균제곱합은 61.031이다.

③ 귀무가설은 'H_0: A, B, C에 따른 혈당강하가 동일하다'이다.

④ 검정통계량 F=39.133이며, 유의수준 0.05에서 귀무가설을 기각한다.

⑤ 위 보기 중 답 없음

(정답) ②

2. 표 3의 결과에 대한 설명 중 옳은 것은?

① A의 혈당강하가 B보다 크고, B의 혈당강하가 C보다 작다.

② B와 C의 혈당강하가 유의하게 다르다.

③ A의 혈당강하가 B, C 보다 유의하게 작다.

④ A, B, C의 혈당강하가 동일하다.

⑤ 위 보기 중 답 없음

(정답) ②

(풀이 1-2) 완성된 분산분석표는 다음과 같다.

요인	제곱합(SS)	자유도(df)	평균제곱(MS)	F
처리	120.662	2	60.331	39.133 (p=3.642e-05)
잔차	13.875	9	1.542	
계	134.537	11		

```
# 자료 만들기
A<-c(6.9,  6.9,  8.8, 7.8)
B<-c(10.1, 11.0, 8.2, 6.8)
C<-c(15.0, 14.9, 15.5, 14.3)
glucose<-c(A,B,C)
diet<-c(rep("A",4), rep("B",4),rep("C",4))
boxplot(glucose~diet)
# 일원배치 분산분석법
fit<-aov(glucose~diet)
```

```
summary(fit)
anova(fit)
# 튜키의 다중비교법
TukeyHSD(fit)
# 던컨의 다중비교법
Install.packages("agricolae")
library(agricolae)
duncan.test(fit, "diet", alpha=0.05, console=TRUE)
```

3-4. Fisher(1936)가 측정한 세 종류의 아이리스(iris), 세토사, 벌시칼라, 버지니카의 꽃받침 길이를 다음과 같이 얻었다.

표 5. 자료

	세토사	벌시칼라	버지니카
꽃받침 길이	5.1, 4.9, 4.7, 4.6, 5.0	7.0, 6.4, 6.9, 5.5, 6.5	6.3, 5.8, 7.1, 6.3, 6.5

표 6. 분산분석표

요인	제곱합(SS)	자유도(df)	평균제곱(MS)	F	p
처리	8.2253				0.00015
잔차	2.4640				

표 7. 던컨의 다중비교 결과 (유의수준 0.05 사용)

Means with the same letter are not significantly different			
t Grouping	Mean	N	Iris 종
a	6.46	5	벌시칼라
a	6.4	5	버지니카
b	4.86	5	세토사

3. 표6에 대한 설명 중 틀린 것은?

① 처리의 평균제곱합은 4.1127이다.

② 잔차제곱합의 자유도는 12이다.

③ 귀무가설은 '세토사, 벌시칼라, 버지니카의 꽃받침 길이는 동일하다'이다.

④ 검정통계량 F 는 약 15이며, 유의수준 0.05에서 귀무가설을 기각한다.

⑤ 위 보기 중 답 없음

4. 유의수준이 0.05일 때, 표7의 던컨 다중비교법의 결과에서 세 종류의 아이리스의 평균 꽃받침 길이에 대한 설명 중 틀린 것은 어느 것인가? (보기 중 꽃받침 길이는 평균 꽃받침 길이를 의미한다)

① 벌시칼라와 버지니카는 세토사와 꽃받침 길이가 다른 집단으로 분류될 수 있다.

② 세토사의 꽃받침 길이는 버지니카의 꽃받침 길이보다 유의하게 짧다.

③ 버지니카의 꽃받침 길이는 벌시칼라의 꽃받침 길이보다 유의하게 짧다.

④ 벌시칼라의 꽃받침 길이는 세토사의 꽃받침 길이보다 유의하게 길다.

⑤ 위 보기 중 답 없음

(풀이 3-4)

```
# 자료 만들기
 setosa <- c(5.1, 4.9, 4.7, 4.6, 5.0)
 versicolor <-c(7.0, 6.4, 6.9, 5.5, 6.5)
 virginica <-c(6.3, 5.8, 7.1, 6.3, 6.5)
 y <- c(setosa, versicolor, virginica)
 x <- c(rep("set", 5), rep("ver", 5), rep("vir",5))
 xy <- data.frame(x,y)
 xy
# 집단 별 상자도표 그리기
 boxplot(y~x)
# 집단 별 평균과 표준편차표 만들기
 aggregate(y~x, data=xy, mean)
```

```
aggregate(y~x, data=xy, sd)
# 일원배치 분산분석법
fit <-aov(y ~ x)
summary(fit)
anova(fit)


# 다중 비교법
Install.packages("agricolae")
library(agricolae)
duncan.test(fit, "x", alpha=0.05, console=TRUE)
```

5. 두 수준의 온도(temperature)와 세 수준의 압력(pressure)에서 어떤 물질의 강도(y)를 측정하여 다음과 같은 결과를 얻은 후, 이원배치 분산분석법을 이용하여 아래와 같은 분산분석표를 얻었다. 유의수준 0.05에서 유의한 변수는 무엇인가?

	temp	pressure	y		temp	pressure	y
1	low	200	90.4	7	high	200	92.2
2	low	220	90.7	8	high	220	91.6
3	low	240	90.2	9	high	240	90.5
4	low	200	90.2	10	high	200	93.7
5	low	220	90.1	11	high	220	91.8
6	low	240	90.4	12	high	240	92.8

Source	Df	Sum Sq	Mean Sq	F value	Pr(>F)
temp	1	9.363	9.363	14.010	0.00959 **
pressure	2	1.012	0.506	0.757	0.50920
temp*pressure	2	1.172	0.586	0.877	0.46347
Residuals	6	4.010	0.668		

(1) 온도에 대한 가설을 써라. 온도에 대한 유의확률 p는 무엇인가? 온도는 강도에 유의한 영향을 미치는가?

(2) 압력에 대한 가설을 써라. 압력에 대한 유의확률 p는 무엇인가? 압력은 강도에 유의한 영향을 미치는가?

(3) 온도와 압력의 교호작용에 대한 가설을 써라. 온도와 압력의 교호작용에 대한 유의확률 p는 무엇인가? 온도와 압력의 교호작용은 강도에 유의한 영향을 미치는가?

(풀이) (1) H_0: 온도에 따른 강도의 차이가 없다. p=0.00959 (온도는 유의하다). 온도는 강도에 유의한 영향을 미친다. (2) H_0: 압력에 따른 강도의 차이가 없다. p=0.50920 (압력은 유의하지 않다). 압력은 강도에 유의한 영향을 미치지 않는다. (3) H_0: 온도와 압력의 교호작용이 없다. p=0.46347 (온도와 압력의 교호작용은 유의하지 않다). 온도와 압력의 교호작용은 강도에 유의한 영향을 미치지 않는다.

6. 일원배치 분산분석

OrchardSprays

과수원에서 꿀벌을 쫓기 위해서 사용하는 7가지 스프레이의 효과가 동일한가?

```
# 자료 살피기
  dim(OrchardSprays))
  names(OrchardSprays))
# 기술통계량
  boxplot(decrease ~ treatment, data= OrchardSprays, mean)
  aggregate(decrease ~ treatment, data= OrchardSprays, mean)
  aggregate(decrease ~ treatment, data= OrchardSprays, var)
# 분산분석 (lm)
  fit<- lm( decrease~ treatment, data= OrchardSprays)
  anova(fit)
# 분산분석표 붙여 넣기
  library(agricolae)              # 메뉴에서 패키지들로 가서,
                                  # 미러 선택 후, 패키지를 우선 설치하기
  duncan.test(fit, "treatment", alpha=0.05, console=TRUE)
```

(1) 각 spray 별, 평균과 표준편차를 표로 만들어라.

(2) 각 spray 별, 상자도표를 그려라.

(3) 일원배치 분산분석표를 찾아 붙여 넣어라.

(4) spray 종류에 따른 꿀벌 퇴치에 차이가 있는지 없는지에 대한 가설을 써라.

(5) 분산분석표에서 (4)에 대한 유의확률 p를 찾아 써라. 유의확률은 유의수준 0.05보다 작은가? (4)의 귀무가설을 기각하는가? Spay 효과들은 모두 동일한가?

(6) 던컨 다중비교법을 실시하라. 어떤 spray들의 효과가 동일한가?

(풀이)

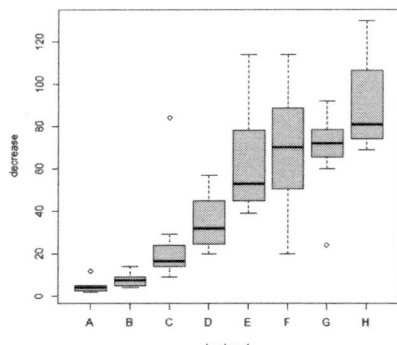

decrease	groups	
H	90.250	a
F	69.000	b
G	68.500	b
E	63.125	b
D	35.000	c
C	25.250	cd
B	7.625	d
A	4.625	d

7. 이원배치 분산분석. 비타민 C가 이 성장에 미치는 영향을 알아보고자 기니피그 60마리를 대상으로 비타민 C 알약 또는 오렌지 주스로 각각 0.5mg, 1mg, 2mg을 복용시킨 후 이의 성장(len)을 측정하였다. 섭취 형태(supp)와 용량(dose)이 이의 성장(len)에 영향을 미치는가?

```
# 자료 살피기
  dim(ToothGrowth)
  names(ToothGrowth)
# 평균 그래프
  attach(ToothGrowth)                          # 평균 그래프를 그리려고, data를 attach함.
  interaction.plot(supp, dose, len, bty="l")   # data의 변수를 간결히 불러다 쓸 수 있음
  detach(ToothGrowth)                          # data를 다시 detach함
# 분산분석 (lm)
  fit<- lm( len~ supp + dose + supp:dose, data=ToothGrowth)
  summary(fit)
# 분산분석표 붙여 넣기
```

(1) 위 R 스크립트를 실행하여, 분산분석표를 찾아 붙여 넣어라.

(2) 비타민 C의 형태에 대한 가설을 써라. 비타민 C의 형태에 대한 유의확률 p는 무엇인가? 비타민 C의 형태는 이의 성장에 유의한 영향을 미치는가?

(3) 비타민 C의 용량에 대한 가설을 써라. 비타민 C의 용량에 대한 유의확률 p는 무엇인가? 비타민 C의 용량은 이의 성장에 유의한 영향을 미치는가?

(4) 비타민 C의 형태와 용량의 교호작용에 대한 가설을 써라. 비타민 C의 형태와 용량의 교호작용에 대한 유의확률 p는 무엇인가? 온도와 압력의 교호작용은 예의 성장에 유의한 영향을 미치는가?

> 사물을 바라보는 방법이 일정할 때, 사람은 지식을 얻을 수 있다.
>
> *공자*

11. 범주형 자료분석

> 과학자들의 계산에 따르면, 은하마다 약 1000억개의 별이 있고, 우주에는 그런 은하가 약 1조 개 존재한다고 하니까, 이 우주에는 약 100,000,000,000 × 1,000,000,000,000 = 10^{23} 개의 별이 존재한다. 우리 몸을 구성하는 원자의 수는 약 10^{28} 이고, 우주에 들어있는 양성자, 중성자, 전자와 같은 소립자의 수는 약 10^{80} 으로, 우주의 별보다 많다. 하지만, 이들은 '아주 큰 수'인 구골(googol, 10^{100})과 구골플렉스(googolplex, $10^{10^{100}}$)에 미치지 못한다. 무한대 ∞를 '그 무엇보다 헤아릴 수 없을 정도로 큰 수'로 정의하면, 구골이나 구골플렉스조차 무한대보다 한없이 작다.
>
> *세이건[56]*

    숫자의 개념이 없던 원시 사회에서도 인간은 아마 본능적으로 사람이나 동물, 식량의 개수를 세고, 비교했을 것이다. 이처럼 별다른 지식 없이도 쉽게 모을 수 있는 자료가 바로 빈도(frequency), 즉 범주형 자료(categorical data)이다. 흔한 예로, 특정 집단 내에서 특정 질병에 걸린 사람의 수나, 대통령 선거에서 후보 별 지지자 수, 휴대전화의 브랜드 별 판매 수 등을 조사할 때, 빈도를 사용한다.

    빈도를 사용하는 범주형 자료의 가장 큰 특징은 범주를 나타내는 값들 사이에 순서가 없으며, 값이 집단을 나타낸다는 점이다. 질병에 걸림과 질병에 걸리지 않음 사이에는 순서가 없고, 후보들 사이에 순서가 없고, 브랜드 사이에 순서가 없다. 질병여부, 후보 선호도, 브랜드 선호도는 모두 범주형 변수들이다. 특정 질병의 관점에서 보면, 한 사람은 질병에 걸리거나 정상이며, 사람들은 이 질병에 걸린 집단과 걸리지 않은 집단으로 나뉠 수 있다. 회장 선거의 관점에서 보면, 한 사람은 여러 후보들 중 한 후보만을 지지한다고 가정할 때, 전체 학급은 A 후보를 지지하는 집단, B 후보를 지지하는 집단, C 후보를 지지하는 집단 등으로 나뉠 수 있다. 한 사람이 한 대의 휴대전화만을 소유한다고 가정하면, 전체 소비자 집단은 브랜드 A를 소유한 집단, 브랜드 B를 소유한 집단, 브랜드 C를 소유한 집단으로 나뉠 수 있다.

    질병이나 후보, 브랜드와 같이 조사 또는 연구 내용이 결정되면, 후보나 질병, 또는 브랜드별로 빈도를 측정한 후, 빈도표(frequency table) 또는 상대빈도표(relative frequency table)를 작성하고, 막대그래프(bar plot)나 모자이크 그래프 등을 그린다. 그리고 이들의 비율(proportion)이 가정된 분포에 적합한지 검정한다. 11.1과 11.2 일표본 및 이표본 모비율에 대한 추정과 검정은 6, 7, 8장의 추정과 검정, 일표본 및 이표본 평균검정에서 중심극한정리와 함께 다루어질 수 있다. 이

---

[56] 칼 세이건(1934-1996) 미국의 천문학자이며, 코스모스의 저자.

책에서는 비율검정을 모두 범주형 자료분석으로 묶어서 다루자. 11.1과 11.2에서는 이론 부분을 건너뛰고, R을 이용하여, 예제11.1과 예제 11.2를 풀어보고 넘어가도 좋다.

11.1 일표본 모비율의 추정과 검정★

표본 $X_1, X_2, \cdots, X_n$ 가 독립이고 동일분포 $Bernoulli(p)$ 를 따른다고 가정하자. 그러면, $\mu = p$ 이고, $\sigma^2 = p(1-p)$ 이다. 베르누이 확률변수의 합으로 정의되는 확률변수 $X = X_1 + X_2 + \cdots + X_n$ 는 이항분포 $B(n,p)$ 를 따른다. 표본평균 $\bar{X}$ 는 비율의 점추정치이므로, 비율의 추정치는

$$\hat{p} = \bar{X} = \frac{X}{n}$$

이다. X의 기대값과 분산은 다음과 같다.

$$E[\hat{p}] = p, \quad Var(\hat{p}) = \frac{p(1-p)}{n}, \quad SE(\hat{p}) = \sqrt{\frac{p(1-p)}{n}}$$

n이 충분히 크면, $\hat{p} \to p$이고 $\sqrt{\frac{\hat{p}(1-\hat{p})}{n}} \to \sqrt{\frac{p(1-p)}{n}}$ 이므로,

$$Z = \frac{\hat{p} - p}{\sqrt{\frac{\hat{p}(1-\hat{p})}{n}}} \to N(0,1)$$

가 성립한다. 이를 근거로 p의 근사적인 95% 신뢰구간을 다음과 같이 구할 수 있다.

$$\text{신뢰구간} \quad \left(\hat{p} - z_{\frac{\alpha}{2}} \sqrt{\frac{\hat{p}(1-\hat{p})}{n}}, \; \hat{p} + z_{\frac{\alpha}{2}} \sqrt{\frac{\hat{p}(1-\hat{p})}{n}} \right)$$

일표본 모집단에서 모비율에 대한 가설은 다음과 같다.

가설 ① $H_0: p = p_0$ vs. $H_1: p \neq p_0$ (양측검정)

② $H_0: p \leq p_0$ vs. $H_1: p > p_0$ (단측검정)

③ $H_0: p \geq p_0$ vs. $H_1: p < p_0$ (단측검정)

검정통계량은

$$\text{검정통계량} \quad Z = \frac{\hat{p} - p_0}{\sqrt{\frac{p_0(1-p_0)}{n}}}$$

이다. 귀무가설이 참이고 n 이 충분히 클 때 $(n\hat{p} > 5, n(1-\hat{p}) > 5)$, 검정통계량 Z 는 중심극한정리에 따라서 근사적으로 표준정규분포 $N(0,1)$ 을 따른다. 기각역, 유의확률은 다음과 같다.

기각역 R ① $|Z| \geq z_{\alpha/2}$ ② $Z \geq z_\alpha$ ③ $Z \leq -z_\alpha$

유의확률 ① $p - 값 = P(|Z| \geq |z_0|)$ ② $p - 값 = P(Z \geq z_0)$ ③ $p - 값 = P(Z \leq -z_0)$

검정통계량이 기각역에 속하거나 유의확률이 $p - 값 \leq \alpha$이면, H_0을 기각한다.

예제 11.1 R은 모비율 검정법으로 정확한 이항분포를 사용하는 binom.test와 정규분포 근사이론을 사용하는 prop.test를 제공한다. prop.test에서 검정통계량은 Z를 그냥 사용하기보다 Z^2에 해당하는 카이제곱통계량을 사용한다. n이 충분히 크면, 정확한 방법 binom.test과 근사적인 방법 prop.test의 결과가 거의 같다. 이 예제에서는 이론적 설명을 생략하고, 정확한 방법을 사용하자. R의 UCBAdmissions에서 학과 A에 총 933명이 지원하여, 601명이 합격통지를 받았다. 이 학과의 합격률이 60%이라고 볼 수 있는지 가설검정을 실시해보자. R의 정확한 이항분포 검정법 binom.test를 이용하여

$$H_0: p = 0.6 \text{ vs. } H_1: p \neq 0.6$$

를 검정해보자. 평균 합격률은 $\hat{p}$ =0.6442이며, p에 대한 95% 신뢰구간 (0.6125, 0.6749)이 0.6을 포함하지 않으며, 0.6보다 큼을 알 수 있다. 유의확률 $p - 값$ = 0.0061이 유의수준 0.05보다 작으므로, 귀무가설을 기각한다. 즉, A학과의 합격률이 60%라고 보기 어렵다. □

R 실습

```
# 예제 11.1


> binom.test(601,933,0.6)


        Exact binomial test

data:  601 and 933

number of successes = 601, number of trials = 933, p-value =0.006117

alternative hypothesis: true probability of success is not equal to 0.6

95 percent confidence interval:

 0.6124848 0.6749190

sample estimates:

probability of success

           0.6441586
```

11.2 이표본 모비율의 동일성 검정★

표본 $X_1, X_2, \cdots, X_{n_1}$가 독립이고 동일분포 $Bernoulli(p_1)$를 따르고, 표본 $Y_1, Y_2, \cdots, Y_{n_2}$가 독립이고 동일분포 $Bernoulli(p_2)$를 따른다고 가정하고, p_1과 p_2의 차이를 검정해보자. 우선,

$$X = X_1 + X_2 + \cdots + X_{n_1} \sim B(n_1, p_1), \quad Y = Y_1 + Y_2 + \cdots + Y_{n_2} \sim B(n_2, p_2)$$

이다. p_1과 p_2점추정치

$$\hat{p}_1 = \bar{X} = \frac{X}{n_1}, \quad \hat{p}_2 = \bar{Y} = \frac{Y}{n_2}$$

$\hat{p}_1 - \hat{p}_2$의 기대값과 분산은 다음과 같다.

$$E[\hat{p}_1 - \hat{p}_2] = p_1 - p_2$$

$$Var(\hat{p}_1 - \hat{p}_2) = Var(\hat{p}_1) + Var(\hat{p}_2) = \frac{p_1(1-p_1)}{n_1} + \frac{p_2(1-p_2)}{n_2}$$

n이 충분히 크면 ($n\hat{p} > 5, n(1-\hat{p}) > 5$), 중심극한정리에 따라서

$$Z = \frac{\hat{p}_1 - \hat{p}_2 - (p_1 - p_2)}{\sqrt{\frac{\hat{p}_1(1-\hat{p}_1)}{n_1} + \frac{\hat{p}_2(1-\hat{p}_2)}{n_2}}}$$

은 근사적으로 표준정규분포를 따른다. 이를 근거로 $p_1 - p_2$의 근사적인 95% 신뢰구간을 다음과 같이 구할 수 있다.

$$\left(\hat{p}_1 - \hat{p}_2 - z_{\frac{\alpha}{2}} \sqrt{\frac{\hat{p}_1(1-\hat{p}_1)}{n_1} + \frac{\hat{p}_2(1-\hat{p}_2)}{n_2}}, \quad \hat{p}_1 - \hat{p}_2 + z_{\frac{\alpha}{2}} \sqrt{\frac{\hat{p}_1(1-\hat{p}_1)}{n_1} + \frac{\hat{p}_2(1-\hat{p}_2)}{n_2}} \right)$$

모비율에 대해서도 세 가지 가설을 세우고 검정할 수 있다.

가설 ① $H_0: p_1 = p_2$ vs. $H_1: p_1 \neq p_2$ (양측검정)

② $H_0: p_1 \leq p_2$ vs. $H_1: p_1 > p_2$ (단측검정)

③ $H_0: p_1 \geq p_2$ vs. $H_1: p_1 < p_2$ (단측검정)

양측검정에 대하여 이야기해보자. 귀무가설이 참일 때, 검정통계량

$$검정통계량 \ Z = \frac{\hat{p}_1 - \hat{p}_2 - (p_1 - p_2)}{\sqrt{\frac{\hat{p}_1(1-\hat{p}_1)}{n_1} + \frac{\hat{p}_2(1-\hat{p}_2)}{n_2}}}$$

은 근사적으로 표준정규분포 N(0,1)을 따른다. 또는 귀무가설이 참일 때, $p = p_1 = p_2$을 가정하면, p의 점추정치는

$$\hat{p} = \frac{X+Y}{n_1 + n_2}$$

이다. 이를 근거로 구한 검정통계량을 다시 써보면

검정통계량 $Z = \dfrac{\widehat{p_1} - \widehat{p_2} - (p_1 - p_2)}{\sqrt{\hat{p}(1-\hat{p})\left(\dfrac{1}{n_1} + \dfrac{1}{n_2}\right)}}$

$$Z = \dfrac{\widehat{p_1} - \widehat{p_2} - (p_1 - p_2)}{\sqrt{\hat{p}(1-\hat{p})\left(\dfrac{1}{n_1} + \dfrac{1}{n_2}\right)}}$$

이다. 기각역, 유의확률은 다음과 같다. 유의확률이 $p-$값 $\leq \alpha$ 이면, H_0 을 기각한다.

기각역 R ① $|Z| \geq z_{\alpha/2}$ ② $Z \geq z_\alpha$ ③ $Z \leq -z_\alpha$

유의확률 ① $p-$값 $= P(|Z| \geq |z_0|)$ ② $p-$값 $= P(Z \geq z_0)$ ③ $p-$값 $= P(Z \leq -z_0)$

예제 11.2 R의 UCBAdmissions에서 학과 A는 총 933명 중 601명을 합격시켰고, 학과 B는 총 585명 중 370명을 합격시켰다. 두 학과의 합격률이 동일한지 가설검정을 실시해보자. R의 근사적 검정법 prop.test를 이용하여 다음의 가설

$$H_0: p_1 - p_2 = 0 \quad \text{vs.} \quad H_1: p_1 - p_2 \neq 0$$

를 검정해보자. 평균합격률은 $\widehat{p_1} = 0.6442$, $\widehat{p_2} = 0.6325$ 이며, $p_1 - p_2$ 에 대한 95% 신뢰구간 $(-0.0394, 0.0628)$ 이 0을 포함한다. 유의확률 $p-$값 $= 0.6845$ 이 유의수준 0.05보다 크므로, 귀무가설을 기각하지 않는다. 즉, 두 학과의 합격률이 동일하다. □

R 실습

```
# 예제 11.2
> admitted<-c(601, 370)
> total<-c(933, 585)
> prop.test(admitted, total)

        2-sample test for equality of proportions with continuity
        correction

data:   admitted out of total
X-squared = 0.16515, df = 1, p-value = 0.6845
alternative hypothesis: two.sided
95 percent confidence interval:
 -0.03941138  0.06277137
```

```
sample estimates:

   prop 1    prop 2

0.6441586 0.6324786
```

11.3 적합도 검정

여러 대선 후보의 지지율이나 제품의 브랜드 선호도를 비교하는 문제와 같이, 실험에서 얻어진 여러 집단에서 관측된 비율이 이론으로 가정된 비율 또는 분포와 같은지를 검정하는 것을 **적합도 검정**(Goodness-of-fit test)이라고 정의한다. 각 후보 또는 브랜드는 집단에 해당하므로 범주형 자료(categorical data)이다. 반응변수는 집단에 대한 도수 또는 빈도(frequency, count)로 요약될 수 있다. K 집단에 대한 관측빈도(Observed frequency)를 $O_i = n_i$ 라고 두면, 빈도표 11.1은 다음과 같다.

표 11.1 범주형 자료 빈도표

집단 (group)	1	2	...	K	합
빈도 (counts)	n_1	n_2	...	n_K	n

이들을 나타내는 방법으로 빈도(frequency)를 사용하거나, 상대빈도(relative frequency)를 사용한다. 표와 함께 비율을 그래프 등으로 표현하면, 전체 자료를 효율적으로 파악할 수 있다.

각 집단의 비율 p_i가 가정된 비율 p_{i0}인지 검정하기 위한 가설은

$$H_0: p_1 = p_{10}, p_2 = p_{20}, \ldots, p_K = p_{K0}$$

H_1: H_0이 아니다.

이다. 표본크기 n에 대한 집단 i의 **관측빈도**(Observed frequency)가

$$\text{관측빈도(Observed frequency)} = O_i = n_i$$

일 때, 귀무가설 H_0이 적합하다면 **기대빈도**(Expected frequency)는

$$\text{기대빈도(Expected frequency)} = E_i = np_{i0}$$

이다. 이 둘의 차이가 작으면 귀무가설 H_0이 적합하고, 둘의 차이가 크면 귀무가설 H_0이 적합하지 않다. 각 셀의 관측빈도와 기대빈도를 이용하여 정의된 피어슨(Pearson) χ^2-검정통계량은

$$\chi^2 = \sum_{\text{모든 셀 } i} \frac{(O_i - E_i)^2}{E_i}$$

이다. 귀무가설 H_0이 참일 때 이 검정통계량의 분포는 근사적으로

$$\chi^2 \sim \chi^2(k-1)$$

을 따른다. 즉, $\chi^2 \geq \chi_\alpha^2(k-1)$ 이면, H_0 을 기각한다. 자유도는 추정하는 확률 p_i 의 개수이다. 여기서 $p_1 + p_2 + \cdots + p_K = 1$ 이므로, 자유도는 k-1이 된다.

예제 11.3 휴대전화 브랜드 A, B, C의 시장점유율이 1:2:1인지 조사하기 위해서 100명을 무작위로 뽑아 휴대전화 보유현황을 조사하여, A 20개, B 55개, C 25개를 얻었다고 가정하자. 이 빈도를 100으로 나누어 계산한 상대빈도(표 11.2)를 막대의 높이로 나타낸 막대그래프(barplot)은 아래와 같다. 이 예제에서는 계산을 간편히 만들기 위해서, 표본의 크기를 100으로 잡았기 때문에, 빈도와 백분율이 같다.

표 11.2 휴대전화 브랜드별 빈도표 (%)

브랜드	A	B	C	합
빈도 (상대빈도 %)	20 (20%)	55 (55%)	25 (25%)	100 (100%)

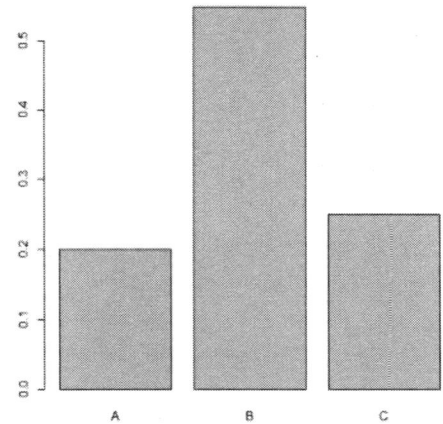

그림 11.1 휴대전화 브랜드 별 상대빈도 (%)

귀무가설과 대립가설은

$$H_0: p_A = \tfrac{1}{4}, \ p_B = \tfrac{1}{2}, \ p_C = \tfrac{1}{4}$$

$$H_1: H_0 \text{이 아니다.}$$

이며, 귀무가설이 참이라고 가정할 때 기대빈도는 아래 표 11.3과 같이 얻어진다.

표 11.3 관측빈도와 기대빈도

브랜드 집단	A	B	C
O_i	20	55	25

E_i	25	50	25
$\dfrac{(O_i - E_i)^2}{E_i}$	$\dfrac{(20-25)^2}{25}$	$\dfrac{(55-50)^2}{50}$	$\dfrac{(25-25)^2}{25}$

피어슨 검정통계량은 χ^2은 다음과 같이 계산된다.

$$\chi^2 = \frac{(20-25)^2}{25} + \frac{(55-50)^2}{50} + \frac{(25-25)^2}{25} = 1.5$$

이 검정통계량이 유의수준 0.05에서 $\chi^2_{0.05}(2) = 5.99$ 보다 작으므로, 기각역에 속하지 않는다. 따라서 유의수준 0.05에서 귀무가설 $H_0 : p_A = \frac{1}{4}, \ p_B = \frac{1}{2}, \ p_C = \frac{1}{4}$ 을 기각하지 않는다. 즉, 휴대전화의 브랜드 A, B, C별 시장점유율이 1:2:1이라고 볼 수 있다. 이때 R에서 qchisq(0.95,2)=$\chi^2_{0.05}(2) = 5.99$를 계산할 수 있다. □

R 실습

범주형 자료는 빈도표 또는 교차표, 막대그래프로 정리된다. 이들을 나타내는 방법으로 빈도(frequency)를 사용하거나, 상대빈도(relative frequency)를 사용한다.

```
# 표 11.1, 표 11.2
> x <- c(A = 20, B = 55, C = 25)
> x <- as.table(x)
> p <- c(1/4, 1/2,1/4)
> X2 <- chisq.test(x, p=p)
> X2

Chi-squared test for given probabilities

data:  x
X-squared = 1.5, df = 2, p-value = 0.4724

> X2$observed            # 관측빈도
> X2$expected            # 기대빈도
```

```
# 그림 11.1
```

```
> px <- prop.table(x)
> px

    A    B    C
  0.20 0.55 0.25

> barplot(px)
```

11.4 독립성 검정

흡연이 폐암에 영향을 미친다는 사실은 이미 잘 알려져 있다. 흡연과 폐암의 관계를 알아보기 위해서 자료를 모은다면, 설명변수 X는 흡연/비흡연, 반응변수 Y는 폐암/비폐암이 된다. 이와 같이 설명변수와 반응변수 둘 다 집단을 표현하는 범주형 자료일 경우, 자료를 요약하기 위하여 2×2 교차표(Cross table)(표 11.4)가 사용된다. 행은 조건에 노출여부를 나타내고, 열은 사건 발생여부를 나타낸다. i, j 셀의 빈도가 n_{ij} 일 때, 행의 합과 열의 합은 •을 이용하여 정의된다.

$$i, j \text{ 셀의 빈도 } n_{ij}$$

$$\text{행의 합 } n_{i\bullet} = n_{i1} + n_{i2}, \ (i = 1,2)$$

$$\text{열의 합 } n_{\bullet j} = n_{1j} + n_{2j}, \ (j = 1,2)$$

표 11.4 독립성 검정 빈도표

설명변수 X = 조건 노출 여부 (Exposed or not)

반응변수 Y = 사건 발생 여부 (Event or not)

	$Y = 1$ (No Event)	$Y = 2$ (Event)	total
$X = 1$ (Not Exposed)	n_{11}	n_{12}	$n_{1\bullet}$
$X = 2$ (Exposed)	n_{21}	n_{22}	$n_{2\bullet}$
total	$n_{\bullet 1}$	$n_{\bullet 2}$	n

각 셀에 대한 확률 p_{ij}은 다음 표 11.5와 같이 정의된다. 마찬가지로, 행의 합과 열의 합은 •을 이용하여 정의된다.

$$\text{행의 합 } p_{i\bullet} = p_{i1} + p_{i2} \ (i = 1,2)$$

열의 합 $p_{\bullet j} = p_{1j} + p_{2j}$ (j = 1,2)

표 11.5 독립성 검정 셀 별 확률

	$Y = 1$ (No Event)	$Y = 0$ (Event)	total
$X = 1$ (Not Exposed)	p_{11}	p_{12}	$p_{1\bullet}$
$X = 2$ (Exposed)	p_{21}	p_{22}	$p_{2\bullet}$
total	$p_{\bullet 1}$	$p_{\bullet 2}$	1

흡연자 집단에서 폐암의 비율과 비흡연자 집단에서 폐암의 비율이 같다면, 흡연 여부가 폐암 여부와 관계가 없다는 증거가 되므로 가설은 다음과 같다.

H_0: 조건에 대한 노출 여부와 사건발생은 독립이다.

H_1: H_0이 아니다.

각 셀의 관측빈도는

$$\text{관측빈도 } O_{ij} = n_{ij}$$

이며, 귀무가설이 참일 때, 조건에 노출과 사건발생이 독립이므로, $p_{ij} = p_{i\bullet} p_{\bullet j}$ 이다. 따라서, 귀무가설이 참일 때, 기대빈도 E_{ij}는 다음과 같이 얻어진다.

$$\text{기대빈도 } E_{ij} = n\widehat{p_{ij}} = n\,\hat{p}_{i\bullet}\hat{p}_{\bullet j} = n\,\frac{n_{i\bullet}}{n}\frac{n_{\bullet j}}{n},\ i,j = 1,2$$

관측빈도와 기대빈도의 차이가 클수록 귀무가설이 적합하지 않다는 증거가 된다. 주어진 조건 X가 사건발생 Y에 영향을 미치는지 검정하는 피어슨 검정통계량은

$$\chi^2 = \sum_{\text{모든 셀}} \frac{(O_{ij} - E_{ij})^2}{E_{ij}}$$

으로 정의되며, 귀무가설 H_0이 참일 때, 피어슨 검정통계량의 분포는 근사적으로

$$\chi^2 \sim \chi^2(1)$$

을 따른다. 검정통계량 $\chi^2 \geq \chi^2_\alpha(1)$이면, H_0을 기각하고, X와 Y가 독립이 아니라고 결론지으며, 이는 조건 X에 대한 노출 여부가 사건 Y의 발생에 유의한 영향을 미침을 의미한다. 여기서 자유도는 (행의 수-1)× (열의 수-1) = (2-1)(2-1)=1로 계산된다.

일반적으로 설명변수 X가 r개의 범주 (집단)을 나타내고, 반응변수 Y가 c개의 범주 (집단)을 나타낸다면, $r \times c$ 교차표를 이용하여 얻는 피어슨 검정통계량의 분포는 근사적으로

$$\chi^2 \sim \chi^2((r-1)(c-1))$$

이 된다. 가설검정 과정은 2×2 교차표의 경우와 동일하다. 이때, 가정은 (1) 모든 셀의 기대빈도는 5 이상이어야 하며 ($E_{ij} \geq 5$) (2) 2×2 교차표의 경우에는 모든 셀의 기대빈도가 10

이상이어야 한다 ($E_{ij} \geq 10$). (3) 한 사람 또는 사물 (subject)는 한 셀에만 속해야 한다. 범주형 자료를 분석할 때, 반드시 기대빈도를 살펴보는 이유는 (1), (2)의 가정이 만족되지 않으면, 피어슨의 검정통계량이 χ^2을 따르지 않을 수 있기 때문이다. 이 경우, 일반적으로 기대빈도가 5보다 작은 셀들끼리 합하여 자료를 다시 분석하거나, R에서 초기하분포 (hypergeometric distribution)에 근거한 정확한 피셔의 검정 (Fisher's exact test)을 사용할 수 있다.

예제 11.4 흡연과 폐암의 관계를 알아보기 위하여 아래의 가짜 자료(표 11.6)를 얻었다고 가정하고, 상대빈도표를 구해보자. 그림 11.2의 막대그래프에서 검은 막대는 암발생 비율을 나타내면, 흰 막대는 암이 발생하지 않은 비율을 나타내므로, 각 집단에서 검은 막대와 흰 막대의 비율을 합하면 1이어야 한다. 모자이크 그래프에서는 x축이 흡연 연부를 나타내고, y축이 암발생 비율을 나타내며, 전체 면적이 해당 사건의 비율을 나타낸다. 두 그래프를 통하여, 흡연집단에서 암발생 비율이 비흡연 집단에서의 암발생 비율보다 높음을 살펴볼 수 있다.

표 11.6 흡연과 폐암에 대한 빈도표

빈도(N) 행비율 열비율 전체비율	폐암에 걸림	폐암에 걸리지 않음	행합
흡연	6 0.150 0.667 0.043	34 0.850 0.260 0.243	40 0.286
비흡연	3 0.030 0.333 0.021	97 0.970 0.740 0.693	100 0.714
열합	9 0.064	131 0.936	140

흡연과 폐암 발생이 독립인지를 알아보기 위한 가설은 다음과 같으며,

H_0: 흡연과 폐암은 독립이다. H_1: 흡연과 폐암은 독립이 아니다.

기대빈도는 표 11.7과 같다. 각 셀의 두 수는 관측빈도와 괄호( )로 표현된 기대빈도이다. 두 값의 차이가 클수록 H_0을 기각할 가능성이 높다. 특히, 기대빈도가 5보다 작은 셀이 있을 경우, 피어슨 카이제곱 통계량을 쓸 수 없고, 피셔의 정확한 통계량을 써야함에 주의하자.

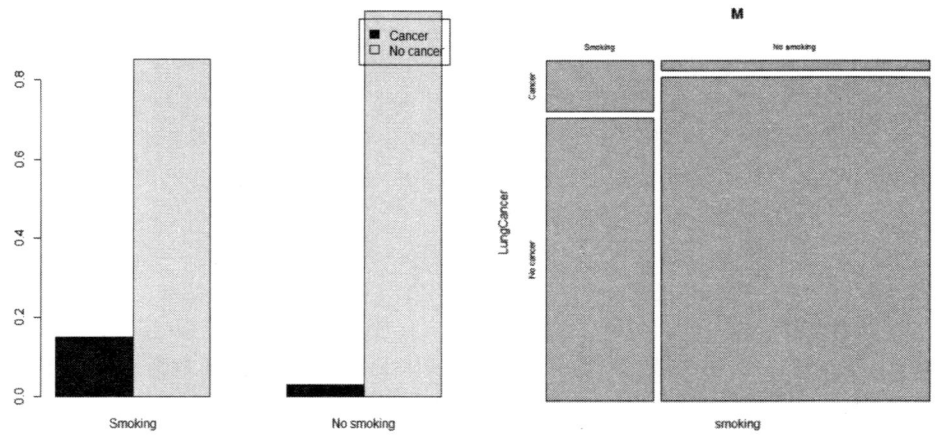

그림 11.2 (왼쪽) 흡연집단과 비흡연집단에서 폐암 발생 비율에 대한 막대그래프. (오른쪽) x축이 흡연 여부를 나타내고, y축이 폐암발생 비율을 나타내는 모자이크 그래프.

표 11.7 흡연과 폐암의 교차표에서 셀의 관측빈도와 기대빈도

O_{ij} (E_{ij})	폐암 = 1	폐암 = 0	행합
흡연 = 1	6 (2.57)	34 (37.43)	40
흡연 = 0	3 (6.43)	97 (93.57)	100
열합	9	131	140

$$E_{11} = 140 \frac{40}{140} \frac{9}{140} = 2.57, \quad E_{12} = 140 \frac{40}{140} \frac{131}{140} = 37.43$$

$$E_{21} = 140 \frac{100}{140} \frac{9}{140} = 6.43, \quad E_{22} = 140 \frac{100}{140} \frac{131}{140} = 93.57$$

피어슨 통계량이 $\chi^2 = 4.9902 > \chi^2_{0.05}((2-1)(2-1)) = 3.84$이므로, 유의수준 0.05에서 귀무가설 "$H_0$: 흡연과 폐암은 독립이다"를 기각한다. 유의수준 0.05에서 흡연이 폐암에 영향을 미친다고 볼 수 있다 (p = 0.02549). 달리 표현하면, 흡연자와 비흡연 집단에서 폐암의 비율이 다르다고 볼 수 있다. R에서 qchisq(0.95,1)을 이용하여 $\chi^2_{0.05}(1) = 3.84$을 구할 수 있다. 아래 표에서 두 셀의 기대빈도가 10보다 작으므로 피셔 검정을 실시해 보아도 동일한 결과를 얻을 수 있다 (p-value = 0.01646). □

R 실습

우선, 피어슨 카이제곱 검정통계량과 피셔의 정확한 통계량을 구한 후, 막대그래프와 모자이크 그래프를 차례로 그려보자.

```
# 표 11.5
```

```
> r1<-c(6,34)
> r2<-c(3,97)
> M<-as.table(rbind(r1,r2))
> dimnames(M) <- list(smoking = c("Smoking", "No smoking"), LungCancer = c("Cancer", "No cancer") )   # 행과 열의 이름
> library(gmodels)
> CrossTable(mytable)
```

```
# 그림 11.2
> M
        LungCancer
smoking Yes No
    Yes   6 34
    No    3 97
> pM <- prop.table(M, 1)
> pM
        LungCancer
smoking   Yes   No
    Yes 0.15 0.85
    No  0.03 0.97
# (왼쪽) 막대그래프; 여기서 표를 전치시킴
> barplot( t(pM), beside=T, legend=c("Cancer", "No cancer"))
# (오른쪽) 모자이크 그래프
> plot(M)
```

```
# 예제 11.4 피어슨 검정통계량
# 표 11.6
```

```
> X2<-chisq.test(M)
경고메시지(들):
In chisq.test(M) : 카이제곱 approximation은 정확하지 않을 수도 있습니다
> X2

        Pearson's Chi-squared test with Yates' continuity correction

data:  M
X-squared = 4.9902, df = 1, p-value = 0.02549


> X2$observed                        # 관측빈도
            LungCancer
 smoking     Cancer  No cancer
 Smoking        6       34
 No smoking     3       97
> X2$expected                        # 기대빈도
            LungCancer
 smoking     Cancer    No cancer
 Smoking    2.571429   37.42857
 No smoking 6.428571   93.57143
```

기대빈도가 5보다 작은 셀이 존재하므로, 피셔의 정확한 검정을 사용해보자.

```
# 예제 11.4 피셔의 정확한 검정통계량
> fisher.test(M)

        Fisher's Exact Test for Count Data

data:  M
p-value = 0.01646
alternative hypothesis: true odds ratio is not equal to 1
```

```
95 percent confidence interval:
  1.127394 36.641333
sample estimates:
odds ratio
  5.621206
```

예제 11.5 교차표(표 11.8)의 차원이 4 × 4인 경우를 살펴보자. 눈동자의 색과 머리 색이 서로 독립인지를 알아보기 위해서 R의 HairEyeColor 자료를 분석하자(그림 11.3). 이 예제에서는 셀 당 행비율 열비율을 나타내는 교차표가 너무 크므로, 생략하자. 가설은 다음과 같다.

H_0: 눈동자의 색과 머리 색은 독립이다.

H_1: 눈동자의 색과 머리 색은 독립이 아니다.

피어슨 통계량 $\chi^2 = 41.28$ 에 대한 유의확률 p= 4.447e-06이 유의수준 0.05보다 작으므로 귀무가설 H_0 을 기각하여, 눈동자의 색과 머리 색은 독립이 아니라고 결론지을 수 있다. 달리 표현하면, 각 눈동자 색 집단 별, 머리 색의 비율이 다르다고 볼 수 있다. 여기서 자유도는 (4 − 1) × (4 − 1) = 9이다. □

표 11.8 HairEyeColor의 관측빈도와 기대빈도 교차표

O_{ij} (E_{ij})	Brown	Blue	Hazel	Greer	행합
Black	32 (19.67)	11 (20.27)	10 (9.43)	3 (6.62)	56
Brown	53 (50.23)	50 (51.77)	25 (24.09)	15 (16.91)	143
Red	10 (11.94)	10 (12.31)	7 (5.72)	7 (4.02)	34
Blond	3 (16.16)	30 (16.65)	5 (7.74)	8 (5.33)	46
열합	98	101	47	33	279

R 실습

```
> # 예제 11.5 피어슨 검정통계량
> write.csv(he,"HairEyeColor.csv")     # 자료 엑셀로 저장
> X2<-chisq.test(he)                   # 피어슨 통계량
경고메시지(들):
```

```
In chisq.test(he): 카이제곱 approximation은 정확하지 않을 수도 있습니다
> X2

        Pearson's Chi-squared test

data:  he
X-squared = 41.28, df = 9, p-value = 4.447e-06

> X2$observed                      # 관측빈도
       Eye
Hair    Brown Blue Hazel Green
  Black    32   11    10     3
  Brown    53   50    25    15
  Red      10   10     7     7
  Blond     3   30     5     8
> X2$expected                      # 기대빈도
       Eye
Hair       Brown     Blue    Hazel    Green
  Black  19.67025 20.27240  9.433692  6.623656
  Brown  50.22939 51.76703 24.089606 16.913978
  Red    11.94265 12.30824  5.727599  4.021505
  Blond  16.15771 16.65233  7.749104  5.440860
```

```
# 그림 11.3
barplot(he, legend=c("Black","Brown","Red","Blond"))
plot(he)
```

11. 범주형 자료분석

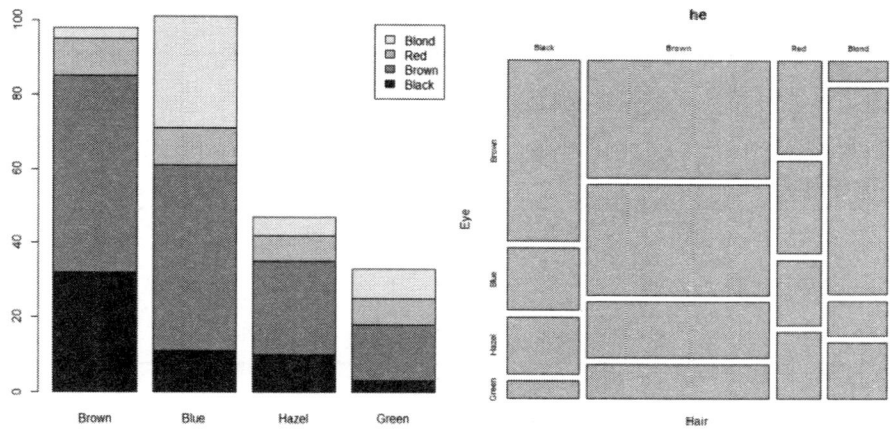

그림 11.3 HairEyeColor의 막대그래프와 모자이크 그래프

예제 11.6. 원 자료가 주어진 경우, 교차표를 만들어서, 피어슨 검정통계량을 계산하는 방법을 살펴보자. 일반적으로 대형차보다 소형차에 매뉴얼 트랜스미션이 많은 것으로 알려져있다. mtcars에서 cyl (4/6/8)과 am (오토/매뉴얼)의 두 범주형 변수를 이용하여, 이 사실을 확인해보자. 피어슨 카이제곱 검정통계량을 이용하여, 차가 소형, 중형, 대형인지와 트랜스미션이 오토인지 매뉴얼인지가 서로 독립인지 아닌지 검정해보자. 아래 표 11.9는 mtcars에서 얻은 원자료이며, 이 자료에는 각각의 차가 소형, 중형, 대형인지 기록되어 있으며, 오토인지 매뉴얼인지도 기록되어있다.

표 11.9 mtcars에서 x=cyl와 y=am 자료

x	6	6	4	6	8	6	8	4	4	6	6	8	8	8	8	8
y	1	1	1	0	0	0	0	0	0	0	0	0	0	0	0	0
x	8	4	4	4	4	8	8	8	8	4	4	4	8	6	8	4
y	0	1	1	1	0	0	0	0	0	1	1	1	1	1	1	1

우선, 빈도표(표 11.10)를 살펴보면, 소형차일수록 매뉴얼의 비율이 높고, 대형차일수록 오토의 비율이 높음을 알 수 있다. 이번에는 관측빈도와 기대빈도를 교차표에 나타내는 대신, R의 gmodels 패키지에서 CrossTable을 이용하여, 셀 별로 빈도, 행에서의 비율, 열에서의 비율, 전체에서의 비율을 나타내보자.

표의 몇몇 값들을 읽어보자. mtcars 자료에는 ①트랜스미션이 자동이고, 소형인 차가 3대 있다. ② 중형차 중에서 트랜스미션이 수동인 차는 42.9%이다. ③ 트랜스미션 자동인 차들 중에서 대형인 차는 63.2%이다. ④ 트랜스미션이 수동이고 대형인 차는 전체의 6.2%이다. ⑤ 중형은 전체의 21.9%이다. ⑥ 수동 트랜스미션은 전체의 40.6%이다.

표 11.10 mtcars의 cyl와 am의 교차표

N 행 비율 열 비율 전체 비율	오토	매뉴얼	행합
4 (소형)	①3 0.273 0.158 0.094	8 0.727 0.615 0.250	11 0.344
6 (중형)	4 0.571 0.211 0.125	3 ②0.429 0.615 0.094	7 ⑤0.219
8 (대형)	12 0.857 ③0.632 0.375	2 0.143 0.154 ④0.062	14 0.438
열합	19 0.594	13 ⑥0.406	32 1.000

피어슨 카이제곱 검정통계량에 대한 유의확률 p=0.01265가 유의수준 0.05보다 작으므로, 차의 트랜스미션의 종류가 차의 크기와 독립이라고 보기 어렵다. 그림을 보면, 대형차일수록 오토의 비율이 높아짐을 알 수 있다. 여기서 자유도는 $(3-1) \times (2-1) = 2$이다. □

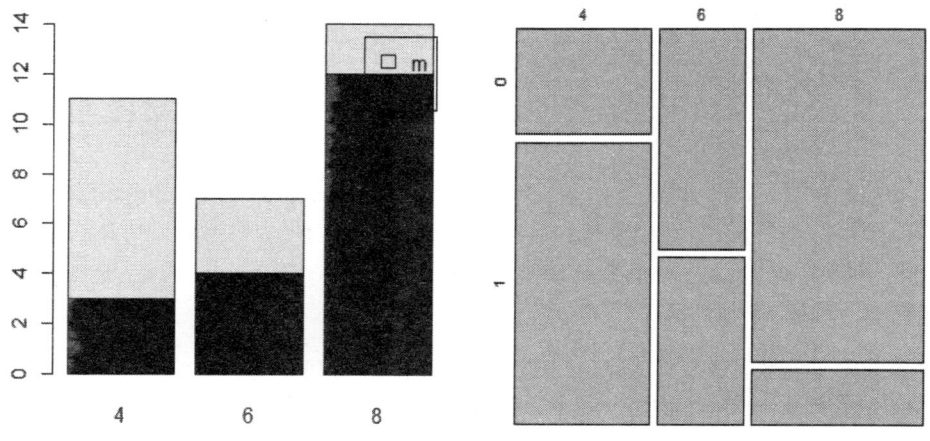

그림 11.4 mtcars의 cyl와 am에 대한 막대그래프와 모자이크 그래프

R 실습

```
# 예제 11.6 피어슨 검정통계량
> mytable <- table(mtcars$cyl, mtcars$am)
> mytable

       0   1
   4   3   8
   6   4   3
   8  12   2
> chisq.test(mytable)

        Pearson's Chi-squared test

data:   table(mtcars$cyl, mtcars$am)
X-squared = 8.7407, df = 2, p-value = 0.01265
```

```
# 표 11.9
 library(gmodels)
 CrossTable(mytable)
```

```
# 그림 11.4
 barplot(t(mytable), legend=c("a","m"))
 plot(mytable, main=" ")
```

11.5 위험도 ★★

어떤 위험 (rsik)에 노출되어 있는지 노출되어 있지 않는지에 따라서, 질병 등의 특정 사건이 발생할 비율이 어떻게 달라지는지를 측정하기 위해서 상대위험도를 사용한다. 관련된 통계량으로 상대위험도 (Relative Risk; RR)과 오즈비 (Odds ratio)가 있다. 아래 표11.11에서 a명의 실험대상은 위험조건에 노출되고 사건이 발생하며, b명의 실험대상은 위험조건에 노출되나 사건이 발생하지 않는다. c명의 실험대상은 위험조건에 노출되지 않으나 사건이 발생하고, d명의 실험대상은 위험조건에 노출되지 않고 사건이 발생하지 않았다.

표11.11 위험도 교차표

	사건 A발생 (Event)	사건 A미발생 (No event)	
위험조건 노출 (Exposed)	a	b	a+b
위험조건 비노출 (Not exposed)	c	d	c+d
	a+c	b+d	n

이 표11.11을 이용하여 상대위험도와 오즈비는 다음과 같이 정의된다.

정의 11.1 상대위험도 (Relative Risk ; **RR**)

$$RR = \frac{a/(a+b)}{c/(c+d)}$$

위험조건에 노출된 집단에서 사건이 발생하는 확률은 $a/(a+b)$이고, 위험조건에 노출되지 않은 집단에서 사건이 발생하는 확률은 $c/(c+d)$이다. 이 둘의 비율이 상대위험도 RR이다. □

예제 11.7 다음은 식도암 환자에 대한 자료이다(표11.12). (esophageal in R, Breslow and Day, 1980)

표11.12 식도암 환자 교차표

	식도암	정상	
하루 0-9g 이하 흡연	122	450	572
하루 10g 이상 흡연	78	525	603
	200	975	1175

상대위험도 RR은 다음과 같이 얻어진다.

$$RR = \frac{122/(122+450)}{78/(78+525)} = 1.64887$$

즉, 하루 10g 이상 흡연자는 그 이하 흡연자에 비해서 1.6배 더 식도암에 걸리는 것으로 나타났다. □

표 11.13의 교차표에서 위험조건 노출여부와 사건발생 여부에 대한 오즈비를 정의하자.

정의 11.2 오즈비 (Odds Ratio; OR)

표 11.13 오즈비 확률 교차표

	사건 A발생 (Event)	사건 A미발생 (No event)
위험조건 노출 (Exposed)	π_{11}	π_{10}
위험조건 비노출 (Not exposed)	π_{01}	π_{00}

$\pi_{11} = P($위험조건노출 $\cap$ 사건 A 발생$)$, $\pi_{10} = P($위험조건노출 $\cap$ 사건 A 미발생$)$

$\pi_{01} = P($위험조건 비노출 $\cap$ 사건 A 발생$)$, $\pi_{00} = P($위험조건 비노출 $\cap$ 사건 A 미발생$)$

사건 A에 대한 오드 (the odd of the event A)는 사건A가 발생하는 확률과 사건 A가 발생하지 않는확률의 비율로 정의된다.

$$\text{odd}(A) = \frac{P(A)}{1-P(A)}.$$

그러면, 사건 A의 오즈비(Odds Ratio; OR)는 위험조건에 노출된 집단의 오드와 위험조건에 노출되지 않은 집단의 오드들의 비율로 얻어진다.

$$\text{OR} = \frac{\pi_{11}/\pi_{10}}{\pi_{01}/\pi_{00}} = \frac{\pi_{11}\pi_{00}}{\pi_{10}\pi_{01}}$$

□

자료가 아래 표11.14로 주어질 때, 다항분포 (multinomial distribution)에 근거하여, 각 셀의 확률과 OR의 MLE(최대우도 추정치)는 다음과 같이 추정된다. 여기서, n은 전체 표본크기이다.

11.14 오즈비 자료 교차표

	사건A발생 (Event)	사건A미발생 (No event)
위험조건 노출 (Exposed)	n_{11}	n_{10}
위험조건 비노출 (Not exposed)	n_{01}	n_{00}

$$\hat{\pi}_{ij} = \frac{n_{ij}}{n}$$

$$\widehat{OR} = \frac{n_{11}n_{00}}{n_{10}n_{01}}$$

이때 $\log(\widehat{OR})$의 표본오차(SE; standard error)는 다음과 같다.

$$SE(\ln(\widehat{OR})) = \sqrt{\frac{1}{n_{11}} + \frac{1}{n_{10}} + \frac{1}{n_{01}} + \frac{1}{n_{00}}}$$

$\log(\widehat{OR})$의 최대우도 추정치(MLE)는 모집단 오즈비에 대한 불편추정치이며, 근사적으로 정규분포를 따르므로 95% 신뢰구간이 다음과 같이 얻어진다.

$$\ln(\widehat{OR}) \pm 1.96 \sqrt{\frac{1}{n_{11}} + \frac{1}{n_{10}} + \frac{1}{n_{01}} + \frac{1}{n_{00}}}$$

여기에 지수변수를 취하여 오즈비의 95% 신뢰구간을 얻을 수 있다.

$$\widehat{OR} \exp\left(\pm 1.96 \sqrt{\frac{1}{n_{11}} + \frac{1}{n_{10}} + \frac{1}{n_{01}} + \frac{1}{n_{00}}} \right)$$

예제 12.8 위 식도암 자료에서 하루 10g이상 흡연자 집단과 그 이하 흡연자 집단에서 식도암 발생에대한 오즈비는

$$OR = \frac{122/450}{78/525} = 1.824786$$

로 얻어진다. 즉, 하루 10g이상 흡연하면, 그 이하로 흡연할 때에 비해서, 식도암에 걸릴 가능성이 1.8배 높아진다. 이 값은 RR=1.6에 비해서 0.2정도 더 크다. 일반적으로 OR는 RR에 비해서 더 크게 나타나므로, 위험에 노출될 경우에 사건이 발생할 비율을 좀더 쉽게 찾아낸다. □

R 실습 R의 esophageal을 이용하여, (1)자료를 교차표로 만들기 (2) OR를 구하라.

```
# (1)
r1 <- c(122, 450)
r2 <- c(78, 525)
M <- as.table(rbind(r1,r2))
dimnames(M) <- list(smoking = c("10+", "0-9g/day"), cancer = c("ncases","ncontrols"))
# (2)
library(vcd)
oddsratio(M)                    # Odds Ratio
```

예제 11.9 R의 UCBAdmissions 을 이용하여, (1) A~F 학과에 대하여 성별 OR를 구하고, (2) 이를 그림으로 나타내라. (3) 또한 모든 OR가 동일한지 검정하자. A,B,C,D,E,F 학과의 성별 합격률에 대한 오즈비는 0.35(p=0.0001), 0.80 (p=0.0222), 1.13(p=0), 0.92(p=0), 1.22(p=0), 0.83(p=0.0010)이다 (그림 11.5). 오즈비 동일성에 대한 Woolf 검정의 유의확률이 p= 0.003072이고, 유의수준 0.05보다 작으므로, 오즈비가 다르다고 결론지을 수 있다. □

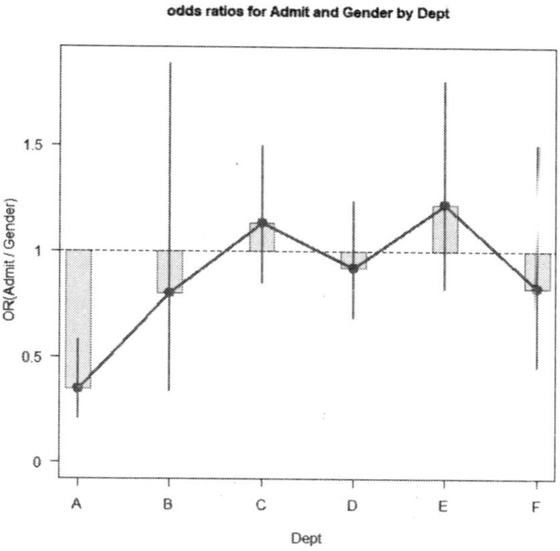

odds ratios for Admit and Gender by Dept

그림 11.5 UCB 자료의 오즈비

R 실습

```
library(vcd)
odds.ucb<-oddsratio(UCBAdmissions, log=FALSE)
summary(odds.ucb)
plot(odds.ucb)
woolf_test(UCBAdmissions)     # Woof test for homogeneity of odds ratio across the table M
```

연습문제

1. R의 UCBAdmissions 자료에서 학과 A와 B에서 각각 입학허가를 받는 신입생의 남녀 비율이 동일한지 알아보기 위해서 피어슨 카이제곱검정을 실시하였다. 다음 설명 중 틀린 것은 어느 것인가?

```
# 학과 A
> UCBAdmissions[ , ,"A"]
              Gender
```

```
Admit     Male Female
Admitted   512    89
Rejected   313    19
> chisq.test(UCBAdmissions[ , ,"A"])

        Pearson's Chi-squared test with Yates' continuity correction

data:  UCBAdmissions[, , "A"]
X-squared = 16.372, df = 1, p-value = 5.205e-05

# 학과 B
> UCBAdmissions[ , ,"B"]
           Gender
Admit     Male Female
Admitted   353    17
Rejected   207     8
> chisq.test(UCBAdmissions[ , ,"B"])

        Pearson's Chi-squared test with Yates' continuity correction

data:  UCBAdmissions[, , "B"]
X-squared = 0.085098, df = 1, p-value = 0.7705
```

① H_0: 성별과 입학허가는 독립이다.

② 귀무가설이 참일 때, χ^2의 자유도는 1이다.

③ 유의수준 0.05에서 A 학과에서는 성별에 따른 입학허가에 차이가 없다.

④ 유의수준 0.05에서 B 학과에서는 성별에 따른 입학허가에 차이가 없다.

⑤ 위 보기 중 답 없음

2. R의 타이타닉 (Titanic)의 남자 어른 자료에서 객실등급과 생존여부에 대한 교차표 <표1>과 같이 얻고,이에 대한 피어슨 통계량을 아래와 같이 얻었다. 다음 설명 중 틀린 것은 어느 것인가?

11. 범주형 자료분석

표 1. 타이타닉의 객실 등급과 생존에 대한 교차표

남자(Male) 어른(Adult)	생존여부 (survived)	
객실등급(class)	No	Yes
1 등실	118	57
2 등실	154	14
3 등실	387	75

```
> mytable <- Titanic[1:3,"Male","Adult",]
> mytable
         Survived
Class     No  Yes
  1st    118   57
  2nd    154   14
  3rd    387   75
> chisq.test(mytable)

        Pearson's Chi-squared test

data:  mytable
X-squared = 36.56, df = 2, p-value = 1.151e-08
```

① H_0: 객실 등급이 생존에 영향을 미치지 않는다.

② 검정통계량 χ^2은 36.56이며, 자유도는 4이다.

③ 유의수준 0.05에서 귀무가설을 기각한다.

④ 유의수준 0.05에서 객실등급이 생존여부에 영향을 미친다.

⑤ 위 보기 중 답 없음

(정답) ②

3. R의 HairEyeColor 자료에서 여자의 머리 색이 갈색(Brown), 금발(Blond)인 경우와 눈동자 색이 갈색(Brown), 파란색(Blue)인 경우에 해당하는 168명의 자료를 표1과 같이 얻은 후, 피어슨 카이제곱 통계량 $\chi^2 = 57.738$과 유의확률 $p = 2.994 \times 10^{-14}$을 얻었다. 다음 설명 중 옳은 것을

모두 골라라. (유의수준은 0.05를 사용하라.)

표 1. 머리 색과 눈동자 색에 대한 교차표

행 = 머리 색 열 = 눈동자 색	갈색	파란색
갈색	66	34
금발	4 (*)	64

a. 귀무가설은 'H_0: 여자의 경우, 머리 색과 눈동자 색은 독립이다.'가 된다.

b. 검정통계량 χ^2의 자유도는 4이다.

c. 유의수준 0.05에서 여자의 경우, 머리 색과 눈동자 색은 독립이라고 말할 수 있다.

d. H_0이 참일 때, 금발과 갈색 눈동자에 대한 기대빈도(*)는 약 28명이다.

① a ② b ③ b, c ④ a, d ⑤ 위 보기 중 답 없음

4. 미국 UCB 대학 C학과에서 성별에 따른 입학허가에 차이가 있는지 알아보기 위하여 총 918명을 조사한후 아래 표1과 같은 교차표를 얻었다. 피어슨 통계량 χ^2= 0.63322와 이에 대한 p-value = 0.4262을 얻었다. 유의수준 0.05에서 이에 대한 설명 중 옳은 것은 어느 것인가?

표 1. 성별에 따른 입학허가여부에 대한 교차표

	합격	불합격
남자	120	205
여자	202	391

a. H_0: 성별과 입학허가여부는 독립이다.

b. χ^2 통계량의 자유도는 1이다.

c. "남자"이고 "합격"에 해당하는 기대빈도는 약 126이다.

d. 성별은 입학허가 여부에 중요한 원인이라 볼 수 있다.

① a, b ② a, c ③ b, d ④ a, b, d ⑤ 위 보기 중 답 없음

11. 범주형 자료분석

지금이 새로운 시작이다.

최경미

부록 A. R 시작하기

1. 배경

R 은 전 세계의 수많은 석학들과 전문가들이 전문지식을 패키지로 공유하며 소통하는 통계와 그래픽을 위한 공짜 소프트웨어 (freeware)이다. R은 통계뿐만 아니라, 과학과 공학을 위해서도 매우 유용하게 사용될 수 있는 객체지향 프로그래밍 언어(object-oriented programming language)이며, 기존의 통계 패키지들보다 통계의 오남용에서 자유로운 편이다. 문법이 C와 유사하며, 스크립트이어서 공학계산기처럼 한 줄씩 실행된다. 벡터와 행렬 사용에 최적화되어있으므로, 루프(loop)의 사용을 현저히 줄일 수 있다. R을 처음 사용하는 사람들을 위해서, R에 대해 짧게 소개한다. 우선, R은 대소문자를 구분하며, R의 모든 변수와 객체들은 광역으로 정의된다는 점에 주의하자.

2. R 의 설치 (Install R)

통계자료분석을 위해서 freeware 인 R 을 사용하자. R 을 설치하는 방법은 (1)-(5)로 매우 간결하다.

    (1) https://www.r-project.org/에 접속

    (2) download R 클릭

    (3) mirror site 선택

    (4) Download R for Windows 클릭

    (5) R 설치

R Console 창에 아래의 코드를 입력해보자. 원하는 사람은 편집기 Rstudio 를 다운로드 후 설치하여 사용해도 좋다. 이들이 익숙해지면, Rmarkdown 을 사용해보자.

3. Start R

R 아이콘을 클릭하여, 콘솔 창을 띄운 뒤, 프롬프트 > 뒤에 명령어를 입력한다. 아래의 기본 콘솔 창 대신, Rstudio를 다운 받아서, 사용하는 것도 좋다.

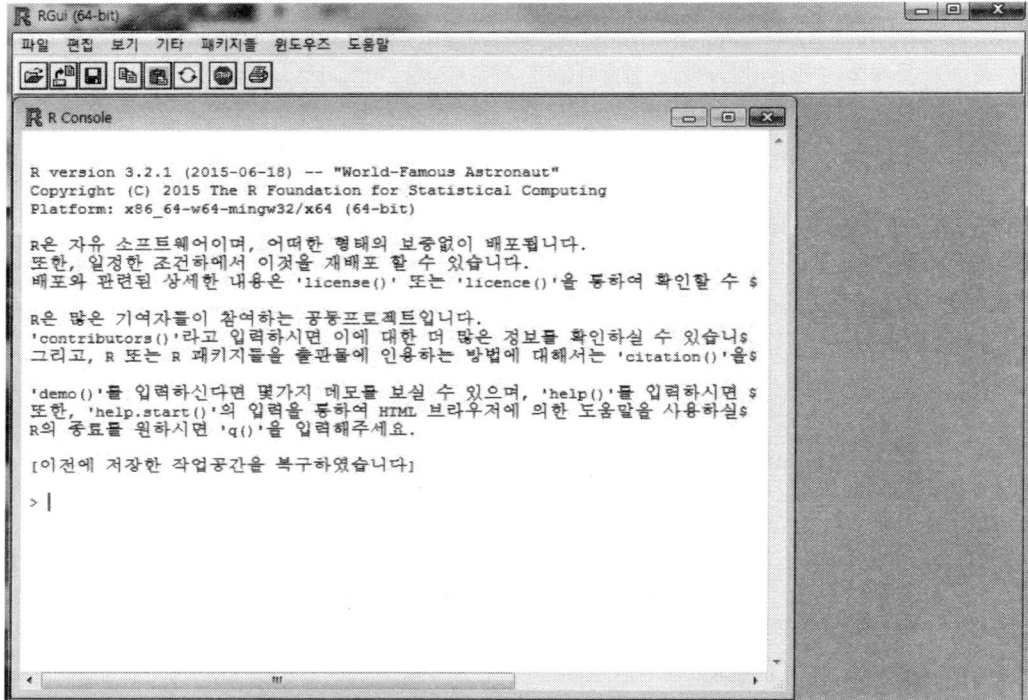

3.1 폴더 관리

분석이 실시되는 폴더가 어디인지 알아보거나, 자료가 있는 폴더로 이동하기 위해서 다음의 명령어들을 사용한다.

```
> getwd()              # 현재의 working directory 보기
[1] "C:/MyFolder"
> setwd("C:/MyFolder") # 내 폴더로 path 정하기
```

R의 객체들은 광역으로 저장된다. 따라서, 매번 자료를 분석할 때, 기존의 객체들을 지우고 시작하는 것이 좋다.

```
ls()                    # 현재 디렉토리에 존재하는 객체 보기
rm(list=ls())           # 편재 디렉토리의 객체 지우기
help(rm)                # help 보기
```

3.2 스크립트(script) 저장하기

본인의 소스 코드 (source code ; script)를 저장해두면, 언제든지 결과를 재생시킬 수 있다. 또한 소스 코드가 있어야, 협업이 가능하며, 분석의 오류를 수정하기 좋다. 자료를 분석할 때에는 늘 소스 코드를 저장하는 습관을 들이자. 편집기에 스크립트를 쓰고, 실행하고자 하는 코드를 선택한 후, 콘솔 창의 가운데 아이콘 "한 줄씩 실행하기"를 누르면 된다. 또는 콘솔 창에서 source("파일명.R")을 사용하여, 전체 파일을 실행시켜도 좋다.

```
파일 -> 새 스크립트 -> 편집기에 스크립트 입력 -> run 시키고 싶은 만큼의 스크립트 선택 -> [아이콘] 아이콘 선택하여 실행 -> 파일 -> 저장하기
```

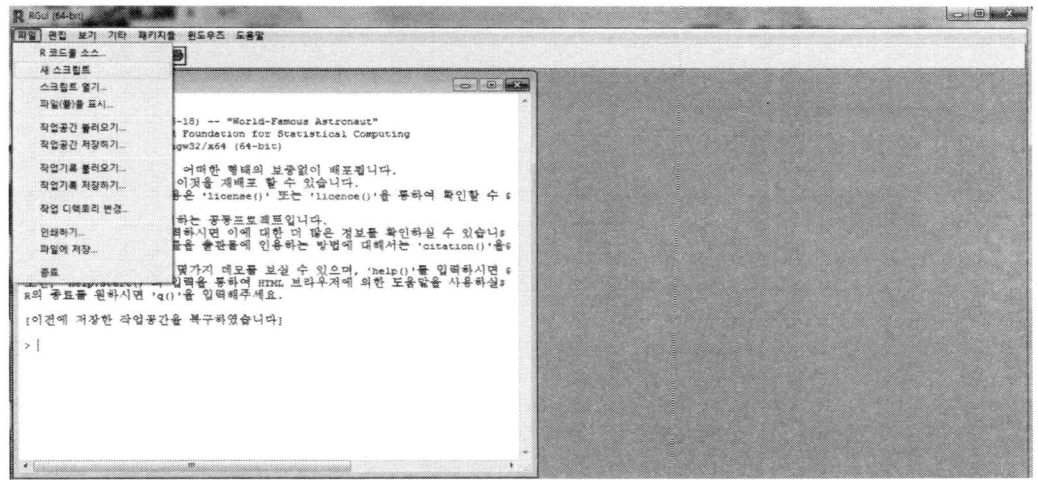

R과 더불어 배우는 통계학

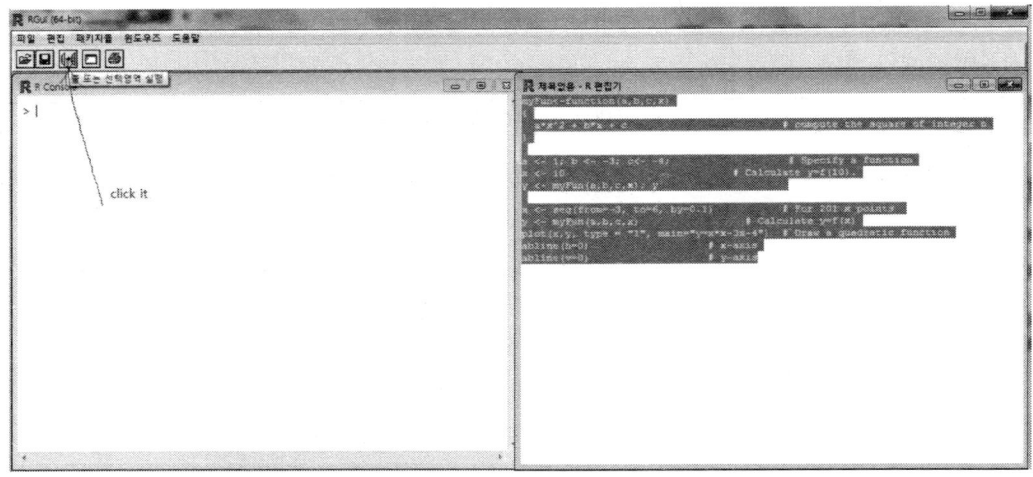

4. 연산, 벡터, 행렬

실수에 대한 사칙연산과 벡터와 행렬에 대한 연산을 알아보자.

4.1 간단한 연산

```
> 2+3
[1] 5
> 2^3
[1] 8
> 1/2
[1] 0.5
> 3-2*1+4
[1] 5
> sqrt(2)                # 제곱급
[1] 1.414214
```

```
> sin(pi)              # 삼각함수
[1] 1.224606e-16
> e
에러: 객체 'e'를 찾을 수 없습니다
> exp(1)               # 지수함수
[1] 2.718282
> log(exp(1))          # 자연로그함수
[1] 1
> log(10,base=10)      # 사용로그함수
[1] 1
> abs(-1)              # 절대값
[1] 1
> factorial(5)         # 팩토리얼
[1] 120
> choose(5,2)          #조합
[1] 10
```

4.2 새 변수 만들기

변수나 객체를 만들어서, R 내부에 있는 폴더에 저장할 수 있다.

```
> x <- 3               # < 와 -를 이용하여, 3을 x에 저장하기
> x+4
[1] 7
> e <- exp(1)
> e^2
[1] 7.389056
```

```
> print(x)              # 화면에 프린트
[1] 3
> ls()                  # R 내의 객체 리스트 보기
[1] "e" "x"
> rm(x)                 # 지우기
> ls()
[1] "e"
```

4.3 벡터

실수에서 사용하는 사칙연산을 벡터에 그대로 적용하여, 큰 자료의 연산을 한꺼번에 실행할 수 있다. 벡터에서만 정의되는 내적 등을 계산해보자.

```
# 벡터와 행렬
  x <- 3:13           # 3부터 13까지 1 간격으로 벡터 만들기
  2.2 * x             # 벡터의 스칼라 곱
  x                   # 벡터 보기
  length(x)           # 벡터의 길이
  x[2]                # 2번째 성분
  c(1,3,4)            # 1,3,4 숫자를 붙여서 벡터 (1,3,4) 만들기
  x[c(1,3,4)]         # 벡터 x 중, 1,3,4 번째 성분 가져오기

# 벡터 x=(3,4)의 단위 벡터 구하기
  x <- c(3,4)
  x
  x^2                 # 벡터 x 의 각 성분에 제곱하기
  sum(x^2)            # 벡터 x 의 각 성분에 제곱한 것을 더하기
  sqrt(sum(x^2))      # 벡터 x 의 크기
  x / sqrt(sum(x^2))  # x 방향으로 크기가 1인 단위 벡터 또는 방향 벡터
```

부록 A. R 시작하기

```
# 벡터를 이용한 함수 계산

  pi                    # π
  sin(2*pi)             # sin (2π)
  cos(pi)               # cos (π)
  x <- c(1,2,3)         # 벡터 x=(1,2,3) 만들기
  y <- c(4,5,6)         # 벡터 y=(4,5,6) 만들기
  sin(x)
  cos(y)


# 내적 계산하기

  x <- c(1,2,3)         # 벡터 x=(1,2,3) 만들기
  y <- c(4,5,6)         # 벡터 y=(4,5,6) 만들기
  crossprod(x,y)        # 방법 1
  sum(x*y)              # 방법 2
  t(x) %*% y            # 방법 3
  x %*% t(y)            # x^{3×1} y^{1×3} = 3 × 3 행렬


# 두 벡터의 사잇각 θ 구하기 (radian)

  theta <- acos( sum(x*y)  / (  sqrt(sum(x*x)) * sqrt(sum(y*y)) )  )   # radian
  theta <- theta* 180 /pi                                              # degree
```

4.4 행렬

실수에서 사용하는 사칙연산을 행렬에 그대로 적용하여, 큰 자료의 연산을 한꺼번에 실행한다. 벡터를 모아서 행렬 만들기, 행렬 연산을 실시해보자.

```
# 행렬 만들기: R에서 행렬은 모두 숫자(numeric) 또는 모두 문자 (character)이어야 한다.

  A <- matrix(1:9,3,3)      # 행렬 A 만들기
  B <- matrix(10:18,3,3)    # 행렬 B 만들기
  A; B                      # 내가 만든 행렬 확인하기. 여기서 ;는 줄 바꿈



# 행렬의 성분, 행, 열
```

```
A[1,2]              # A(1,2) 성분
A[ ,2]              # A의 2 열
A[ ,c(2,3)]         # A의 2,3 열
B[1, ]              # B의 1행
exp(A)              # A 행렬 전체에 지수함수 계산하기
```

두 행렬의 연산

(1) 합과 차

```
A+B

A-B
```

(2) 스칼라 곱과 나누기

```
2*A

A/3
```

(3) 성분끼리 곱하기 (element-wise multiplication)

```
A*B                 # AB = (a_{ij} b_{ij})
```

(4) 행렬의 곱

```
A%*%B               # AB = ( \sum_{k=1}^{p} a_{ik} b_{kj} ) i = 1,2, j = 1,2
```

벡터를 붙여서 행렬 만들기

```
x <- c(1,2,3)       # 벡터 x=(1,2,3) 만들기
y <- c(4,5,6)       # 벡터 y=(4,5,6) 만들기
A <- cbind(x,y)     # 열로 붙여서, 3×2 행렬 A 만들기
B <- rbind(x,y)     # 행으로 붙여서 2×3 행렬 B 만들기
```

벡터 또는 행렬의 전치

```
t(A)
```

대각선 행렬

(1) 대각선 성분이 1,2,3인 대각선 행렬 만들기

```
x<-c(1,2,3)
diag(x)

# (2) 주어진 정방행렬 A에서 대각선 성분 가져와서, 대각선 행렬 만들기
A <- matrix(1:4,2,2)
diag(A)
```

4.5 행렬식과 역행렬

역행렬을 계산할 때, 패키지 MASS를 불러와야 한다.

```
# 행렬식과 역행렬
A <- matrix(1:4,2,2)    # 행렬 A = (1 3; 2 4) 만들기
det(A)                  # 행렬식 (determinant) |A| 계산
library(MASS)           # MASS 불러오기
ginv(A)                 # 역행렬 (inverse matrix) A^-1
solve(A)                # 역행렬 (inverse matrix) A^-1
A %*% ginv(A)           # AA^-1 = I을 확인하기
ginv(A) %*% A
A %*% solve(A)          # AA^-1 = I을 확인하기
solve(A) %*% A
```

4.6 연립방정식

간단한 연립방정식을 풀어보자.

$$x_1 + 3x_2 = 1, \quad 2x_1 + 4x_2 = 2$$

$$\begin{pmatrix} 1 & 3 \\ 2 & 4 \end{pmatrix} \begin{pmatrix} x_1 \\ x_2 \end{pmatrix} = \begin{pmatrix} 1 \\ 2 \end{pmatrix}$$

```
# 연립방정식 Ax = b의 해 x = A^-1 b 찾기
A <- matrix(1:4, 2, 2)   # 행렬 A = (1 3; 2 4) 만들기
b <- c(1,2)              # 벡터 b = (1; 2) 만들기
```

```
# 방법 1
 x <- solve(A, b)   ; x
# 방법 2
 x <- ginv(A) %*% b   ; x
```

4.7 고유값과 고유벡터

행렬의 고유값과 고유벡터를 구하고, 스펙트럼분해하자.

```
# 고유값, 고유벡터(eigenvalue and eigenvector)
A <- matrix(c(1,2.5,2.5,4), 2,2)    # 대칭행렬 A = (1  2.5 / 2.5  4) 만들기
a.e <- eigen(A)
a.e$values                          # 고유값 가져오기
a.e$vectors                         # 고유벡터 가져오기

# 스펙트럼 분해 확인하기
lambda1 <- a.e$values[1]            # $\lambda_1$
lambda2 <- a.e$values[2]            # $\lambda_2$
u1 <- a.e$vectors[,1]               # $\vec{u}_1$
u2 <- a.e$vectors[,2]               # $\vec{u}_2$
lambda1*u1%*%t(u1)+ lambda2*u2%*%t(u2)   # $A = \lambda_1 \vec{u}_1 \vec{u}_1^T + \lambda_2 \vec{u}_2 \vec{u}_2^T$
```

4.8 행렬의 분해

주어진 행렬을 SVD, QR, Choleski 분해하자.

```
# 행렬의 분해들
# SVD 분해: $A = U\Sigma V^T, U^T U = I, V^T V = I, \Sigma$는 대각선 행렬이다.
svd(A)
```

```
# QR 분해: A = QR, Q^T Q = I, R은 상삼각행렬
 qr(A)


# Choleski 분해: A = LL^T, L은 하삼각행렬
 chol(A)
```

4.9 통계량

자료를 만들고, 자료에 대한 기술통계량을 계산해보자.

```
# 가짜 자료를 이용한 기술통계 계산하기
x<-c(1,2,2,3,3,3,4,4,5)     # 값들을 c( )로 묶어 자료로 만들고, x 에 저장하기
x                            # x 값 확인하기
x.t <- table(x)              # 빈도표 만들어, x.t 에 저장하기
x.t                          # x.t 값 확인하기
n <- sum(x.t)                # 표본 크기
x.t <- x.t / n               # 상대빈도표 만들기
x.t
barplot(x.t, space=0.1)      # 상대빈도가 막대의 높이가 되도록 막대그래프 그리기
boxplot(x)                   # 상자도표 그리기


mean(x)                      # $\bar{x}$ 평균
median(x)                    # 중앙값
var(x)                       # $s^2$ 분산
sd(x)                        # s 표준편차
quantile(x)                  # Q1, Q2, Q3
IQR(x)                       # IQR=Q3-Q1
```

```
 range(x)                        # 범위


# 정규분포 N(3, (1.2)²)의 분포 곡선 그리기
 curve(dnorm(x, 3, 1.2^2), from=-2, to=8)


# 막대그래프 (barplot)
 x <- c(rep("A",34), rep("B",46), rep("C",14))
                         # rep("A",34)은  A 가 34 번 반복해서 들어있는 벡터를 만듦
 x.t <- table(x)         # 빈도표 만들기
 x.t                     # 빈도표 보기
 barplot(x.t, space=0.01)    # 빈도가 막대의 높이가 되는 막대그래프 그리기
```

5. 데이터

5.1 데이터 프레임 (Data frame)

matrix 형식은 자료가 모두 numeric이거나 모두 characters일 때 정의할 수 있다. 하지만, 실제 자료에는 numeric과 character가 섞여있는 경우가 많다. 열 별로 동일한 형식일 때, data.frame 형식을 사용할 수 있다. 다음과 같이 네 명의 가족 구성원에 대하여, 이름, 나이를 두 열로 갖는 data.frame을 만들어보자.

```
> name <- c("jaehee","younghee","chulsu","sunhee")    # 1열
> age <- c(10,12,13,15)                               # 2열
> family <- data.frame(name,age)                      # data.frame 만들기
> family
      name age
1   jaehee  10
2 younghee  12
3   chulsu  13
```

```
4  sunhee    15
> names(family)                    # 변수 이름 보기
[1] "name" "age"
> family$name                      # name 변수 보기
[1] jaehee   younghee chulsu    sunhee
Levels: chulsu jaehee sunhee younghee
> family$age                       # age 변수 보기
[1] 10 12 13 15
> family[1,]                       # 1행 보기
    name age
1 jaehee  10
> family[,2]                       # 2열 보기
[1] 10 12 13 15
> family[1,2]                      # (1,2) 성분 보기
[1] 10
> class(family)
[1] "data.frame"
```

주어진 자료가 data.frame인지 확인하거나, data.frame으로 전환해보자.

```
> is.data.frame(state.x77)
[1] FALSE
> state.x77<-as.data.frame(state.x77)
> is.data.frame(state.x77)
[1] TRUE
> state.x77$Income                 # Income 변수 보기
```

5.2 내장 자료 (built-in data)

R에서 사용할 수 있는 기본 자료들을 살펴보자. 이외에도 R의 방대한 패키지들은 많은 내장 자료를 제공한다.

```
> library()                    # Want to see available libraries
> library(datasets)            # load the "datasets library"
> data()                       # show the available data sets in R
> mtcars                       # Free data in R

                   mpg  cyl  disp   hp  drat   wt    qsec  vs am gear carb
Mazda RX4          21.0  6  160.0  110  3.90  2.620 16.46  0  1   4    4
Mazda RX4 Wag      21.0  6  160.0  110  3.90  2.875 17.02  0  1   4    4
Dodge Challenger   15.5  8  318.0  150  2.76  3.520 16.87  0  0   3    2
......
> head(mtcars)

                   mpg cyl disp  hp drat   wt   qsec vs am gear carb
Mazda RX4          21.0  6  160 110 3.90 2.620 16.46  0  1   4    4
Mazda RX4 Wag      21.0  6  160 110 3.90 2.875 17.02  0  1   4    4


> summary(mtcars)              # return mean, median, variance,
                               # and so on for all variables
                               # We will skip the long output
```

5.3 데이터 쪼개기와 합치기 (Subset or merge objects)

실제 자료분석을 위해서는 데이터를 쪼개거나 합쳐서 새로운 자료를 준비한다. 자료를 어떻게 쪼개고 합치는지, 새로운 변수를 어떻게 생성하는지를 살펴보자.

```
> # subset 예제
> mtcars[5,]                                  # 5행 가져오기
> mtcars[,2]                                  # 2열 가져오기
> mtcars2<-subset(mtcars, vs==1)              # 엔진타입이 vs=1인 자료를 뽑기
> mtcars3<-subset(mtcars, vs==1|am==0)        # 엔진타입이 vs=1 또는 오토 트랜스미션 am=0인
                                              # 자료들 뽑기
> mtcars4<-subset(mtcars, vs==1&am==0)        # 엔진타입이 vs=1 이고, 오토 트랜스미션 am=0인
                                              # 자료들 뽑기
> mtcars5<-mtcars[,c("mpg","hp")]             # 변수 mpg와 hp 가져오기


> # merging 예제
> mt.id<-rownames(mtcars)                     # 행이름 보기
> mt1<-data.frame(mt.id, mtcars$mpg, mtcars$cyl)   # 세 변수 mt.id, mpg, cyl를 mt1로 묶기
> mt1 <- mt1[-c(1,2,3), ]                     # 처음 세 개 missing으로 만들기
> mt2<-data.frame(mt.id, mtcars$mpg, mtcars$hp)    # 세 변수 mt.id, mpg, hp를 mt2로 묶기
> mt3<-merge(mt1,mt2, by="mt.id")             # mt.id를 기준으로 하여
                                              # mt1과 mt2를 합쳐서, mt3 만들기
                                              # missing이 없는 case만 merge
                                              #변수명 바뀜

> mt4<-merge(mt1,mt2, all=TRUE)               # missing 포함해서 merge
                                              # 변수명 안바뀜
```

5.4 데이터 읽어들이기와 결과 내보내기(Import/Export data)

```
# 방법1. 현재 폴더에서 자료 읽어 들이기 / 내보내기
# header=T를 사용하면, 첫번째 행에서 변수 이름을 읽어들임
> write.csv(mtcars, "mtcars.csv")
> mtcars2<-read.csv("mtcars.csv", header=T)
```

```
# 방법2. 현재 폴더에서 자료 읽어 들이기 / 내보내기
> MyDir<-getwd()                    # 현재 폴더를 찾아서, MyDir에 저장함
> setwd(MyDir)                      # MyDir로 경로(path)를 지정함
> write.csv(mtcars, "mtcars.csv")   # mtcars 자료를 MyDir로 내보내기
                                    # MyDir로 가서 mtcars.csv가 있는지 확인하기
> mtcars2<-read.csv("mtcars.csv", header=T)
                                    # MyDir에서 mtcars.csv를 읽어들여서, mtcars에 저장
```

```
# 방법3. 지정 폴더에서 자료 읽어 들이기 / 내보내기
> write.csv(mtcars, "C:/temp/mtcars.csv")
> mtcars2 <- read.csv("C:/temp/mtcars.csv", header=T)
```

그래픽 윈도우에 있는 그래프를 저장하려면, 그래픽 윈도우를 클릭하고 복사한 후, MS 워드 등의 파일에 붙여넣으면 된다. 만약 그래프를 pdf 등의 파일에 따로 저장하려면 아래의 명령어를 사용할 수 있다. 이 경우, 그래픽 윈도우가 따로 뜨지 않기 때문에, pdf 파일을 열어서 그래프를 확인하면 된다.

```
# 그래프를 MyGraph.pdf 파일로 저장하기
> pdf("MyGraph.pdf")        # pdf 파일 준비
> boxplot(mtcars$hp)        # 그래프 그리기
> dev.off( )                # 그래픽 디바이스 닫기
null device
```

```
1
```

6. 제어문(Control structures)

`6.1 if-else`

R에서 제어를 위해서 if-else, ifelse, for, while, repeat을 사용할 수 있다. 여기서는 ifelse와 for의 예제를 살펴보자. 우선, x가 양수이면 +, 음수이면 - 표시하자.

```
> x <- c(1,3,-2,0,2,-1,-4,0,0,1,-3)
> y <- ifelse(x>0,"+", ifelse(x<0, "-",0))
> y <- noquote(y)
> x
 [1]  1  3 -2  0  2 -1 -4  0  0  1 -3
> y
 [1] + + - 0 + - - 0 0 + -
```

루프(loop)을 사용해서, 1부터 100까지 더해보자.

```
sum<-0
for (i in 1:100){
sum<-sum+i }
print(sum)
```

```
sum <-0
i <- 0
while(i <=100){
sum <- sum+i
i <- i+1
```

```
}
print(sum)
```

루프(loop)을 사용하지 않고 1부터 100까지 더해보자.

```
>sum(1:100)
[1] 5050
```

6.2 apply와 aggregate

R은 apply, tapply, lapply, sapply 등과 같이 행렬이나 리스트 등의 다른 자료의 형태에 대하여, 특정 함수를 한꺼번에 계산할 수 있는 함수를 제공한다.

```
# apply
> x<-matrix(c(1:100), 20, 5)
> col.sums <- apply(x, 2, sum)          # sum of each column
> row.sums <- apply(x, 1, sum)          # sum of each row
```

```
# aggregate
>aggdata<- aggregate(hp~cyl, FUN=mean, na.rm=TRUE, data=mtcars)
        # cyl의 값 별로, hp의 평균(mean)을 계산한다.
> aggdata <-aggregate(.~cyl+vs, FUN=sd, na.rm=TRUE, data=mtcars)
        # cyl와 v의 값의 조합별로, 나머지 모든 변수들의 표준편차(sd)를 계산한다.
> print(aggdata)
  cyl vs    mpg    disp      hp    drat      wt     qsec      am
1   4  0 26.00000 120.30  91.0000 4.430000 2.140000 16.70000 1.0000000
2   6  0 20.56667 155.00 131.6667 3.806667 2.755000 16.32667 1.0000000
gear    carb
```

```
1 5.000000 2.000000

2 4.333333 4.666667
```

```
# lapply
> x <- list(a = 1:100, B = matrix(1:9,3,3), W = c(TRUE,FALSE,FALSE,TRUE))
> x
$a
  [1]   1   2   3   4   5   6   7   8   9  10  11  12
 [97]  97  98  99 100
$B
     [,1] [,2] [,3]
[1,]    1    4    7
[2,]    2    5    8
[3,]    3    6    9
$W
[1]  TRUE FALSE FALSE  TRUE
> lapply(x, mean)        # 리스트 별로 평균을 계산한다.
$a
[1] 50.5
$B
[1] 5
$W
[1] 0.5
```

```
# tapply
> group <- factor(c(rep("A",3),rep("B",4),rep("C",4)))       # A,B,C 집단을 표현하는 벡터
```

```
> group
 [1] A A A B B B B C C C C
Levels: A B C
> x<-c(3.1, 2.6, 4.3, 5.4, 6.7, 5.0, 4.6, 8.1 ,9.1, 7.9, 8.2)      # 자료
> x
 [1] 3.1 2.6 4.3 5.4 6.7 5.0 4.6 8.1 9.1 7.9 8.2
> tapply(x, group, mean)                           # 집단별 평균계산
        A        B        C
3.333333 5.425000 8.325000
```

만약, factor를 이용하여 집단을 표현하는 값(level)에 이름(label)을 줄 수 있다.

```
>mt<-mtcars
>factor(mt$am, levels=c(0,1), labels=c("a","m"))   # am의 값이 0 또는 1로 표시된 것을
                                                   # 0을 a로 1을 m으로 바꾼다.
```

7. 함수

이차함수 $y = x^2 - 3x - 4$를 정의하고, 그래프에 그리는 두 가지 방법을 알아보자.

```
# 방법 1 함수 y = ax² + bx + c를 정의한 후, 사용하기
  myFun <- function(a,b,c,x){
  a*x^2 + b*x + c
  }
  a <- 1; b <- -3; c<- -4;                # 계수 정하기
  x <- 10                                 # y=f(10) 계산하기
  y <- myFun(a,b,c,x); y
```

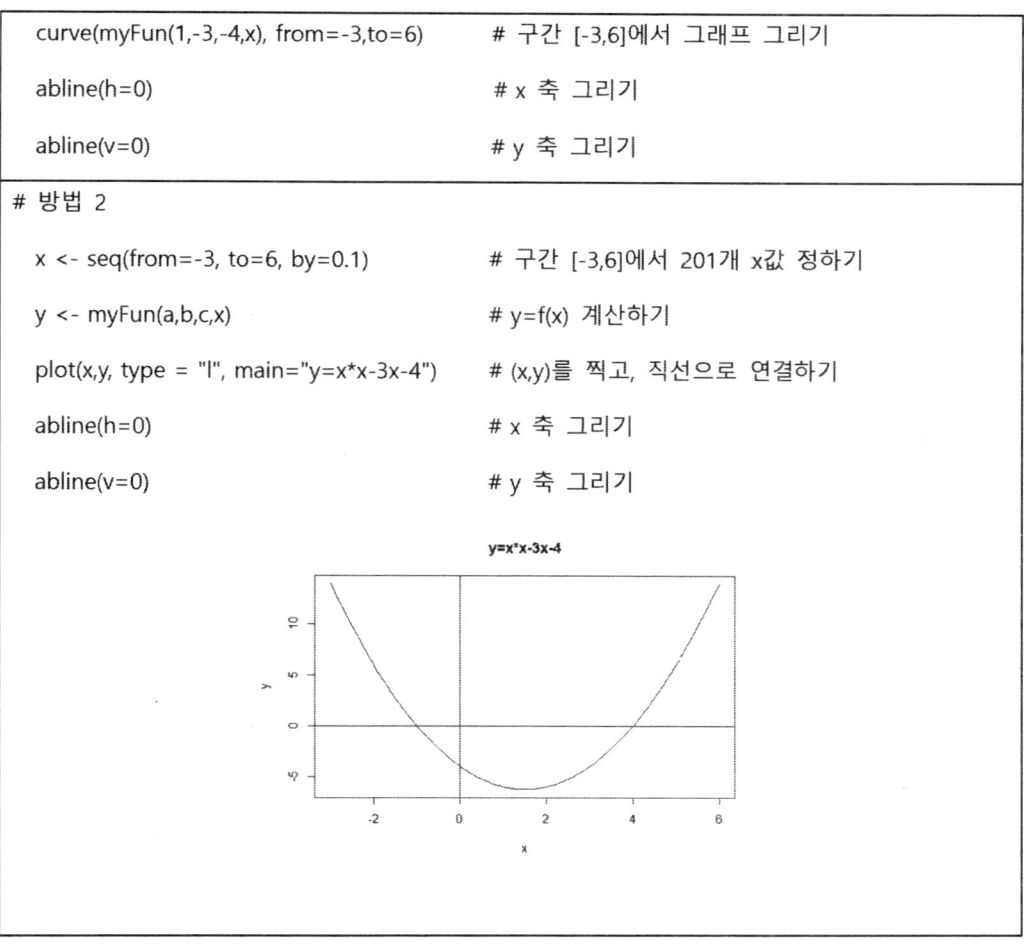

8. 수치 계산

적분함수 f(x)를 정의하고 적분해보자. 우선, Caucy 분포의 pdf는 0을 중심으로 대칭이므로, 이를 0부터 ∞ 까지 적분하면 0.5이다. 표준정규분포의 pdf를 phi 함수로 정의하고, 이를 -∞ 부터 1.96까지 적분해보면, 0.975를 얻을 수 있다. 두 경우에서 각각 R의 내장함수 dcaucy 또는 dnorm을 사용할 수 있다.

```
cauchy <- function(x){(1/pi) * 1/(x^2 + 1)}    # Cauchy distribution in [0, ∞]
integrate(cauchy, lower=0, upper=Inf)          # 0.5
```

```
phi <- function(x) { 1/sqrt(2*pi)*exp(-x^2/2)}    # Normal distribution in [-∞, 1.96]
```

```
integrate(phi, lower=-Inf, upper=1.96)          # 0.975
```

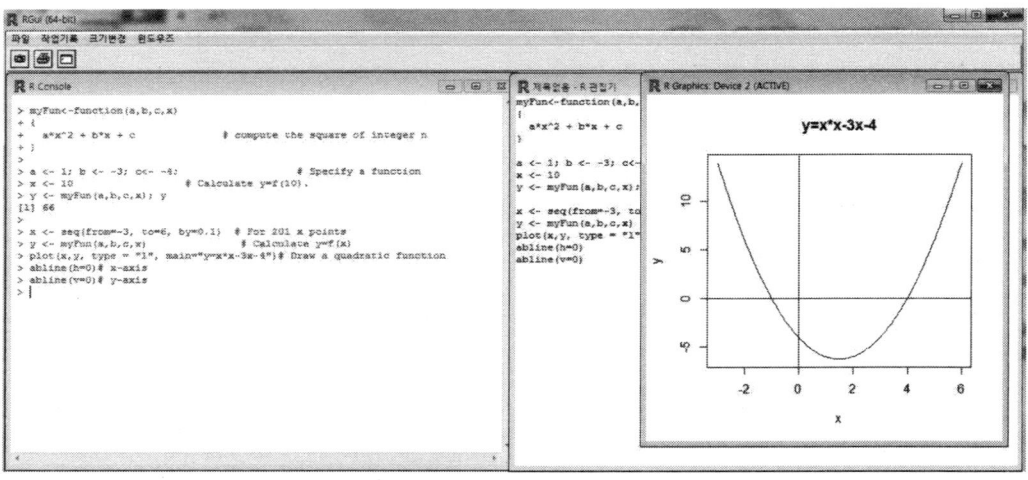

9. 빅데이터 처리를 위한 함수

9.1 tibble

빅데이터를 처리할 때는 data.frame 보다 dplyr 패키지를 사용하면 좋다. dplyr에서는 data.frame을 행 처리가 더 쉽도록 개발한 tibble 형식을 사용한다.

```
install.packages("tibble")

library(tibble)

as_tibble(mtcars)


# Create a new tibble

xyz <- tibble(x = seq(1,10,2), y = x^2, z = 2*cos(x))

xyz$x

xyz$y

xyz$z

xyz[1,]
```

```r
xyz[c(1,3),]


family <- tribble(
    ~name, ~age,
    "Chulsu", 14,
    "Younghee", 15,
    "Sunhee", 19,
    "Jong", 22)
family
family <- tibble(
    name=c("Chulsu","Younghee","Sunhee","Jong"),
    age=c(14,15,19,22))
family
family <- data_frame(
    name=c("Chulsu","Younghee","Sunhee","Jong"),
    age=c(14,15,19,22))
family


# tibble로 변환하기
> class(state.x77)
[1] "matrix" "array"
> state.x77 <- as_data_frame(state.x77)
> class(state.x77)
[1] "tbl_df"    "tbl"    "data.frame"
```

9.2 dplyr

dplyr은 data.frame 대신 tibble을 사용한다. data.frame이 열 연산에 유리한 반면, dplyr은 행연산에 매우 유리하다. filter() 등의 함수는 엑셀함수의 형식을 띄고 있다. 다음 싸이트에서 이와 관련된 자세한 설명과 예제를 볼 수 있다.

https://cran.r-project.org/web/packages/dplyr/vignettes/dplyr.html

주요 함수는 다음과 같다.

```
1. filter( ) 행 고르기

2. arrange( ) 정렬

3. select( ) and rename( ) 변수선택

4. mutate( ) and transmute( ) 새 변수 추가 (add new variables that are functions of existing variables.)

5. summarise( ) 기존 변수로 계산한 함수로 새 변수 만들기

6. sample_n( )와 sample_frac( ) 표본추출
```

패키지 dplyr를 사용하여 패키지 Lahman에서 야구자료를 분석하자 (1)-(15).

(1) 패키지 깔고 자료 세 개 불러오기

```
install.packages("Lahman")
install.packages("tibble")
install.packages("dplyr")
library(Lahman)
library(tibble)
library(dplyr)
data(AllstarFull)
data(Salaries)
data(Batting)
```

(2) 자료 형태를 데이터 프레임(data.frame)에서 tibble (티블)로 바꾸기

```
AllstarFull <- as_tibble(AllstarFull)
Salaries <- as_tibble(Salaries)
Batting <- as_tibble(Batting)
```

(3) 연봉 내림차 순으로 정렬하고, 앞의 자료 몇 개만 보기

```
arrange(Salaries,desc(salary))
```

(4) 데이터 세 개를 합치기

```
bs <- full_join(Batting, Salaries)
bs <- full_join(AllstarFull, bs)
```

(5) missing 없애기

이 코드를 실행하면, NA가 있는 case가 모두 제거되어, 자료크기가 매우 작아진다. 이보다는 아래 (15)에서 통계를 계산할 때, na.rm=T를 사용하는 편이 더 좋다.

```
# bs <- na.omit(bs)
```

(6) 2016년에 all star로 뽑힌 선수들의 연봉을 AL(어메리칸 리그)와 NL(내셔날 리그) 별로 상자도표 그리기

```
bs2016 <- filter(bs, yearID==2016)
boxplot(salary~lgID, data=bs2016)
```

(7) ① 열 playerID, yearID, lgID, teamID, G, salaries 고르기 ② !! 이용하여, 열 H와 R 고르기

```
# ①
  names(bs)
  select(bs, playerID, yearID, lgID, teamID, G,H,R, salary)
# ②
  vars <- c("H", "R")
  x<- select(bs, ! vars)
```

(8) mutate 사용하여 새 변수 Hrate = H/G, Rrate = R/G 정의하고, 선수별 해별 Hrate과 Rrate 보기

```
bs<-mutate(bs,
   Hrate = H/G,
   Rrate = R/G)
names(bs)
bs
```

(9) 2000-2009년까지의 10년 자료 선택하기

```
bs2000 <- filter(bs, yearID >= 2000, yearID<2010)
```

(10) bs2000에서 na.rm=T를 사용하여 na (missing)을 제거한 후 연봉 (salary)의 상자도표 그리기

```
boxplot(bs2000$salary, na.rm=T)
```

(11) bs2000에서 H (hit)과 R (run) 의 산점도 그리기

```
with(bs2000, plot(H, R) )
with(bs2000, plot(H, salary) )
with(bs2000, plot(R, salary) )
```

(12) bs2000에서 Hrate (hit)과 Rrate (run)의 산점도 그리기

```
with(bs2000, plot(Hrate, Rrate) )
```

(13) bs2000에서 Hrate (hit)과 salary의 산점도 그리기

```
with(bs2000, plot(Hrate, salary) )
```

(14) bs2000에서 팀 별, 해 별로 집단화 하기

```
by_teamID_yearID <- group_by(bs2000, teamID, yearID)
```

(15) bs2000에서 팀 별 해 별로, Hrate과 Rrate의 평균과 salary의 max, min 계산하기

```
team.stat <- summarise(by_teamID_yearID,
               meanHrate=mean(Hrate, na.rm=T),
               meanRrate=mean(Rrate, na.rm=T),
               max.salary=max(salary, na.rm=T),
               min.salary=min(salary, na.rm=T) )
```

부록 B. 표

표 1. 누적이항분포표

$$P(X \leq c) = \sum_{x=0}^{c} \binom{n}{x} p^x (1-p)^{n-x}$$

	x \ p	0.05	0.1	0.15	0.2	0.25	0.3	0.35	0.4	0.45	0.5
n=2	0	0.9025	0.8100	0.7225	0.6400	0.5625	0.4900	0.4225	0.3600	0.3025	0.2500
	1	0.9975	0.9900	0.9775	0.9600	0.9375	0.9100	0.8775	0.8400	0.7975	0.7500
	2	1	1	1	1	1	1	1	1	1	1
n=3	0	0.8574	0.7290	0.6141	0.5120	0.4219	0.3430	0.2746	0.2160	0.1664	0.1250
	1	0.9928	0.9720	0.9392	0.8960	0.8438	0.7840	0.7183	0.6480	0.5748	0.5000
	2	0.9999	0.9990	0.9966	0.9920	0.9844	0.9730	0.9571	0.9360	0.9089	0.8750
	3	1	1	1	1	1	1	1	1	1	1
n=4	0	0.8145	0.6561	0.5220	0.4096	0.3164	0.2401	0.1785	0.1296	0.0915	0.0625
	1	0.9860	0.9477	0.8905	0.8192	0.7383	0.6517	0.5630	0.4752	0.3910	0.3125
	2	0.9995	0.9963	0.9880	0.9728	0.9492	0.9163	0.8735	0.8208	0.7585	0.6875
	3	1	0.9999	0.9995	0.9984	0.9961	0.9919	0.9850	0.9744	0.9590	0.9375
	4	1	1	1	1	1	1	1	1	1	1
n=5	0	0.7738	0.5905	0.4437	0.3277	0.2373	0.1681	0.1160	0.0778	0.0503	0.0312
	1	0.9774	0.9185	0.8352	0.7373	0.6328	0.5282	0.4284	0.3370	0.2562	0.1875
	2	0.9988	0.9914	0.9734	0.9421	0.8965	0.8369	0.7648	0.6826	0.5931	0.5000
	3	1	0.9995	0.9978	0.9933	0.9844	0.9692	0.9460	0.9130	0.8688	0.8125
	4	1	1	0.9999	0.9997	0.9990	0.9976	0.9947	0.9898	0.9815	0.9688
	5	1	1	1	1	1	1	1	1	1	1
n=6	0	0.7351	0.5314	0.3771	0.2621	0.1780	0.1176	0.0754	0.0467	0.0277	0.0156
	1	0.9672	0.8857	0.7765	0.6554	0.5339	0.4202	0.3191	0.2333	0.1636	0.1094
	2	0.9978	0.9842	0.9527	0.9011	0.8306	0.7443	0.6471	0.5443	0.4415	0.3437
	3	0.9999	0.9987	0.9941	0.9830	0.9624	0.9295	0.8826	0.8208	0.7447	0.6562
	4	1	0.9999	0.9996	0.9984	0.9954	0.9891	0.9777	0.9590	0.9308	0.8906
	5	1	1	1	0.9999	0.9998	0.9993	0.9982	0.9959	0.9917	0.9844
	6	1	1	1	1	1	1	1	1	1	1
n=7	0	0.6983	0.4783	0.3206	0.2097	0.1335	0.0824	0.0490	0.0280	0.0152	0.0078
	1	0.9556	0.8503	0.7166	0.5767	0.4449	0.3294	0.2338	0.1586	0.1024	0.0625
	2	0.9962	0.9743	0.9262	0.8520	0.7564	0.6471	0.5323	0.4199	0.3164	0.2266
	3	0.9998	0.9973	0.9879	0.9667	0.9294	0.8740	0.8002	0.7102	0.6083	0.5000
	4	1	0.9998	0.9988	0.9953	0.9871	0.9712	0.9444	0.9037	0.8471	0.7734
	5	1	1	0.9999	0.9996	0.9987	0.9962	0.9910	0.9812	0.9643	0.9375
	6	1	1	1	1	0.9999	0.9998	0.9994	0.9984	0.9963	0.9922
	7	1	1	1	1	1	1	1	1	1	1

부록 B. 표

	x \ p	0.05	0.1	0.15	0.2	0.25	0.3	0.35	0.4	0.45	0.5
n=8	0	0.6634	0.4305	0.2725	0.1678	0.1001	0.0576	0.0319	0.0168	0.0084	0.0039
	1	0.9428	0.8131	0.6572	0.5033	0.3671	0.2553	0.1691	0.1064	0.0632	0.0352
	2	0.9942	0.9619	0.8948	0.7969	0.6785	0.5518	0.4278	0.3154	0.2201	0.1445
	3	0.9996	0.9950	0.9786	0.9437	0.8862	0.8059	0.7064	0.5941	0.4770	0.3633
	4	1	0.9996	0.9971	0.9896	0.9727	0.9420	0.8939	0.8263	0.7396	0.6367
	5	1	1	0.9998	0.9988	0.9958	0.9887	0.9747	0.9502	0.9115	0.8555
	6	1	1	1	0.9999	0.9996	0.9987	0.9964	0.9915	0.9819	0.9648
	7	1	1	1	1	1	0.9999	0.9998	0.9993	0.9983	0.9961
	8	1	1	1	1	1	1	1	1	1	1
n=9	0	0.6302	0.3874	0.2316	0.1342	0.0751	0.0404	0.0207	0.0101	0.0046	0.0020
	1	0.9288	0.7748	0.5995	0.4362	0.3003	0.1960	0.1211	0.0705	0.0385	0.0195
	2	0.9916	0.9470	0.8591	0.7382	0.6007	0.4628	0.3373	0.2318	0.1495	0.0898
	3	0.9994	0.9917	0.9661	0.9144	0.8343	0.7297	0.6089	0.4826	0.3614	0.2539
	4	1	0.9991	0.9944	0.9804	0.9511	0.9012	0.8283	0.7334	0.6214	0.5000
	5	1	0.9999	0.9994	0.9969	0.9900	0.9747	0.9464	0.9006	0.8342	0.7461
	6	1	1	1	0.9997	0.9987	0.9957	0.9888	0.9750	0.9502	0.9102
	7	1	1	1	1	0.9999	0.9996	0.9986	0.9962	0.9909	0.9805
	8	1	1	1	1	1	1	0.9999	0.9997	0.9992	0.9980
	9	1	1	1	1	1	1	1	1	1	1
n=10	0	0.5987	0.3487	0.1969	0.1074	0.0563	0.0282	0.0135	0.0060	0.0025	0.0010
	1	0.9139	0.7361	0.5443	0.3758	0.2440	0.1493	0.0860	0.0464	0.0233	0.0107
	2	0.9885	0.9298	0.8202	0.6778	0.5256	0.3828	0.2616	0.1673	0.0996	0.0547
	3	0.9990	0.9872	0.9500	0.8791	0.7759	0.6496	0.5138	0.3823	0.2660	0.1719
	4	0.9999	0.9984	0.9901	0.9672	0.9219	0.8497	0.7515	0.6331	0.5044	0.3770
	5	1	0.9999	0.9986	0.9936	0.9803	0.9527	0.9051	0.8338	0.7384	0.6230
	6	1	1	0.9999	0.9991	0.9965	0.9894	0.9740	0.9452	0.8980	0.8281
	7	1	1	1	0.9999	0.9996	0.9984	0.9952	0.9877	0.9726	0.9453
	8	1	1	1	1	1	0.9999	0.9995	0.9983	0.9955	0.9893
	9	1	1	1	1	1	1	1	0.9999	0.9997	0.9990
	10	1	1	1	1	1	1	1	1	1	1
n=11	0	0.5688	0.3138	0.1673	0.0859	0.0422	0.0198	0.0088	0.0036	0.0014	5.00E-04
	1	0.8981	0.6974	0.4922	0.3221	0.1971	0.1130	0.0606	0.0302	0.0139	0.0059
	2	0.9848	0.9104	0.7788	0.6174	0.4552	0.3127	0.2001	0.1189	0.0652	0.0327
	3	0.9984	0.9815	0.9306	0.8389	0.7133	0.5696	0.4256	0.2963	0.1911	0.1133
	4	0.9999	0.9972	0.9841	0.9496	0.8854	0.7897	0.6683	0.5328	0.3971	0.2744
	5	1	0.9997	0.9973	0.9883	0.9657	0.9218	0.8513	0.7535	0.6331	0.5000
	6	1	1	0.9997	0.9980	0.9924	0.9784	0.9499	0.9006	0.8262	0.7256
	7	1	1	1	0.9998	0.9988	0.9957	0.9878	0.9707	0.9390	0.8867
	8	1	1	1	1	0.9999	0.9994	0.9980	0.9941	0.9852	0.9673
	9	1	1	1	1	1	1	0.9998	0.9993	0.9978	0.9941

R과 더불어 배우는 통계학

	x \ p	0.05	0.1	0.15	0.2	0.25	0.3	0.35	0.4	0.45	0.5
n=11	10	1	1	1	1	1	1	1	1	0.9998	0.9995
	11	1	1	1	1	1	1	1	1	1	1
n=12	0	0.5404	0.2824	0.1422	0.0687	0.0317	0.0138	0.0057	0.0022	8.00E-04	2.00E-04
	1	0.8816	0.6590	0.4435	0.2749	0.1584	0.0850	0.0424	0.0196	0.0083	0.0032
	2	0.9804	0.8891	0.7358	0.5583	0.3907	0.2528	0.1513	0.0834	0.0421	0.0193
	3	0.9978	0.9744	0.9078	0.7946	0.6488	0.4925	0.3467	0.2253	0.1345	0.0730
	4	0.9998	0.9957	0.9761	0.9274	0.8424	0.7237	0.5833	0.4382	0.3044	0.1938
	5	1	0.9995	0.9954	0.9806	0.9456	0.8822	0.7873	0.6652	0.5269	0.3872
	6	1	0.9999	0.9993	0.9961	0.9857	0.9614	0.9154	0.8418	0.7393	0.6128
	7	1	1	0.9999	0.9994	0.9972	0.9905	0.9745	0.9427	0.8883	0.8062
	8	1	1	1	0.9999	0.9996	0.9983	0.9944	0.9847	0.9644	0.9270
	9	1	1	1	1	1	0.9998	0.9992	0.9972	0.9921	0.9807
	10	1	1	1	1	1	1	0.9999	0.9997	0.9989	0.9968
	11	1	1	1	1	1	1	1	1	0.9999	0.9998
	12	1	1	1	1	1	1	1	1	1	1
n=13	0	0.5133	0.2542	0.1209	0.0550	0.0238	0.0097	0.0037	0.0013	4.00E-04	1.00E-04
	1	0.8646	0.6213	0.3983	0.2336	0.1267	0.0637	0.0296	0.0126	0.0049	0.0017
	2	0.9755	0.8661	0.6920	0.5017	0.3326	0.2025	0.1132	0.0579	0.0269	0.0112
	3	0.9969	0.9658	0.8820	0.7473	0.5843	0.4206	0.2783	0.1686	0.0929	0.0461
	4	0.9997	0.9935	0.9658	0.9009	0.7940	0.6543	0.5005	0.3530	0.2279	0.1334
	5	1	0.9991	0.9925	0.9700	0.9198	0.8346	0.7159	0.5744	0.4268	0.2905
	6	1	0.9999	0.9987	0.9930	0.9757	0.9376	0.8705	0.7712	0.6437	0.5000
	7	1	1	0.9998	0.9988	0.9944	0.9818	0.9538	0.9023	0.8212	0.7095
	8	1	1	1	0.9998	0.9990	0.9960	0.9874	0.9679	0.9302	0.8666
	9	1	1	1	1	0.9999	0.9993	0.9975	0.9922	0.9797	0.9539
	10	1	1	1	1	1	0.9999	0.9997	0.9987	0.9959	0.9888
	11	1	1	1	1	1	1	1	0.9999	0.9995	0.9983
	12	1	1	1	1	1	1	1	1	1	0.9999
	13	1	1	1	1	1	1	1	1	1	1
n=14	0	0.4877	0.2288	0.1028	0.044	0.0178	0.0068	0.0024	8.00E-04	2.00E-04	1.00E-04
	1	0.8470	0.5846	0.3567	0.1979	0.1010	0.0475	0.0205	0.0081	0.0029	9.00E-04
	2	0.9699	0.8416	0.6479	0.4481	0.2811	0.1608	0.0839	0.0398	0.0170	0.0065
	3	0.9958	0.9559	0.8535	0.6982	0.5213	0.3552	0.2205	0.1243	0.0632	0.0287
	4	0.9996	0.9908	0.9533	0.8702	0.7415	0.5842	0.4227	0.2793	0.1672	0.0898
	5	1	0.9985	0.9885	0.9561	0.8883	0.7805	0.6405	0.4859	0.3373	0.2120
	6	1	0.9998	0.9978	0.9884	0.9617	0.9067	0.8164	0.6925	0.5461	0.3953
	7	1	1	0.9997	0.9976	0.9897	0.9685	0.9247	0.8499	0.7414	0.6047
	8	1	1	1	0.9996	0.9978	0.9917	0.9757	0.9417	0.8811	0.7880
	9	1	1	1	1	0.9997	0.9983	0.9940	0.9825	0.9574	0.9102
	10	1	1	1	1	1	0.9998	0.9989	0.9961	0.9886	0.9713

부록 B. 표

	x \ p	0.05	0.1	0.15	0.2	0.25	0.3	0.35	0.4	0.45	0.5
n=14	11	1	1	1	1	1	1	0.9999	0.9994	0.9978	0.9935
	12	1	1	1	1	1	1	1	0.9999	0.9997	0.9991
	13	1	1	1	1	1	1	1	1	1	0.9999
	14	1	1	1	1	1	1	1	1	1	1
n=15	0	0.4633	0.2059	0.0874	0.0352	0.0134	0.0047	0.0016	5.00E-04	1.00E-04	0
	1	0.8290	0.5490	0.3186	0.1671	0.0802	0.0353	0.0142	0.0052	0.0017	5.00E-04
	2	0.9638	0.8159	0.6042	0.3980	0.2361	0.1268	0.0617	0.0271	0.0107	0.0037
	3	0.9945	0.9444	0.8227	0.6482	0.4613	0.2969	0.1727	0.0905	0.0424	0.0176
	4	0.9994	0.9873	0.9383	0.8358	0.6865	0.5155	0.3519	0.2173	0.1204	0.0592
	5	0.9999	0.9978	0.9832	0.9389	0.8516	0.7216	0.5643	0.4032	0.2608	0.1509
	6	1	0.9997	0.9964	0.9819	0.9434	0.8689	0.7548	0.6098	0.4522	0.3036
	7	1	1	0.9994	0.9958	0.9827	0.9500	0.8868	0.7869	0.6535	0.5000
	8	1	1	0.9999	0.9992	0.9958	0.9848	0.9578	0.9050	0.8182	0.6964
	9	1	1	1	0.9999	0.9992	0.9963	0.9876	0.9662	0.9231	0.8491
	10	1	1	1	1	0.9999	0.9993	0.9972	0.9907	0.9745	0.9408
	11	1	1	1	1	1	0.9999	0.9995	0.9981	0.9937	0.9824
	12	1	1	1	1	1	1	0.9999	0.9997	0.9989	0.9963
	13	1	1	1	1	1	1	1	1	0.9999	0.9995
	14	1	1	1	1	1	1	1	1	1	1
	15	1	1	1	1	1	1	1	1	1	1
n=16	0	0.4401	0.1853	0.0743	0.0281	0.0100	0.0033	0.0010	3.00E-04	1.00E-04	0
	1	0.8108	0.5147	0.2839	0.1407	0.0635	0.0261	0.0098	0.0033	0.0010	3.00E-04
	2	0.9571	0.7892	0.5614	0.3518	0.1971	0.0994	0.0451	0.0183	0.0066	0.0021
	3	0.9930	0.9316	0.7899	0.5981	0.4050	0.2459	0.1339	0.0651	0.0281	0.0106
	4	0.9991	0.9830	0.9209	0.7982	0.6302	0.4499	0.2892	0.1666	0.0853	0.0384
	5	0.9999	0.9967	0.9765	0.9183	0.8103	0.6598	0.4900	0.3288	0.1976	0.1051
	6	1	0.9995	0.9944	0.9733	0.9204	0.8247	0.6881	0.5272	0.3660	0.2272
	7	1	0.9999	0.9989	0.9930	0.9729	0.9256	0.8406	0.7161	0.5629	0.4018
	8	1	1	0.9998	0.9985	0.9925	0.9743	0.9329	0.8577	0.7441	0.5982
	9	1	1	1	0.9998	0.9984	0.9929	0.9771	0.9417	0.8759	0.7728
	10	1	1	1	1	0.9997	0.9984	0.9938	0.9809	0.9514	0.8949
	11	1	1	1	1	1	0.9997	0.9987	0.9951	0.9851	0.9616
	12	1	1	1	1	1	1	0.9998	0.9991	0.9965	0.9894
	13	1	1	1	1	1	1	1	0.9999	0.9994	0.9979
	14	1	1	1	1	1	1	1	1	0.9999	0.9997
	15	1	1	1	1	1	1	1	1	1	1
	16	1	1	1	1	1	1	1	1	1	1
n=20	0	0.3585	0.1216	0.0388	0.0115	0.0032	8.00E-04	2.00E-04	0	0	0
	1	0.7358	0.3917	0.1756	0.0692	0.0243	0.0076	0.0021	5.00E-04	1.00E-04	0
	2	0.9245	0.6769	0.4049	0.2061	0.0913	0.0355	0.0121	0.0036	9.00E-04	2.00E-04

	x \ p	0.05	0.1	0.15	0.2	0.25	0.3	0.35	0.4	0.45	0.5
n=20	3	0.9841	0.8670	0.6477	0.4114	0.2252	0.1071	0.0444	0.0160	0.0049	0.0013
	4	0.9974	0.9568	0.8298	0.6296	0.4148	0.2375	0.1182	0.0510	0.0189	0.0059
	5	0.9997	0.9887	0.9327	0.8042	0.6172	0.4164	0.2454	0.1256	0.0553	0.0207
	6	1	0.9976	0.9781	0.9133	0.7858	0.6080	0.4166	0.2500	0.1299	0.0577
	7	1	0.9996	0.9941	0.9679	0.8982	0.7723	0.6010	0.4159	0.2520	0.1316
	8	1	0.9999	0.9987	0.9900	0.9591	0.8867	0.7624	0.5956	0.4143	0.2517
	9	1	1	0.9998	0.9974	0.9861	0.9520	0.8782	0.7553	0.5914	0.4119
	10	1	1	1	0.9994	0.9961	0.9829	0.9468	0.8725	0.7507	0.5881
	11	1	1	1	0.9999	0.9991	0.9949	0.9804	0.9435	0.8692	0.7483
	12	1	1	1	1	0.9998	0.9987	0.9940	0.9790	0.9420	0.8684
	13	1	1	1	1	1	0.9997	0.9985	0.9935	0.9786	0.9423
	14	1	1	1	1	1	1	0.9997	0.9984	0.9936	0.9793
	15	1	1	1	1	1	1	1	0.9997	0.9985	0.9941
	16	1	1	1	1	1	1	1	1	0.9997	0.9987
	17	1	1	1	1	1	1	1	1	1	0.9998
	18	1	1	1	1	1	1	1	1	1	1
	19	1	1	1	1	1	1	1	1	1	1
	20	1	1	1	1	1	1	1	1	1	1
n=25	0	0.2774	0.0718	0.0172	0.0038	8.00E-04	1.00E-04	0	0	0	0
	1	0.6424	0.2712	0.0931	0.0274	0.0070	0.0016	3.00E-04	1.00E-04	0	0
	2	0.8729	0.5371	0.2537	0.0982	0.0321	0.0090	0.0021	4.00E-04	1.00E-04	0
	3	0.9659	0.7636	0.4711	0.2340	0.0962	0.0332	0.0097	0.0024	5.00E-04	1.00E-04
	4	0.9928	0.9020	0.6821	0.4207	0.2137	0.0905	0.0320	0.0095	0.0023	5.00E-04
	5	0.9988	0.9666	0.8385	0.6167	0.3783	0.1935	0.0826	0.0294	0.0086	0.0020
	6	0.9998	0.9905	0.9305	0.7800	0.5611	0.3407	0.1734	0.0736	0.0258	0.0073
	7	1	0.9977	0.9745	0.8909	0.7265	0.5118	0.3061	0.1536	0.0639	0.0216
	8	1	0.9995	0.9920	0.9532	0.8506	0.6769	0.4668	0.2735	0.1340	0.0539
	9	1	0.9999	0.9979	0.9827	0.9287	0.8106	0.6303	0.4246	0.2424	0.1148
	10	1	1	0.9995	0.9944	0.9703	0.9022	0.7712	0.5858	0.3843	0.2122
	11	1	1	0.9999	0.9985	0.9893	0.9558	0.8746	0.7323	0.5426	0.3450
	12	1	1	1	0.9996	0.9966	0.9825	0.9396	0.8462	0.6937	0.5000
	13	1	1	1	0.9999	0.9991	0.9940	0.9745	0.9222	0.8173	0.6550
	14	1	1	1	1	0.9998	0.9982	0.9907	0.9656	0.9040	0.7878
	15	1	1	1	1	1	0.9995	0.9971	0.9868	0.9560	0.8852
	16	1	1	1	1	1	0.9999	0.9992	0.9957	0.9826	0.9461
	17	1	1	1	1	1	1	0.9998	0.9988	0.9942	0.9784
	18	1	1	1	1	1	1	1	0.9997	0.9984	0.9927
	19	1	1	1	1	1	1	1	0.9999	0.9996	0.9980
	20	1	1	1	1	1	1	1	1	0.9999	0.9995
	21	1	1	1	1	1	1	1	1	1	0.9999

부록 B. 표

x \ p	0.05	0.1	0.15	0.2	0.25	0.3	0.35	0.4	0.45	0.5
22	1	1	1	1	1	1	1	1	1	1
23	1	1	1	1	1	1	1	1	1	1
24	1	1	1	1	1	1	1	1	1	1
25	1	1	1	1	1	1	1	1	1	1

표 2. 표준정규분포표

$$P(Z \leq z) = \int_{-\infty}^{z} \frac{1}{\sqrt{2\pi}} e^{-t^2/2} dt$$

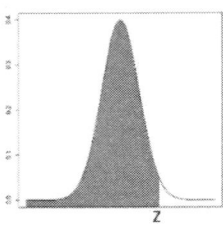

z	0.00	0.01	0.02	0.03	0.04	0.05	0.06	0.07	0.08	0.09
0.0	0.5000	0.5040	0.5080	0.5120	0.5160	0.5199	0.5239	0.5279	0.5319	0.5359
0.1	0.5398	0.5438	0.5478	0.5517	0.5557	0.5596	0.5636	0.5675	0.5714	0.5753
0.2	0.5793	0.5832	0.5871	0.5910	0.5948	0.5987	0.6026	0.6064	0.6103	0.6141
0.3	0.6179	0.6217	0.6255	0.6293	0.6331	0.6368	0.6406	0.6443	0.6480	0.6517
0.4	0.6554	0.6591	0.6628	0.6664	0.6700	0.6736	0.6772	0.6808	0.6844	0.6879
0.5	0.6915	0.6950	0.6985	0.7019	0.7054	0.7088	0.7123	0.7157	0.7190	0.7224
0.6	0.7257	0.7291	0.7324	0.7357	0.7389	0.7422	0.7454	0.7486	0.7517	0.7549
0.7	0.7580	0.7611	0.7642	0.7673	0.7704	0.7734	0.7764	0.7794	0.7823	0.7852
0.8	0.7881	0.7910	0.7939	0.7967	0.7995	0.8023	0.8051	0.8078	0.8106	0.8133
0.9	0.8159	0.8186	0.8212	0.8238	0.8264	0.8289	0.8315	0.8340	0.8365	0.8389
1.0	0.8413	0.8438	0.8461	0.8485	0.8508	0.8531	0.8554	0.8577	0.8599	0.8621
1.1	0.8643	0.8665	0.8686	0.8708	0.8729	0.8749	0.8770	0.8790	0.8810	0.8830
1.2	0.8849	0.8869	0.8888	0.8907	0.8925	0.8944	0.8962	0.8980	0.8997	0.9015
1.3	0.9032	0.9049	0.9066	0.9082	0.9099	0.9115	0.9131	0.9147	0.9162	0.9177
1.4	0.9192	0.9207	0.9222	0.9236	0.9251	0.9265	0.9279	0.9292	0.9306	0.9319
1.5	0.9332	0.9345	0.9357	0.9370	0.9382	0.9394	0.9406	0.9418	0.9429	0.9441
1.6	0.9452	0.9463	0.9474	0.9484	0.9495	0.9505	0.9515	0.9525	0.9535	0.9545
1.7	0.9554	0.9564	0.9573	0.9582	0.9591	0.9599	0.9608	0.9616	0.9625	0.9633
1.8	0.9641	0.9649	0.9656	0.9664	0.9671	0.9678	0.9686	0.9693	0.9699	0.9706
1.9	0.9713	0.9719	0.9726	0.9732	0.9738	0.9744	0.9750	0.9756	0.9761	0.9767
2.0	0.9772	0.9778	0.9783	0.9788	0.9793	0.9798	0.9803	0.9808	0.9812	0.9817
2.1	0.9821	0.9826	0.9830	0.9834	0.9838	0.9842	0.9846	0.9850	0.9854	0.9857
2.2	0.9861	0.9864	0.9868	0.9871	0.9875	0.9878	0.9881	0.9884	0.9887	0.9890
2.3	0.9893	0.9896	0.9898	0.9901	0.9904	0.9906	0.9909	0.9911	0.9913	0.9916
2.4	0.9918	0.9920	0.9922	0.9925	0.9927	0.9929	0.9931	0.9932	0.9934	0.9936
2.5	0.9938	0.9940	0.9941	0.9943	0.9945	0.9946	0.9948	0.9949	0.9951	0.9952
2.6	0.9953	0.9955	0.9956	0.9957	0.9959	0.9960	0.9961	0.9962	0.9963	0.9964
2.7	0.9965	0.9966	0.9967	0.9968	0.9969	0.9970	0.9971	0.9972	0.9973	0.9974
2.8	0.9974	0.9975	0.9976	0.9977	0.9977	0.9978	0.9979	0.9979	0.9980	0.9981
2.9	0.9981	0.9982	0.9982	0.9983	0.9984	0.9984	0.9985	0.9985	0.9986	0.9986
3.0	0.9987	0.9987	0.9987	0.9988	0.9988	0.9989	0.9989	0.9989	0.9990	0.9990
3.1	0.9990	0.9991	0.9991	0.9991	0.9992	0.9992	0.9992	0.9992	0.9993	0.9993
3.2	0.9993	0.9993	0.9994	0.9994	0.9994	0.9994	0.9994	0.9995	0.9995	0.9995
3.3	0.9995	0.9995	0.9995	0.9996	0.9996	0.9996	0.9996	0.9996	0.9996	0.9997
3.4	0.9997	0.9997	0.9997	0.9997	0.9997	0.9997	0.9997	0.9997	0.9997	0.9998

표 3. 카이제곱 분포표

$P(\chi^2 > \chi_\alpha^2) = \alpha$에서 n과 α가 주어질 때, χ_α^2를 보여준다.

n \ α	0.995	0.99	0.975	0.95	0.05	0.025	0.01	0.005
1	0	2.00E-04	0.0010	0.0039	3.8415	5.0239	6.6349	7.8794
2	0.0100	0.0201	0.0506	0.1026	5.9915	7.3778	9.2103	10.5966
3	0.0717	0.1148	0.2158	0.3518	7.8147	9.3484	11.3449	12.8382
4	0.2070	0.2971	0.4844	0.7107	9.4877	11.1433	13.2767	14.8603
5	0.4117	0.5543	0.8312	1.1455	11.0705	12.8325	15.0863	16.7496
6	0.6757	0.8721	1.2373	1.6354	12.5916	14.4494	16.8119	18.5476
7	0.9893	1.2390	1.6899	2.1673	14.0671	16.0128	18.4753	20.2777
8	1.3444	1.6465	2.1797	2.7326	15.5073	17.5345	20.0902	21.9550
9	1.7349	2.0879	2.7004	3.3251	16.9190	19.0228	21.6660	23.5894
10	2.1559	2.5582	3.2470	3.9403	18.3070	20.4832	23.2093	25.1882
11	2.6032	3.0535	3.8157	4.5748	19.6751	21.9200	24.7250	26.7568
12	3.0738	3.5706	4.4038	5.2260	21.0261	23.3367	26.2170	28.2995
13	3.5650	4.1069	5.0088	5.8919	22.3620	24.7356	27.6882	29.8195
14	4.0747	4.6604	5.6287	6.5706	23.6848	26.1189	29.1412	31.3193
15	4.6009	5.2293	6.2621	7.2609	24.9958	27.4884	30.5779	32.8013
16	5.1422	5.8122	6.9077	7.9616	26.2962	28.8454	31.9999	34.2672
17	5.6972	6.4078	7.5642	8.6718	27.5871	30.1910	33.4087	35.7185
18	6.2648	7.0149	8.2307	9.3905	28.8693	31.5264	34.8053	37.1565
19	6.8440	7.6327	8.9065	10.1170	30.1435	32.8523	36.1909	38.5823
20	7.4338	8.2604	9.5908	10.8508	31.4104	34.1696	37.5662	39.9968
21	8.0337	8.8972	10.2829	11.5913	32.6706	35.4789	38.9322	41.4011
22	8.6427	9.5425	10.9823	12.3380	33.9244	36.7807	40.2894	42.7957
23	9.2604	10.1957	11.6886	13.0905	35.1725	38.0756	41.6384	44.1813
24	9.8862	10.8564	12.4012	13.8484	36.4150	39.3641	42.9798	45.5585
25	10.5197	11.5240	13.1197	14.6114	37.6525	40.6465	44.3141	46.9279
26	11.1602	12.1981	13.8439	15.3792	38.8851	41.9232	45.6417	48.2899
27	11.8076	12.8785	14.5734	16.1514	40.1133	43.1945	46.9629	49.6449
28	12.4613	13.5647	15.3079	16.9279	41.3371	44.4608	48.2782	50.9934
29	13.1211	14.2565	16.0471	17.7084	42.5570	45.7223	49.5879	52.3356
30	13.7867	14.9535	16.7908	18.4927	43.7730	46.9792	50.8922	53.6720
40	20.7065	22.1643	24.4330	26.5093	55.7585	59.3417	63.6907	66.7660
50	27.9907	29.7067	32.3574	34.7643	67.5048	71.4202	76.1539	79.4900
60	35.5345	37.4849	40.4817	43.1880	79.0819	83.2977	88.3794	91.9517
70	43.2752	45.4417	48.7576	51.7393	90.5312	95.0232	100.4252	104.2149
80	51.1719	53.5401	57.1532	60.3915	101.8795	106.6286	112.3288	116.3211
90	59.1963	61.7541	65.6466	69.1260	113.1453	118.1359	124.1163	128.2989
100	67.3276	70.0649	74.2219	77.9295	124.3421	129.5612	135.8067	140.1695

표 4. T 분포표

$P(T > t_\alpha) = \alpha$에서 n과 α가 주어질 때, t_α를 보여준다.

n \ α	0.25	0.2	0.15	0.1	0.05	0.025	0.02	0.01	0.005	0.0025	0.001	5.00E-04
1	1	1.3764	1.9626	3.0777	6.3138	12.7060	15.8950	31.8205	63.6567	127.3210	318.3090	636.6192
2	0.8165	1.0607	1.3862	1.8856	2.9200	4.3027	4.8487	6.9646	9.9248	14.0890	22.3271	31.5991
3	0.7649	0.9785	1.2498	1.6377	2.3534	3.1824	3.4819	4.5407	5.8409	7.4533	10.2145	12.9240
4	0.7407	0.9410	1.1896	1.5332	2.1318	2.7764	2.9985	3.7469	4.6041	5.5976	7.1732	8.6103
5	0.7267	0.9195	1.1558	1.4759	2.0150	2.5706	2.7565	3.3649	4.0321	4.7733	5.8934	6.8688
6	0.7176	0.9057	1.1342	1.4398	1.9432	2.4469	2.6122	3.1427	3.7074	4.3168	5.2076	5.9588
7	0.7111	0.8960	1.1192	1.4149	1.8946	2.3646	2.5168	2.9980	3.4995	4.0293	4.7853	5.4079
8	0.7064	0.8889	1.1081	1.3968	1.8595	2.3060	2.4490	2.8965	3.3554	3.8325	4.5008	5.0413
9	0.7027	0.8834	1.0997	1.3830	1.8331	2.2622	2.3984	2.8214	3.2498	3.6897	4.2968	4.7809
10	0.6998	0.8791	1.0931	1.3722	1.8125	2.2281	2.3593	2.7638	3.1693	3.5814	4.1437	4.5869
11	0.6974	0.8755	1.0877	1.3634	1.7959	2.2010	2.3281	2.7181	3.1058	3.4966	4.0247	4.4370
12	0.6955	0.8726	1.0832	1.3562	1.7823	2.1788	2.3027	2.6810	3.0545	3.4284	3.9296	4.3178
13	0.6938	0.8702	1.0795	1.3502	1.7709	2.1604	2.2816	2.6503	3.0123	3.3725	3.8520	4.2208
14	0.6924	0.8681	1.0763	1.3450	1.7613	2.1448	2.2638	2.6245	2.9768	3.3257	3.7874	4.1405
15	0.6912	0.8662	1.0735	1.3406	1.7531	2.1314	2.2485	2.6025	2.9467	3.2860	3.7328	4.0728
16	0.6901	0.8647	1.0711	1.3368	1.7459	2.1199	2.2354	2.5835	2.9208	3.2520	3.6862	4.0150
17	0.6892	0.8633	1.0690	1.3334	1.7396	2.1098	2.2238	2.5669	2.8982	3.2224	3.6458	3.9651
18	0.6884	0.8620	1.0672	1.3304	1.7341	2.1009	2.2137	2.5524	2.8784	3.1966	3.6105	3.9216
19	0.6876	0.8610	1.0655	1.3277	1.7291	2.0930	2.2047	2.5395	2.8609	3.1737	3.5794	3.8834
20	0.6870	0.8600	1.0640	1.3253	1.7247	2.0860	2.1967	2.5280	2.8453	3.1534	3.5518	3.8495
21	0.6864	0.8591	1.0627	1.3232	1.7207	2.0796	2.1894	2.5176	2.8314	3.1352	3.5272	3.8193
22	0.6858	0.8583	1.0614	1.3212	1.7171	2.0739	2.1829	2.5083	2.8188	3.1188	3.5050	3.7921
23	0.6853	0.8575	1.0603	1.3195	1.7139	2.0687	2.1770	2.4999	2.8073	3.1040	3.4850	3.7676
24	0.6848	0.8569	1.0593	1.3178	1.7109	2.0639	2.1715	2.4922	2.7969	3.0905	3.4668	3.7454
25	0.6844	0.8562	1.0584	1.3163	1.7081	2.0595	2.1666	2.4851	2.7874	3.0782	3.4502	3.7251
26	0.6840	0.8557	1.0575	1.3150	1.7056	2.0555	2.1620	2.4786	2.7787	3.0669	3.4350	3.7066
27	0.6837	0.8551	1.0567	1.3137	1.7033	2.0518	2.1578	2.4727	2.7707	3.0565	3.4210	3.6896
28	0.6834	0.8546	1.0560	1.3125	1.7011	2.0484	2.1539	2.4671	2.7633	3.0469	3.4082	3.6739
29	0.6830	0.8542	1.0553	1.3114	1.6991	2.0452	2.1503	2.4620	2.7564	3.0380	3.3962	3.6594
30	0.6828	0.8538	1.0547	1.3104	1.6973	2.0423	2.1470	2.4573	2.7500	3.0298	3.3852	3.6460
40	0.6807	0.8507	1.0500	1.3031	1.6839	2.0211	2.1229	2.4233	2.7045	2.9712	3.3069	3.5510
50	0.6794	0.8489	1.0473	1.2987	1.6759	2.0086	2.1087	2.4033	2.6778	2.9370	3.2614	3.4960
60	0.6786	0.8477	1.0455	1.2958	1.6706	2.0003	2.0994	2.3901	2.6603	2.9146	3.2317	3.4602
80	0.6776	0.8461	1.0432	1.2922	1.6641	1.9901	2.0878	2.3739	2.6387	2.8870	3.1953	3.4163
100	0.6770	0.8452	1.0418	1.2901	1.6602	1.9840	2.0809	2.3642	2.6259	2.8707	3.1737	3.3905
1000	0.6747	0.8420	1.0370	1.2824	1.6464	1.9623	2.0564	2.3301	2.5808	2.8133	3.0984	3.3003
∞	0.6745	0.8416	1.0364	1.2816	1.6449	1.9600	2.0537	2.3263	2.5758	2.8070	3.0902	3.2905

표 5. F 분포표

$P(F > F_\alpha) = \alpha$에서 n과 α가 주어질 때, F_α를 보여준다.

α	r₂ \ r₁	1	2	3	4	5	6	7	8	9	10
0.05	1	161.45	199.50	215.71	224.58	230.16	233.99	236.77	238.88	240.54	241.88
0.025		647.79	799.50	864.16	899.58	921.85	937.11	948.22	956.66	963.28	968.63
0.01		4052.18	4999.50	5403.35	5624.58	5763.65	5858.99	5928.36	5981.07	6022.47	6055.85
0.05	2	18.51	19.00	19.16	19.25	19.30	19.33	19.35	19.37	19.38	19.40
0.025		38.51	39.00	39.17	39.25	39.30	39.33	39.36	39.37	39.39	39.40
0.01		98.50	99.00	99.17	99.25	99.30	99.33	99.36	99.37	99.39	99.40
0.05	3	10.13	9.55	9.28	9.12	9.01	8.94	8.89	8.85	8.81	8.79
0.025		17.44	16.04	15.44	15.10	14.88	14.73	14.62	14.54	14.47	14.42
0.01		34.12	30.82	29.46	28.71	28.24	27.91	27.67	27.49	27.35	27.23
0.05	4	7.71	6.94	6.59	6.39	6.26	6.16	6.09	6.04	6.00	5.96
0.025		12.22	10.65	9.98	9.60	9.36	9.20	9.07	8.98	8.90	8.84
0.01		21.20	18.00	16.69	15.98	15.52	15.21	14.98	14.80	14.66	14.55
0.05	5	6.61	5.79	5.41	5.19	5.05	4.95	4.88	4.82	4.77	4.74
0.025		10.01	8.43	7.76	7.39	7.15	6.98	6.85	6.76	6.68	6.62
0.01		16.26	13.27	12.06	11.39	10.97	10.67	10.46	10.29	10.16	10.05
0.05	6	5.99	5.14	4.76	4.53	4.39	4.28	4.21	4.15	4.10	4.06
0.025		8.81	7.26	6.60	6.23	5.99	5.82	5.70	5.60	5.52	5.46
0.01		13.75	10.92	9.78	9.15	8.75	8.47	8.26	8.10	7.98	7.87
0.05	7	5.59	4.74	4.35	4.12	3.97	3.87	3.79	3.73	3.68	3.64
0.025		8.07	6.54	5.89	5.52	5.29	5.12	4.99	4.90	4.82	4.76
0.01		12.25	9.55	8.45	7.85	7.46	7.19	6.99	6.84	6.72	6.62
0.05	8	5.32	4.46	4.07	3.84	3.69	3.58	3.50	3.44	3.39	3.35
0.025		7.57	6.06	5.42	5.05	4.82	4.65	4.53	4.43	4.36	4.30
0.01		11.26	8.65	7.59	7.01	6.63	6.37	6.18	6.03	5.91	5.81
0.05	9	5.12	4.26	3.86	3.63	3.48	3.37	3.29	3.23	3.18	3.14
0.025		7.21	5.71	5.08	4.72	4.48	4.32	4.20	4.10	4.03	3.96
0.01		10.56	8.02	6.99	6.42	6.06	5.80	5.61	5.47	5.35	5.26
0.05	10	4.96	4.10	3.71	3.48	3.33	3.22	3.14	3.07	3.02	2.98
0.025		6.94	5.46	4.83	4.47	4.24	4.07	3.95	3.85	3.78	3.72
0.01		10.04	7.56	6.55	5.99	5.64	5.39	5.20	5.06	4.94	4.85
0.05	12	4.75	3.89	3.49	3.26	3.11	3.00	2.91	2.85	2.80	2.75
0.025		6.55	5.10	4.47	4.12	3.89	3.73	3.61	3.51	3.44	3.37
0.01		9.33	6.93	5.95	5.41	5.06	4.82	4.64	4.50	4.39	4.30
0.05	15	4.54	3.68	3.29	3.06	2.90	2.79	2.71	2.64	2.59	2.54
0.025		6.20	4.77	4.15	3.80	3.58	3.41	3.29	3.20	3.12	3.06
0.01		8.68	6.36	5.42	4.89	4.56	4.32	4.14	4.00	3.89	3.80
0.05	20	4.35	3.49	3.10	2.87	2.71	2.60	2.51	2.45	2.39	2.35
0.025		5.87	4.46	3.86	3.51	3.29	3.13	3.01	2.91	2.84	2.77
0.01		8.10	5.85	4.94	4.43	4.10	3.87	3.70	3.56	3.46	3.37

α	r_2 \ r_1	1	2	3	4	5	6	7	8	9	10
0.05	24	4.26	3.40	3.01	2.78	2.62	2.51	2.42	2.36	2.30	2.25
0.025		5.72	4.32	3.72	3.38	3.15	2.99	2.87	2.78	2.70	2.64
0.01		7.82	5.61	4.72	4.22	3.90	3.67	3.50	3.36	3.26	3.17
0.05	30	4.17	3.32	2.92	2.69	2.53	2.42	2.33	2.27	2.21	2.16
0.025		5.57	4.18	3.59	3.25	3.03	2.87	2.75	2.65	2.57	2.51
0.01		7.56	5.39	4.51	4.02	3.70	3.47	3.30	3.17	3.07	2.98
0.05	40	4.08	3.23	2.84	2.61	2.45	2.34	2.25	2.18	2.12	2.08
0.025		5.42	4.05	3.46	3.13	2.90	2.74	2.62	2.53	2.45	2.39
0.01		7.31	5.18	4.31	3.83	3.51	3.29	3.12	2.99	2.89	2.80
0.05	80	3.96	3.11	2.72	2.49	2.33	2.21	2.13	2.06	2.00	1.95
0.025		5.22	3.86	3.28	2.95	2.73	2.57	2.45	2.35	2.28	2.21
0.01		6.96	4.88	4.04	3.56	3.26	3.04	2.87	2.74	2.64	2.55
0.05	120	3.92	3.07	2.68	2.45	2.29	2.18	2.09	2.02	1.96	1.91
0.025		5.15	3.80	3.23	2.89	2.67	2.52	2.39	2.30	2.22	2.16
0.01		6.85	4.79	3.95	3.48	3.17	2.96	2.79	2.66	2.56	2.47
0.05	10000	3.84	3.00	2.61	2.37	2.22	2.10	2.01	1.94	1.88	1.83
0.025		5.03	3.69	3.12	2.79	2.57	2.41	2.29	2.19	2.11	2.05
0.01		6.64	4.61	3.78	3.32	3.02	2.80	2.64	2.51	2.41	2.32

α	r_2 \ r_1	12	15	20	24	30	40	80	120	10000
0.05	1	243.91	245.95	248.01	249.05	250.10	251.14	252.72	253.25	254.30
0.03		976.71	984.87	993.10	997.25	1001.41	1005.60	1011.91	1014.02	1018.21
0.01		6106.32	6157.28	6208.73	6234.63	6260.65	6286.78	6326.20	6339.39	6365.55
0.05	2	19.41	19.43	19.45	19.45	19.46	19.47	19.48	19.49	19.50
0.03		39.41	39.43	39.45	39.46	39.46	39.47	39.49	39.49	39.50
0.01		99.42	99.43	99.45	99.46	99.47	99.47	99.49	99.49	99.50
0.05	3	8.74	8.70	8.66	8.64	8.62	8.59	8.56	8.55	8.53
0.03		14.34	14.25	14.17	14.12	14.08	14.04	13.97	13.95	13.90
0.01		27.05	26.87	26.69	26.60	26.50	26.41	26.27	26.22	26.13
0.05	4	5.91	5.86	5.80	5.77	5.75	5.72	5.67	5.66	5.63
0.03		8.75	8.66	8.56	8.51	8.46	8.41	8.33	8.31	8.26
0.01		14.37	14.20	14.02	13.93	13.84	13.75	13.61	13.56	13.46
0.05	5	4.68	4.62	4.56	4.53	4.50	4.46	4.42	4.40	4.37
0.03		6.52	6.43	6.33	6.28	6.23	6.18	6.10	6.07	6.02
0.01		9.89	9.72	9.55	9.47	9.38	9.29	9.16	9.11	9.02
0.05	6	4.00	3.94	3.87	3.84	3.81	3.77	3.72	3.70	3.67
0.03		5.37	5.27	5.17	5.12	5.07	5.01	4.93	4.90	4.85
0.01		7.72	7.56	7.40	7.31	7.23	7.14	7.01	6.97	6.88
0.05	7	3.57	3.51	3.44	3.41	3.38	3.34	3.29	3.27	3.23
0.03		4.67	4.57	4.47	4.42	4.36	4.31	4.23	4.20	4.14
0.01		6.47	6.31	6.16	6.07	5.99	5.91	5.78	5.74	5.65
0.05	8	3.28	3.22	3.15	3.12	3.08	3.04	2.99	2.97	2.93
0.03		4.20	4.10	4.00	3.95	3.89	3.84	3.76	3.73	3.67
0.01		5.67	5.52	5.36	5.28	5.20	5.12	4.99	4.95	4.86

부록 B. 표

α	r_2 \ r_1	12	15	20	24	30	40	80	120	10000
0.05	9	3.07	3.01	2.94	2.90	2.86	2.83	2.77	2.75	2.71
0.03		3.87	3.77	3.67	3.61	3.56	3.51	3.42	3.39	3.33
0.01		5.11	4.96	4.81	4.73	4.65	4.57	4.44	4.40	4.31
0.05	10	2.91	2.85	2.77	2.74	2.70	2.66	2.60	2.58	2.54
0.03		3.62	3.52	3.42	3.37	3.31	3.26	3.17	3.14	3.08
0.01		4.71	4.56	4.41	4.33	4.25	4.17	4.04	4.00	3.91
0.05	12	2.69	2.62	2.54	2.51	2.47	2.43	2.36	2.34	2.30
0.03		3.28	3.18	3.07	3.02	2.96	2.91	2.82	2.79	2.73
0.01		4.16	4.01	3.86	3.78	3.70	3.62	3.49	3.45	3.36
0.05	15	2.48	2.40	2.33	2.29	2.25	2.20	2.14	2.11	2.07
0.03		2.96	2.86	2.76	2.70	2.64	2.59	2.49	2.46	2.40
0.01		3.67	3.52	3.37	3.29	3.21	3.13	3.00	2.96	2.87
0.05	20	2.28	2.20	2.12	2.08	2.04	1.99	1.92	1.90	1.84
0.03		2.68	2.57	2.46	2.41	2.35	2.29	2.19	2.16	2.09
0.01		3.23	3.09	2.94	2.86	2.78	2.69	2.56	2.52	2.42
0.05	24	2.18	2.11	2.03	1.98	1.94	1.89	1.82	1.79	1.73
0.03		2.54	2.44	2.33	2.27	2.21	2.15	2.05	2.01	1.94
0.01		3.03	2.89	2.74	2.66	2.58	2.49	2.36	2.31	2.21
0.05	30	2.09	2.01	1.93	1.89	1.84	1.79	1.71	1.68	1.62
0.03		2.41	2.31	2.20	2.14	2.07	2.01	1.90	1.87	1.79
0.01		2.84	2.70	2.55	2.47	2.39	2.30	2.16	2.11	2.01
0.05	40	2.00	1.92	1.84	1.79	1.74	1.69	1.61	1.58	1.51
0.03		2.29	2.18	2.07	2.01	1.94	1.88	1.76	1.72	1.64
0.01		2.66	2.52	2.37	2.29	2.20	2.11	1.97	1.92	1.81
0.05	80	1.88	1.79	1.70	1.65	1.60	1.54	1.45	1.41	1.33
0.03		2.11	2.00	1.88	1.82	1.75	1.68	1.55	1.51	1.40
0.01		2.42	2.27	2.12	2.03	1.94	1.85	1.69	1.63	1.50
0.05	120	1.83	1.75	1.66	1.61	1.55	1.50	1.39	1.35	1.26
0.03		2.05	1.95	1.82	1.76	1.69	1.61	1.48	1.43	1.31
0.01		2.34	2.19	2.03	1.95	1.86	1.76	1.60	1.53	1.38
0.05	10000	1.75	1.67	1.57	1.52	1.46	1.40	1.28	1.22	1.03
0.03		1.95	1.83	1.71	1.64	1.57	1.49	1.33	1.27	1.04
0.01		2.19	2.04	1.88	1.79	1.70	1.59	1.41	1.33	1.05

참고문헌

김우철 등 (1998) 현대통계학. 영지문화사.

김우철 등 (1999) 일반통계학. 영지문화사.

박성현 (2003) 현대실험계획법. 민영사.

박성현 (2007) 회귀분석. 민영사.

브라이언 매기 (2002) 사진과 그림으로 보는 철학의 역사. 시공사. 박은미 옮김.

스티븐 스티글러 (2016) 통계를 떠받치는 일곱 기둥 이야기. 프릴렉. 김정아 번역.

조재근 (2017) 통계학, 빅데이터를 잡다. 한국문학사.

최경미외 (2012) 임상시험에서 사용되는 기본통계개념에 관한 고찰. J. Korean Society Clinical Pharmacology Therapy. 20, 2, pp109-124.

칼 세이건 (2006) 코스모스. 사이언스 북스. 홍승수 옮김.

칼 세이건 (2001) 창백한 푸른 점. 사이언스 북스. 현정준 옮김.

레프 톨스토이(1908) 인생론 에세이. 행복의 발견. 이동진 편역. 해누리.

Brunelle (2012) Review various methods to perform the analysis of a 2 treatment, 2 period crossover study. http://www.math.iupui.edu/~indyasa/crosover.pdf [Online] (last visited on 29 May 2012).

Bushberg et al. (2006) *The Essential Physics of Medical Imaging,* (2nd ed.). Philadelphia: Lippincott Williams & Wilkins. p. 280.

Chinchilli and Esinhart (1996) Design and analysis of intra-subject variability in cross-over experiments. *Stat Med,* 15, 15. pp 1619-1634.

Dalgaard (2002) Introductory Statistics with R. Springer.

Everitt (1998). The Cambridge Dictionary of Statistics. Cambridge, UK New York: Cambridge University Press.

Everitt and Hothorn (2006) A Handbook of Statistical Analyses Using R. Chapman & Hall/CRC.

Feng and Ding (2012) SAS@ application in 2*2 crossover clinical trial. http://www.lexjansen.com/pharmasug /2004/statisticspharmacokinetics/ sp02.pdf [Online] (last visited on 8 May 2012).

참고문헌

Henderson and Velleman (1981) Building multiple regression models interactively. *Biometrics*, **37**, p391–411.

Hogg and Tanis (1988) Probability and Statistical Inference, 3rd edition. Macmillan.

Johnson and Wichern (2002) Applied Multivariate Statistical Analysis, 5th edition. Prentice Hall.

Kenkel (2016) History of the normal distribution. 미국 유타대학교 수학과 강의노트. https://www.math.utah.edu/~kenkel/normaldistributiontalk.pdf

Levine, Ramsey and Smidt (2001) Applied Statistics, p.430.

Mardia, Kent and Bibby (1979) Multivariate Analysis. Academic Press.

McClave and Sincich (2009) Statistics, 11th edititon. Pearson Education.

Montgomery (1984) Design and Analysis of Experiments, 2nd edition. Wiley.

Mood, Graybill and Boes (1974) Introduction to the Theory of Statistics, 3rd edition. McGraw-Hill.

National Public Radio's Lanet Money segment (2015) https://www.npr.org/sections/money/2015/08/07/429720443/17-205-people-guessed-the-weight-of-a-cow-heres-how-they-did. [Online] (last visited on Dec 20, 2018).

Peebles (2001) Probability, Random Variables, and Random Signal Principles, 4th edition. McGraw-Hill Korea.

Pinheiro and Bates (2000) Mixed-Effects Models in S and S-PLUS. Springer.

Pontes (2018) A Brief historical overview of the Gaussian curve: From Abraham De Moivre to Johann Carl Friedrich Gauss. International J. of Engineering Science Invention, Vol. 7, Issue 6. pp28-34.

Rice (2007) Mathematical Statistics and Data Analysis, 3rd edition. Brooks/Cole, Cengage Learning.

Rosner (2000) Fundamentals of Biostatistics, 7th edition. Cengage Learning. pp 666-673.

Schroeder (1999). *Astronomical optics* (2nd ed.). Academic Press. p. 433.

Sharpe (1994). *"The Sharpe Ratio"*. The Journal of Portfolio Management. 21,1, pp 49–58.

Simpson, Hamer and Lensing (2012) Crossover studies off your list. http://www2.sas.com/proceedings/sugi24/Posters/p221-24.pdf [Online] (last visited on 8 May 2012).

U.S. Department of Commerce, Bureau of the Census (1977) *Statistical Abstract of the United States*. U.S. Department of Commerce, Bureau of the Census (1977) *County and City Data Book*.

Wasserstein and Lazar (2016) The ASA Statement on p-Values: Context, Process, and Purpose

https://www.kaggle.com/abhilash04/fathersandsonheight?select=Pearson.txt [Online] (last visited on 26 Feb 2021).

https://cran.r-project.org/web/packages/ggiraphExtra/vignettes/ggPredict.html [Online] (last visited on 26 Feb 2021).

https://ko.wikipedia.org/wiki/창백한_푸른_점 [Online] (last visited on 26 Feb 2021).

https://en.wikipedia.org/wiki/Family_Portrait_(MESSENGER) [Online] (last visited on 26 Feb 2021).

찾아보기

A

AIC 223

F

F 분포 6, 107, 108, 339

Q

QQ-plot 162

T

t분포 107

ㄱ

가설검정 139
검정력 141
검정력 함수 147
검정통계량 139
결정계수 204
결합확률함수 80
계급구간 18
고정효과 258
고정효과모형 242
곱의 규칙 68
곱의 법칙 67
공변량 262
공분산 83
공분산분석 262
관측빈도 280

ㄱ(교)

교호작용 253
구간추정 137
군집추출법 7
귀무가설 139
기각역 139
기대값 77
기대빈도 280
기술통계 13

ㄴ

난괴법 258

ㄷ

다중공선성 223
다중비교법 248
단순랜덤추출법 7
대립가설 139
대비 251
더미변수 218
도수 280
독립변수 35
독립사건 70
독립성 검정 215
등분산성 177

ㄹ

랜덤효과 258
레버리지 212

ㅁ

막대그래프 ... 16
명목척도 ... 14
모분산 ... 4
모수 ... 4
모집단 ... 3
모평균 ... 4
모표준편차 ... 4
민감도 ... 68

ㅂ

바이어스 ... 136
반응변수 ... 35
배반사건 ... 64
백분위수 ... 21
범주형 자료 ... 14
베르누이 분포 ... 93
베르누이 시행 ... 93
베이즈 정리 ... 72
변동계수 ... 29
변수 ... 3
분산분석법 ... 239
분산분석표 ... 243
불편추정치 ... 296
비척도 ... 14
빈도표 ... 16

ㅅ

사건 ... 64
사분위수범위 ... 24
사전확률 ... 71
사후확률 ... 71
상관계수 ... 35
상대빈도표 ... 16
상자도표 ... 16
샤피로 검정법 ... 161

선형성 ... 78
설명변수 ... 35
수정 결정계수 ... 222
순서척도 ... 14
순열의 법칙 ... 67
스튜던트 ... 107
시행 ... 64
신뢰구간 ... 104
실험계획법 ... 239
실험단위 ... 3

ㅆ

쌍체비교법 ... 188

ㅇ

여사건 ... 65
연속형 자료 ... 14
연속확률변수 ... 73
영향점 ... 212
예측구간 ... 216
오차제곱합 ... 203
오차한계 ... 138
요인 ... 35
윌콕슨 비모수 검정 ... 172
유의수준 ... 141
유의확률 ... 142
이산확률변수 ... 73
이상점 ... 212
이원배치법 ... 6, 253
이표본 T-검정 ... 175
이항분포 ... 94
일원배치 분산분석법 ... 239
일표본 t ... 169

ㅈ

자유도 ... 106

잔차 201
잔차도 210
잔차제곱합 204
적합도 검정 280
전확률 공식 72
점추정 136
정규분포 101
정규성 검정 171
제1종 오류 141
제2종 오류 141
조건부확률 68
조합의 법칙 67
종속변수 35
종속사건 70
주변확률함수 80
중심극한정리 111
중앙값 22
집단간 변동 242
집단내 변동 243

ㅊ

총변동 202
총제곱합 203
최대로그우도함수 223
최소제곱법 227
추정값 5
층화추출법 7

ㅋ

카이제곱 분포 106
콜모고로프-스미어노프 161
쿡스 거리 212

크루스칼 왈리스 243

ㅌ

통계적 추론 8
특이도 68

ㅍ

편차 23
평균제곱오차 137
평균제곱합 205
표본 3
표본공간 64
표본분산 5
표본분포 114
표본상관계수 36
표본평균 5
표본표준편차 5
표준오차 136
표준정규분포 102
표준화 110
피어슨의 상관계수 36

ㅎ

합의 법칙 65
혼합효과 선형모형 259
확률 63
확률변수 73
회귀모형의 선형성 200
회귀분석 197
회귀제곱합 203
히스토그램 16